教育部高等学校化工类专业教学指导委员会推荐教材

厦门大学本科教材资助项目

化学工艺学

李清彪　李云华　林国栋　编

U0216793

新形态教材
网络增值服务

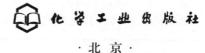
化学工业出版社

·北京·

内 容 简 介

《化学工艺学》主要包括基本无机化工、基本有机化工和绿色化学化工三个方面的内容。基本无机化工部分主要以合成气和氨合成生产工艺为例介绍合成气制取、一氧化碳变换、合成气净化和氨合成等的生产原理、工艺条件、工艺过程与设备等。有机化工部分主要介绍烃类蒸汽热裂解制烯烃工艺、催化氧化工艺、催化加氢工艺、催化脱氢与氧化脱氢工艺和羰基合成等的生产原理、工艺过程等。绿色化学化工部分主要介绍绿色化学化工的基本概念、实现手段、工业实例、现代工业生产中的典型三废处理原理与方法。

《化学工艺学》为高等学校化学工程与工艺专业教材，也可作为化学和相关专业的化学工艺课程教材，并可供从事化工生产、科研和设计的相关工程技术人员参考。

图书在版编目（CIP）数据

化学工艺学/李清彪，李云华，林国栋编 . —北京：
化学工业出版社，2020.7
ISBN 978-7-122-36830-0

Ⅰ.①化…　Ⅱ.①李…②李…③林…　Ⅲ.①化工
过程-工艺学-高等学校-教材　Ⅳ.①TQ02

中国版本图书馆 CIP 数据核字（2020）第 080107 号

责任编辑：徐雅妮　任睿婷　　　　　　　　文字编辑：孙凤英
责任校对：宋　玮　　　　　　　　　　　　装帧设计：关　飞

出版发行：化学工业出版社（北京市东城区青年湖南街 13 号　邮政编码 100011）
印　　刷：北京京华铭诚工贸有限公司
装　　订：三河市振勇印装有限公司
787mm×1092mm　1/16　印张 15½　字数 395 千字　2021 年 3 月北京第 1 版第 1 次印刷

购书咨询：010-64518888　　　　　　　　售后服务：010-64518899
网　　址：http://www.cip.com.cn
凡购买本书，如有缺损质量问题，本社销售中心负责调换。

定　　价：45.00 元　　　　　　　　　　　　　　　　版权所有　违者必究

前　言

　　本书重点介绍了基本无机化学工艺、基本有机化学工艺和绿色化学化工三个方面的内容，在此基础上引入化学工艺发展的最新动态，教材内容与生产实际联系紧密。本书从工程教育认证的角度，着重培养学生应用工程知识解决实际问题的能力，并针对复杂化工问题的设计与开发等方面提供了课后思考题，在拓展教学内容、促进学生自主性学习方面起到了很好的作用。此外，本书还提供了部分重点工艺的动画视频，读者可扫描封底二维码观看，帮助提高学习效果，实现了教材建设的一体化和数字化。

　　自 2001 年以来，本书一直作为厦门大学化学工艺学课程的讲义，三位执笔老师根据多年的教学经验、教学实践对本书进行了修改与完善。本书由厦门大学和集美大学的教师共同编写。其中，第 1、2 章由林国栋编写，第 3、4 章由李清彪编写，第 5、6 章由李云华编写。

　　本书配套的动画素材由北京东方仿真软件技术有限公司提供，在此表示感谢。

　　中国寰球工程公司马明燕主任、张来勇总工对第 3、4 章进行了认真细致的审阅，并提出了宝贵的建议与指导，在此深表谢意。

　　由于作者水平及掌握的资料有限，书中疏漏和不足在所难免，恳请读者批评指正，不胜感激。

编者

2020 年 3 月

目　录

第1章

绪　论

化学工艺学是工艺学的一个分支。工艺学是研究如何将原料制作成为产品的一门学科，是技术科学的组成部分。各种类型的"将原料加工制成产品"的过程很不相同，种类繁多，特征不一。一般地说，工艺学可划分为机械工艺学和化学工艺学两大类。机械工艺学指的是在所研究的加工制作过程中，被加工的物料仅仅改变其外部形态或物理性质；而化学工艺学所研究的加工制作过程，被加工的物料不仅在外形和物理性质上发生了变化，而且其物质的结构和化学性质也发生了变化。虽然作了这样的分类，但我们拟研究的化学工艺学所包含的内容仍然是庞大的，类型也很多。本章着重介绍化工原料的来源及其初步加工。

1.1 化学工艺学与化学工业

在古代，人类生产和生活的实践活动已经涉及我们今天所说的化学工艺过程。由于火的使用，使人们有可能制陶，由陶器到瓷器，再进一步到玻璃，它们都是硅酸盐工业，是最早出现的一种化学工业。制陶技术的逐渐成熟，为金属的冶炼、铸造提供了必要的条件，其中包含冶炼和铸造所需要的高温技术、耐火材料和造型材料等。金属器具的出现使人类开始从使用石制劳动工具过渡到使用金属劳动工具，从石器时代跨入金属时代，原始的狩猎经济也开始让位给农业和畜牧业。农业和畜牧业的兴起带来的是酿造、鞣革以及漂染等行业。当时从事这些劳动的手工业者们是最早的实用化学家，是最早的化学工程师。当时的制陶、金属冶炼、酿造等是最早的化学工业，可谓之古代的化学工业。

近代化学工业是伴随着18世纪中叶英国的工业革命而形成和发展起来的。棉纺织业是当时工业革命最先开始的行业之一。纺织品的大幅度增加，使传统的漂白、染色等上升为纺织业发展的主要矛盾，原先纺织业所用的有机酸显然不能满足漂白、染色等生产需要，迫使人们将制取少量硫酸的实验室方法放大、改进，演进成为工业生产过程。原先纺织业所使用的碱是海藻烧制成的草木灰，这显然不能满足纺织工业的生产需要，而且当时肥皂、玻璃、造纸等行业都需要碱，这就促进了以食盐和硫酸为原料制取纯碱方法的出现。综合利用原料，不仅能生产纯碱，还促使许多化工产品如盐酸、漂白粉、烧碱等围绕这个方法开展起来。从此，以无机酸和碱为主要内容的近代无机化学工业迅速发展起来。机器制造业也是工业革命的起点之一，它的出现增加了人们对金属材料的需求，推动了冶铁的发展。冶铁中大量使用的焦炭是由煤炼焦得到的，在对炼焦所得煤焦油的研究中，先后分离出许多种有机芳香族化合物，这推动了分析化学、有机化学和物质结构理论的发展，创造了新的染料和医药，开辟了近代有机化学工业的新领域。

如果说古代和近代化学工业是改变天然产物的阶段，那么现代化学工业则是进一步的化学加工阶段，人类进入了化学合成时代。回顾 19 世纪末、20 世纪初以来的化学工业发展史，其最具有划时代意义的两件大事是由氢氮混合气直接合成氨工艺的形成和 20 世纪 40 年代石油化工的兴起。1850～1900 年间物理化学的发展奠定了氨直接合成的理论基础，1909 年德国化学家弗里兹·哈伯（Fritz-Haber）发明了氨合成的实验技术，后在化学工程师 C. 波施（Carl Bosch）的协助下建立了世界上第一个合成氨工厂，促使氨肥和炸药等工业迅速发展。百多年来，合成氨工艺技术的改进和创新推动了化学工业，特别是基本化学工业的大型化和自动化，并在高压催化的反应技术、原料气的制备与精制、催化剂的研制与开发、工艺流程的组织设计、高压设备的设计与制造、能量的合理利用等诸多方面均创造了许多新的知识，积累了丰富的资料和经验。而 20 世纪 40 年代，油田伴生气回收装置的建立和石油炼制工业的发展，为人们提供了越来越多的轻烃和石脑油，特别是管式炉烃类蒸汽裂解技术的形成和发展，为基本有机化工提供了丰富的烯烃和芳烃原料，取代了煤在有机化学工业中的主导地位。20 世纪 30 年代，在氯丁橡胶和尼龙 66 实现工业生产后，高分子化工蓬勃发展起来，到 20 世纪 50 年代形成了三大合成材料（塑料、合成橡胶、合成纤维）的工业生产，人类进入合成材料的时代。以石油或天然气为初始原料生产化工产品的新兴工业部门——石油化工，主导了 20 世纪以来化学工业的发展。如今，化学工业已成为世界各国工业生产的支柱产业之一。

化学工业也可称为化学加工工业（Chemical Process Industrial），是以天然物质（或其他物质）为原料，通过化学反应和其他物理过程将其制作为产品的一种工业。但是，在实际的社会经济运行过程中，并不是所有包含了"将原料经化学反应转化为产品的生产过程"都隶属于化学工业范畴。例如：冶金（钢铁、有色金属和稀贵金属的冶炼）、硅酸盐（玻璃、水泥、陶瓷、耐火材料等）、石油炼制、医药、造纸、制糖、食品等在习惯上，或由于经济管理方面的原因，分别隶属于其相应的工业部门。因此，化学工业的范围要狭窄得多。但即使如此，化工产品仍然种类繁多，通常还要进行分类。不同国家或地区，或者一个国家或地区在不同的年代，对化学工业所覆盖的范围和分类不尽相同。分类方法也多种多样。习惯上，一般将化学工业分为无机化学工业和有机化学工业，又按产品吨位分为基本无机化学工业、基本有机化学工业、精细无机化学工业和精细有机化学工业等。

无机化学工业通常又分为：

① 无机酸工业　硫酸、硝酸、盐酸、磷酸、硼酸等；

② 氯碱工业　烧碱、氯气、漂白粉、纯碱；

③ 化肥工业　氮肥、磷肥、钾肥、复合肥料等；

④ 精细无机化工　无机盐、试剂、助剂、添加剂等。

有机化学工业分为：

① 有机化工原料　有机酸、醇、酮、酯等；

② 三大合成材料　塑料及树脂、合成纤维、合成橡胶；

③ 精细有机化工　染料、农药、涂料、颜料、试剂、表面活性剂、化学助剂、感光材料等；

④ 其他　油脂、硬化油、肥皂等。

在我国，化学工业按经济管理和产品用途被划分为：化学矿、无机盐、有机化工原料、化学农药、化学肥料、合成纤维单体、涂料和颜料、染料和中间体、感光和磁性材料、化学试剂、石油化工、化学医药、合成树脂和塑料、酸和碱、合成橡胶、催化剂-试剂-助剂、煤化工、橡胶制品、化工机械和化工新型材料。化学工业还有一种最常见的分类，即按其所使用的资源来划分，如煤化工、石油化工、农副产品化工等。

1.2 煤化工

1.2.1 煤炭资源

煤是自然界蕴藏量最丰富的一种可燃性矿物资源。据最近国际原子能机构、国际应用系统分析研究院、石油输出国组织和联合国工业发展组织四家机构对世界未来一次能源供需形势做出的预测：到 2035 年，石油消费占全球一次能源消费的比重将由 33% 大幅降至 25%，可再生能源比重则由 3% 大幅提高至 20% 左右。未来 20 年，石油的消费比重将有所下降（由 2017 年的 33% 到 2035 年的 25%），天然气的消费比重将基本持平（由 2017 年的 24% 到 2035 年的 25%），而煤炭的消费比重有所下降（由 2017 年的 28% 下降到 2035 年的 15%）。但是我国能源消费结构与世界能源消费结构迥然不同，煤炭比重极大，以 2017 年为例，煤炭的消费比重占 60%（石油 19%、天然气 7%、水电 14%）。在化学工业中，可燃性矿物资源既是燃料又是原料，以煤为原料的合成氨产量占合成氨总产量的 64%。在合成甲醇、聚氯乙烯和其他某些有机化工原料方面，以煤为初始原料的生产工艺还占有相当大的比重。因此，合理地利用煤炭资源对我国具有非常重要的意义。

煤是古代高等植物在地层中经过一系列生物化学、物理化学和地球化学作用（炭化或称煤化）而成的可燃性矿物。根据其炭化过程大致可分为泥煤、褐煤、烟煤和无烟煤四种。

泥煤是植物炭化的第一步产物，色褐黑而质致密，含水量约 80%，燃烧热值较小。

褐煤是植物炭化的第二步产物，色褐黄，呈木质结构，含水量大约 30%，含碳量约为 70%，易燃，燃烧热值小。

烟煤的炭化程度比褐煤高，呈深褐色，质致密，燃烧时有浓烟。

无烟煤的炭化程度最高，含挥发性组分最少，固定碳最多，含碳量大于 92%，不易燃烧，燃烧热值最高。

煤的结构极其复杂，目前还不能完全弄清楚。根据对某些煤种的物理和化学诸多方面研究和模拟计算，设想煤模型分子结构如图 1-1 所示。

从煤结构来看，煤具有大分子的特性，由若干结构相似，但又不完全相同的基本结构单元通过桥键联结而成。基本结构单元的主体为缩合的芳香核。单元中非芳香碳部分为氢化芳环、环烷环、烷基侧链、含氧官能团和氮、硫杂原子。在模型结构研究中用的高挥发分烟煤的组成，以 100 碳为基础可表示为 $C_{100}H_{70}O_7NS$，芳香碳原子的分数 $fa=0.70$。

由此可知，煤是一种氢碳比很低、具有稳定的稠环结构的可燃性矿物资源，要把煤转化为有用的化学品，需要进行深度的加工。从 19 世纪煤焦油工业开始起步至今，以煤为初始原料获取化学工业产品的途径主要有三种：从煤焦油中分离提取以芳香族有机化合物为主的化学品；以电石乙炔为基础的基本有机合成工业和煤气化制得合成气（CO 和 H_2 的混合气体），由合成气转化为氨、甲醇等。如图 1-2 所示。

1.2.2 炼焦化学产品

煤炭化学加工的一个重要途径是煤的焦化。煤在高温炉内隔绝空气受热分解而生成煤

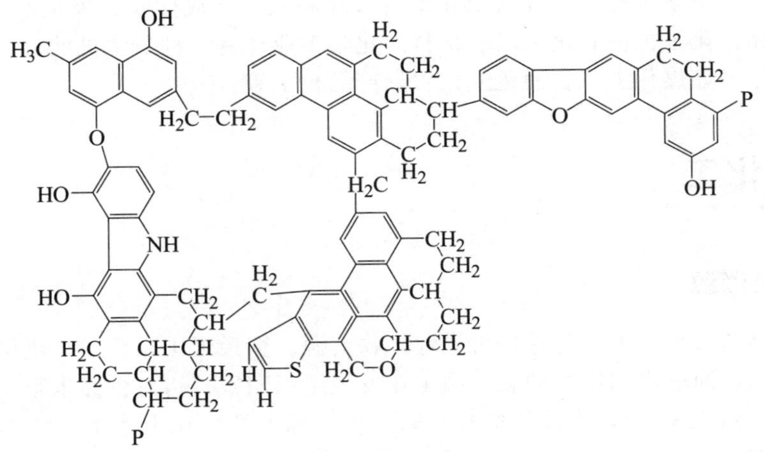

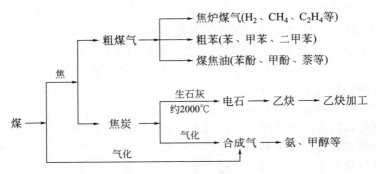

图 1-1　设想的煤模型分子结构

图 1-2　以煤为初始原料生产的化工产品

气、焦油和焦炭的过程称为煤的干馏。按煤干馏温度高低可分为高温干馏，又称焦化，温度为 900～1100℃，主要目的是制取冶金用的焦炭，同时副产煤气和煤焦油；中温干馏，温度为 700～900℃；低温干馏，温度为 500～600℃。其中最重要的是煤的高温干馏即焦化。

煤的焦化大致可分为以下四个阶段：干燥预热阶段（＜350℃），胶质体形成阶段（350～480℃）、半焦形成阶段（480～650℃）和焦炭形成阶段（650～950℃）。当煤料温度高于 100℃时，煤中的水分蒸发；温度升高到 200℃以上时，煤开始分解，释放出结合的水、CH_4、CO 等气体；温度高于 350℃时煤开始软化，形成黏稠的胶质体；400～500℃时大部分煤气和焦油析出，称为一次热分解；450～550℃，热分解继续进行，物料逐渐变稠并固化形成半焦；高于 550℃，半焦继续分解，析出剩下的挥发性组分，同时半焦收缩，形成裂纹；温度高于 800℃，半焦体积缩小变硬形成多孔性的焦炭。在高温焦化炉内，一次热分解产物与高温的焦炭、炉壁接触发生二次热分解，产生二次热分解产物。由此可见，煤的焦化是一个非常复杂的过程。这里既有热解前期以裂解反应为主，形成一次热分解产物，然后在更高温度下发生二次反应如裂解、芳构化、加氢等，也有焦化后期以缩聚反应为主，最后形成焦炭。

炼焦过程中析出的挥发性产物称为粗煤气，其产率和组成与原料煤性质和炼焦工艺条件有关，粗煤气中含有许多种化合物，除水分外，还包含常温下的气态物质，如氢气、甲烷、一氧化碳和二氧化碳等；烃类；含氧化合物，如酚类；含氮化合物，如氨、氰化氢、吡啶类和喹啉类等；含硫化合物，如硫化氢、二硫化碳和噻吩等。这些化学品的产率和组成明显地受煤热解温度的影响，这可以通过比较低温干馏和高温干馏的数据（见表 1-1）得知。

表 1-1 不同热解温度下的产率和组成

产品	低温干馏	高温干馏	产品	低温干馏	高温干馏
煤气/%	6~8	13~15	焦油组成(质量分数)/%		
煤气/(m³/t)	80~120	330~380	酚类	20~35	1~3
焦油/%	7~10	3~5	碱类	1~2	3~4
粗苯(或汽油)/%	0.4~0.6	0.8~1.1	萘	痕量	1~12
煤气组成(体积分数)/%			粗苯组成(或汽油中含烃)(质量分数)/%		
H_2	26~30	55~60	不饱和烃	40~60	10~15
CH_4	40~55	25~28	脂肪烃或环烷烃	15~20	2~5
			芳烃	30~40	80~88

从焦炉导出的粗煤气温度高达 650~800℃。按一定顺序对这一高温粗煤气进行处理，可以回收和精制上述粗煤气中所含的各种化学品，并得到净化了的煤气。回收和精制流程示意图如图 1-3 所示。

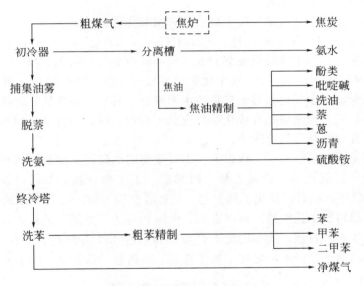

图 1-3　炼焦化学产品回收与精制流程示意

焦炉导出的粗煤气经喷水激冷后，在初冷器中冷凝出煤焦油和氨水，经分离槽分离出煤焦油和氨水。煤焦油精制可分离提取以芳香族有机化合物为主的化学品，如酚类、吡啶碱、萘、蒽等。粗煤气经过初冷器冷却后，仍含有焦油的成分（0.3~0.5g/m³），这部分焦油在后续工序中会被逐步析出。当初冷后温度为 25~30℃时，煤气中萘含量约为 1.1~2.5g/m³。主要采用冷却冲洗法和油吸收法脱除煤气中的萘。随后煤气进入酸洗塔回收煤气中的氨和吡啶。脱氨后的煤气经除酸器脱除酸雾后，经过最终冷却，进入粗苯吸收塔。脱除粗苯后的气体即焦炉煤气，经脱硫后作为燃料煤气或化工原料，其组成大致为：H_2 54%~59%，CH_4 23%~28%，CO 5.5%~7%，C_nH_m 2%~3%。而粗苯经精制可得苯、甲苯、二甲苯等。

1.2.3　乙炔化工

以煤为初始原料经过化学加工获取化学品的第二条途径是经电石水解生产乙炔，再由乙炔为原料制取重要的有机化工产品。这在 20 世纪 40 年代以前，曾是基本有机化学工业的主要生产路线。

电石的学名为碳化钙 CaC_2，是在 $2100℃$ 左右的电弧还原炉中由焦炭（或煤）与生石灰反应制得：

$$3C + CaO \longrightarrow CaC_2 + CO \qquad \Delta H_{298}^{\ominus} = 464 kJ/mol \qquad (1-1)$$

这是一个高温下的强吸热反应。在现代大型还原炉中，每千克电石（含碳化钙 80.5%）要消耗 0.95kg 石灰（94% CaO）、0.55kg 焦炭（干基）、0.02kg 电极材料和 3.1kW·h 的电。化学纯的碳化钙是无色透明的结晶体，工业品的碳化钙按其纯度分有灰色的、棕色的或黑色的。工业电石除含有主要成分碳化钙（约 80%）外，还含有氧化钙（约 15%）、二氧化硅（约 2%）、氧化铁和氧化铝（约 2%）、氧化镁（约 0.1%）和少量硫、磷、砷等有害杂质。碳化钙除加工成乙炔外，另一个用途是在 $1000℃$ 以上与氮作用而得氰氨化钙（俗称石灰氮）：

$$CaC_2 + N_2 \longrightarrow CaN_2 + 2C \qquad \Delta H_{298}^{\ominus} = -289 kJ/mol \qquad (1-2)$$

氰氨化钙主要作为肥料使用，也有除草的作用。有一小部分氰氨化钙被加工成氰胺、二氰胺、三聚氰酰胺、硫脲和胍等。

碳化钙的最主要用途是与水反应生成乙炔和氢氧化钙：

$$CaC_2 + H_2O \longrightarrow C_2H_2 + Ca(OH)_2 \qquad \Delta H_{298}^{\ominus} = -125 kJ/mol \qquad (1-3)$$

这是一个放热反应。1.0kg 纯的碳化钙产生 372.66L（$15℃$，0.101MPa）乙炔，工业碳化钙产生的乙炔量在 260~300L/kg。用于化学合成用的大量乙炔是以干式转化器生产，此时碳化钙仅与足以保证化学反应和移走热量的水相混合，其所得到的氢氧化钙是干燥易流动粉体。所产生的乙炔气必须除去对合成化学反应有害的硫、磷、砷组分，如可将乙炔气通过次氯酸钠溶液使所含有害杂质氧化除去。

乙炔化学工业在 20 世纪 50 年代以前，占有重要的地位，其主要产品有乙醛、醋酸、氯乙烯、醋酸乙烯、三氯乙烯、四氯乙烯、丙烯腈、丁二烯、氯丁二烯以及 1,4-丁二醇等，如图 1-4 所示。但是，随着石油化工的兴起，就世界范围而言，这些产品的大部分已转向以乙烯、丙烯等为原料的工艺路线。而在南非、中国和其他一些国家仍有部分产品经由乙炔为原料的工艺路线生产。目前，我国的电石产量仍保持在 150 万吨左右，其中的 50% 用于生产聚氯乙烯，10% 用于生产聚乙烯醇、氯丁橡胶、炔属醇、石灰氮、维生素 E 等。

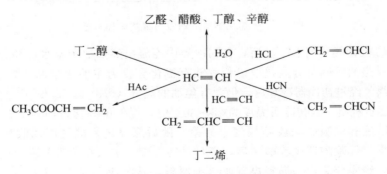

图 1-4 由乙炔生产的基本有机化工产品

1.2.4 煤气化制合成气

以煤为初始原料经过化学加工制取化学品的第三条途径是煤气化制取合成气。煤的气化是将煤或其干馏产物焦炭在气化剂（水蒸气、空气或氧气）作用下转化为主要含 CO 和 H_2 的混合气——合成气。由合成气可生产合成氨、合成甲醇、合成液体燃料等。这是煤化工最重要的过程之一，将在第 2 章中详细讨论。

1.3　石油化工

1.3.1　概述

石油化工是指以石油或天然气为初始原料生产化工产品的工业。

石油化工是在 20 世纪 20 年代，由石油炼制废气中的丙烯生产异丙醇开始的，到 20 世纪 30 年代末，仍局限于合成含氧化合物作为溶剂，直到 20 世纪 50 年代，石油化工才在许多国家勃然兴起，由石油制成的有机合成产品已有数千种之多。合成高分子物质替代了诸如金属、皮革、木材、玻璃和橡胶等。此时其所需的原料远远超过了由石油炼制尾气所能提供的范围，因而以石油馏分为原料，经蒸汽裂解生产三烯（乙烯、丙烯、丁二烯）、三苯（苯、甲苯、二甲苯）就成为石油化工最基础的原料来源，由这些基础原料可进一步合成各种有机化工产品和三大合成材料等，一般较狭义的石油化工指的就是这个过程。

一种并行的现象是，合成氨与氮肥的需要量在世界范围内极迅速地增长，其所用的合成气最初是取之于煤炭。由于合成氨的大量需要，从而就必须寻求其他的原料来源。在发现天然气的一些地区，甲烷蒸汽转化法就成为合成气的另一个来源。

石油化工与石油炼制都是以石油为原料，两者既有差异又因相互渗透而难于严格区分。传统的石油炼制工业是以生产燃料油或润滑油为主的工业部门；而石油化工则是以石油烃为原料生产基本有机化工原料、合成材料、化学肥料、精细化工产品等化工产品的工业部门。随着技术的发展和原料综合利用的强化，两者相互渗透，逐步形成一种化工-炼油联合企业，在生产燃料油或润滑油的同时，也生产越来越多的石油化工产品。

由石油到石油化工产品的加工过程一般被划分为三个层次的加工。

第一层次的加工是以石油或天然气为初始原料，经油气加工处理，先将这些以烷烃为主的初始原料按含碳数进行分离，得到轻烃（甲烷、乙烷、丙烷、丁烷等）、汽油、煤油、柴油、重质燃料油等馏分油。这一按碳数分离加工的具体工艺过程与石油炼制是一样的，如常减压蒸馏、催化裂化、催化重整、焦化等。这些轻烃和馏分油分别经热裂解、蒸汽转化等加工过程制成石油化工的基础原料：烯烃（如乙烯、丙烯、丁二烯）、芳烃（如苯、甲苯、二甲苯）或合成气。

第二层次的加工是由石油化工基础原料（三烯、三苯、合成气）进一步转化为基本有机化学品和三大合成材料（合成橡胶、合成纤维、合成树脂）的单体等。例如由甲烷通过蒸汽转化或部分氧化制得的合成气生产合成氨、甲醇、甲醛、醋酸、醋酐等；乙烯通过选择加氢除炔精制得聚合级乙烯单体，通过催化过程制得环氧乙烷、乙二醇、二氯乙烷、乙苯、苯乙烯、乙醛、乙醇、醋酸乙烯等；丙烯经精制得聚合级丙烯单体，经催化过程生产丙烯腈、异丙苯、丙酮、苯酚、环氧丙烷、环氧氯丙烷、丙烯酸、异丙醇等；丁二烯精制得聚合级单体，经催化过程制己二酸、己二腈、己二胺、1,4-丁二醇等，异丁烯可制甲基丙烯酸、叔丁醇；正丁烷或正丁烯可制顺酐、四氢呋喃、1,4-丁二醇等；苯可制环己酮、环己烷、己内酰胺、苯胺等；甲苯可制甲苯二异氰酸酯、对二甲苯等；对二甲苯可制对苯二甲酸二甲酯等。

第三层次加工的产品成千上万种，大吨位的产品主要为三大合成材料、合成洗涤剂、表面活性剂、胶黏剂、油漆涂料等。中小吨位的为专用化学品及精细石油化工产品，如医药，农药，饲料和食品添加剂，塑料、纤维、橡胶的添加剂等。

由此可见，石油化工自 20 世纪 40 年代兴起以来，特别是经历了 1960～1973 年间的高速发展，已从根本上改变了化学工业的原料结构，提高了技术水平，促进和推动了整个化学工业的发展。而且，其产品直接影响到人民生活的吃、穿、用等方面，为各种加工工业和各种技术领域提供大量廉价和具有各种优良特性的原料，在国民经济中起着极重要的作用，成为近代工业发展的支柱产业之一。

1.3.2 石油及其加工炼制

1.3.2.1 石油

石油习惯上指的是储存在地下储集层内呈液体状态的烃类混合物，是一种天然的可燃性矿物资源。

石油的组成非常复杂，其所包含的化合物种类数以万计，目前尚未能在单种化合物的水平上完成全分离或全分析。因此，石油（或其炼制产品）的组成大都按所含的化合物类型来描述。若从所含元素的角度看，主要是碳和氢，其平均含量分别为 83%～89% 和 11%～14%。石油中的碳和氢所构成的烃有烷烃、环烷烃和芳香烃三种。根据其所含烃类主要成分的不同可以把石油分为三大类：烷基石油（石蜡基石油）、环烷基石油（沥青基石油）和中间基石油。我国所产石油大多属于烷基石油。此外，石油中也还含有非烃化合物，主要是一些含硫、含氮、含氧化合物以及胶状、沥青状物质。

石油中所含的硫化物有硫化氢、硫醇、硫醚、二硫化物（RSSR）和杂环化合物等。多数石油的含硫量小于 1%。这些硫化物都有一种臭味，对设备有腐蚀性。有些硫化物如硫醚、二硫化物等本身并无腐蚀性，但受热分解所产生的硫醇、硫化氢腐蚀性较强，燃烧生成的二氧化硫会污染空气。硫化物还能使油品加工过程中所使用的催化剂中毒。所以脱除油品中的硫化物是石油加工过程中重要的一环。石油中氮的含量在千分之几到万分之几，氮的化合物有如吡咯、吡啶、胺和喹啉类等。石油中氧的含量变化很大，从千分之几到百分之一，主要是环烷酸、酚类等，也具有腐蚀性。

石油中胶状物质（如胶质、沥青等）对热不稳定，很容易起叠合和分解作用，其结构非常复杂，分子量大，不挥发，绝大部分集中在石油残渣中。由于这类物质结构复杂，组成不明，人们只能根据其外观形状称之为胶状沥青状物质，就其元素组成来说，除了碳、氢及氧以外，还有硫、氮及某些金属（如 Fe、Mg、V、Ni 等）。从结构上看，主要是稠环类结构，芳环、芳环-环烷环以及苯环-环烷环-杂环结构。

从地下开采出来的原油一般无法直接利用，须经过加工炼制成各类的石油产品。根据不同的需要对油品沸程的划分略有不同。通常，在常压蒸馏过程中，将原油分割为：拔顶气馏分（C_4 及其以下的轻烃）、直馏汽油（或称石脑油馏分，沸点 60～160℃）、煤油馏分（沸点 130～240℃）、柴油馏分（180～360℃）、常压重油馏分（沸点在 360℃以上）。常压重油可进一步在减压蒸馏过程中分割为减压柴油馏分（沸点 360～500℃）和减压渣油馏分（沸点在 500℃以上）。在炼油工业中，直馏汽油馏分经精制或催化重整后可作为汽油产品的组分之一，用于各种交通工具的动力用油。将煤油馏分精制后，可作为航空用油和灯用油。柴油馏分多用作汽车、船舶及农业机械的动力用油。减压柴油则需经过催化裂化、加氢裂化等进一步加工，或用作润滑油原料。重油除可作为船用或工业锅炉燃料外，也可在炼油厂经焦化、溶剂脱沥青或其他加工手段进一步加工处理。通常将石油的加工炼制工艺过程不很严格地划分为一次加工、二次加工和三次加工三种过程。其中一次加工是将原油蒸馏分离成几个不同沸程的馏分，它包括原油的预处理、常压蒸馏和减压蒸馏，其产品为轻汽油、汽油、煤油、柴油、润滑油等馏分油和渣油。二次加工是指将一次加工的产品再进行加工，主要是指将馏分油和渣油进行重整或裂化，如催化重整、催化裂化、加氢裂化、延迟焦化等过程。三次加工是指将二次加工产生的各种气体进一步加工，如烷基化、叠合、异构化等工艺过程，以生产高辛烷值汽油组分和各种化学品。

1.3.2.2　原油常减压蒸馏

原油的蒸馏是将原油加热使之汽化，然后经过分馏、冷凝和冷却，从而得到几个不同沸点范围馏分的过程。最简单的原油蒸馏方式是一段汽化常压蒸馏工艺，由一台加热炉、一个原油分馏塔和换热器、冷凝冷却器和机泵组成。原油经过一次的加热-汽化-冷凝完成了将原油分割为符合一定要求馏出物的加工过程。一般可以得到 350～370℃ 以前的几个轻馏分，可用作汽油、煤油、柴油等，也可作为重整、化工（如轻油裂解）等装置的原料。塔底的重油可作钢铁或其他工业的燃料，也可作为催化裂化、加氢裂化装置的原料。这种被称为原油一段汽化常压蒸馏的加工工艺虽然流程简单，投资和操作费用较少，但是对于轻质馏分含量低的原油，有相当数量（25%～30%）的 350～500℃ 中间馏分未能合理利用。因此，原油蒸馏最常采用的是二段汽化（常压蒸馏-减压蒸馏）或三段汽化（预汽化-常压蒸馏-减压蒸馏）的蒸馏工艺流程。三段汽化常减压蒸馏流程如图 1-5 所示。

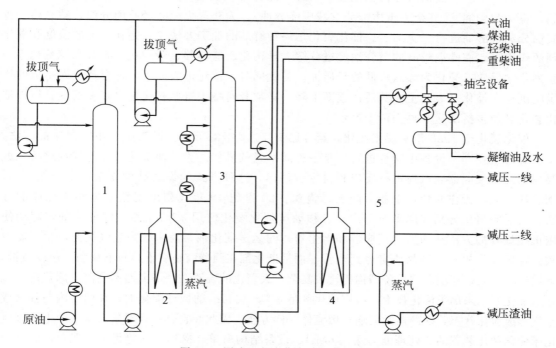

图 1-5　原油三段汽化常减压蒸馏流程

1—初馏塔；2—常压炉；3—常压塔；4—减压炉；5—减压塔

原油在蒸馏前必须经过脱盐脱水，一般要求含盐量＜5mg/L，含水 0.1%～0.2%。经过脱盐脱水后的原油换热到 230～240℃ 进初馏塔，塔顶出轻汽油馏分，塔底为拔头原油经常压炉加热至 360～370℃ 进入常压蒸馏塔。塔顶出汽油馏分，侧线自上而下分别出煤油、轻柴油和重柴油等馏分。常压塔是该装置的主塔，除了控制塔顶回流量和各侧线馏出量以调节塔各处的温度外，通常各侧线处还设有汽提塔（图 1-5 未画出），用吹入水蒸气或采用"热重沸"（加热油品使之汽化）的方法调节油品质量。此外，常压塔通常还设置 2～3 个中段循环回流。塔底为常压重油（为原油中高于 350℃ 的馏分）。为了将石油中 350～500℃ 馏分分离出来，将常压重油经减压炉加热到 405～410℃ 送入减压蒸馏塔，塔顶与抽空设备联结，塔身设有 3～4 个侧线，根据装置加工类型引出相应的馏分油（如催化裂化原料、润滑油等）。塔底渣油用泵抽出经换热冷却送出装置。

原油在常压蒸馏时，常压蒸馏塔（或初馏塔）塔顶可拔出少量的轻烃，通常称之为拔顶气，是炼厂气的组成部分，主要是 C_1～C_4 的烷烃，其数量和组成与原油的性质有关。当原油中轻烃含量较低时，直接把拔顶气送至炼厂燃料气管网，或送至气体分馏装置集中处理。当原油中轻烃含量较高时，则设置脱丙烷塔和脱丁烷塔，回收丙烷和丁烷，而甲烷和乙烷等轻组分则送至炼厂干气管网。在美国，由于加工原油量大，且原油较轻，每年由拔顶气回收的轻烃数量相当可观，单正丁烷的量就高达（500～600）万吨。

上述原油经常压蒸馏分馏出的初馏点约 200℃ 的馏分油称为直馏汽油，通常也被称为石脑油，是催化重整或蒸汽裂解生产烯烃的原料。

1.3.2.3 催化裂化

(1) 催化裂化简介

原油经常减压蒸馏所分离出的 60～500℃ 馏分中，只有 10%～40% 的轻质馏分油（汽油、煤油和柴油），其余为重质馏分（减压馏分油）。为获取更多的轻质馏分油，就必须对重质馏分和残渣油进行二次加工。催化裂化是一种有效的加工方法。它是在一定的温度和催化剂的作用下，使沸点较高的馏分油经过分解、异构化、氢转移、芳构化、叠合和烷基化等一系列化学反应，裂化为沸点较低的轻质油。与此同时，催化剂表面上因缩合反应而生成的焦炭则沉积在催化剂表面上使其活性逐渐下降，必须及时烧去这些积炭使之恢复活性。所以催化裂化必须包括反应和再生两个过程。

催化裂化于 1936 年实现工业化，至今已有 70 多年的历史。最初是采用固定床的方法，反应和再生在同一设备中交替进行，是一种间歇式的操作。为了使催化裂化能连续进行，就要采用几个反应器轮流地进行反应和再生。显然，这种方式的设备结构复杂，生产能力小，钢材耗量大，操作麻烦，工业生产上已淘汰。20 世纪 40 年代初出现移动床和流化床的方法。反应和再生分别在两个设备进行。移动床催化裂化使用 $\phi 3mm$ 的小球催化剂，起初使用机械提升的方法在两器（反应器和再生器）间运送催化剂，后来改为空气提升，生产能力较固定床大为提高，产品质量得到改善。而且催化剂在两器内是靠重力向下移动，速度缓慢，磨损较小。但是移动床的设备结构仍比较复杂，大型化的装置在经济上远不及流化床优越。流化床催化裂化采用了流化技术，所用催化剂是 $\phi 20$～$100\mu m$ 的微球催化剂，在两器内与油气或空气形成流化状态，在两器间的输送像流体一样方便。因此，它具有处理量大（工业上大型流化床催化裂化装置的年处理能力达到 6Mt）、设备结构简单、操作灵活等优点。但是，流化床存在着床层返混现象，产品质量和产率不如移动床。20 世纪 60 年代初，为了适应催化裂化分子筛催化剂高活性的特点，采用提升管反应器，以高温短接触时间的活塞流反应代替原来的床层反应，克服了返混现象，使生产能力大幅提高，产品质量和产率得到显著改善。

20 世纪 80 年代以来，催化裂化发展主要表现在渣油催化裂化的技术方面，已经定型的技术有凯洛格（kellogg）公司的重油裂化（Heavy Oil Cracking，HOC）；阿希兰德（Ashland）公司和环球（UOP）公司合作开发的常压渣油转化（Reduced Crude Conversion，RCC）；以及道达尔（Total）公司的渣油流化催化裂化（Resid Fluid Catalytic Cracking，RFCC）。这些技术可直接加工不太重的常压渣油。对于含硫、氮、胶质沥青质、稠环烃类以及重金属较多的劣质常压渣油，则需进行预处理。如常压渣油加氢脱硫、沥青渣油处理、减压渣油溶剂脱金属等工艺都是预处理工艺，可使渣油中不良组分的含量降低至催化裂化装置所允许的范围。

（2）烃类的催化裂化反应

催化裂化原料大体上可分为馏分油和渣油两大类。在馏分油原料中主要是原油减压蒸馏的侧线馏出油，沸程在 350～550℃ 的范围。其他如焦化蜡油、减黏裂化馏出油等热加工产物或者润滑油溶剂精制的抽出油等也都可作为催化裂化的原料。这些烃原料经过催化裂化加工过程生成气体、汽油、柴油、重质油（可循环作原料或制成澄清油）及焦炭几部分产品。其中气体产品中有干气和液态烃两部分，干气中有 C_1～C_4 烃、H_2、H_2S；而液态烃中大量的是 C_3、C_4 烃，约占气体产品的 90%（质量分数）。气体产率约为 10%～20%。催化裂化汽油产率为 40%～60%（质量分数），柴油产率为 20%～40%（质量分数），渣油中含有少量催化剂细粉，一般不作为产品而是返回反应器进行回炼，若经分离出催化剂细粉，则成为澄清油。沉积在催化剂上的焦炭当然也不能作为产品，其产率约为 5%～7%，必须把它烧掉才能恢复催化剂的活性。

催化裂化原料是在催化剂表面上进行各种类型的反应后才生成了上述的各种产品，这其中主要有：分解反应、异构化反应、氢转移反应、芳构化反应、叠合反应和烷基化反应等。

① 分解反应　各种烃类都能进行 C—C 键断裂的分解反应。烷烃分解时多从中间的 C—C 键处断裂，分子越大越容易断裂。碳原子数相同的链状烃中，异构烃比正构烃容易分解。C—C 键的键能随着分子从两端向中间移动而减弱，例如 C1—C2 的键能为 301kJ/mol，C2—C3 为 268kJ/mol，C3—C4 为 264kJ/mol，C5—C6 及其他中部的 C—C 键的键能均为 262kJ/mol。因此，正庚烷的分解产物是正丁烷和丙烯。

$$\text{C—C—C—C—C—C—C} \longrightarrow \text{C—C—C—C} + \text{C}{=}\text{C—C} \qquad (1\text{-}4)$$
　　　　　正庚烷　　　　　　　　　　正丁烷　　　丙烯

其他烃的分解反应如下列反应式所示：

$$\underset{\text{2-甲基庚烷}}{\text{C—C—C—}\overset{\beta}{\text{C}}\text{—C—C—C}} \xrightarrow{\beta\text{断裂}} \underset{\text{正丁烷}}{\text{C—C—C—C}} + \underset{\text{异丁烯}}{\text{C}{=}\text{C—C}} \qquad (1\text{-}5)$$

$$\underset{\text{戊基环戊烷}}{\bigcirc\text{—C—C—C—C—C}} \xrightarrow{\beta\text{断裂}} \underset{\text{甲基环戊烷}}{\bigcirc\text{—C}} + \underset{\text{1-丁烯}}{\text{C}{=}\text{C—C—C}} \qquad (1\text{-}6)$$

$$\underset{\text{乙基环戊烷}}{\bigcirc\text{—C—C}} \xrightarrow{\beta\text{断裂}} \underset{\text{2-乙基-1-戊烯}}{\text{C}{=}\text{C—C—C—C}} \qquad (1\text{-}7)$$

$$\underset{\text{异丁基苯}}{\bigcirc\hspace{-2pt}\text{—C—C—C}} \longrightarrow \underset{\text{苯}}{\bigcirc} + \underset{\text{异丁烯}}{\text{C}{=}\text{C—C}} \qquad (1\text{-}8)$$

② 异构化反应　分子组成不变只改变分子结构的反应称为异构化反应。在催化裂化过程中异构化反应的方式有：骨架异构、双键移位异构和几何异构。例如：

$$\text{二甲基环戊烷} \longrightarrow \text{甲基环己烷} \tag{1-9}$$

$$C—C—C=C \longrightarrow C—C—C \quad \tag{1-10}$$

1-丁烯　　　　　　异丁烯

$$C—C—C—C—C=C \longrightarrow C—C—C=C—C—C \tag{1-11}$$

1-己烯　　　　　　　　　3-己烯

$$\text{顺丁烯} \longrightarrow \text{反丁烯} \tag{1-12}$$

③ 氢转移反应　烃分子上的氢转移到另一个烯烃分子上使之饱和的反应称为氢转移反应。如果供氢的烃分子是烷烃则会变成烯烃，环烷烃变成环烯烃，若进一步氢转移则成为芳烃；而烯烃接受氢则变为烷烃，二烯烃接受氢则变为单烯烃。

$$\text{甲基环己烷} + C—C=C—C \text{(2-丁烯)} \longrightarrow \text{甲基环己烯} + C—C—C—C \text{(正丁烷)} \tag{1-13}$$

④ 芳构化反应　能生成芳烃的反应属于芳构化反应。例如：

$$C—C=C—C—C—C—C \text{(2-庚烯)} \longrightarrow \text{甲基环己烷} \longrightarrow \text{甲苯} + 6H \tag{1-14}$$

⑤ 叠合反应　烯烃与烯烃合成为大分子的烯烃称为叠合反应。这一反应与催化裂化反应的主流（由大分子烃分解裂化为小分子烯）相反。深度叠合最终将生成焦炭，好在叠合反应在催化裂化过程并不占优势。

⑥ 烷基化反应　烯烃与芳烃或烷烃都可能发生加合反应称为烷基化反应。

$$\beta\text{-甲基萘} + C=C—C—C \text{(1-丁烯)} \longrightarrow \text{2-甲基-3-异丁基萘} \tag{1-15}$$

由上可见，在催化裂化过程中裂化原料中的各种烃进行着复杂交错的反应，有大分子裂化为较小的分子，得到气体、液态烃、汽油、柴油的反应；也有小分子叠合、脱氢缩合为较大分子直至成焦炭的反应。

烃类在催化剂上所发生的上述各种反应都经过了原料烃分子转变为正碳离子的阶段，即催化裂化反应实际上是各种正碳离子的反应。所谓正碳离子是烃分子中有一个碳原子的外围缺少一对电子形成带正电荷的离子，如 $R^1 : \overset{\overset{R^2}{\cdot\cdot}}{\underset{+}{C}} : R^3$。

正碳离子是由烯烃的双键中断开一个键同时加上一个质子（H^+），而质子是加在原来含氢较多的碳原子一边，而含氢较少的那一个碳原子缺少一对电子而成为正碳离子。因此，由中性分子最初形成正碳离子必须有烯烃和质子。在催化裂化过程中，如果裂化原料不含烯烃，那么可能是由饱和烃在催化裂化的温度下因热反应而产生烯烃；而质子则可由催化剂的酸中心提供。当烯烃吸附在催化剂表面时，在一定温度下与质子化合形成正碳离子；或从已生成的正碳离子处获得一个 H^+ 而生成正碳离子。反应最后，正碳离子放出质子 H^+ 还给催化剂，而自身变成烯烃，反应得到终止。正碳离子的反应包括：大的正碳离子发生 β 位断裂生成一个烯烃和一个小的正碳离子；伯正碳离子变成仲正碳离子，然后进行 β 位断裂，甚至异构化为叔正碳离子再进行 β 位断裂；较小的正碳离子与烯烃、烷烃、环烷烃之间发生氢转移，小的正碳离子变成小的烷烃，中性烃分子变成新的正碳离子并接着进行各种反应；正碳离子和烯烃结合生成大分子的正碳离子，即叠合反应等。

在催化裂化的反应条件下，上述烃类所能发生的各类反应中，凡属分解类型的反应，例如：断裂、开环、脱氢等反应都是吸热反应；而合成类型的反应，如：氢转移、缩合等反应都是放热反应。但在催化裂化的反应条件下，分解反应是主要的，且热效应比较大。因此，催化裂化总的热效应表现为吸热反应。显然，这一热效应数据比较难于准确确定。催化裂化装置通常采用下列 3 种方法表示反应热效应的大小：①用生成的汽油以下轻质产品的量为基准表示；②用新鲜原料为基准表示，在一般工业条件下反应热约为 $290\sim420kJ/kg$ 新鲜原料；③用催化裂化反应生成的焦炭中的炭为基准表示，当反应温度为 $510℃$ 时，反应热为 $912kJ/kg$ 炭。

(3) 催化裂化催化剂

工业上所使用的催化裂化催化剂归纳起来有三类，分别是天然白土催化剂、无定形合成硅酸盐催化剂和分子筛催化剂。前面两种都是无定形的硅酸铝催化剂，所以也可以说工业上所使用的催化裂化催化剂有两类，即无定形和结晶型硅酸铝催化剂。但是所谓分子筛催化裂化催化剂一般只含 $5\%\sim20\%$ 活化后的分子筛，其余载体仍然是无定形硅酸铝。虽然天然白土催化剂制造成本低，但性能差，现已很少单独使用，而是作为催化剂载体。

合成硅酸铝催化剂依其铝含量的不同分为低铝和高铝两种。低铝硅酸铝催化剂含 Al_2O_3 $10\%\sim13\%$，高铝硅酸铝催化剂含 Al_2O_3 约 25%。硅酸铝催化剂具有活性是由于其酸性能给烃分子提供质子，使之形成正碳离子。所以，通常通过测定催化剂的酸性来评价其活性。而硅酸铝催化剂的酸性则源于其化学组成与结构。在硅酸铝催化剂中，最基本的结构单元是硅（铝）氧四面体，硅（铝）处于四面体的中心，四个顶角位置是氧原子。硅氧之间以共价键相连接。由于氧是二价，故每个氧又要和另一个硅相连接，这就构成四面体之间的连接，从而形成一个较大的分子。在铝氧四面体中，因为铝是三价，所以在四个铝氧键中有一个 Al—O 键是配位键，因而铝原子显负电性，这时在这个配位键位置上的氧会结合一个带正电荷的 H^+，以使催化剂整体仍保持电中性，而质子则源于催化剂结构中的水，这类酸中心被称为质子酸中心（即布朗斯特酸，或称 B 酸）。而处于催化剂结构边缘的铝原子只有三个化合键，显电中性，但由于这种铝原子的最外电子层只有 6 个电子（三个 Al—O 键），距稳定的 8 电子结构还缺一对电子，故也会形成酸中心。这种酸中心的形成没有水的参与，属于路易斯（Lewis）酸中心，或称 L 酸。B 酸和 L 酸都是催化剂的活性中心，两种酸在反应条件下可以相互转化。由此可见，不管哪一种酸中心，都形成于铝的部位，而硅只是使铝能在催化剂结构中均匀分布。所以 Al—O—Si 是活性结构，而 Si—O—Si 则是非活性结构，即活性大小与铝的含量有关。

无定形硅酸铝催化剂具有很多不规则的微孔，其颗粒密度约为 $1.0g/mL$，孔体积约为 $0.5mL/g$，即每颗催化剂中微孔所占的体积约为整粒催化剂的一半。这些微孔的直径大小不一，平均孔径约为 $4\sim7nm$。这些微孔结构使硅酸铝催化剂具有很大的表面积，新鲜催化剂的比表面积可达 $500\sim700m^2/g$，活性中心就分布在这些表面上。在催化裂化的反应条件下，这些微孔会被高温和水蒸气破坏，平均孔径增大，比表面积减小，活性相应降低。

分子筛也是一种硅酸铝，只是它具有规则的晶体结构，在它的晶体结构中排列着整齐均匀、大小一定的孔穴，只有小于孔径的分子才能进入其中，而直径大于孔径的分子则无法进入。由于它能像筛子一样将直径大小不一的分子分开，故被称为分子筛。

分子筛的化学组成可以用通式表示为：

$$M_{2/n}O \cdot Al_2O_3 \cdot xSiO_2 \cdot yH_2O$$

式中，M 为分子筛中的金属离子；n 为金属的原子价，如 Na 为一价，Ca 为二价，稀土金属为三价等；x 为 SiO_2 的分子数（亦即硅铝比 SiO_2/Al_2O_3）；y 为结晶水的分子数。分子筛有多种类型，包括：方钠型，如 A 型分子筛；八面型，如 X 型、Y 型分子筛；丝光型，即 M 型沸石；高硅型，如 ZSM-5 分子筛等。分子筛在催化反应中的作用源于其所具有的酸性，是一种固体酸催化剂。近 20 多年来，分子筛在石油化工中占有重要的地位。

在分子筛的结构中，最基本的结构单元是硅氧或铝氧四面体。在硅氧或铝氧四面体中，氧是二价的，相邻的四面体由氧桥连接成环，按成环氧原子数划分，有四元、五元、六元、八元、十元和十二元氧环等。多元环上的原子并不都在同一平面上，氧环通过氧桥相互连接形成具有三维空间的各种多面体，多面体具有中空的笼。笼也有各种型，如 α 笼、β 笼、γ 笼、八面沸石笼、六方柱笼等。现以 X 型和 Y 型分子筛的晶体结构为例，将相关的 β 笼、六方柱笼、八面沸石（X 型和 Y 型分子筛）的结构示于图 1-6。

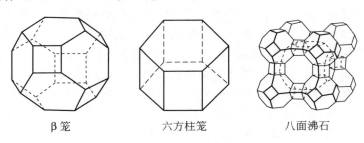

β 笼　　　　　　　六方柱笼　　　　　　八面沸石

图 1-6　β 笼、六方柱笼、八面沸石示意

β 笼是一个十四面体，由六个四元环和八个六元环组成，共有 24 个顶角。其形状宛如削顶的正八面体，窗口孔径 0.66nm，空腔体积 $0.16nm^3$。六方柱笼是六方棱柱体，由六个四元环和两个六元环组成。若以 β 笼作为结构单元，五个 β 笼构成一个正四面体，其中一个 β 笼居四面体中心，其余四个占据四面体的四个顶点，再用四个六方柱笼将相邻的两个 β 笼连接，便形成八面沸石笼。不同结构的笼再通过氧桥相互连接形成各种不同结构的分子筛，如八面沸石笼继续连接下去就构成了 X 型和 Y 型分子筛的晶体结构。

X 型和 Y 型分子筛晶胞中四面体总数都是 192 个，金属离子（Na、Ca、稀土等）则分布在大笼子的内表面上和六角棱柱。初始合成的分子筛是钠型，没有催化活性，必须进行离子交换，用多价金属离子或氢离子将钠离子顶替出来才能作为催化剂使用。这是因为多价金属离子对水分子的极化作用加强，提高了质子酸的浓度。此外，多价金属离子在分子筛中的不对称分布，会使晶格中产生强的静电场，静电场对被吸附的烃分子起极化作用，促其进行正碳离子反应。酸性中心密度测定表明：分子筛单位面积酸中心数约为无定形硅酸铝的 100 多倍。

将分子筛均匀地分散在无定形的硅酸铝载体上，不仅能使其更好地发挥催化作用，而且可以使大于分子筛孔径的较大分子先在载体上进行初步反应，反应产生的较小分子再进入分子筛内进行反应。同时载体可使催化剂使用量增大便于解决热量的传递问题，还可提高分子筛对热、蒸气、机械磨损的稳定性，并降低催化剂的成本。

作为一个工业催化剂，除了必须具备较高的催化活性、选择性和稳定性外，还必须有相应的物理性能以满足工艺上的要求。流化床所用的催化剂是大小不同的混合颗粒。大小颗粒所占的百分数称为筛分组成或粒径分布。流化催化裂化所用催化剂的粒度范围主要是 $20\sim100\mu m$ 之间的颗粒，以使催化剂颗粒易于流化、气流夹带损失少、反应与传热面积大。颗粒小易于流化，表面积大，但气流夹带损失也大。一般称粒径小于 $40\mu m$ 的颗粒为细粉，大于 $80\mu m$ 的为粗粒。在流化催化裂化装置中运作的催化剂中，细粉含量在 $15\%\sim20\%$ 时流化性能较好，在输送管路中的流动性也较好，并能改善再生性能，气流夹带损失也不太大。通常希望运作的催化剂粒径为 $40\sim80\mu m$ 的颗粒含量保持在 70% 以上。流化催化裂化催化剂颗粒骨架密度约为 $2.2g/mL$，颗粒密度约为 $1.0g/mL$，堆积密度为 $0.4\sim0.9g/mL$。新鲜催化剂的比表面积在 $400\sim700m^2/g$，而运作中的催化剂比表面积降至 $120m^2/g$。

催化剂在流化催化裂化装置使用中还有再生和汽提的问题。前已述及，烃类在反应过程中由于缩合类型的反应会生成高度缩合的产物焦炭沉积在催化剂表面，使其活性、选择性下降，通常采用烧炭的方法使其恢复活性和选择性，该过程即为再生。硅酸铝催化剂再生前的含碳量一般为 1% 左右，再生后为 $0.3\%\sim0.5\%$；分子筛催化剂再生前的含碳量为 0.85%，再生后含碳量在 0.2% 以下。处于密相流化状态的催化剂如果直接进入再生反应器将会损失大量的油气，并会增加再生器的负荷。所以催化剂在进入再生器之前必须将其所携带的油气用过热蒸汽置换出来。

(4) 催化裂化工艺流程

20 世纪 60 年代以来，由于催化裂化分子筛催化剂显示出明显的优越性，催化裂化装置大都由流化床改为提升管式反应装置，以严格控制反应时间（$1\sim4s$），减少二次反应。其反应装置和再生装置的排布有高低并列式、同高并列式和同轴式之分。整个催化裂化装置通常由反应-再生系统、分馏系统和吸收稳定系统三个部分组成。对于再生压力较高（$>0.15MPa$ 表压）的装置还设有烟气能量回收系统。图 1-7 所示的是催化裂化工艺流程中高低并列式提升管反应-再生装置。

新鲜原料油与回炼油混合，经加热炉预热至 $300\sim380℃$，由喷嘴喷入提升管反应器底部，另有一部分回炼油浆不进加热炉而直接进入提升管器底部，与高温再生催化剂（$600\sim750℃$）相遇，发生气化反应。油气在提升管反应器通常只停留数秒钟，反应温度 $480\sim530℃$，压力为 $0.14MPa$ 表压。反应后的气流经旋风分离装置分离出夹带的催化剂后离开反应器去分馏系统。

与反应气流分离后的催化剂（待再生催化剂）由旋风分离装置进入反应装置的沉降器部分靠重力落入下面的汽提段。汽提段内装有多层挡板并在底部通入过热蒸汽，待再生催化剂上吸附的油气和颗粒之间的油气被水蒸气置换而返回沉降器上部。经汽提后的待再生催化剂通过斜管进入再生器。

再生用的空气通过再生器下面的辅助燃烧室及分布板进入再生器的密相床层，在 $650\sim690℃$、$0.15\sim0.25MPa$ 条件下进行再生。含碳量降到 0.2% 以下的再生催化剂经淹流管、再生斜管和再生单动滑阀进入提升管反应器，构成催化剂循环。烧焦产生的再生烟气经再生器稀相段进入旋风分离器，分离大部分携带的催化剂颗粒后，通过集气管和双动滑阀排入烟囱。被分离的催化剂颗粒经旋风分离器料腿返回床层。

在生产过程中催化剂会有损失，即使损失很小，催化剂的性能也会随使用的时间而逐渐衰退。为了保持生产装置催化剂的量和活性水平，必须设有废旧催化剂的取出和新鲜催化剂

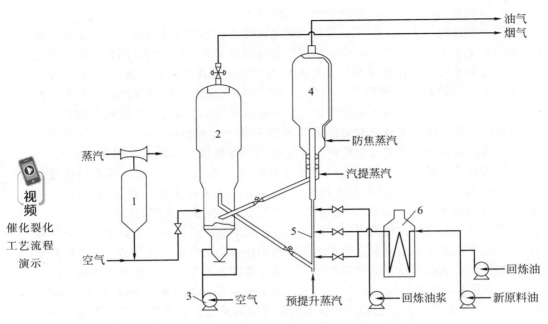

图 1-7　催化裂化反应-再生系统
1—催化剂罐；2—再生塔；3—主风机；4—沉降器；5—提升管；6—加热炉

的补充装置。通常设有新鲜催化剂贮罐和卸旧催化剂用的催化剂贮罐。

1.3.2.4　催化重整

催化重整的目的是将低辛烷值的直馏汽油（石脑油）转化为富含芳烃和异构烷烃的高辛烷值汽油，或加工成苯、甲苯和二甲苯等化工原料，是原油二次加工的重要过程之一。被加工的直馏汽油（主要成分是烷烃和环烷烃）在催化剂的作用下发生了芳构化反应（如六元环烷烃脱氢生成芳烃、五元环烷烃脱氢异构、链状烷烃脱氢环化生成芳烃）、异构化反应（如正庚烷异构化为异庚烷、甲基环戊烷异构化为环己烷、间二甲苯异构化为邻或对二甲苯等）和加氢裂化反应等。重整所用的催化剂有单金属、双金属和多金属催化剂。其中最重要的是铂重整催化剂和铂-铼重整催化剂。其工艺过程包括原料预处理、重整、芳烃抽提和芳烃精制四个部分。

（1）催化重整的化学反应

催化重整通常是以直馏汽油为原料，在催化剂的作用下，于温度 450～530℃、压力 1～3MPa、气油比 5～8（摩尔比）或 1200～1500（体积比，标准立方米氢气/立方米的油）条件下进行的。原料油和氢气混合后以气体状态通过催化剂层，发生的化学反应主要有三类：芳构化反应、异构化反应和加氢裂化反应。此外，还有烯烃饱和、叠合、缩合等反应。烃类的叠合、缩合反应产生焦炭，将导致催化剂活性下降。

芳构化反应主要有六元环烷烃脱氢芳构化、五元环烷烃异构脱氢芳构化和烷烃环化脱氢芳构化，例如：

$$\bighexagon \rightleftharpoons \bighexagon + 3H_2 \tag{1-16}$$

$$\text{—}CH_3 \rightleftharpoons \bighexagon \rightleftharpoons \bighexagon + 3H_2 \tag{1-17}$$

$$n\text{-}C_6H_{16} \rightleftharpoons \bigcirc\kern-1.2em\bigcirc \rightleftharpoons \bigcirc\kern-1.2em\bigcirc + 3H_2 \qquad (1\text{-}18)$$

异构化反应在这里主要是指正构烷烃的异构化，例如：

$$n\text{-}C_7H_{16} \rightleftharpoons i\text{-}C_7H_{16} \qquad (1\text{-}19)$$

正构烷烃的异构化可以提高汽油的辛烷值，异构化后也易于进行环化进一步脱氢芳构化。

加氢裂化反应中包含了裂化、加氢、异构化多种反应，生成较小的分子和较多的异构产物，有利于提高汽油辛烷值，但由于同时生成小于 C_3 的分子而使汽油产率下降。

$$n\text{-}C_7H_{16} + H_2 \longrightarrow C_3H_8 + i\text{-}C_4H_{10} \qquad (1\text{-}20)$$

$$\bigcirc\!\!-CH_3 + H_2 \longrightarrow H_3C-CH_2-CH_2-\underset{\underset{CH_3}{|}}{CH}-CH_3 \qquad (1\text{-}21)$$

$$\bigcirc\!\!-\underset{\underset{CH_3}{|}}{\overset{CH_3}{C}}-CH_3 + H_2 \longrightarrow \bigcirc\kern-1.2em\bigcirc + C_3H_8 \qquad (1\text{-}22)$$

（2）重整催化剂

目前工业上采用的重整催化剂主要是含铂的贵金属催化剂，有单金属的铂催化剂、双金属的如铂铼或铂锡催化剂，以及以铂为主的三元或四元多金属催化剂。这类贵金属催化剂是一种双功能催化剂，既能以铂为活性中心促进加氢、脱氢反应，又有酸性载体提供酸中心，促使裂化、异构化反应。两种功能在反应过程中要有机结合才能获得满意的效果。

在铂催化剂中，铂含量约为 $0.1\% \sim 0.7\%$（质量分数）。一般地说，催化剂的脱氢活性、稳定性和抗毒能力随铂含量的增加而增强，但铂含量接近 1% 时，继续提高铂含量就没有什么显著效果。铂重整催化剂所用的载体通常是 $\gamma\text{-}Al_2O_3$，它具有比较大的表面积，并能使活性组分很好地分散在其表面上；$\gamma\text{-}Al_2O_3$ 作为催化剂的骨架具有较好的机械强度，而且还具备了适当的孔结构利于原料和反应产物的扩散。但是，氧化铝本身的酸性很弱，通常要润载诸如 HF、HCl、BF_3 等酸性组分以调节其酸强度。随着卤素含量的增加，催化剂对异构化、裂化等酸性反应的活性也增强。但卤素在催化剂的操作条件下易被水蒸气带走，因此在操作上应根据系统中的水-氯平衡状态注氯或注水，以维持氯在催化剂上的适当含量。

（3）催化重整工艺流程

① 工艺条件 催化重整的原料为直馏汽油，其中含有烷烃、环烷烃和芳烃。重整原料中的烯烃、水、砷、铅、铜和硫等杂质会使催化剂中毒而丧失活性，需要在进入重整反应器之前除去。除了催化剂的性能之外，重整过程的工艺条件主要有温度、压力、空速和氢油比。

反应温度 催化重整是一个复杂的反应系统，有多种类型的反应同时在进行，温度对这些反应在热力学方面的影响是不同的。重整的最基本反应脱氢芳构化是一个强吸热反应，而加氢裂解类型的反应则是放热反应。提高反应温度有利于催化重整主要反应的进行。但是反应温度提高，也使加氢裂化反应加快，过程汽油产率下降、催化剂上的积炭也加剧。一般在催化剂使用的初期反应温度控制在 $480 \sim 500℃$，随着催化剂使用时间的延长，逐步将反应温度提高至约 $515℃$。

反应压力 提高反应压力对可生成芳烃的环烷烃脱氢、烷烃环化脱氢反应都是不利的，因此，从增加芳烃产率的角度考虑希望采用低的反应压力。但反应压力低，催化剂表面容易积炭，活性下降较快，运转周期短。所以，一般生产高辛烷值汽油的催化重整可在 3～4MPa 下操作。采用稳定性好的双金属或多金属重整催化剂时，则可采用较低的反应压力，如 1.4～1.8MPa。

空速 空速的大小表示反应物与催化剂接触时间的长短，也即反应时间的长短。催化重整中各类反应的反应速度是不一样的，因而变更反应时间对各类反应的影响是不同的。如环烷烃脱氢反应速度较高，而烷烃环化脱氢和加氢裂解反应的速度则较慢。所以在一定范围内提高空速可在满足环烷烃脱氢反应所需时间的同时，减少加氢裂解反应，获得较高芳烃产率和汽油收率。空速增大后，可以适当提高反应温度，以保持一定的转化率。但在一般情况下，反应温度可调节的幅度不大，且空速的变化影响装置的处理量，一般情况下，铂重整采用的空速是 3～4h^{-1}［即 3～4m^3 液体原料/(m^3 催化剂·h)］。铂铼重整装置采用的空速较小，为 2h^{-1}。

氢油比 氢油比有两种表示方法，一种是摩尔比，另一种是体积比，即标准立方米氢气/立方米液态油。

② 工艺流程 催化重整既可用于生产高辛烷值汽油，也可用于生产芳烃，生产目的不同，流程也相应有些差别。以直馏汽油为原料，生产轻质芳烃为目的的催化重整工艺包括了原料的预处理、催化重整、溶剂抽提和芳烃精制四个部分。而以生产高辛烷值汽油为目的的催化重整工艺则由原料预处理和催化重整两个部分组成。

原料预处理包括：预分馏截取合适的馏分范围，如 80～180℃馏分，并将水分降至 30×10^{-6}（体积分数，下同）以下；预脱砷以使原料中的砷含量降到 100×10^{-9} 以下，是在 2MPa、320～360℃、气油比 100～150、以钼酸镍为催化剂的条件下进行的；预加氢以脱除原料中如硫、氧、氮、铝等杂质，并使烯烃饱和。

图 1-8 所示的是以生产高辛烷值汽油为目的的催化重整工艺流程图。经过预处理的原料油与氢气混合，经换热、加热炉加热后进入重整反应器。由于重整反应是强吸热的，通常采用 3～4 个重整反应器串联，反应器之间设置加热炉加热至反应所需的温度。这些反应器所发生的反应不尽相同，在第一个反应器中进行的主要是反应速度很快的环烷烃脱氢反应，热效应大，温降也大，而最后一个反应器内所发生的主要是反应速度较慢的烷烃脱氢环化反应

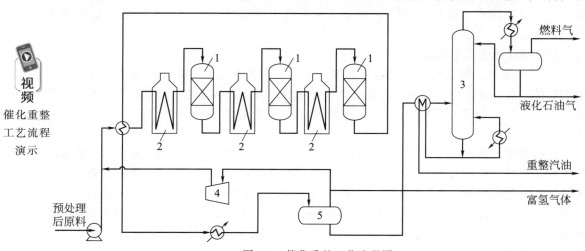

图 1-8 催化重整工艺流程图

1—反应器；2—加热炉；3—稳定塔；4—压缩机；5—分离器

及加氢裂化反应，热效应小，温降也小。因此，这 3～4 个反应器催化剂装填量是不同的，其比例依次为 1.0∶1.5∶2.5∶5.0。流出最后一个反应器的气流在高压分离器中分离出富氢气体（含氢气约 90%），而后重整油进入稳定塔，塔底得重整汽油。

上述流程中若是在比较缓和的条件下采用 Pt/Al_2O_3 催化剂，如以 80～200℃ 馏分油为原料、450～520℃、1.5～3.0MPa 氢压下，一般可连续运行半年至一年不需要再生。这就是目前应用比较广泛的半再生式固定床催化重整。美国环球油品公司开发了一种连续再生式重整流程。流程中有 4 个反应器，前 3 个反应器同轴由上而下叠在一起，催化剂由上而下一次通过（移动床反应器方式），然后提升至再生器进行再生。第四个反应器积炭较多，单独排列。

1.3.2.5　延迟焦化

将重质原料（渣油）进行热破坏加工可以从中获取燃料油。在强热作用下，重质原料中的大分子烃分解为较小的分子，同时其中某些较活泼的分子也会彼此化合，最终将得到气体、汽油、中间馏分油以及焦炭等产品。在热破坏加工中，延迟焦化过程是应用最为广泛的一种加工过程，它是让原料油以很高的流速在高热强度下通过加热炉管，在短时间内被加热到焦化反应所需要的温度，并迅速离开炉管进入焦炭塔，使原料的裂化、缩合等反应延迟到焦炭塔中进行，以避免在炉管内大量结焦，影响装置的运行周期。

延迟焦化装置有一炉二塔、二炉四塔等，图 1-9 所示的是一种典型的延迟焦化流程。原料经预热后，先进入分馏塔下部，与从焦炭塔顶过来的焦化油气在塔内接触换热，把原料油中的轻组分蒸发出来，同时也使原料油被加热（一般分馏塔底部温度不超过 400℃）。焦化油气中相当于原料油沸程的部分称为循环油，其随原料一起从分馏塔底部被抽出，并打入加热炉辐射室，加热到 500℃ 左右，再通过四通阀由底部进入焦炭塔，进行焦化反应。为了防止油在炉管内结焦，需向炉管注水以加大流速（一般为 2m/s 以上），减少物料在炉管中的停留时间，注入水量约为原料油的 2%。进入焦炭塔的高温渣油需停留足够时间（大约 24h），以便充分反应。反应所得到的油气从焦炭塔顶引出进入分馏塔，分出焦化气、汽油、蜡油以及循环油。焦化生成的焦炭（称为石油焦）留在焦炭塔内，通过水力除焦从塔内排出。

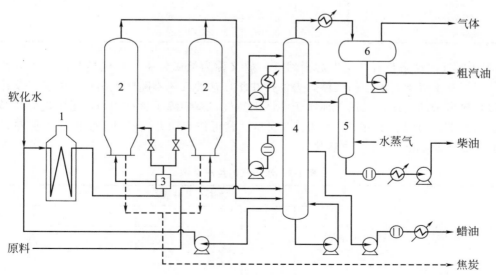

图 1-9　延迟焦化装置流程示意

1—加热炉；2—焦炭塔；3—四通阀；4—分馏塔；5—汽提塔；6—回流罐

由分馏塔分出的焦化气约占焦化产品的 $6\%\sim7\%$，含有 CH_4（约 26%，体积分数，下同）、C_2H_6（约 14%）、C_2H_4（约 3%）、C_3H_8（约 10%）、C_3H_6（约 7%）、C_4H_{10}（约 7%）、C_4H_8（约 5%）等；焦化汽油约占炭化产品的 $11\%\sim15\%$，安定性较差，含有较多的不饱和烃，一般辛烷值只有 $50\sim60$，需经加氢精制才能作为汽油组分，由于是由渣油热加工而得，含硫、含氮等非烃成分也较高；焦化柴油约占焦化产品的 $28\%\sim30\%$，同样需经加氢精制才能作为柴油发动机的燃料；焦化蜡油约占产品的 $26\%\sim32\%$，主要作为催化裂化等二次加工过程的原料，或与其他渣油调和作为锅炉燃料；石油焦约占焦化产品的 $16\%\sim23\%$，是该过程特有的产品，是重要的电极和绝缘材料。

1.3.3 天然气及其净化分离

1.3.3.1 天然气资源

天然气是埋藏在地下、自然喷出或人工开采出来的可燃性气体的总称。天然气的主要成分是甲烷，有的还含有乙烷、丙烷等轻质饱和烃以及少量 CO_2、N_2、H_2S 等非烃成分。

天然气按其组成可分为干气和湿气两类。干气的甲烷含量在 90% 以上，常温下加压不能使之液化，所以称为干气；湿气除含有甲烷外尚含有相当数量的乙烷、丙烷、丁烷及 C_4 以上的烃类，乙烷以上的烃在常温下加压可以使之液化，所以称为湿气。

按矿藏类型来分，天然气可分为气井气、油田伴生气和凝析井气三种。

① 气井气　开采时只出气不出油的井称为气井，开采出来的气体称为气井气。这种气体属于干性天然气（干气），甲烷含量 95% 以上，乙烷、丙烷以上的烃含量较少。其组成如表 1-2 所示。

表 1-2　干性天然气的组成举例

产地	组成（体积分数）/%							
	C_1	C_2	C_3	C_4	CO_2	H_2S	N_2	其他
中国	89.99	0.19	0.10	—	3.10	1.460	5.01	0.15
美国	92.18	3.33	1.48	1.09	0.90	—	1.02	—
英国	95.00	2.76	0.49	0.41	0.04	—	1.30	—
俄罗斯	93.6	4.00	0.60	1.10	0.10	—	0.60	—

② 油田气　这是与石油伴生的天然气，故又称为油田伴生气，包括井蒸气和溶解气两种。井蒸气是不溶于石油中的气体，为保持井压，这种气体不随便采出；而溶解气是在开采石油时释放出来的气体，无例外地属于湿性天然气，其中除了含有相当数量甲烷外，尚含有一定量的乙烷、丙烷、丁烷等，如表 1-3 所示。其可作为动力燃料或宝贵的化工原料，气油比一般在 $20\sim500\text{m}^3$ 气/t 原油范围。

表 1-3　油田气的组成举例

产地	组成（体积分数）/%							
	C_1	C_2	C_3	C_4	C_5	CO_2	H_2S	N_2
中国	79.57	1.90	7.60	5.62	3.31	—	—	—
美国	86.40	5.50	2.70	1.50	—	0.10	已脱硫	3.80
委内瑞拉	76.70	9.79	6.69	3.26	1.66	1.90	—	—
法国	69.50	3.10	1.00	0.50	0.80	10.00	15.10	—
俄罗斯	87.20	2.60	3.50	2.70	1.20	0.80	—	—
印度尼西亚	52.25	11.00	19.80	9.25	5.29	1.02	—	1.39

③ 凝析井气 甲烷、乙烷等烃类混合物在 1500m 以下的地下是以气相存在的，井下压力一般很高，约有 10～42MPa，温度约为 30～80℃。开采后经节流压力降至 5～7MPa 时，由于降温，发生"逆反冷凝"，凝析出液体烃来，称为气田凝析油，此时开采出来的气体称为凝析井气。气田凝析油对凝析井气的量约为 300～500mL/m³ 气。凝析油的组成相当于石脑油和粗柴油的混合物。由于它的辛烷值较低，不适宜作燃料，而是很好的裂解原料。

1.3.3.2　天然气的净化

天然气中主要杂质为水、二氧化碳及各种形态的硫化物。水在一定温度和压力下可与烃类形成水合物而造成管道堵塞，在输送过程中，当温度降低时，冻结的冷凝水也会阻塞管道。二氧化碳在有水存在时会腐蚀管道，且其含量过高会降低天然气的热值。硫化氢对输送管道有腐蚀作用，且会造成污染。因此，天然气在输送之前就应进行净化处理，以满足管道输送的要求。当天然气进入分离装置前，还需进行更严格的净化。对深冷分离装置而言，一般要求脱水至露点 −76～−100℃ 以下，二氧化碳含量控制在 2% 以下。

（1）脱除酸性气体的方法

脱除天然气中酸性气体的方法有化学吸收法、物理吸收法、固体吸附法以及转化法。脱除方法的选择与操作压力、酸性气含量、净化要求以及对硫黄回收的要求等因素有关。

以碱或醇胺类水溶液吸收天然气中二氧化碳及硫化氢等杂质的方法属于化学吸收法。在醇胺液中，过去多采用的是乙醇胺（MEA），其反应性强，净化程度高，价格便宜，因而被广泛应用。近来，当天然气中有机硫及酸性气含量高时，往往用酸性负荷更高的二乙醇胺（DEA）替代乙醇胺溶剂。此外，适用于寒冷地区的二甘醇胺（DGA）以及对硫化氢选择吸收较好的二异丙醇胺（DIPA）也有发展。氢氧化钠水溶液 [含量在 18%～20%（质量分数）] 用于酸性气脱除时，不可再生。可再生的碱液为热钾碱液（K_2CO_3 含量在 25%～35%），并加少量二乙醇胺和 V_2O_5。化学吸收法中溶剂对天然气重烃溶解量很小，吸收后富液再生所得再生气不含烃类，可直接送到制硫黄装置。

若在吸收过程中，气体组分在吸收剂中只发生单纯的物理溶解过程，则称此吸收法为物理吸收法，常用的溶剂有聚乙二醇二甲醚、碳酸丙烯酯及甲醇等。近来以环丁砜为溶剂的物理吸收法发展很快，一般以含环丁砜 35%～45%、二异丙醇胺 45%～50% 和水 10%～15% 的溶液为吸收剂。此溶液既有物理吸收作用又有化学吸收作用，净化后气体总硫量可达 28×10^{-6}（体积分数，下同）以下，硫化氢可达 $(2～7) \times 10^{-6}$ 以下，二氧化碳可达 0.3% 以下。

（2）脱水的方法

甘醇吸收脱水法是气田上应用最早而且最广泛的天然气脱水方法。用作吸收剂的甘醇有二甘醇、三甘醇和四甘醇，而应用最多的是三甘醇，其露点降低值大，挥发损失小，热稳定性和化学稳定性好，再生后三甘醇浓度 98% 以上，相应脱水效率高。如果被处理的天然气初始含水量不大，而又需深度脱水时，则可采用吸附脱水法，常用的吸附剂有铝胶、硅胶、分子筛。当天然气气源压力较高，与管道输送压力形成较大压差时，则可在换热冷却后通过天然气减压节流降温使大量水分冷凝，从而达到脱水的目的。这种方法称为节流自制冷脱水法，此法可作为天然气初步大量脱水手段，在有压差可利用的情况下，该法是最经济的脱水方法。

1.3.3.3　天然气的分离

湿性天然气中除了甲烷外，还含有乙烷、丙烷等轻烃，是裂解制乙烯、丙烯等的良好原料。在美国 1960 年生产的乙烯中，有 77% 是采用天然气中回收的乙烷、丙烷为原料，到

1970 年，该比例增至 83.6％。天然气分离的常用方法有：吸附法、油吸收法和冷凝分离法。油吸收法有常温吸收法和低温吸收法；冷凝分离法有浅冷分离法和深冷分离法。分离方法的选择取决于天然气的组成、压力、所需回收的组分、所要求收率和其他技术经济因素。

吸附分离法是利用固体吸附剂对各种烃类吸附容量的不同而使天然气中各组分得以分离的方法。对烃类分离使用得最广泛的吸附剂是活性炭。吸附装置一般采用三台吸附器交替操作，第一台进行吸附操作，第二台进行脱附，第三台进行冷却。脱附是用吸附后的干气经增压和加热后作为脱附气，脱附温度约为 235～265℃。脱附气经冷凝分离即可回收烃类。吸附法多用于气量较小（$6 \times 10^5 \, m^3/d$）及含液烃量较小 $[0.3％～1％（摩尔分数）]$ 的天然气的分离。

油吸收分离法是根据天然气各组分在吸收油中溶解度的不同而使不同烃类得以分离的方法。油吸收分离装置中，主要部分为吸收塔、富油稳定塔和富油蒸馏塔。在吸收塔中，用吸收油吸收需要回收的烃类，同时也将吸收少量不需要回收的轻组分。吸收了烃类的吸收油在富油稳定塔中脱除不需要回收的轻组分（如甲烷），然后再送入富油蒸馏塔中蒸馏出液烃。蒸出液烃后的吸收液再送入吸收塔中吸收天然气中需被回收的烃类。根据操作温度的不同，油吸收可分为三种：吸收油温度 25℃左右时，称为常温油吸收法；吸收温度 -20℃左右时，称为中温油吸收法；吸收温度 -40℃左右时，称为低温油吸收法。油吸收装置一般对乙烷的回收率不高，主要用于回收丙烷和丙烷以上的烷烃。20 世纪 60 年代出现深冷分离技术后，新建油吸收分离装置比较少，但已建的油吸收装置至今尚占一席之地。

深冷分离法是指将天然气冷却至 -90℃左右，由此回收乙烷及 C_2 以上烃类的分离方法。根据提供冷源的方式，可分为外补冷源深冷分离法和膨胀机法两类。自 1964 年第一套膨胀机法天然气分离装置建成以来，该分离方法已成为目前天然气深冷分离的主要方法。带膨胀机的深冷分离法是由高压气体在膨胀机中进行等熵膨胀并同时对外做功而制取大量的冷量，根据原料气组成、压力、干气管道输送压力、乙烷回收率及装置规模等的不同，而有不同的工艺流程，主要差别在于：有无外加冷源，单级膨胀或双级膨胀；原料气膨胀或原料气膨胀加干气膨胀；干气是否再压缩等等。

膨胀机法一般包括脱水、预冷、膨胀、脱甲烷、液烃分馏（如脱乙烷、脱丙烷、脱丁烷等）几个步骤，有些装置还包括干气再压缩等。在膨胀机深冷分离装置中，要求将原料气中水分脱至 1×10^{-6}（体积分数，下同）以下，即露点达 -76℃以下，在设计中往往要求达到 0.1×10^{-6} 以下，即露点达到 -101℃。同时限制原料气中二氧化碳含量不超过 0.5％（体积

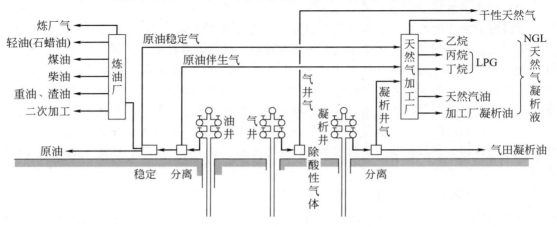

图 1-10　油田、气田上的原油、天然气和凝析油的开采和天然气分离等过程

分数)。

将高压天然气用水冷的方法进行分离是最古老的天然气分离方法，为提高液烃回收率，可采用冷冻的方法，让冷凝温度达到 $-20\sim-40$℃ 范围，此冷凝分离法称为浅冷分离法。此法流程简单，操作容易，对设备要求不高，适宜处理油田伴生气和原油稳定气。

如图 1-10 所示为原油、天然气和凝析油的开采、净化、分离等过程。

1.4　无机原料

1.4.1　概述

化学工业加工的初始原料既有含碳的有机原料，如前已叙及的煤、石油、天然气和生物质等，也有不含碳的，可以称之为无机的初始原料，它们包括空气、水、盐和各种无机矿物。其中，除空气和水之外，无机初始原料的来源大致有如下几类：化学矿物、天然食盐水和工业废料。

(1) 矿物

在自然界里，固体矿物有 3000 种，可供工业利用的约有 200 多种，如硫铁矿、石灰岩矿、磷矿、锰矿、铝矿、硼矿、钾矿、镁矿、砷矿、钡矿、铬矿、钛矿、硅酸盐矿、钼矿、钨矿、铌钽矿等。像磷矿，全世界每年消耗上亿吨，用于化肥工业，生产洗涤剂；石灰岩矿 6000 万吨，用于生产石灰、电石、苏打碱等；硫黄 5000 万吨，用于生产硫酸；钾矿 2500 万吨，用于生产肥料、苛性钾碱等。

(2) 各种天然食盐水

包括海水、盐湖水、地下卤水和油井水、气井水等。海水中平均含盐为 35g 总盐量/1000g 海水，其中 NaCl 27g、$MgCl_2$ 3.8g、$MgSO_4$ 1.66g、$CaSO_4$ 1.27g 以及 K_2SO_4、$MgBr_2$ 和多种微量元素。盐湖水中主要含有由 Na^+、K^+、Ca^{2+}、SO_4^{2-}、CO_3^{2-}、HCO_3^-、Cl^- 等离子组成的各种化合物。地下卤水主要含有 NaCl，除可生产食盐外，还可提取硼砂、氯化锂、氯化钡和碘等无机化工产品。石油、天然气井含的无机盐有硼、碘、锂、溴、钠等。

(3) 工业废料

工业生产中排出的废气、废液、废渣被统称为"三废"，其中含有可用于制取无机化工产品的原料。如废气有：炼铝厂和磷肥厂含氟烟气、炼焦厂含 HCN 焦炉煤气、硝酸厂含氧化氮尾气、硫酸厂含 SO_2 尾气、冶炼厂含 SO_2 烟气等；废液有：钛白粉厂含铁氨废液、纯碱厂蒸发废液、铬酸厂含铬废水、电镀厂含铬废液、土毒素厂含溴废水、农药厂含亚磷酸废液、造纸厂含亚硫酸钠废液等；废渣有：铸铝厂铝灰、冶炼铅锌厂含铅锌废渣、硼砂厂硼泥、烧碱厂苛化泥、铬酸厂铬矿渣、磷肥厂磷石膏、钡盐厂钡盐废渣等。

由上述这些无机原料可以生产各种无机化工产品，是化学工业的重要组成部分，也是历史最悠久的化学工业，在国民经济中占有重要地位。它们具有品种多、用途广、原料来源丰富、生产方法多样化等特点。无机化工同样可按其规模和用途分为基本无机化工和精细无机化工。有些无机化工产品由于生产规模较大，已发展成为相对独立的工业，如合成氨工业、化肥工业、氯碱工业等。而有些无机化工的产品生产规模则较小，如单质（包括金属钠、碘、硫、磷等）和某些元素化合物（如 As_2O_3、Na_2O_2、H_2O_2、BN）等。

　　无机化工产品是由无机初始原料经过化学加工而得，有机化工产品是由含碳的有机初始原料（指煤、石油、天然气等）经过化学加工而得。但这只是就一般而言，不能绝对化，二者的相互交叉是存在的，最简单和最典型的例子是合成氨。氨直接合成所需的原料为氢气和氮气。氮气来自于空气，可通过液化和低温分馏而得，或通过高温燃烧有机矿物消耗掉氧气而得。氢气则来自于含烃有机物（煤、石油、天然气），经化学加工（蒸汽转化或气化反应），可将其中的氢组分转化为氢气；另有一部分氢气则是来自于造气中被烃或炭高温分解的水。所以，无机化工中最重要的其中一种产品——合成氨，其初始原料却用了含碳的有机原料。

1.4.2　空气

　　空气是化学加工过程中经常被用到的初始原料之一。其主要成分有氮、氧、惰性气体、二氧化碳、水分等。其成分和沸点如表 1-4 所列。

表 1-4　空气的成分及其沸点

成分	氦(He)	氖(Ne)	氮(N_2)	氩(Ar)	氧(O_2)	氪(Kr)	氙(Xe)	二氧化碳(CO_2)
含量(体积分数)/%	5×10^{-6}	30×10^{-6}	0.9	21	10×10^{-6}	8×10^{-8}	0.03	
沸点/℃	-269	-246	-196	-186	-183	-153	-107	-78.5(升华)

　　空气是一种多组分的气体混合物，可以通过冷却使之液化，然后低温分馏将各组分逐一分开。CO_2 和空气中的水分通常在液化之前就预先被分离，后续的低温操作才能进行。

1.4.2.1　空气的液化

　　空气的液化要经过压缩、热量移出和减压三个步骤。其中减压这一步可以采用节流膨胀（焦耳汤姆森效应）的方式，即利用"内部做功"以克服分子间相互作用力而液化；或者采用在膨胀机中对外做功而膨胀的方式。

1.4.2.2　空气的分离

　　空气分离一般不采用简单分馏方法，而采用"双塔分馏法"进行空气分离，用得较多的是林德公司开发的"双塔空分设备"，如图 1-11 所示。

　　双塔空分设备由下塔、上塔和居二者之间的冷凝蒸发器所组成，使空气经两次精馏。空气先在下塔进行初步分离，得到液氮和富氧液化空气；然后将富氧液化空气和液氮经减压，导入上塔再进行二次精馏，得到高纯度的氧和氮气产品。

　　压缩空气（19.6MPa）经冷却和高压空气节流阀节流后，进入下塔底部（一般 0.49MPa），气体从下而上穿过每块塔板，在下塔顶部得到高浓度氮气，塔板数量愈多，氮气浓度愈高。氮气进入冷凝蒸发器管内，被管间液氧冷凝成液氮。

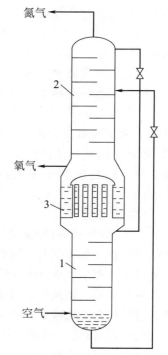

图 1-11　双塔空分设备
1—下塔；2—上塔；3—冷凝蒸发器

一部分液氮作为下塔回流液，沿塔板自上而下进行精馏，在下塔蒸发器中，得到含氧38%～40%的富氧液空；另一部分液氮聚集在液氮槽内，经液氮节流阀减压后，导入上塔顶部，作为上塔回流液。

　　由空气分离而得到的氧气用于钢材工业（焊接、切割、炼钢）、氨氧化制硝酸、基本有机化工中的氧化反应、燃料气化制合成气等。

　　氮气用于合成氨、制氰氨化钙、保护性气体。

　　氖气用作冷剂、霓虹灯充气等。

　　氩气用于焊接工艺、冶金过程中的保护性气体。

　　氖、氦、氙均用于霓虹灯和特种灯的充气。

1.4.3　无机原料的前处理

　　无机化工产品的品种繁多，原料各异，生产规模相差很大，加工方法不同，但其生产工艺流程中包括的一些操作单元是相同的，这些操作单元在具体的产品生产中依据需要作各种不同方式的组合，形成了各种产品的生产工艺流程。

　　来自天然矿物的无机原料，其所含有效元素的量各不相同，在进行化学加工制成最终产品之前，要先采用各种方法进行选矿操作，使有效元素含量提高，即使之成为富集状态，提高品位。选矿操作有手选、磁选、淘选、湿法分级、浮选等。

　　为了使富集状态矿物原料中的有效组分转化为可溶的或易于反应的状态，通常要进行热加工处理，采用煅烧、氧化焙烧、还原焙烧、氯化焙烧、硫酸化焙烧、烧结等，使之成为熟料。

　　为了使熟料中的有效组分与无效组分分离，需进一步进行湿法加工，通常是将熟料压碎、研磨，然后用水或某种溶液浸渍处理，使有用组分或者无用组分转入溶液中，进行初级分离。

　　生产硫酸用的原料有硫铁矿、硫黄、硫酸盐、冶炼烟气和含硫的工业废料。硫铁矿和含煤硫铁矿一般多呈块状，浮选硫铁矿和尾砂为粉状，含水量高，在储存和运输中会结块。送往焙烧工序之前须进行破碎和筛分，送往焙烧炉的原料，一般粒度不超过 4mm，过湿的矿要进行干燥。由于矿物产地不同，组成差别大，在焙烧之前还需进行配矿，即贫矿与富矿、含煤硫铁矿与普通硫铁矿、高砷矿与低砷矿互相搭配，使焙烧原料中的 $S>20\%$，$As<0.05\%$，$C<1.0\%$，$Pb<0.1\%$，$F<0.05\%$，$H_2O<6\%$。

　　硫铁矿的焙烧属于多相反应。为了保证原料中的硫组分尽量转变为 SO_2，通常在 600℃以上高温进行，焙烧的方法有：

　　① 常规焙烧（又称氧化焙烧）　在过量氧存在下，使烧渣主要呈 Fe_2O_3 形态，部分为 Fe_3O_4。

　　② 磁性焙烧　控制焙烧炉内呈弱氧化性气氛，从而使烧渣中铁主要成为具有磁性的 Fe_3O_4，进一步通过磁选获取高品位的铁精砂（含铁量 $>55\%$）。

　　③ 硫酸化焙烧　控制较低的焙烧温度，保持大量过剩的氧，使炉气含较高浓度的 SO_3，使某些硫铁矿中伴生的钴、铜、镍等有色金属形成硫酸盐，铁则为氧化物状态。用水浸取烧渣，有色金属硫酸盐溶解而与氧化铁等不溶渣料分离。

　　④ 脱砷焙烧　是综合利用含砷硫铁矿的焙烧方法。

　　用于制造磷肥用的有工业价值的含磷矿石主要有磷灰石和磷块岩。

　　磷灰石系火成岩，由熔融的岩浆冷却结晶而成，其主要的分子式常写为 $Ca_5(PO_4)_3X$，其中 X 为 F、Cl 或 OH。高品位的磷灰石矿在自然界不多，但磷灰石结晶完整，颗粒较粗，易于用浮选方法富集。磷块岩是水成岩，主要由海水中的磷酸钙沉积而成，常与石灰岩、沙岩或页岩等生在一起，其含磷矿物主要是分散在矿石中的微细氟磷灰石颗粒。磷矿的品位是

依照 P_2O_5 含量划分的，通常将 P_2O_5 含量在 30％以上的定为高品位磷矿，含量 20％～30％的定为中品位磷矿，含量在 20％以下的定为低品位磷矿。高品位磷矿可以直接加工成磷肥，中品位磷矿一般需经过选矿富集后才加以利用。

磷矿的富集常用浮选法。浮选是根据磷矿中有用矿物磷灰石与脉石矿物（如石英等）对水润湿性的不同而将它们分离的。磷灰石在矿石中常以 0.2mm 左右的细粒状态星散分布。选矿时，将矿石粉碎并加水磨成矿浆，添加浮选剂以提高磷灰石的憎水性或脉石的亲水性，向矿浆中鼓入空气，磷灰石附在气泡上，浮在矿浆表面，形成稳定的泡沫层，分出并且脱水而得磷精矿，脉石等则成为尾矿。浮选使用的浮选剂包括捕集剂（脂肪酸盐类、烃基硫酸盐、烃基磺酸盐、氧化石蜡皂等）、起泡剂（有些捕集剂也有起泡作用）、调整剂（调节 pH 的有苏打、水玻璃等）和抑制剂（水玻璃）等。

思考题

基于知识，进行描述

1.1 石油化工的八大基础原料是哪些？

1.2 石油的加工炼制工艺三个过程的目的何在？它们包括哪些典型工艺？

应用知识，获取方案

1.3 天然气分离的目的主要是什么？采用的方法有哪些？

1.4 煤作为化工原料包括哪三条利用途径？近年来新型煤加工利用途径还有哪些？

1.5 如何根据化学热力学、化学动力学原理和工程实际选择确定催化重整工艺中反应空速？

针对任务，掌握方法

1.6 某一催化反应由于反应体系本身易积炭，进行工业生产时应如何设计催化反应器？请说明依据。

1.7 基于化石资源的加工利用，试简述可再生生物质资源的开发利用途径。

第2章

合 成 气

合成气是一种以氢气和一氧化碳为主要成分的混合气。它是生产合成氨、合成甲醇等重要化工产品的原料气，在化学工业中具有极其重要的地位，其产量比起标志一个国家或地区石油化工发展水平的乙烯的产量还高。当然，这两种化工基础原料的特点不同，合成气除产量高以外，它既可由天然气或石油馏分经水蒸气重整或部分氧化制得，也可由煤或其焦化产品经水或空气气化获得，因此，可以依据资源结构合理选择。但合成气除用于生产两大化工产品——合成氨和合成甲醇外，其进一步加工生产的化工产品品种和吨位就很有限了。而以乙烯为代表的石油化工基础原料——三烯、三苯进一步加工生产的产品不仅替代了原先以煤、电石为基础生产的有机化工产品，而且广泛地替代天然材料，不仅解决了天然材料难以满足经济发展的需求，而且所提供的大量新型合成材料在性能上和生产成本上均优于天然材料。不过，从三烯、三苯出发生产石油化工产品这一原料路线的致命弱点是：它所依托的初始原料目前还只能是石油，是一种储量有限的含碳矿物资源。有鉴于此，20世纪70年代以来，人们提出了 C_1 化学概念，就是以分子中只含一个碳原子的化合物为原料，如 CH_4、CO、CH_3OH 等合成化工产品的化学体系，意在开发新一代以煤为初始原料的化工生产路线，减轻化学工业对石油资源的过分依赖。

如上所述，合成气可以由不同的含碳矿物，如煤、石油、天然气或焦炉煤气及炼厂气等，转化或分离提纯而得，本章的重点在于讲述以化石原料生产合成气的基本原理、工艺流程和主要设备，简要介绍以合成气为基础的合成化学工业概况。

2.1 固体燃料气化

合成气最先是由煤炭制得，工业上称以气化剂对煤或焦炭进行热加工，将其转化为可燃性气体的过程为固体燃料的气化。以水蒸气为气化剂所得的气体产物称为水煤气；以空气为气化剂所得的气体产物称为空气煤气；而以水蒸气和适量的空气为气化剂所得的气体产物（一般是为合成氨生产原料气）称为半水煤气；还有一种也是以空气和水蒸气为气化剂，但以空气为主，气化所得的气体产物被称为混合煤气。四种煤气的大致组成如表2-1所示。

表 2-1 煤气的组成 （体积分数） 单位：%

项目	H_2	CO	CO_2	N_2	CH_4	O_2	H_2S
空气煤气	0.9	33.4	0.6	64.6	0.5	—	—

续表

项目	H_2	CO	CO_2	N_2	CH_4	O_2	H_2S
水煤气	50.0	37.3	6.5	5.5	0.3	0.2	0.2
半水煤气	37.0	33.3	6.6	22.4	0.3	0.2	0.2
混合煤气	11.0	27.5	6.0	55.0	0.3	0.2	—

2.1.1 气化过程的化学反应

2.1.1.1 C-O_2 反应系统

以空气为气化剂时，发生以下反应：

$$C+O_2 \longrightarrow CO_2 \qquad \Delta H^{\ominus}_{298}=-393.8kJ/mol \qquad (2\text{-}1)$$

$$2C+O_2 \longrightarrow 2CO \qquad \Delta H^{\ominus}_{298}=-110.6kJ/mol \qquad (2\text{-}2)$$

$$C+CO_2 \longrightarrow 2CO \qquad \Delta H^{\ominus}_{298}=173.3kJ/mol \qquad (2\text{-}3)$$

$$CO+\frac{1}{2}O_2 \longrightarrow CO_2 \qquad \Delta H^{\ominus}_{298}=-283.8kJ/mol \qquad (2\text{-}4)$$

这是一个复杂反应系统，其中含有四种物质，它们由碳和氧两种元素构成。由确定独立反应数的简单规则，反应系统内的物质数目减去构成这些物质元素的数目即为复杂反应体系的独立反应数，可知，C-O_2 的反应系统由两个独立反应构成独立反应组。所谓独立反应组是指独立反应组内的任何一个反应均不能由该反应组的其他反应线性组合而成。那么，对 C-O_2 反应系统是由哪两个反应构成独立反应组呢？对于反应数较少的系统，可以通过视察法选择确定独立反应组。通常，对 C-O_2 的反应系统选择反应(2-1) 和反应(2-3)组成独立反应组。这两个反应的平衡常数如表 2-2 所示。

表 2-2 反应(2-1) 和反应(2-3) 的平衡常数

温度/K	$C+O_2 \Longrightarrow CO_2$	$C+CO_2 \Longrightarrow 2CO$	温度/K	$C+O_2 \Longrightarrow CO_2$	$C+CO_2 \Longrightarrow 2CO$
	$K_{p_1}=p_{CO_2}/p_{O_2}$	$K_{p_3}=p_{CO}^2/p_{CO_2}$		$K_{p_1}=p_{CO_2}/p_{O_2}$	$K_{p_3}=p_{CO}^2/p_{CO_2}$
600	2.516×10^{34}	1.867×10^{-6}	1100	6.345×10^{18}	1.220×10
700	3.182×10^{29}	2.637×10^{-4}	1200	1.737×10^{17}	5.696×10
800	6.768×10^{25}	1.489×10^{-2}	1300	8.251×10^{15}	2.083×10^2
900	9.257×10^{22}	1.925×10^{-1}	1400	6.408×10^{14}	6.285×10^2
1000	4.751×10^{20}	1.898	1500	6.290×10^{13}	1.622×10^3

由表中数据可见，反应(2-1) 是一个不可逆反应，而反应(2-3) 是一个可逆反应，该反应即为 CO 歧化反应的逆反应，被称为布杜阿尔（Boudouard）反应。为了制得可燃性气体，在 C-O_2 的反应系统中，通常让 O_2 的量不足，达到平衡时 O_2 含量甚微（约 0.2%），这样我们就可以选用反应(2-3) 进行反应系统平衡组成的计算。

若系统压力为 p，各组分平衡时的分压分别为 p_{CO}、p_{CO_2}、p_{O_2}、p_{N_2}，空气中的 N_2/O_2 为 3.76，CO_2 的平衡转化率为 α，计算基准为 O_2 1.0mol，则 N_2 为 3.76mol。平衡时 CO_2 为 $1-\alpha$，CO 为 2α，气相总量为 $4.76+\alpha$，因此：

$$p_{CO_2}=\frac{1-\alpha}{4.76+\alpha}p, \quad p_{CO}=\frac{2\alpha}{4.76+\alpha}p, \quad p_{N_2}=\frac{3.76}{4.76+\alpha}p$$

$$K_{p_3}=\frac{p_{CO}^2}{p_{CO_2}}=\frac{4\alpha^2}{(4.76+\alpha)(1-\alpha)}p$$

$$\left(1+\frac{4p}{K_{p_3}}\right)\alpha^2+3.76\alpha-4.76=0$$

这是一个简单的一元二次方程，可由此计算出空气煤气的平衡组成，如表 2-3 所示。

表 2-3 空气煤气的平衡组成

温度/K	CO₂(体积分数)/%	CO(体积分数)/%	N₂(体积分数)/%	$\alpha=CO/(CO+CO_2)$
973	10.8	16.9	72.3	61.0
1073	1.6	31.9	66.5	95.2
1173	0.4	34.1	65.5	98.8
1273	0.2	34.4	65.4	99.4

注：总压 $p=0.1\text{MPa}$。

由表中数据可知，随着温度的提高，CO 平衡浓度升高，而 CO_2 平衡浓度下降，温度高于 1173K 时，气相中 CO_2 浓度已降至 0.4%，C-O_2 反应的主要产物是 CO。

2.1.1.2 C-H₂O 反应系统

以水蒸气为气化剂时，C-H_2O 反应系统可发生如下反应：

$$C+H_2O \longrightarrow CO+H_2 \qquad \Delta H_{298}^{\ominus}=131.4\text{kJ/mol} \qquad (2\text{-}5)$$

$$C+2H_2O \longrightarrow CO_2+2H_2 \qquad \Delta H_{298}^{\ominus}=90.2\text{kJ/mol} \qquad (2\text{-}6)$$

$$CO+H_2O \longrightarrow CO_2+H_2 \qquad \Delta H_{298}^{\ominus}=-41.2\text{kJ/mol} \qquad (2\text{-}7)$$

$$C+2H_2 \longrightarrow CH_4 \qquad \Delta H_{298}^{\ominus}=-74.9\text{kJ/mol} \qquad (2\text{-}8)$$

在这一反应系统中有 6 种物质，H_2O、C、H_2、CO、CO_2 和 CH_4，它们由三种元素：氢、氧、碳构成，因此其独立反应数为 3。一般选取反应(2-5)、反应(2-7)、反应(2-8)为独立反应组。其中反应(2-7)被称为 CO 变换反应。独立反应组的反应平衡常数列于表 2-4。

表 2-4 C-H₂O 反应系统所选独立反应组反应平衡常数

温度/K	$C+H_2O \Longleftrightarrow CO+H_2$ $K_{p_5}=p_{CO}p_{H_2}/p_{H_2O}$	$CO+H_2O \Longleftrightarrow CO_2+H_2$ $K_{p_7}=p_{CO_2}p_{H_2}/(p_{CO}p_{H_2O})$	$C+2H_2 \Longleftrightarrow CH_4$ $K_{p_8}=p_{CH_4}/p_{H_2}^2$
873	5.050×10^{-5}	27.080	1.000×10^{2}
973	2.407×10^{-3}	9.0170	8.972
1073	4.398×10^{-2}	4.0390	1.413
1173	4.248×10^{-1}	2.2040	3.250×10^{-1}
1273	2.619	1.3740	9.829×10^{-2}
1373	1.157	0.9444	3.677×10^{-2}
1473	3.994	0.6966	1.608×10^{-2}
1573	1.140×10^{2}	0.5435	7.932×10^{-3}
1673	2.795×10^{2}	0.4460	4.327×10^{-3}
1773	6.480×10^{2}	0.3704	2.557×10^{-3}

计算系统平衡组成时，除了 K_{p_5}、K_{p_7}、K_{p_8} 三个平衡关系式外，尚需两个独立的关系式才能求解确定平衡组成的 p_{CO}、p_{CO_2}、p_{H_2O}、p_{H_2} 和 p_{CH_4} 五个未知数。根据气相中 CO 和 CO_2 中的氧，H_2 和 CH_4 中的氢均来源于 H_2O，由此，可有如下的关系式：

$$p_{H_2}+2p_{CH_4}=p_{CO}+2p_{CO_2}$$

根据总压与各组分分压的关系：

$$p = p_{CO} + p_{CO_2} + p_{H_2O} + p_{H_2} + p_{CH_4}$$

如果温度、压力已知，则可由上述五个关系式，求得平衡组成。

计算结果表明，在常压下，当温度高于 1173K 时，C-H$_2$O 反应系统的平衡常数中，含有等量的 H$_2$ 和 CO，其他组分，如 H$_2$O、CO$_2$、CH$_4$ 含量接近于零。压力越高越容易进行甲烷化反应，在给定的温度下，随着压力的升高，气体中 H$_2$O、CO$_2$ 及甲烷含量增加，相应地，H$_2$O 和 CO 含量减少。所以，CO 和 H$_2$ 含量都高的水煤气，从平衡的角度，应在低压、高温下进行。而若生产 CH$_4$ 含量高的高热值煤气，则应在高压、低温下进行。

2.1.1.3 气化反应动力学与机理

气化剂与碳在高温下所进行的反应，属于气固相系统的多相反应。多相反应的速度，不仅与碳和气化剂间的化学反应速度有关，而且也受到气化剂向碳表面扩散的速度的影响。如果反应总速度受化学反应速度限制时，称为化学动力学控制，如果受扩散速度限制时，则称为扩散控制。

根据对 C-O$_2$ 反应的研究表明，这一反应在 1048K 以下时，属于动力学控制，在高于 1173K 时，属于扩散控制，在 1048～1173K 之间，可认为过渡区。

对于 C-O$_2$ 反应曾进行过大量研究，最初认为碳与氧直接结合生成 CO$_2$，而 CO 是所生成的 CO$_2$ 与碳之间的二次反应产物。以后有人认为 CO 是碳与 O$_2$ 的一次反应产物，而 CO$_2$ 是生成的 CO 与 O$_2$ 进一步反应生成的。后来又有实验研究结果认为碳与 O$_2$ 作用首先生成中间配合物，而后分解同时产生 CO 与 CO$_2$，可表示为：

$$x\mathrm{C} + \frac{y}{2}\mathrm{O}_2 \longrightarrow \mathrm{C}_x\mathrm{O}_y \tag{2-9}$$

$$\mathrm{C}_x\mathrm{O}_y \longrightarrow m\mathrm{CO}_2 + n\mathrm{CO} \tag{2-10}$$

在多数情况下，由实验测得到的反应速度方程的形式如下：

$$r = kp^n \tag{2-11}$$

式中，p 是反应气体中 O$_2$ 分压；n 是反应级数。反应速率常数 k 可表示为阿累尼乌斯公式形式：

$$k = A\exp[-E/(RT)] \tag{2-12}$$

其中反应级数 n 和频率因子 A 要用实验方法确定，对于不同的原料，测得的活化能 E 的变化范围相当大，而得到的反应级数 n 值在 0～1 之间变化。

碳与水蒸气之间的反应，在 673～1373K 的温度范围内，属于动力学控制。温度超过 1373K，反应速度较快，开始转为扩散控制。碳与水蒸气的反应过程中同样形成表面碳氧中间态的复合物，此中间复合物在高温下分解或由气相中的 H$_2$O 与之反应生成 CO。可有下列诸式表示：

$$\mathrm{C} + \mathrm{H}_2\mathrm{O} \Longrightarrow \mathrm{C}_x\mathrm{O}_y + \mathrm{H}_2$$

$$\mathrm{C}_x\mathrm{O}_y + \mathrm{H}_2\mathrm{O} \Longrightarrow \mathrm{H}_2 + \mathrm{CO}$$

$$\mathrm{C}_x\mathrm{O}_y \Longrightarrow \mathrm{C} + \mathrm{CO}$$

一般，较多应用如下的反应速率方程式：

$$r = \frac{k_1 p_{\mathrm{H}_2\mathrm{O}}}{1 + k_2 p_{\mathrm{H}_2} + k_3 p_{\mathrm{H}_2\mathrm{O}}} \tag{2-13}$$

式中　p_{H_2}，$p_{\mathrm{H}_2\mathrm{O}}$——H$_2$ 和 H$_2$O 的分压；

　　　k_1——在碳表面上水蒸气的吸附速率常数；

k_2——氢吸附和解吸平衡常数；

k_3——碳与吸附的水蒸气分子之间的反应速率常数。

2.1.2　气化炉的基本型式

固体燃料气化是一个气固相反应系统，按固体物料与气化剂接触方式的不同，气化炉有不同的类型。

在一个圆筒形容器底部安装一块多孔水平分布板，并将固体燃料堆放在分布板上。形成一层被称为床层的固体层。如果将气化剂从底部经分布板连续地引入容器，使之均匀地向上流动通过固体床层流向出口，则随着气体速度的不同，床层将出现三种不同的状态，相应地分别被称为：固定床、流化床、气流床三种类型的气化炉。

① 固定床气化炉　当气体以较小的速度流过固体床层时，流动气体的上升力不致使固体颗粒的相对位置发生变化，即固体颗粒处于固定状态，床层高度亦基本维持不变，这时的床层称为固定床。这种型式的气化炉一般使用块煤或煤焦为原料，筛分范围为 6～50mm。煤或煤焦与气化剂在炉内逆向流动，固体燃料由炉上部加入，气化剂自气化炉底部鼓入，含有残炭的灰渣自炉底排出。灰渣与进入炉内的气化剂进行逆向热交换，加入炉中的煤焦与产生的煤气也进行逆向热交换，使煤气离开床层时的温度不致过高。

② 流化床气化炉　在固定床阶段，逐渐提高气体流速，则颗粒间的空隙开始增加，床层体积增大。气体流速再增大，床层顶部部分颗粒被托动，随着气体流速的进一步增大，颗粒的运动越来越剧烈，但仍逗留在床层内而不被气体带出，这种状态被称为固体流态化，相应地，这种床层的气化炉被称为流化床气化炉。加入这种气化炉的煤料粒度一般为 3～5mm 左右，这些细颗粒的煤料在自下而上气化剂的作用下保持着连续不断和无秩序的沸腾和悬浮状态运动，迅速地进行着混合和热交换，整个床层的温度和组成比较均匀，产生的煤气和灰渣在接近炉温下导出气化炉。

③ 气流床气化炉　在床层处于固体流态化状态下，在进一步提高气体流速至超过某一数值时，则床层不再保持流态化，颗粒已不能继续逗留在容器中，开始被气体带到容器之外，这时固体颗粒的分散流动与气体质点流动类似，所以称为气流床状态，相应的气化炉被称为气流床气化炉。此时，采用气化剂将煤粉（70％以上通过 200 目）送入气化炉中，以并流方式在高温火焰中进行反应，其中部分灰分可以以熔渣方式分离出来，反应在所提供的空间连续地进行，所产生的煤气和熔渣在接近炉温的条件下排出。

上述三种床层状态，固定床、流化床和气流床的型式取决于一系列参数。例如温度、压力、气体种类、密度、黏度以及固体密度、颗粒结构、平均粒子半径和颗粒形状等。这三种床层和相应的气化炉如图 2-1 所示。

相应于上述三种气化炉型，工业上由煤（焦）生产合成气的典型气化设备为：

固定床气化炉：UGI 气化炉，鲁奇气化炉等；流化床气化炉：温克勒气化炉等；气流床气化炉：柯柏斯—托切克气化炉，德士古气化炉等。

(1) 固定床气化炉

UGI 气化炉是一种常压固定床煤气化设备。炉子为直立圆筒形结构，如图 2-2 所示。炉体用钢板制成，下部设有水夹套以回收热量，上部内衬耐火材料，炉底设转动炉箅排灰。气化剂从底部或顶部进入炉内，生成的气体相应地从顶部或底部引出。以空气、蒸汽作为气化剂制取半水煤气或水煤气时，一般采用间歇式的操作方法。气化温度 1273～1523K，为避免煤层堵塞或气流分布不均匀，需采用 1～5cm 大小的无烟块煤为原料。

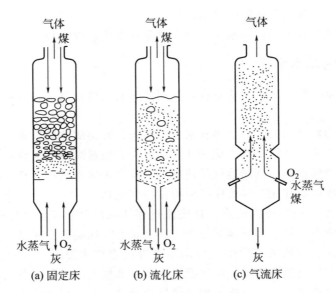

图 2-1 三种气化炉结构示意

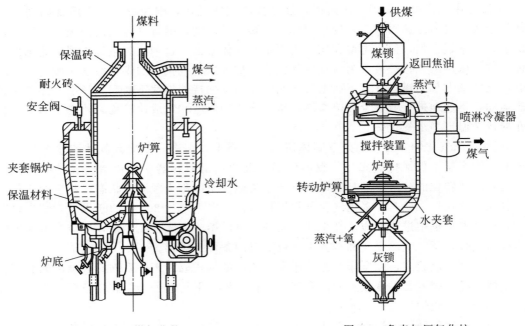

图 2-2 UGI 煤气化炉

图 2-3 鲁奇加压气化炉

以鲁奇（Lurgi）气化炉为代表的固定床加压气化炉自 20 世纪 30 年代在德国发明以来，经历了多次重大的改进，由开始仅以褐煤为原料，炉径 2.6m，发展到能使用弱黏结性烟煤，气化炉直径达 5.5m。其结构如图 2-3 所示。气化炉本体由内、外两层厚钢筒制成，两筒间装水，防止炉体承受高温，水夹套引出的水蒸气可供气化炉自用。煤加入气化炉内和灰排出炉外是通过专门的煤锁和灰锁进行的。煤锁和灰锁是处在交变压力状态下工作的压力容器，常压时向煤锁加煤，然后变压，当压力与炉顶压力相等时，将煤加入炉内。固体灰渣用旋转炉箅上的专门刮刀排入灰锁。灰锁压力与炉内压力相等时接受灰，然后减至常压时将灰排入排灰系统。炉体上部还有（安装在同一根轴上）煤分配器和搅拌器，由炉外液压马达驱动。炉体的下部装有转动炉箅，使气化剂在炉膛横截面上均匀分布，将炉渣碎破到规定粒度，并由炉膛排出和使燃料层移动。可见，鲁奇气化炉是一个结构复杂的组合设备。炉体内的固体燃料自上而下移动，与气化剂（蒸汽、氧气）在炉中逆流接触，固体燃料在炉中停留时间 $1\sim3h$，压力 $2\sim3MPa$，温度 $1173\sim1323K$。流出气化炉的煤气温度 $523\sim773K$。这是一种加压连续气化的设备。

（2）流化床气化炉

温克勒气化炉是常压流化床气化炉的常见炉型，该炉是一个高大的圆筒形容器，可分为两大部分：下部的圆锥部分为流化床，上部的圆筒部分为悬浮床，其高度约为下部流化床高度的 $6\sim10$ 倍。其结构如图 2-4 所示。气化剂由炉下部或不同高度的喷嘴输入炉内，小于 $10mm$ 的原料煤由螺旋加料器加入炉体下部的圆锥部分。气化剂与原料煤以流态化方式进行气化，常压操作，温度 $1173\sim1273K$，原料煤在炉中停留 $0.5\sim1.0h$。富含灰分的较大粒子沉积在流化床底部，由螺旋排灰机排出，其他较细粒子由气流从炉顶夹带而出。

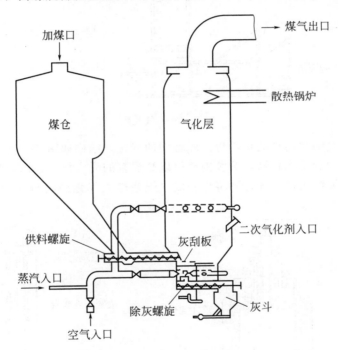

图 2-4　温克勒气化炉

（3）气流床气化炉

① 常压气流床气化炉　柯柏斯-托切克（Koppers-Totzek）气化法是气流床气化工艺中一种常见的常压高温下煤气化制合成气的方法。其所用的气化炉结构如图 2-5 所示。炉体是一个内衬有耐火材料的圆筒体，两端各安装有圆锥形气化炉头，如图 2-5 所示，也有四个炉头的。粒径细于 $0.1mm$ 的粉煤与氧和水蒸气的混合气流由两侧的炉头并流进入炉体，瞬间着火形成火焰，进行反应。在火焰的末端，即大约在气化炉中部，粉煤几乎完全被气化。物料在炉内停留时间仅数秒，常压操作，温度高达 $1573K$。在此高温下灰渣呈熔融状态，大部分由炉底排出，其余被粗煤气夹带出炉。

② 加压气流床气化炉　德士古水煤浆加压气化法是一种气流床反应方式，按回收热量

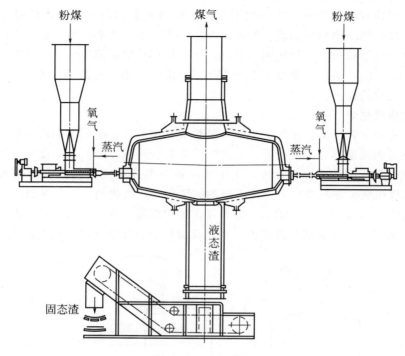

图 2-5 K-T 气化炉

方式分有急冷和废热锅炉两种流程，急冷流程中的气化炉结构如图 2-6 所示。德士古气化炉为一个直立圆筒形钢制耐压容器，炉膛内壁衬以高质量的耐火材料，以防热渣和粗煤气对炉体的侵蚀，炉内部无结构件。气化时将煤制成水煤浆送入气化炉内与气化剂进行高温反应，

视频

气化炉结构与原理演示

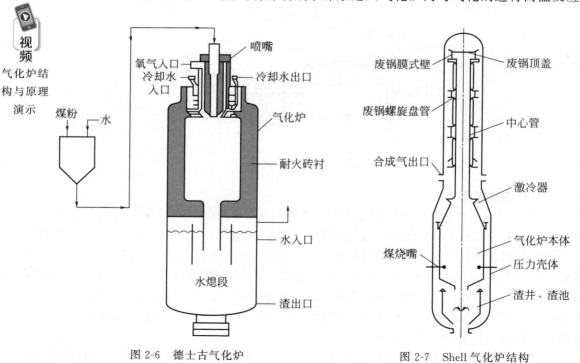

图 2-6 德士古气化炉

图 2-7 Shell 气化炉结构

温度高达 1473～1873K，操作压力 4MPa。反应生成以 CO、H_2、CO_2 和水蒸气为主要成分的湿煤气及熔渣，一起并流而下进入炉子底部急冷室水浴，熔渣经淬冷、固化后被截留在水中，落入渣罐，定时排出。煤气和所含饱和蒸汽进入煤气冷却净化系统。

Shell 煤气化是一种干煤粉加压气化技术。其核心气化炉结构简图见图 2-7。此气化炉采用膜式水冷壁型式。它主要由内筒和外筒两部分构成，包括膜式水冷壁、环形空间和高压容器外壳。膜式水冷壁向火侧敷有一层比较薄的耐火材料，一方面为了减少热损失；另一方面更主要地是为了挂渣，充分利用渣层的隔热功能，以渣抗渣，以渣护炉壁，可以使气化炉热损失减少到最低，以提高气化炉的可操作性和气化效率。环形空间位于压力容器外壳和膜式水冷壁之间。设计环形空间的目的是为了容纳水、输入输出蒸汽和收集煤气，另外，环形空间还有利于检查和维修。气化炉外壳为压力容器，一般小直径的气化炉用钨合金钢制造，其他用低铬钢制造。

气化炉内筒上部为燃烧室（或气化区），下部为熔渣激冷室。煤粉及氧气在燃烧室反应，温度为 1700℃左右。Shell 气化炉由于采用了膜式水冷壁结构，内壁衬里设有水冷管，副产部分蒸汽，正常操作时壁内形成渣保护层，用以渣抗渣的方式保护气化炉衬里不受侵蚀，避免了由于高温、熔渣腐蚀及开停车产生应力对耐火材料的破坏而导致气化炉无法长周期运行。

2.1.3 固定床间歇式制半水煤气工艺

2.1.3.1 概述

在我国中小型合成氨厂中，普遍采用固定床常压间歇式煤气化工艺。作为合成氨用的原料气，要求气体中的（H_2＋CO）与 N_2 的比例约为 3，其中的 CO 再经 CO 变换反应生成等量的 H_2，形成 H_2 与 N_2 的比例约为 3 的氨合成气。碳与水蒸气的反应如式(2-5) 和式(2-6) 所示，是吸热反应，为了维持一定的反应温度，需提供水蒸气分解所需的热量。碳与氧的反应是放热反应，如果以水蒸气加适量空气作为气化剂，则既为碳与水蒸气反应提供热源，又引入氨合成气所需要的氮组分。这种以水蒸气加适量空气作为气化剂生产的煤气就是本节前面所述的半水煤气。如果外部不向气化系统提供热源，而由所加适量空气中的氧与碳的反应所产生的热供给水蒸气与碳反应所需的反应热以维持自热平衡的话，半水煤气中的（H_2＋CO）与 N_2 的比例能否约为 3 呢？为简化起见，以下列两式示意如下：

$$2C+O_2+3.76N_2 \Longrightarrow 2CO+3.76N_2+221.2kJ \qquad (2-14)$$

$$C+H_2O \Longrightarrow CO+H_2-131.4kJ \qquad (2-15)$$

$X=221.2/131.4=1.68$，即消耗 1.0mol O_2 的反应热可供 1.68mol 碳与水蒸气的反应。

当系统达到自热平衡时的总反应式为：

$$3.68C+O_2+1.68H_2O+3.76N_2 \Longrightarrow 3.68CO+1.68H_2+3.76N_2$$

即半水煤气中（H_2＋CO）与 N_2 的比例为 1.43，低于氨合成气所需的（H_2＋CO）与 N_2 的比例约 3 的要求。采用空气与水蒸气分别送入燃料层的方式是解决反应热的提供与气体组分这一矛盾的方法之一，也即间歇式气化法：先将空气送入以提高燃料层温度，生成的气体（吹风气）大部分放空；然后送入水蒸气进行气化反应，此时引起燃料层温度下降，所得水煤气配入部分吹风气即成半水煤气。

在稳定的气化条件下，燃料层大致可分为几个层段，如图 2-8 所示。

干燥区：最上部燃料与煤气接触，水分蒸发；

干馏区：燃料下移，继续受热，释放出挥发性组分；

气化区：当气化剂为空气时，气化区的下部主要进行碳的燃烧反应，称为氧化层，气化区的上部主要进行碳与二氧化碳的反应，称为还原层，当气化剂为水蒸气时，气化区进行碳与水蒸气的反应；

灰渣区：燃料层的底部。灰渣区一方面可以预热从底部进入的气化剂，又可保护炉底不致过热而变形。

显而易见，间歇式气化操作中，燃料层温度将随空气的加入而逐渐升高，而随水蒸气的加入而逐渐下降，呈周期性变化，生成的煤气组成亦呈周期性变化。

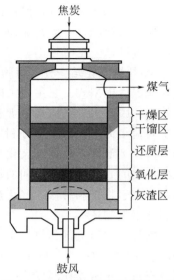

图 2-8　气化炉中固体燃料的分层

2.1.3.2　间歇式制半水煤气的工作循环

间歇式制半水煤气的每一个工作循环，一般包括五个阶段：

① 吹风阶段　先由煤气炉底部送入空气，提高燃料层温度，吹风气放空。

② 一次上吹制气阶段　蒸汽由炉底送入，经灰渣区预热，进入气化区进行气化反应。由于蒸汽温度较低，加上气化反应吸热，致使气化区下部温度下降，而燃料层上部因煤气的通过，温度上升，煤气带走的热量增加，因而一次上吹制气一定时间后应改变蒸汽气流方向。

③ 下吹制气阶段　蒸汽自上而下通过燃料层进行气化反应，煤气由炉底引出。由于煤气下行时经过灰渣区温度下降，从而减少煤气带走的显热损失。蒸汽下吹之后，如果立即进行吹风阶段，空气和下行煤气将在炉底相遇，势必引起爆炸，所以必须有二次蒸汽上吹。

④ 二次上吹制气阶段　第二次蒸汽上吹，把炉底煤气排净，为吹风阶段作准备。此时煤气炉上部所残留的二次上吹所制得的煤气，若被吹风气从烟囱带走，不但造成煤气损失，而且煤气排出烟囱口时和空气接触，也有可能引起爆炸。

⑤ 空气吹净阶段　在新一轮工作循环的吹风阶段之前，将有短时间的空气吹净阶段，将此上述部分煤气及空气吹风的混合气加以回收，作为半水煤气中氮的主要来源。

每一个工作循环中各个阶段气体的流向和阀门开闭情况如图 2-9 所示。

2.1.3.3　间歇式制半水煤气的工艺条件

气化过程的工艺条件，往往随着燃料性能的不同而有很大的差异。燃料性能包括粒度、灰熔点、机械强度、热稳定性（指高热下燃料是否破碎的性质）以及反应活性等。其中灰熔点按灰在高温熔融时的物性可主要分为以下四个阶段。变形温度（DT）：灰锥尖端或棱开始变圆或弯曲时的温度。软化温度（ST）：灰锥弯曲至锥尖触及托板或灰锥变成球形时的温度。半球温度（HT）：灰锥形变至近似半球形，即高约等于底长的一半时的温度。流动温度（FT）：灰锥熔化展开或高度在 1.5mm 以下的薄层时的温度。在既定的原料、设备和工艺流程条件下，欲获得最佳气化效果，主要决定于适当的工艺条件。

① 温度　燃料层温度是沿着炉的轴向而变化的，以氧化层温度最高。操作温度一般指

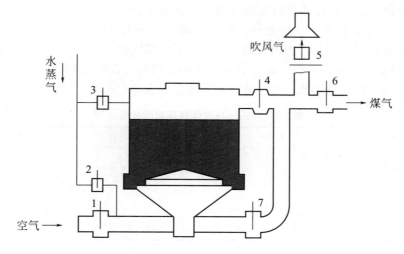

阶段	阀门开闭情况						
	1	2	3	4	5	6	7
吹风	○	×	×	○	○	×	×
一次上吹	×	○	×	○	×	○	×
下吹	×	×	○	×	×	○	○
二次上吹	×	○	×	×	×	○	×
空气吹净	○	×	×	×	×	○	×

注：○表示阀门开启；×表示阀门关闭

图 2-9　间歇式制半水煤气各个阶段气体流向图

氧化层温度，简称炉温。炉温高，气化反应速度快，从化学平衡角度，高温使煤气中 CO 与 H_2 含量高，即炉温高，蒸汽分解率高，煤气产量高，质量好。但炉温的提高受两方面因素的限制。其一，炉温不能超过燃料灰熔点的温度。如果燃料层某处温度过高，将在此处产生熔渣，从而使气化剂沿炉膛截面分布不均，导致气体产量、质量下降；严重时，渣块不断增大，最后形成大块熔渣，固体物料不能由排渣口排出，使气化作业无法进行。其二，炉温过高，使吹出气温度过高，带走的显热多，热效率下降。一般煤气炉内的炉温根据燃料性质不同而控制在 1273～1473K，实际操作中所选择的炉温一般低于所使用燃料软化温度 50℃。

②　吹风速度　提高炉温的主要手段是增大吹风速度和延长吹风时间，但后者使制气时间缩短，不利于提高煤气炉的生产能力。通过提高吹风速度，可以迅速提高炉温，缩短 CO_2 在还原层的停留时间，降低吹风气体中 CO 含量，减少热损失。吹风速度以不使燃料层出现风洞为限。通常采用的空气速度为 0.5～1.0m/s。

③　蒸汽用量　吹入水蒸气的作用是生产水煤气，它是借助吹风阶段蓄积在料层中的热量进行水蒸气和碳的吸热反应。吹入水蒸气过程的速度减慢时，不仅对生成水煤气有利，而且使过程的总效率有所提高。但过低的速度会降低设备的生产能力，水蒸气速度一般保持在 5～15cm/s 之间。

④　燃料层高度　在吹入水蒸气制水煤气的阶段，高的燃料层将使水蒸气停留时间加长，温度稳定，有利于提高蒸汽分解率。但在吹入空气的阶段，空气与燃料接触时间加长，吹风

气中的 CO 含量增加。越高的燃料层阻力越大，使输送空气的动力消耗增加。

⑤ 循环时间及其分配 一般地说，循环时间长，气化层温度和煤气的产量、质量波动大。循环时间短，阀门开关占据的时间相对长，影响煤气炉气化强度，且阀门易损坏。一般每一循环的时间约 3min，而每一循环中各个阶段的时间分配随燃料性质和工艺操作的具体要求而异。不同燃料气化的循环时间分配大致范围如表 2-5 所示。

表 2-5 不同燃料气化循环时间分配示例

燃料品种	各阶段时间分配/%				
	吹风	上吹	下吹	二次上吹	空气吹净
无烟煤,粒度 25~75mm	24.5~25.5	25~26	36.5~27.5	7~9	3~4
无烟煤,粒度 15~25mm	25.5~26.5	26~27	35.5~36.5	7~9	3~4
焦炭,粒度 15~50mm	22.5~23.5	24~26	40.5~42.5	7~9	3~4
石灰碳化煤球	27.5~29.5	25~26	36.5~37.5	7~9	3~4

⑥ 气体成分 改变气化剂组成可调节半水煤气中（H_2+CO）与 N_2 的比值。方法是调节加氮空气量或空气吹净时间。

⑦ 气化原料的选择 间歇法生产半水煤气时，气化原料必须具有低的挥发分产率，以免在吹风煤气中造成大量的热量损失，又由于焦油在阀门座上的沉积造成操作上的困难，早期使用的原料为焦炭，后来才扩大使用无烟煤或将煤粉成型为煤球作原料。用无烟煤粉制成工业用煤球，其制造工艺有无黏结剂成型、黏结剂成型和热压成型三种，我国普遍采用黏结剂成型的方法，特别是石灰碳化煤球，即将生石灰加水消化，再按一定比例与粉煤混合，压制成球。所制得的生球经 CO_2 气体处理，使氢氧化钙转化为碳酸钙，在煤球中形成坚硬的网络骨架，机械强度较高。

综上所述，间歇式气化过程的操作中，首先根据燃料的粒度与灰熔点确定吹风阶段的时间分配、吹风量及蒸汽量，视炉温情况调节制气各阶段的时间分配，根据气体成分调节加氮空气量或吹净空气时间，尽量维持气化区位置的相对稳定。

2.1.3.4 间歇式气化的工艺流程

流程包括有煤气发生炉，余热回收装置，煤气除尘、降温及贮存设备。图 2-10 为 UGI 型煤气发生炉的气化流程。

如图 2-10 所示，固体燃料由加料机从炉顶间歇加入炉内。

吹气阶段，空气经鼓风机自下而上通过燃料层，吹风气经燃烧室及废热锅炉回收热量后由烟囱放空。燃烧室中加入二次空气，将吹风气中的可燃气体燃烧，使室内的蓄热砖温度升高。燃烧室盖子具有安全阀作用。

蒸汽上吹制气时，煤气经燃烧室及废热锅炉回收余热后，再经洗气箱及洗涤塔进入气柜。

蒸汽下吹制气时，蒸汽从燃烧室顶部进入，经预热后自上而下流经燃料层，由于煤气温度较低，直接由洗气箱经洗涤塔进入气柜。

蒸汽二次上吹制气时，气体流向与一次上吹相同。

在上、下吹制气时，如配入加氮空气时，应在送入蒸汽之后、停吹蒸汽之前进行，以免煤气与空气相遇而发生爆炸。

空气吹净时，气体经燃烧室、废热锅炉、洗气箱、洗涤塔后进入气柜，此时燃烧室不必加入二次空气。

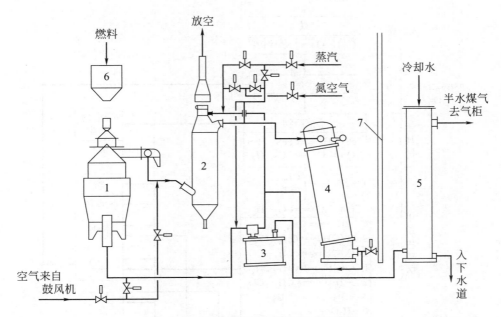

图 2-10　间歇式制半水煤气的工艺流程

1—煤气发生炉；2—燃烧室；3—洗气箱（水封箱）；4—废热锅炉；5—洗涤塔；6—燃料仓；7—烟囱

　　燃料气化后，灰渣经旋转炉箅由刮刀带入灰箱，定期排出炉外。

　　间歇式生产半水煤气的方法，虽然解决了制水煤气所需的热源和合成氨原料气的氮源，广泛应用于中小型的合成氨生产装置，但它毕竟是一种间歇式的操作方式，装置的生产强度、热能的利用率等的提高均受到限制。

2.1.4　固定床加压气化工艺

2.1.4.1　概述

　　固定床加压气化工艺是以鲁奇气化法为代表，它是指一定粒度范围（5～50mm）的碎煤，在 1.0～3.0MPa 的压力下与气化剂逆流气化的反应过程。煤原料由炉顶自上而下，以 3～6cm/min 的速度移动，经历干燥、干馏、气化、燃烧和废渣等五个阶段，最后灰分以固态形式排出炉外。为了强化生产能力、提高气化操作温度，20 世纪 70 年代开发了一种液态排渣气化炉。气化剂（氧气或空气、蒸汽）经旋转炉箅的缝隙进入炉内，未分解的蒸汽，煤干燥、干馏产生的气体和气化生成的气体一起由炉上段排出炉外。这种以碎煤为原料，加压条件下，于 1173～1473K 下固定床气化工艺最先是由德国鲁奇公司开发成功，第一个工业装置于 1939 年在德国建成投产，以后相继在很多国家和地区建厂，其中南非萨索尔（Sasol）公司的三个工厂共建鲁奇炉 97 台。20 世纪 50 年代末，我国开始进口，而后自行设计建起数十台的装置用于生产城市煤气或合成气。

　　碎煤在炉气气化炉内由上向下缓慢移动，与上升的气化剂接触，经历了一系列物理化学变化。这一复杂的变化可由图 2-11 表示出来。由于试验条件的不确定性，其中温度、床层高度的数据只能作为参考。

2.1.4.2　主要工艺条件

　　① 气化压力　气化压力是一个重要的操作参数，它对煤的气化过程、煤气组成、产率、

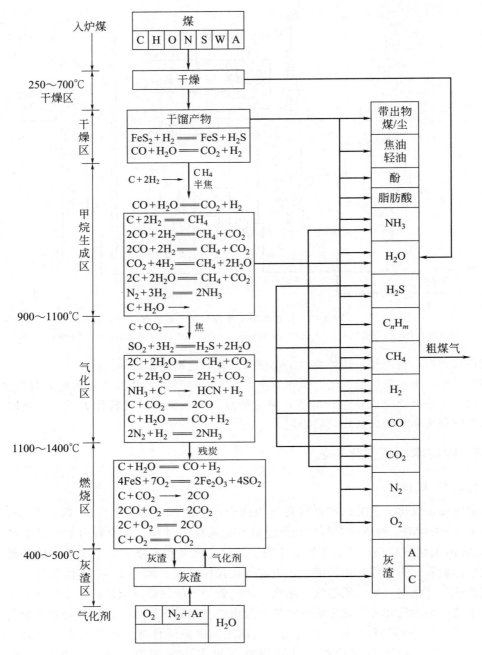

图 2-11　加压气化炉内各层的主要反应

消耗均有显著的影响。前面在讨论气化反应体系的平衡组成时已指出，压力可以提高气化反应的速率，但对反应的平衡则视具体反应而异。例如甲烷生成反应是体积缩小的反应，故提高气化反应压力，可使煤气中的 CH_4 含量增加，若作为城市煤气，则热值相应提高。若作为化工生产的原料气，则希望 CH_4 含量愈低愈好。气化压力提高不利于 $C\text{-}H_2O$、$C\text{-}O_2$ 反应的进行，所以煤气中的 H_2、CO 含量随气化压力上升而下降，而 CO_2 含量随气化压力上升而上升。

气化压力会影响气化过程氧气的消耗量，这是因为甲烷生成放热反应成为气化炉内除碳燃烧的反应以外的另一个热源。随着气化压力的提高，有利于甲烷生成反应的进行，从而相应减少碳燃烧反应中氧的消耗。相反地，提高气化压力不利于 C-H_2O、C-CO_2 这两个气化炉内的主要吸热反应的进行。由于这两个吸热反应减少，必须增加蒸汽加入量以控制炉内的最高温度小于灰的熔化点。

② 温度　提高反应温度可以提高反应速度，并有利于气化反应中那些可逆吸热反应向生成 CO 和 H_2 方向移动，并缩短接近平衡时间。所以气化炉应该尽量在较高温度下进行。这个较高温度是受制于原料煤的灰熔点和结渣温度。控制炉温的主要手段是调节汽/氧比。

③ 汽/氧比　汽/氧比提高，炉温下降。汽/氧比减少，添加的水蒸气减少，炉温上升。依靠提高汽/氧比，使炉温远低于灰熔点下操作。但是高的汽/氧比会增加水蒸气的消耗量，降低气化强度。汽/氧比对煤成分的影响主要是由于变换反应，当汽/氧比增加时，煤气中的 H_2 和 CO_2 含量增加，CO 含量减少。在生产实际操作中，汽/氧比因煤种而异，煤化程度较深的煤，采用较小的汽/氧比，适当提高炉温。一般褐煤采用的汽/氧比为 6～8，烟煤为 5～7，无烟煤和焦灰为 5～6。

④ 气化剂　气化剂的组成会影响气化反应和煤气的组成。若以水蒸气和空气作为气化剂，由空气带入的氮可视为惰性气体不参与反应，而仅仅作为热载体顶替一部分未分解的水蒸气量，降低气化炉的水蒸气耗量和降低汽/氧比。由于氮的存在使气化剂浓度降低，影响了气化过程的反应速度和一部分反应的化学平衡。若在水蒸气、氧气中添加二氧化碳作为氧化剂，同样可以节省水蒸气的消耗量。

当气化剂中添加 CO_2 时，C＋H_2O 反应和 CO＋H_2O 反应受到抑制而有利于 C＋O_2 反应的进行。煤气中的 CO_2 和 CO 随气化剂中 CO_2 添加量的增加而增加，而 H_2 含量则减少。由于 C＋CO_2 反应吸收的热量大于 C＋$2H_2O$ 反应吸收的热量，所以气化剂中添加 CO_2 会使气化层温度低于不添加 CO_2 时的温度，使得 CH_4 生成反应速度下降，煤气中 CH_4 含量下降。

2.1.4.3　固定床加压气化的工艺流程

以鲁奇固定床加压气化的工艺流程图 2-3 为例。原料煤经破碎筛分后，取粒度为 5～50mm 的碎煤加入煤斗，由煤锁加料装置加入炉内，原料煤与气化剂反应后，含有残炭的灰渣经转动炉算借刮刀连续排入灰箱，由灰锁装置定期地排出炉外。气化生产的粗煤气由气化炉上侧引出，出口温度约为 623～873K，经浴喷冷气喷淋冷却，除去煤气中的焦油和煤灰，再经废热锅炉回收热量后，进入粗煤气分离罐和水分离器，然后引出气化装置进入下一步的工序。

2.1.5　常压流化床气化工艺

自从固体颗粒流态化技术出现以后，温克勒（Winkler）首先将流态技术应用于煤的气化并形成了煤气化的温克勒气化工艺，于 20 世纪 20 年代首先在德国建立了工业生产装置。

原料煤经干燥并被破碎至 10mm 以下的煤粒送入煤料斗。送入的煤粒经螺旋加煤机由气化炉的下部送入炉内。气化炉的结构见图 2-4。气化剂分两路进入气化炉，其中 60%～70% 的气化剂由炉底经炉算送入炉内，使床层处于流化状态。其余气化剂由炉筒偏中部引入炉内。气化温度约 1273K，煤粒和气化剂在剧烈搅动和返混中充分接触，进行着各种气化反应和热量传递。这一过程同样包含着煤的干燥、煤的干馏、碳的燃烧、CO_2 还原、水蒸气分解和水蒸气变换等。含有大量细小煤粒的粗煤气由炉顶离开气化炉。部分较重的颗粒由炉底排灰机构排出。粗煤气经废热锅炉热交换后温度降至 523K 进入旋风分离器，进一步分离掉煤气中固体颗粒后进入水洗塔，进一步冷却除尘后的煤气被冷却至 308K 进入下一工序。

这种常压流化床气化工艺与固定床气化工艺相比，具有生产能力大、气化炉结构简单、可采用细小颗粒原料煤等优点。但是，由于操作温度和压力偏低，煤气产量、碳转化率低，且气化炉设备庞大，散热损失也较大。特别是早期的流态化技术水平还不高，曾出现过分布板上产生熔渣、气体中含尘量大、碳损失大等事故，其推广应用受到一定的限制。针对这些缺点，随后开发出了高温温克勒气化工艺、灰熔系流化床气化工艺等。

2.1.6 常压气流床气化工艺

气流床气化指的是气化剂（氧气和水蒸气）夹带着煤粉，通过特殊的喷嘴送入气化炉内，即细小的煤粉悬浮在气流中，随着气流并流流动。在高温辐射下，氧和煤粉混合物瞬间着火、迅速燃烧，产生大量热量。火焰中心温度高达 2273K 左右，所有的干馏产物迅速分解，煤焦同时迅速气化，生成含 CO 和 H_2 的煤气和熔渣。这种气化方式是 1936 年德国柯柏斯（Koppers）公司的托切克（Totzek）工程师提出并进行了试验逐步形成 K-T 气化法，其工艺流程包括：煤粉制备、煤粉和气化剂的输送、制气、废热回收和洗涤冷却等部分。

① 煤粉制备 煤被粉碎至 10mm 以下送入热风循环磨煤系统进行干燥和研磨。煤粉的粒度控制在 80% 通过 200 目，烟煤粉水分控制在 1% 左右，褐煤粉水分控制在 8%～10%。合格的煤粉由气动输送泵，用氮气送入气化炉上面的料仓，由此再经回转阀落入小煤斗中备用。

② 煤粉和气化剂的输送 煤粉以均匀的速度进入螺旋加料器，由螺旋加料器将煤粉送入氧煤混合器，在混合器内，氧气和煤粉均匀混合，通过一连接短管进入烧嘴，以一定的速度喷入气化炉内，过热蒸汽同时经烧嘴送入气化炉内。每个炉头由两个烧嘴组成，与对面炉头内的烧嘴处在同一直线上。K-T 气化炉的结构示于图 2-5。

③ 制气 由喷嘴进入气化炉内的煤粉、氧和水蒸气瞬间发生气化过程的各种反应步骤，其实火焰温度高达 2273K，临近气化炉出口处的粗煤气温度约为 1723K，喷入蒸汽急冷至 1173K，气体中的液态灰渣快速固化，以免粘在炉壁上。高温炉膛内生成的液态渣经排渣口排入水封槽淬冷，由捞渣机将渣灰排出。

④ 废热回收 高温煤气在临近出口经喷入蒸汽急冷后进入废热锅炉回收煤气的显热温度降至 573K 以下。废热锅炉有两种结构型式：火管式废热锅炉，产生的蒸汽压力不高，约 1.5MPa；另一种是水管式锅炉，蒸汽压力高达 10MPa，可用于驱动压缩机组或发电。

⑤ 煤气除尘、冷却 离开废热锅炉的粗煤气先在洗涤塔冷却，温度降至 308K 左右，并除去气流中约 90% 的灰尘。随后经机械除尘器和最终冷却塔除尘和冷却后，送往下一工序。

K-T 气化法的气化炉结构简单，生产能力大；煤种适应性广；蒸汽用量低；煤气质量高，不含焦油和烟尘，甲烷含量很少，有效成分（CO＋H_2）高达 85%～90%；不产生含酚废水，净化工艺简化；操作灵活。其主要缺点是：煤粉制备工序耗能大；气化过程耗氧量高；需有高效的除尘设备。为进一步提高气化强度和生产能力，在 K-T 基础上，发展了加压条件下气化的壳牌-柯柏斯（Shell-Koppers）气化法。

2.1.7 加压气流床气化工艺

现行的主要加压气流床气化工艺主要分为德士古（Texaco）气化法和壳牌（Shell）气化法。

2.1.7.1 德士古气化法

德士古气化法是一种以水煤浆为原料的加压气流床气化工艺。美国德士古发展公司从开发重油气化工艺中得到启发，于 1948 年首先提出水煤浆气化的概念，即用煤粉和水（添加分散剂、减黏剂）配制成可泵送的水煤浆为原料，在德士古气化炉内，于加压条件下以气流床的方式进行气化。2004 年美国 GE 公司收购了 Texaco 煤气化技术，目前该技术又称为GE 煤气化技术。这种气化工艺的关键是制备出高浓度、低黏度、易泵送和稳定性好的煤浆。该气化工艺可分为水煤浆制备与输送、气化、废热回收、煤气冷却与初步净化等部分。按热回收方式不同，可分为急冷流程和废热锅炉流程。

急冷流程是将高温煤气在气化炉底部急冷室内用热水急冷至露点，饱和了水蒸气的煤气再经洗涤后送到下一工程。这种流程多用于 CO 需全部变换（如合成氨、制氢）的场合，流程相对简单，但能耗略高。废热锅炉流程则是先用废热锅炉回收煤气显热，产生高达10.5MPa 高压蒸汽，以做到能量综合利用。废热锅炉流程多用于 CO 不需变换的场合，如制备 CO 气、羰基合成、煤气化、联合循环发电等。但在实际应用中大多选用比较简单的急冷流程。其流程示于图 2-12。

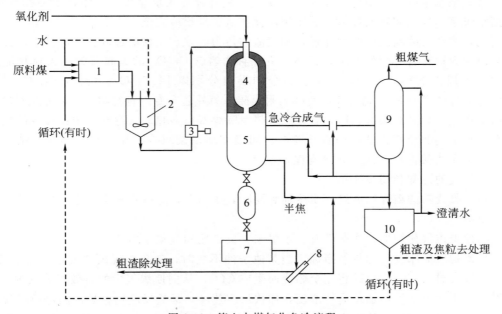

图 2-12 德士古煤气化急冷流程

1—磨煤机；2—料浆槽；3—料浆泵；4—气化炉；5—急冷室；6—密闭料斗；
7—渣槽；8—渣分离器；9—洗涤器；10—澄清器

(1) 水煤浆的制备与输送

水煤浆是煤粉分散于水中所形成的悬浮体，属于不均匀的、不稳定的体系，存在着重力沉降问题，特别是在流速较低或静止的情况下，由于重力作用，该体系随时间而发生变化，煤水悬浮体中分成上层低浓度（或水）和下层高浓度（或煤）两部分。制备高浓度、低黏度、易泵送和稳定性好的煤浆成为一种商业上的专门技术，出现了专门的商品号，如Carbogel、Co-Al 和 ARC-Coal 等。

典型的水煤浆含 70％煤、29％水和 1％添加剂，添加剂主要是碱土金属的有机磺酸盐，由四部分组成：

① 10%～30%粒径小于 10μm 的超细煤粉；

② 大部分煤粉的粒径在 20～200μm；

③ 1%～2%（以煤计）的添加剂；

④ 缓冲剂，碱性金属的磷酸盐，使 pH 保持在 5～8。

水煤浆的制备有多种方法，其中较为简单的是开路（不返料）湿法研磨流程。水煤浆制备与输送流程中的主要设备有：称量给料机、球磨机、煤浆泵、煤浆搅拌器和煤浆振动筛。其中煤浆振动筛是安装在煤浆槽上方，及时筛出煤浆中的大颗粒，以防卡在煤浆泵入口阀上。

（2）气化和废热回收

气化这一步的关键是气化炉，采用直接急冷流程的气化炉如图 2-6 所示。在气化炉的结构中喷嘴是关键设备，向火面的耐火材料是关键的材料。

喷嘴结构直接影响到雾化性能，影响气化效率和耐火材料的寿命。要求喷嘴能以较少的雾化剂和较少的能量实现雾化，并具有结构简单、加工方便、使用寿命长等良好性能。喷嘴的结构按物料混合方式有内混式和返混式；按物料导管的数量有双套管式、三套管式等。其中三套管式是基本结构，中心管导入 15%氧气，内环隙导入水煤浆，外环隙导入 85%氧气，并根据水煤浆的性质调解两股氧气的比例，促使氧、碳反应完全。

气化炉内面对喷嘴的内壁承受强热和灰渣的热力磨蚀、机械磨蚀和化学磨蚀。因此对炉衬向火面耐火材料有专门的要求，目前已有几种由富含 Cr_2O_3 的尖晶石的耐火材料能满足气化炉 1 年以上的运转。各国耐火材料公司推出分别以 $MgCr_2O_4$、$Cr_2O_3-Al_2O_3-ZrO_2$、$Cr_2O_3-Al_2O_3$ 为基材的，冠以各自商品的耐火砖。另外还有专门背衬耐火砖的专用材料。

由于在气化炉进行高温反应，有相当多热量随煤气以显热形式存在，根据煤气的最终用途，有三种不同的冷却方法，即直接淬冷、间接冷却以及间接冷却与直接淬冷相结合。图 2-12 所示的是直接淬冷方法及急冷流程。

（3）煤气的冷却和初步净化

经过回收废热的粗煤气需进一步冷却和脱除其中细灰，这一步通常是通过煤气洗涤气加以洗涤冷却。

影响德士古气化炉的操作条件有：水煤浆、氧煤比和气化压力。

氧煤比是气流床气化的重要指标，当其他条件不变时，气化炉温度主要取决于氧煤比。若氧气量过大时，有一部分碳将完全燃烧而生成 CO_2，从而使煤气中的有效组分减少。

提高气化压力不仅增加反应物浓度，加快反应速度，延长反应物在炉内的停留时间使碳反应完全。同时气化压力的提高还可提高气化炉单位容积的生产能力，又可节省压缩煤气的动力。

德士古气化工艺的优点：

① 煤种适应范围较宽，理论上可以气化任何固体燃料。但从经济角度出发最适宜气化低灰分、低灰熔点的烟煤。一般情况下不宜气化成浆困难的褐煤。

② 工艺灵活，合成气质量高（CH_4<0.1%，不含烯烃、高级烃、焦油、醇等），产品气适用于化工合成。

③ 工艺流程简单，气化压力可高达 8.0MPa 并实现大型化。

④ 三废处理相对较简单。

德士古气化工艺的缺点：

① 氧耗较高；

② 气化温度高导致对向火面炉衬的耐火材料要求高，价格昂贵。

加压气流床气化工艺除德士古工艺以外，我国目前运行的气化炉还有华东理工大学的多喷嘴对置式水煤浆气化炉和清华大学水煤浆水冷壁气化炉（清华炉）。水煤浆加压气化由于具有良好的操作性和环保性，已经成为我国现代煤化工发展的主流。

2.1.7.2　壳牌（Shell）气化法

Shell 煤气化技术是我国工业化应用最早的气流床干煤粉加压气化技术。Shell 煤气化技术实际上是 K-T 炉的加压气化形式，其主要工艺特点是采用密封料斗法加煤装置和粉煤浓相输送，气化炉采用水冷壁结构。

(1) Shell 煤气化工艺特点

Shell 煤气化工艺以干煤粉进料，纯氧做气化剂，液态排渣。干煤粉由少量的氮气（或二氧化碳）吹入气化炉，对煤粉的粒度要求也比较灵活，一般不需要过分细磨，但需要经热风干燥，以免粉煤结团，尤其对含水量高的煤种更需要干燥。气化火焰中心温度随煤种不同约在 1600～2200℃ 之间，出炉煤气温度约为 1400～1700℃。产生的高温煤气夹带的细灰尚有一定的黏结性，所以出炉需与一部分冷却后的循环煤气混合，将其激冷到 900℃ 左右后再导入废热锅炉，产生高压过热蒸汽。干煤气中的有效成分 CO 和 H_2 可高达 90% 以上，甲烷含量很低。煤中约有 83% 以上的热能转化为有效气，约有 15% 的热能以高压蒸汽的形式回收。

Shell 炉加压气流床粉煤气化是 21 世纪煤炭气化的主要发展途径之一。其主要工艺特点如下：

① 由于采用干法粉煤进料及气流床气化，因而对煤种适应广，可使任何煤种完全转化。

② 能源利用率高。由于采用高温加压气化，因此其热效率很高。此外，还由于采用干法供料，也避免了湿法进料消耗在水汽化加热方面的能量损失。因此能源利用率也相对提高。

③ 设备单位产气能力高。由于是加压操作，所以设备单位容积产气能力提高。在同样的生产能力下，设备尺寸较小，结构紧凑，占地面积小，相对的建设投资也比较低。

④ 环境效益好。因为气化在高温下进行，且原料粒度很小，气化反应进行得极为充分，影响环境的副产物很少，因此干粉煤加压气流床工艺属于"洁净煤"工艺。

(2) Shell 煤气化工艺流程

Shell 煤气化工艺流程见图 2-13。来自制粉系统的干燥粉煤由氮气或二氧化碳气经浓相输送至炉前煤粉储仓及煤锁斗，再经由加压氮气或二氧化碳加压将细煤粒由煤锁斗送入径向相对布置的气化烧嘴。气化所需氧气和水蒸气也送入烧嘴。通过控制加煤量，调节氧量和蒸汽量，使气化炉在 1400～1700℃ 范围内运行。气化炉操作压力为 2～4MPa。在气化炉内煤中的灰分以熔渣的形式排出。绝大多数熔渣从炉底离开气化炉，用水激冷，再经破渣机进入渣锁系统，最终泄压排出系统。熔渣为一种惰性玻璃状物质。

出气化炉的粗煤气夹带着飞散的熔渣粒子被循环冷却煤气激冷，使熔渣固化而不致粘在冷却器壁上，然后再从煤气中脱除。合成气冷却器采用水管式废热锅炉，用来产生中压饱和蒸汽或过热蒸汽。粗煤气经省煤器进一步回收热量后进入陶瓷过滤器除去细粉尘（＜20mg/m³）。部分粗煤气加压循环用于出炉煤气的激冷。粗煤气经脱除氯化物、氨、氰化物和硫（H_2S、COS），HCN 转化为 N_2 或 NH_3，硫化物转化为单质硫。工艺过程中大部分水循环使用。废水在排放前需经生化处理。如果要将废水排放量减小到零，可用低位热将水蒸发。剩下的残

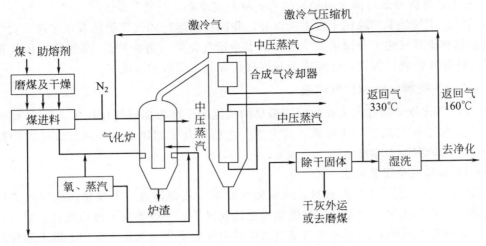

图 2-13 Shell 煤气化工艺（SCGP）流程

渣只是无害的盐类。

除 Shell 煤气化技术以外，我国代表性的干煤粉加压气化炉有西安热工研究院的两段式气化炉和中国航天科技集团公司的航天炉，国内外各类干煤粉加压气化炉基本处于同一水平。

2.1.8 固体燃料气化方法发展与创新

前面我们主要按气化炉内固体燃料与气化剂接触方式介绍几种典型的气化炉型及气化工艺。事实上，固体燃料气化方法五花八门，据统计多达 270 多种。各种技术的侧重点在于如何适应不同原料煤的特征；提高碳转化率及气化压力；装置运转的连续化和稳定性；热量的利用和三废处理等几个大方面。

固定床气化方式是最早实现工业化的工艺技术。常压固定床间歇造气工艺是世界上第一座合成氨厂所采用的造气方法，也是我国中小合成氨厂中普遍采用的造气方法。这种造气方法对设备没有很高的要求；较早实现了自动化操作，容易掌握和控制；可以不使用纯氧气。1930 年德国鲁奇公司推出的固定床加压气化方法解决了造气连续化和加压气化两大难题，长期以来一直是气化的主要技术之一。

人们常将最早实现工业化的连续气化称为第一代气化法，这除了上述的鲁奇气化法外，还包括了常压流化床的温克勒气化法、常压气流床的 K-T 炉及其气化法。

第二代的连续气化均以加压技术为核心，这包括在 K-T 炉基础上发展的 Shell 气化法等，它们都是采用干法将粉碎的固体原料加入气化炉内进行气化。德士古公司独树一帜，采用水煤浆的湿法工艺获得成功。

改革开放以来，我国一直非常重视煤气化技术的研究和开发，建立起以煤为初始原料的合成氨、合成甲醇等工业部门，其中合成氨产量已居世界的前位。从国外先后引进多种工业化气化炉型，其中 GE，Shell 和 Lurgi 气化炉总气化能力在国内排前 3 位，目前还有不断扩大的趋势。煤气化技术创新的核心是气化炉创新。煤气化技术的创新范围主要包括气化炉、加料系统（含喷嘴）、原料预处理系统、煤气冷却系统、黑水灰水处理系统、排渣系统及相关的设备和材料等。我国依靠自己的技术力量研究开发了各类固定床、流化床及气流床的气化技术，并在引进技术的基础上，取诸家之长，大力发展了我国洁净煤气化工艺技术。

2.2 　烃类蒸汽转化

　　烃类蒸汽转化原先指的是一些气态烃，如天然气、油田伴生气、焦炉气及石油炼厂气等，和蒸汽在催化剂作用下转化为合成气的过程，20 世纪 50 年代以后广泛地替代了原先由煤（焦炭）气化制合成气的生产路线。20 世纪 60 年代以后又把原料扩大到石脑油，使得蒸汽转化法得到更加广泛的应用。

　　气态烃或液态烃都是各种烃的混合物，除甲烷外，还有含一个碳以上的饱和烷烃，有的甚至还有少量烯烃。采用天然气（主要成分是甲烷）为原料在烃蒸汽转化中占有相当大的比重，另从化学反应的角度看，可以说不论何种低碳烃类与水蒸气反应都需经过甲烷蒸汽转化这一步，因此，气态烃的蒸汽转化可以用甲烷蒸汽转化代表。而石脑油的蒸汽转化原理与气态烃蒸汽转化原理基本相同，其不同点将在本节最后加以简要介绍。

2.2.1 　甲烷蒸汽转化反应化学热力学

2.2.1.1 　甲烷蒸汽转化反应

甲烷与蒸汽的转化反应为：

$$CH_4 + H_2O = CO + 3H_2 \tag{2-16}$$

$$CH_4 + 2H_2O = CO_2 + 4H_2 \tag{2-17}$$

但是反应产物中除 H_2、CO 和 CO_2 外，还可能有炭黑产生。这是一个复杂的反应体系，还有相互影响的若干反应同时存在：

$$CH_4 + CO_2 = 2CO + 2H_2 \tag{2-18}$$

$$CH_4 + 2CO_2 = 3CO + H_2 + H_2O \tag{2-19}$$

$$CO + H_2O = CO_2 + H_2 \tag{2-20}$$

$$CH_4 = C + 2H_2 \tag{2-21}$$

$$2CO = C + CO_2 \tag{2-22}$$

　　如前所述，欲讨论这一复杂反应系统的平衡状态，则需首先确定独立反应组。这里有 CH_4、CO、CO_2、H_2O、H_2 和 C（炭黑）六种物质，而由 C、H、O 三种元素构成，故独立反应数应为 3，譬如选择反应(2-16)、反应(2-20)、反应(2-21) 为独立反应组，其他反应则可由这三个反应式线性组合导出。而所选择的这一独立反应组不是唯一的，还可以有不同的独立反应组。在进行平衡组成计算时，取任何一组，其计算结果都相同。

　　就甲烷蒸汽转化反应系统而言，通常考察的是 CO、CO_2、CH_4、H_2O、H_2 之间的反应平衡，以及温度、压力等对平衡的影响，因此，讨论在不析炭的条件下反应系统的平衡组成时，通常就选用甲烷蒸汽转化反应（或称甲烷蒸汽重整反应）(2-16) 和一氧化碳变换反应（或称水煤气变换反应）(2-20)。而析炭作为一个专门问题另行讨论。

2.2.1.2 　反应热效应

　　热效应是化学反应的重要特征。就温度对化学平衡影响而论，吸热还是放热决定了反应平衡状态移动的方向，而热效应的大小决定了反应对温度的敏感程度。在选择工艺条件和反应器型式时，热效应往往起着举足轻重以至决定性作用。

　　一般而论，反应热效应与温度、压力、浓度有关。幸好，烃类蒸汽转化操作压力高限虽在 3.5MPa，但反应温度很高，在 773～1273K，当作理想气体处理，误差不很大，适用于工程计算。通常热效应采用生成焓法计算。在标准状态下（即 0.10325MPa，298.15K）的热效应为：

$$CH_4 + H_2O(g) \Longrightarrow CO + 3H_2 \qquad \Delta H_{298.15}^{\ominus} = 206.288 \text{kJ/mol}$$

$$CO + H_2O(g) \Longrightarrow CO_2 + H_2 \qquad \Delta H_{298.15}^{\ominus} = -41.190 \text{kJ/mol}$$

表 2-6 列出甲烷蒸汽转化反应和一氧化碳变换反应的热效应随温度的变化，由表中数据可见，甲烷转化吸热反应的热效应随温度的升高而增大，而一氧化碳变换放热反应的热效应随温度的升高而减小。

表 2-6 甲烷蒸汽转化反应的热效应　　　　　　　　单位：kJ/mol

温度/K	$CH_4 + H_2O \Longrightarrow$ $CO + 3H_2$	$CO + H_2O \Longrightarrow$ $CO_2 + H_2$	温度/K	$CH_4 + H_2O \Longrightarrow$ $CO + 3H_2$	$CO + H_2O \Longrightarrow$ $CO_2 + H_2$
300	206.37	−41.19	800	222.80	−36.85
400	210.82	−40.65	900	224.45	−35.81
500	214.71	−39.86	1000	225.68	−34.80
600	217.97	−38.91	1100	226.60	−33.80
700	220.66	−37.89	1200	227.16	−32.84

在甲烷（或轻质烃，一般碳数约 7）蒸汽转化反应体系中，蒸汽转化反应是强吸热反应（约 200kJ/mol），变换反应是中等放热反应，总反应过程是强吸热。在工业上通常要通过不同方式向转化反应系统供热。

2.2.1.3 化学反应平衡常数

以组分的分压表达的反应(2-16)和反应(2-20)的平衡常数分别为：

$$K_{p_1} = \frac{p_{CO} p_{H_2}^3}{p_{CH_4} p_{H_2O}} \tag{2-23}$$

$$K_{p_5} = \frac{p_{CO_2} p_{H_2}}{p_{CO} p_{H_2O}} \tag{2-24}$$

式中，p_{CH_4}、p_{H_2O}、p_{CO}、p_{CO_2}、p_{H_2} 分别为系统处于平衡状态时 CH_4、$H_2O(g)$、CO、CO_2 和 H_2 组分的分压，atm（1atm=101325Pa，下同）。

众所周知，平衡常数 K_p 为温度的函数。在实际生产中，甲烷蒸汽转化反应的操作压力不很高，故可忽略压力对平衡常数的影响。不同的资料所提供的反应(2-16)和反应(2-20)的平衡常数值有些差异，表 2-7 为其中一组数据。

表 2-7 反应(2-16)和反应(2-20)的平衡常数

温度/K	$CH_4 + H_2O \Longrightarrow$ $CO + 3H_2$	$CO + H_2O \Longrightarrow$ $CO_2 + H_2$	温度/K	$CH_4 + H_2O \Longrightarrow$ $CO + 3H_2$	$CO + H_2O \Longrightarrow$ $CO_2 + H_2$
300	2.107×10^{-23}	8.975×10^4	800	3.120×10^{-2}	4.033
400	2.447×10^{-16}	1.479×10^3	900	1.306	2.204
500	8.732×10^{-11}	1.260×10^2	1000	26.56	1.374
600	5.058×10^{-7}	27.08	1100	3.133×10^2	0.9444
700	2.687×10^{-4}	9.017	1200	2.473×10^3	0.6966

由表 2-7 数据可见，反应(2-16)和反应(2-20)均为可逆反应。前者为吸热反应，反应平衡常数值随着温度的升高而增大，而反应(2-20)则相反，是一个放热反应，反应平衡常

数值随着温度的升高而减小。

2.2.1.4 平衡组成的计算

在计算平衡组成时，可选计算基准为 1.0mol CH_4，原料气中的水碳比（H_2O/CH_4）为 m，系统压力为 p，温度为 t，假设没有炭黑析出，反应系统达到平衡时 CH_4 按反应（2-16）转化 x mol，CO 按反应（2-20）变换 y mol，则反应系统达到平衡时气相中的组分及其分压由表 2-8 所示。

表 2-8 平衡时气相中组分及其分压

组分	气体组成		组分平衡分压/kPa
	反应前	平衡时	
CH_4	1.0	$1.0-x$	$p_{CH_4}=(1-x)p/(1+m+2x)$
H_2O	m	$m-x-y$	$p_{H_2O}=(m-x-y)p/(1+m+2x)$
CO	—	$x-y$	$p_{CO}=(x-y)p/(1+m+2x)$
H_2	—	$3x+y$	$p_{H_2}=(3x+y)p/(1+m+2x)$
CO_2	—	y	$p_{CO_2}=yp/(1+m+2x)$
合计	$1+m$	$1+m+2x$	p

将各组分平衡分压代入两个独立反应的平衡常数式（2-23）和式（2-24），得：

$$K_{p_1}=\frac{p_{CO}p_{H_2}^3}{p_{CH_4}p_{H_2O}}=\left[\frac{(x-y)(3x+y)^3}{(1-x)(m-x-y)}\right]\left(\frac{p}{1+m+2x}\right)^2 \tag{2-25}$$

$$K_{p_5}=\frac{p_{CO_2}p_{H_2}}{p_{CO}p_{H_2O}}=\frac{y(3x+y)}{(x-y)(m-x-y)} \tag{2-26}$$

若已知转化温度、压力和原料组成，利用式（2-25）和式（2-26）则可求得该条件下的平衡组成。一组不同条件下的甲烷平衡含量示于图 2-14。

2.2.1.5 反应条件对甲烷平衡含量的影响

① 温度 温度对甲烷转化反应有重要影响。由图 2-14 可见，随着温度的升高，甲烷的平衡含量降低。在常压、水碳比为 3 的条件下，欲要求甲烷含量在 0.5%，则要求反应温度高达近 900℃，反应温度每降低 10℃，甲烷平衡含量约增加 1.0%～1.3%，因此，从降低残余甲烷含量考虑，转化温度应该高一些好。

② 压力 甲烷蒸汽转化反应为体积增大的可逆反应，增加压力，甲烷平衡含量也随之增大。以温度 800℃、水碳比 3 的条件为例，由图 2-14 可见，压力由 2.0MPa 增至 4.0MPa，甲烷平衡含量由 7.8% 增至 13.7%。

③ 水碳比 由图 2-14 可见，在给定条件下，水碳比愈高，甲烷平衡含量愈低。

总之，从化学反应平衡角度，甲烷蒸汽转化宜在高温、低压及过量水蒸气存在的条件下进行。

2.2.2 甲烷蒸汽转化反应动力学

自甲烷蒸汽转化过程问世以来，动力学方面的研究工作未曾间断。各研究者基于各自的实验结果，对该反应过程提出不同的机理和反应动力学方程。

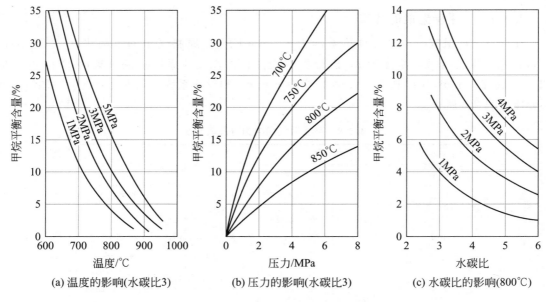

图 2-14 不同条件下甲烷的平衡含量

许多学者的研究结果认为：甲烷蒸汽转化反应中 CO 为初级产物，即先进行甲烷与水蒸气反应，生成 CO 和 H_2，然后 CO 再和水蒸气进行变换反应，产生 CO_2。由此提出热解机理、氧化还原机理等。

另有一批学者的研究结果认为：CO 和 CO_2 均为甲烷蒸汽转化反应的初级产物，认为甲烷蒸汽转化时，首先在催化剂表面形成"CH_2O 基"，然后直接生成 CO 和 CO_2：

$$
CH_4 + H_2O \Longrightarrow CH_2O + 2H_2
\begin{cases}
CO + H_2 \\
H_2O \\
CO_2 + 2H_2
\end{cases}
$$

研究者们基于各自实验结果提出了相应的反应机理，先后推导出十多个表达式不尽相同的动力学方程。在这些方程中，除了甲烷是一级这一点相同之外，其他方面则有不同的结论，如氢气对反应速率的影响则各不相同，反应活化能的数值相差也很大（66~234kJ/mol），与实际应用相距甚远。

工程上实际应用的是宏观动力学，即把传递过程对反应速率的影响统计进去。传质系数是随着反应器内混合气流速的增大而增大，即在气体流速小的时候，外扩散的影响才显露出来。在现行的工业反应器内，气体的流速已足够快，基本上消除了外扩散对反应速率的影响。但是为了减少床层阻力，所用的催化剂颗粒较大（>2mm），内扩散阻力较大，催化剂内表面利用率较低。表 2-9 给出不同粒度催化剂对甲烷蒸汽转化反应速率的影响。由表中数据可见，随着催化剂粒径的减小，催化剂的比表面增大，反应速率也相应增大，内表面利用率也随着增大，但即使粒径减小至 1.20mm，内表面利用率也才 0.29。所以说，在工业生产中甲烷蒸汽转化反应为内扩散控制。据报道，只有在催化剂粒径小于 0.4mm 时，才能消除内扩散的影响。

表 2-9　催化剂粒度对反应速率的影响

粒度/mm	比表面/(cm²/g)	反应速率常数/[1/(kPa·h·g)]	内表面利用率 η
5.4	7.8	13577.6	0.07
5.3	8.0	11855.0	0.08
2.85	14.5	30397.5	0.10
1.86	22.5	30498.8	0.23
1.20	34.5	56336.7	0.29

工业上的转化反应器是由多根平行排列、垂直在炉膛内的合金钢组成，原料混合气由上而下通过，由于反应过程吸热，所需热量由管外热源供给，因此就存在着热量的传递过程，使宏观反应动力学更加复杂。

2.2.3　转化过程的析炭

在烃类蒸汽转化反应系统中，存在着析炭问题。析炭反应对烃类蒸汽转化是破坏性的。催化剂表面为炭黑覆盖或微孔为炭所堵塞，导致活性下降；严重时催化剂粉碎，床层阻力增大；管壁过热，使用寿命缩短；最终炉管空隙全部被炭黑堵塞而被迫停车。

甲烷蒸汽转化时，可能的析炭反应有：

$$CH_4 \Longrightarrow C+2H_2 \qquad \Delta H^{\ominus}_{298}=74.9kJ/mol$$
$$2CO \Longrightarrow C+CO_2 \qquad \Delta H^{\ominus}_{298}=-172.5kJ/mol$$
$$CO+H_2 \Longrightarrow C+H_2O \qquad \Delta H^{\ominus}_{298}=-131.5kJ/mol \qquad (2\text{-}27)$$

上述三个析炭反应在甲烷蒸汽转化常见的温度范围内，它们的平衡常数在 $10^2 \sim 10^{-4}$ 数量级，所以可以说甲烷裂解是一个吸热可逆反应，温度愈高，热力学上愈有利反应进行；而 CO 歧化和还原反应则相反，是放热可逆反应。而压力增加，CO 歧化和还原反应进行愈完全。总之，从析炭热力学的角度，温度和压力对上述析炭反应的影响是不相同的，究竟析不析炭，依赖于此复杂反应系统的平衡。为了抑制这些析炭反应的发生，可以通过选择适当的温度、压力和原料气组成（水碳比）来解决。在给定的温度和压力的条件下，存在着热力学最小水碳比。

图 2-15 给出的是对甲烷和液态烃进行析炭热力学计算所得到的热力学最小水碳比的图，曲线与横坐标之间为析炭区。由图 2-15 可见，在相同温度下，压力低的热力学最小水碳比高于压力高时的值。温度、压力相同的条件下，$CH_{2.15}$ 烃（石脑油）蒸汽转化的热力学最小水碳比高于甲烷蒸汽转化的值。

烃类蒸汽转化过程的析炭动力学研究得不多。为了考察工业转化反应器的析炭情况，将转化管相对高度（对应测取其温度）与瞬间组分分压比，$p^2_{H_2}/p_{CH_4}$（甲烷裂解）、$p_{H_2O}/(p_{CO}p_{H_2})$（CO 还原）、p_{CO_2}/p^2_{CO}（CO 歧化），分别制成温度-组分分压比图，并在相应的图上绘出相应析炭反应的平衡线。由这三张图可见，在工业生产条

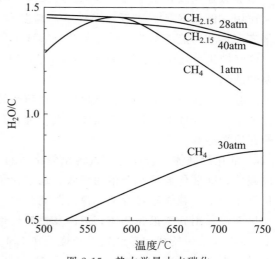

图 2-15　热力学最小水碳化

件下，无论是高活性催化剂还是低活性催化剂，从热力学上看，不会经由 CO 歧化或还原反应而析炭，但会进行甲烷裂解反应而析炭。使用高活性催化剂不会产生析炭现象，使用低活性催化剂时，由进口端计管长的 30%～40%，温度在 933～948K 处于析炭区。

工业生产中，如果出现析炭现象还是易于察觉的，例如炉管出现热带、热斑，压力降增大，转化管出口甲烷含量增加等。当析炭轻时，可采取降压、提高水碳比的办法将其除去。若析炭严重时，可采用蒸汽除炭，也可以采用空气或空气与水蒸气混合气烧炭。

2.2.4 烃类蒸汽转化催化剂

烃类蒸汽转化反应只有在催化剂的存在下，才能获得有实用意义的反应速率。转化催化剂的研制一直是这一重要化工过程技术进步的关键。第一个转化催化剂的专利是德国 BASF 公司在 1913 年提出的，其工业化是在 20 世纪 30 年代实现的。20 世纪 60 年代以后研制并生产以低比表面的耐火材料作为载体的催化剂以适应蒸汽转化工艺对催化剂活性、强度、抗结炭等多方面的要求。英国 ICI 公司含钾催化剂适应了原料由气态烃扩大至液态烃在催化剂抗结炭方面的要求。而 1968 年丹麦的 Topsoe 公司推出不含钾的石脑油蒸汽转化催化剂。至今国内外这类催化剂种类繁多，以适应各种不同的工艺要求，如有：天然气一段蒸汽转化催化剂、烃类二段蒸汽转化催化剂、轻油蒸汽转化催化剂、炼厂气蒸汽转化催化剂等。

2.2.4.1 转化催化剂的组成

① 活性组分 元素周期表中的第Ⅷ族元素对烃类蒸汽转化反应均有催化活性，虽然有的贵金属的活性比镍高，但出于经济原因，工业上使用的转化催化剂均以镍为活性组分，其含量以 NiO 的质量计一般为 10%～25%。在一定的范围内催化剂的活性随着镍含量增加而提高，抗毒能力也增加，但活性提高的幅度逐渐减小，当超过一定限度后，活性反而会显著下降。

② 助催化剂 工业生产使用的蒸汽转化催化剂应当具有较高且稳定的活性、抗毒能力、防止析炭能力、还原性能好和长的使用寿命。为此，在催化剂的研制和使用中，诸如 Al_2O_3、MgO、CaO 等，它们同时也是载体的组分，能抑制高温运转中催化剂的熔结、镍晶粒长大，从而对提高催化剂活性和延长催化剂使用寿命有明显作用。

添加碱金属或碱土金属，如 K_2O、CaO、MgO 等，对抑制蒸汽转化过程中析炭反应起很大作用。例如 K_2O，在反应条件下，高温和高水蒸气分压，实际上是以 KOH 形态在催化剂表面移动，能调整蒸汽转化催化剂表面的固体酸碱度，从而减缓因烃类裂解而析炭的危害。同时钾组分还能促进 $C-H_2O$ 反应，起消炭作用。但钾组分在高温下的挥发和消失是其主要的缺陷。

实验表明：添加稀土金属氧化物能使蒸汽转化催化剂的性能有进一步提高。表现在提高催化剂中镍的分散度；阻止镍晶体长大；催化剂表面碱度提高，减缓析炭的速度；改善催化剂的还原性能等。

③ 催化剂载体 载体是蒸汽转化催化剂的重要组成部分，它同时也起助催化剂的作用。所以载体和助催化剂没有严格的界限，通常含量多的是载体，含量少的是助催化剂。在蒸汽转化催化剂中，载体起着骨架支撑、隔离分散活性组分的作用。

早期曾采用硅酸铝为载体，但因其抗析炭性能差且高温下硅组分会迁移，现已不采用。近 20 多年来采用的载体是经高温焙烧的在工业使用条件下拥有稳定结构的低表面耐火材料。这类材料为 $\alpha-Al_2O_3$、$MgO-Al_2O_3$、$ZrO-Al_2O_3$、$CaO-Al_2O_3$ 等，最常用的是 $\alpha-Al_2O_3$ 和

CaO-Al_2O_3 型载体。

④ 杂质　在催化剂的制备过程中或原料不纯等原因，总会使制备好的催化剂中含有一些杂质。有些杂质会影响催化剂的性能。对蒸汽转化催化剂而言，应当注意控制催化剂中 SiO_2、Na_2O（K_2O）和 Fe_2O_3 等的含量。

SiO_2 在转化催化剂中对提高机械强度、抗氧化及抗硫化等方面有积极作用，但 SiO_2 不但会降低催化剂的抗结炭性能，而且随着压力的升高，在水蒸气中的挥发随着气流往下面工序迁移、沉积在诸如废热锅炉炉壁、变换工序的催化剂上影响装置正常运行。因此要求催化剂中 SiO_2 含量小于 0.2%。

K_2O 在转化催化剂中起促进剂的作用，但会使转化催化剂活性下降，同时低熔点的 K_2O 和 Na_2O 都会发生挥发迁移。通常要求天然气转化催化剂中钾和钠总含量应当小于 0.2%。

Fe_2O_3 对转化反应有低的活性，但它将影响载体的烧结效果，进而影响催化剂的耐热性。所以一般转化催化剂的 Fe_2O_3 含量应小于 0.5%。

2.2.4.2　催化剂的制备与还原

(1) 催化剂的制备

转化催化剂的制备一般有共沉淀法、混合法和浸渍法，近 20 多年来，国内外转化催化剂大多数采用浸渍法制备，其氧化镍含量一般为 10%～20%（质量分数）。以高温煅烧的 α-Al_2O_3 或 $MgAl_2O_4$ 尖晶石等材料为载体，将其浸泡于含有 $Ni(NO_3)_2$ 和其他催化剂组分的混合溶液中，静置，让液固相体系平衡，随后润湿的载体晾干、烘干、再加热分解和煅烧，称之为负载型催化剂。

(2) 催化剂的还原

制备好的催化剂镍是氧化态的 NiO，必须将其还原为金属镍 Ni^0 才有催化活性。以氢为还原剂时，其还原反应式为：

$$NiO+H_2 \Longrightarrow Ni+H_2O \qquad \Delta H^{\ominus}_{298} = -1.26kJ/mol \qquad (2\text{-}28)$$

其平衡常数 K_p 为 245（1000K），即当 $p_{H_2O}/p_{H_2} < K_p$，H_2 的摩尔浓度大于 0.4%，NiO 可被还原为 Ni^0。工业用 H_2-H_2O(g) 或天然气-水蒸气作为还原气。尽管水蒸气对催化剂还原有不利影响，如还原后所得的镍表面积小，但工业装置中转化催化剂还原一般采用水蒸气升温，然后添加 H_2 或天然气，这是因为：

① 水蒸气是工厂最易得到的载气；

② 大量水蒸气能够提高催化剂层内还原气的流速；

③ 水蒸气有利于脱除制备催化剂时添加的少量石墨；

④ 水蒸气与 H_2 共存时，有利于脱除催化剂中所含微量毒物（如硫化物）。

虽然在较低温度下催化剂已开始被还原，但为了保证催化剂还原到位，还原温度以高为宜，一般维持在 800℃。NiO 还原时放热甚微，不必担心催化剂与气体主体间出现大的温差。

2.2.4.3　催化剂的中毒与再生

还原态的镍催化剂极易受到原料中某些杂质的毒害而丧失活性，常见的毒物有：硫、砷、氯、溴等，尤其是硫最为常见。

天然气中的硫化物大都以 H_2S 的形式存在，而液态轻烃含有多种有机硫，如二硫化碳（CS_2）、硫醚（R_2S）、硫醇（RSH）、硫氧碳（COS）和噻吩等，含量一般在 500～1000mg/L，这些有机硫在烃类蒸汽转化条件（催化剂、高温、含氢气流）下，最终都以 H_2S 形式存在。只需非常少量的硫就能使镍催化剂严重中毒。硫化物的允许含量视催化剂、反应条件而异。催化剂活性愈高，它所允许的硫含量愈低；反应温度愈低，对硫愈敏感。例如，一般转化炉进口端温度一般为 820～920K，要求原料烃中硫含量应不大于 0.5×10^{-6}（质量分数）。硫对镍的中毒属于可逆中毒。只要使原料气中含硫量降到规定的标准以下，催化剂的活性可以恢复。

砷是蒸汽转化过程中的另一个重要毒物，其对催化剂的毒化是不可逆的。砷能扩散到管壁中，待新催化剂装入后又会重新扩散出来，因此工业上允许砷含量比硫严格得多，要求不大于 $10\mu g/L$。

卤素也是镍催化剂的有害毒物，并具有与硫相似的作用，也是属于可逆性中毒。

2.2.5 天然气蒸汽转化工艺

2.2.5.1 转化过程的分段

前已叙及，一般要求转化气中甲烷含量小于 0.5%（干基）。若在加压条件下操作，相应的蒸汽转化温度需高达 1273K 以上。如果作为合成氨原料气，则不仅要有氢，而且还应有氮的组分，于是工业上出现转化过程分段进行的流程。

首先，在较低温度下于外热式的反应管中进行烃类的蒸汽转化反应。然后，在较高温度下，在耐火砖衬里的钢制转化炉中加入空气，利用反应热把甲烷转化反应进行到底。

在第二段转化炉内也装有镍催化剂，由于加入了空气，一段转化炉来的转化气在这里先与空气作用：

$$2H_2 + O_2 \Longrightarrow 2H_2O \qquad \Delta H_{298}^{\ominus} = -483.99 \text{kJ/mol} \qquad (2\text{-}29)$$

$$2CO + O_2 \Longrightarrow 2CO_2 \qquad \Delta H_{298}^{\ominus} = -565.95 \text{kJ/mol} \qquad (2\text{-}30)$$

而甲烷则与水蒸气作用：

$$CH_4 + H_2O \Longrightarrow CO + 3H_2$$

与其他几个反应比较，氢的燃烧反应(2-29) 速度要高 $10^3 \sim 10^4$ 倍。因此，氧在炉内催化剂床层上部空间就已差不多全部被氢消耗，计算得到理论火焰温度可高达 1470K。随后由于甲烷转化反应吸热，沿着催化剂床层温度逐渐降低，到炉的出口处约为 1273K。

一般情况下，一、二段转化气中残余甲烷含量分别按 10% 和 0.5% 设计。

2.2.5.2 工艺条件

前已述及，从化学反应平衡的角度，甲烷蒸汽转化反应宜在高温、低压和高水碳比的条件下进行，但在工业生产条件下还必须结合技术与经济诸因素加以优化。

(1) 温度

① 一段转化炉出口温度　温度是决定转化炉出口气体组成的主要因素，提高出口温度，可以降低残余甲烷含量。但因为温度与转化反应管的使用寿命关系很大，所以在可能条件下，转化炉出口温度不要太高，需视转化压力不同而有所区别。例如，转化操作压力为 1.8MPa，出口设计温度为 1033K；转化操作压力为 3.2MPa，出口设计温度为 1073K 左右。

② 二段转化炉出口温度　烃类蒸汽转化所制取的原料气质量，最终是由二段转化炉出口温度控制的。在操作压力和水碳比确定后，要求预期残余甲烷的含量就取决于二段转化炉出口温度。例如：二段炉出口气体中甲烷含量小于 0.5%，则出口温度要在 1273K 左右。在工业生产中，此出口温度比出口气体组成所对应的平衡温度高 15～30℃。

(2) 压力

烃类蒸汽转化反应宜在低压下进行，但在工业生产中的操作压力已逐渐提高到 3.5～

4.0MPa下操作。这是因为：①可以节省动力消耗。烃类蒸汽转化反应为体积增大的反应，压缩含烃原料气要比压缩转化气省功。如若作为合成氨的原料气，则氢氮混合气压缩的功耗与压缩前后的压力比的对数成正比。这就是说，压缩机的吸入压力愈高，功耗愈低。尽管转化这步压力提高，压缩机的功耗提高，但单位产品的氨总功耗还是减少。②可以提高过量蒸汽余热的利用价值。压力愈高，水蒸气分压也愈高，因此其冷凝温度愈高，即蒸汽冷凝液利用价值也愈高。③可以减少设备投资。由于转化压力提高后，后续工序的操作压力也随着提高，对于同样的生产规模，在一定程度内可以减少投资费用。同时，提高操作压力，还可以提高反应速度，减少催化剂用量。

(3) 水碳比

欲在加压条件下进行蒸汽转化操作，又要求转化反应器出口气体残余甲烷含量较低，主要的控制手段之一是提高进口气体中的水碳比。高水碳比固然对转化反应有利，而且又可防止析炭反应发生，但过高的水碳比在经济上是不合理的，目前一般控制在 3.5～4.0。

2.2.5.3　主要设备

(1) 一段转化炉

一段转化炉是烃类蒸汽转化法制合成气的关键设备，是一种外热式的反应器，由辐射段和对流段组成。外壁由钢板制成，炉内壁衬耐火层。转化管竖直排列在辐射段炉膛内，管内填充转化催化剂，烃类蒸汽转化反应在催化剂床层上进行，所需的反应热由管外烧嘴提供。烟气的热量在对流段预热各种气体，然后用排风机经烟囱排放。

① 炉型　一段转化炉有不同的型式，按加热方式分有：顶部烧嘴炉、侧壁烧嘴炉、梯台式烧嘴炉和底部烧嘴炉。由于含烃气体和水蒸气的混合物都是自上而下流动，在催化剂层进行转化反应，不同的烧嘴安排方式，造成加热介质与反应介质间不同的相对流动形态。例如顶部烧嘴炉为并流加热，而侧壁烧嘴炉为错流加热等。下面以顶部烧嘴炉为例介绍一段转化炉的基本结构。该炉是直立箱型炉，辐射段和对流段连成一整体，在辐射段内安装转化管和顶部烧嘴，如图 2-16。炉顶有原料气、燃料气总管等，转化管用底部支架支撑。每排转

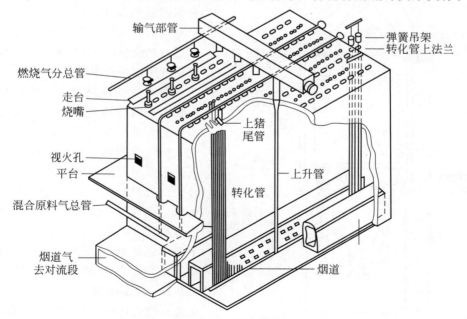

图 2-16　甲烷蒸汽转化炉

化管两侧各有一排烧嘴。烟道气从下烟道排出。由于烧嘴火焰与转化管平行，即使燃烧液体燃料火焰较长时，也不会发生火焰直接冲击炉管的现象。由于炉管与烧嘴相间排列，沿炉管周围温度比较均匀。

② 转化管 顶部烧嘴炉（凯洛格，配置在年产30万吨合成氨装置）的辐射室内总共装有378根转化管，分9排，每排42根，炉管 φ112mm×20.5mm，内径71mm，每根炉管总长 10.8mm，有效长 9.6mm，装填 15.3m³ 催化剂。管心距为 260.5mm，排间距为 1976mm。由于炉管是在常温下安装，而操作温度高达 1073～1173K，管小又长，热膨胀量大，而且分气管、集气管和总管的膨胀量不同，所以必须有自由伸缩的余地。通常由含碳量低、挠性较好的细管与集气管相连，这种细管因其形状称为猪尾管。凯洛格的顶部烧嘴炉的转化管由猪尾管与集气管连接，但无下猪尾管，转化管刚性焊接于下集气管，每一排有一上升管，穿过炉膛与出气管相连。炉顶部安装 200 个烧嘴，分成 10 排。

（2）二段转化炉

前已述及，若在 3.0MPa、水碳比 3～4 的条件下，要求烃类蒸汽转化后气相中甲烷含量低于 0.5% 的话，反应温度需高达约 1273K。经过一段转化炉，转化温度约 1072K，甲烷转化率仅 60%～70%，气相中甲烷含量还有约 10%，需要在更高温度下，提供反应热使剩余的甲烷继续进行蒸汽转化反应，直到甲烷含量低于 0.5% 为止。如果转化气是作为合成氨的原料气的话，还需有氮气，因此，向反应系统加入适量的空气，让空气中的氧气与一段转化气中的可燃性组分（特别是 H_2）进行燃烧反应，提供甲烷进一步转化的热量，同时引入氮气组分。因此，二段转化炉是一种自热的绝热催化反应器。

二段转化炉同样有多种炉型，如炉内淬冷，炉内不淬冷（而在与废热锅炉连接的三通内进行淬冷）第三种是二段转化炉气体不淬冷直接进入废热锅炉。这三种炉型的二段转化炉都是一立式圆筒，壳体材质是碳钢，内壁衬耐火材料，炉外有水夹套保护碳钢壳体。炉腔内进口部分有一个宽大的空间让一段转化气与空气中的氧进行燃烧反应（约 1473K），然后进入催化剂床层进行甲烷转化反应。

图 2-17 为凯洛格型二段转化炉，是一种不采取淬冷的炉型。一段转化气从顶部的侧壁进入炉内，空气从炉顶直接进入空气分布器。为了保证气体通过空气分布器小管的流速高达 30m/s 和防止外表面温度过高，在空气中加入 10% 的蒸汽。空气与一段转化气混合燃烧，温度可高达 1473K，然后高温气体自上而下经过催化剂层，甲烷在催化剂层与水蒸气反应。二段转化炉出口气体温度 1273K，残余甲烷含量＜0.5%。为了避免混合燃烧区的火焰直接冲击催化剂层，在床层之上铺一层可耐 2140K 高温的耐

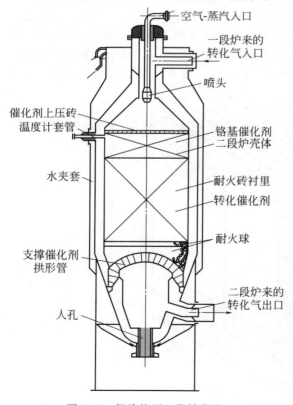

图 2-17 凯洛格型二段转化炉

火材料。中央部分是 37 块无孔砖，外围每块砖上开有 $\phi9mm$ 的小孔。

2.2.5.4　工艺流程

目前烃类蒸汽转化法生产合成气的方法有美国的凯洛格（Kelloge）法、英国帝国化学工业公司（ICI）法、丹麦托普索（Topsoe）法等。除了转化炉及烧嘴结构各具特点外，在工艺流程上均大同小异，都包含有一、二段转化炉，原料预热，余热回收等。现以天然气为原料的凯洛格法流程为例作一介绍。其流程示于图 2-18。天然气被压缩到 3.6MPa 左右并加入一定量 H_2-N_2 气，经一段转化炉对流段预热至约 663K，经钴-钼加氢脱硫和氧化锌脱硫之后，总硫含量小于 0.5×10^{-6}（体积分数）。随后在压力 3.6MPa、温度 653K 的条件下配入中压蒸汽，达到水碳比 3.5 进入一段转化炉的对流段预热至约 773K，然后从辐射段顶部进入一段转化炉的各个转化管，气体自上而下流经催化剂层进行甲烷蒸汽转化反应，离开转化管底部的转化气温度 1073～1093K，压力为 3.1MPa、甲烷含量约 9.5%，汇合于下集气管，再沿着集气管中间的上升管上升，吸收一些热量，使温度升至 1123～1133K，经输气总管送往二段转化炉，其组成为（干气，摩尔分数，%）：CH_4 9.68、CO 10.11、CO_2 10.31、H_2 69.03、N_2 0.87。

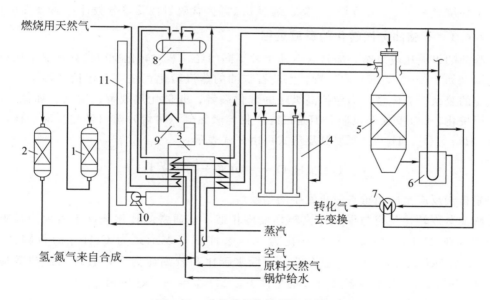

图 2-18　天然气蒸汽转化工艺流程

1—钴-钼加氢反应器；2—氧化锌脱硫罐；3—对流段；4—辐射段（一段炉）；5—二段转化炉；
6—第一废热锅炉；7—第二废热锅炉；8—汽包；9—辅助锅炉；10—排风机；11—烟囱

空气经压缩机加压到 3.3～3.5MPa，配入少量水蒸气，进入一段转化炉的对流段预热到约 723K，进入二段转化炉顶部与一段转化气汇合，在二段转化炉顶部燃烧区燃烧，温度可升至约 1473K，再通过催化剂床层进行甲烷蒸汽转化的吸热反应，离开二段转化炉的气体温度约 1273K，其组成为（干气，摩尔分数，%）：CH_4 0.33、CO 12.96、CO_2 7.78、H_2 56.41、N_2 22.24、Ar 0.28。

从二段转化炉出来的高温气体进入第一废热锅炉，接着又进入第二废热锅炉，产生高压蒸汽。从第二废热锅炉出来的转化气温度约 643K，送往下一工序。

作为燃料用的天然气在一段转化炉的对流段预热至约 463K，然后分两路，主要的一路进入一段转化炉辐射段顶部烧嘴，燃料燃烧的烟气离开辐射段的温度 1278K，再进入对流段，依次流经混合原料气、工艺空气、蒸汽、作为原料用的天然气、锅炉给水、燃料气的各个预热器，烟道气的温度由约 1278K 降至约 523K，用排风机送入烟囱排入大气。另一路燃料用的天然气进入对流段的入口烧嘴，燃烧放热，这一部分燃料气与辐射段来的烟气汇合。此处烧嘴的设置在于保证对流段各预热物料的温度指标。

2.2.6　石脑油蒸汽转化工艺

前面以甲烷为例，讨论了蒸汽转化制合成气的基本原理、工业生产方法等。随着炼油工业的发展，提供了比较大量的石脑油可作为化学工业的原料。20 世纪 50 年代，英国 ICI 公司研制成功抗析炭的烃类蒸汽转化催化剂，使蒸汽转化的原料由气态烃扩展到液态烃。与低碳烃相比，石脑油是高碳数烃的混合物，性质上有所差别。

石脑油系原油经常压蒸馏分馏出的终馏点 473K 以前的直馏汽油。由于原油产地、原油性质、馏分切割范围不同而有差异。例如，有一种馏程在 311～405K 的石脑油被称为轻石脑油，其平均分子式可表示为 $C_{5.0}H_{13.2}$，分子量 84.55，按体积分数计，其组成为：脂肪烃 89.4%、环烷烃 8.4%、芳香烃 2.1%、烯烃 0.1%。含硫量按质量分数计：260×10^{-6}。

2.2.6.1　石脑油蒸汽转化的反应过程

石脑油的组成比较复杂，通常含有几十种不同的烃，蒸汽转化反应又处在一个比较宽的温度范围（如 723～1073K）内进行，因此石脑油的蒸汽转化，是一个包括多种平行反应和串联反应的复杂反应体系。即包括高级烃的催化裂解、非催化热裂解、脱氢、加氢、析炭、消炭、甲烷化、CO 变换等反应。但是最终产物与天然气（甲烷）蒸汽转化反应一样，仍然是 CO、H_2、CO_2、H_2O。所以其反应式可由下式表示：

$$C_nH_m + nH_2O \Longrightarrow nCO + \left(n + \frac{m}{2}\right)H_2 \tag{2-31}$$

但是析炭反应是应当重点防止发生的副反应。

石脑油蒸汽转化反应与甲烷蒸汽转化反应相似，在通常的转化条件下表现为强吸热效应。例如，在 2MPa、1073K 和水碳比为 3.0 条件下（表示式为 $C_2H_{2.2}$ 的石脑油），其 $\Delta H^{\ominus}_{298} = 102.5 kJ/mol\ C_2H_{2.2}$。但在低温、低水碳比和较高压力下，表现为放热效应。例如，在 3.1MPa、723K 和水碳比 2.0 的条件下，$\Delta H^{\ominus}_{298} = -48 kJ/mol\ C_2H_{2.2}$。

2.2.6.2　石脑油用的转化催化剂

由于石脑油中高碳数烃含量多，而且还有不饱和烃，析炭是一个突出问题。防止析炭的热力学最小水碳比较甲烷的高。但是，在工业上采用过高的水碳比是不经济的，而且也不能彻底解决析炭问题。研制抗结炭的转化催化剂是一种解决问题的办法。

前已述及，英国 ICI 公司开发出含钾催化剂适应了原料由气态扩大到液态烃在催化剂抗析炭方面的要求。加钾，如碳酸钾的作用有两个：它中和了载体的酸中心，以防止石脑油裂解为烯烃，进而减少烯烃脱氢而析炭的量；钾的组分还能促进 C-H_2O 反应而起消炭的作用。钾组分在转化反应条件下，在催化剂表面上具有高度流动性，才能起到中和催化剂表面酸中心的效果。但是，正是这种流动性带来负面影响，使其易于从催化剂中缓慢流失。为了解决这个问题，可将催化剂中钾组分制备成钾霞石（$KAlSiO_4$）的形式，以贮存钾组分，在石脑油蒸汽转化过程中慢慢释放出来。让催化剂具有碱性组分的另一种办法是 Topsøe 公司采用的以 MgO 为载体,称为不加钾的石脑油蒸汽转化催化剂。但是,应特别注意防止 MgO 发生水合反应,因在水合反应时催化剂会发生体积大幅度膨胀而导致载体破裂、粉化。为防止发生水合反应,采用含 MgO 作载体的催化剂时,在开停车时应采用无水的干气氛进行。在载体中加入少量 Al_2O_3,在高温下烧结成镁铝尖石可弥补这一不足。

2.2.6.3　石脑油蒸汽转化工艺流程

图 2-19 是 Topsφe 石脑油蒸汽转化流程图。它与图 2-18 天然气蒸汽转化工艺流程基本相同。在原料油中配入氢/油比为 0.65(mol)的氢气,在气化器中预热到 380~790℃,压力为 3.2MPa,转化气中甲烷含量约 10%(干基)。

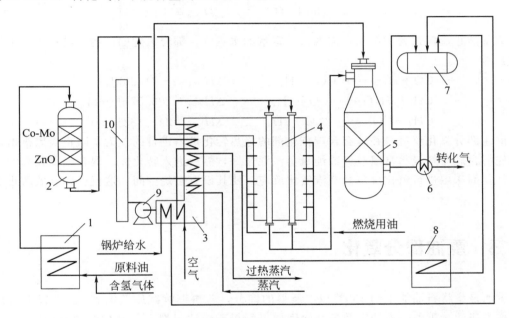

图 2-19　石脑油蒸汽转化工艺流程

1—气化器;2—脱硫罐;3—对流段;4——段转化炉;5—二段转化炉;6—废热锅炉;
7—汽包;8—辅助蒸汽预热器;9—引风机;10—烟囱

2.2.7　烃类蒸汽转化的其他方法

综上所述,烃类蒸汽转化制合成气在高温下,是吸热反应,提高工艺过程的热效率是至关重要的。多年来,在上述基本工艺流程的基础上,出现了多种基于提高热效率的新工艺流程,例如:

① 石脑油预转化工艺　在蒸汽转化反应之前,现将石脑油预处理,得到以甲烷为主的气态烃,再进行蒸汽转化反应,这样石脑油蒸汽转化反应在预转化工序后面就变成以甲烷为主要成分的气态烃的蒸汽转化反应。前已叙及,在较低的温度(如 400~500℃)、水碳比等条件下,石脑油蒸汽转化过程表现为放热反应。因此可以在绝热条件下于固定床反应器内让石脑油和水蒸气混合气在装有高活性催化剂层进行反应,将石脑油转化为富甲烷的反应原料气。就是将传统一段转化炉的部分负荷转移到炉外,用低位能把原料气预热到一段转化炉的入口温度,代替一段转化炉内高温热能,改善一段转化炉的辐射效率。

② 热交换型转化炉工艺　热交换型转化炉工艺有多种工艺安排。例如方法 a 系将原料

天然气分出一支路入热交换型转化炉，利用二段转化炉出口气在管间加热进行反应，然后一并进入二段转化炉，即热交换型转化炉与传统一段转化炉并联。方法 b 系将热交换型转化炉与传统一段转化炉串联。方法 c 系以热交换型转化炉代替传统的以辐射传热为主的一段转化炉。在此方案中要适当降低一段转化炉负荷，在二段转化炉中加入稍过量的空气，提高二段转化炉的负荷。

③ 部分氧化法　此法有常压、加压，催化的与非催化的多种方式，实际上是烃类部分氧化与蒸汽转化相结合的办法。反应气体首先进行部分氧化反应，放出的热量提供给其余烃类进行蒸汽转化反应所需的热量。此过程中的主要反应为：

$$CH_4 + \frac{1}{2}O_2 = CO + 2H_2 \qquad \Delta H_{298}^{\ominus} = -35.58kJ/mol \qquad (2\text{-}32)$$

为了防止反应过程中结炭，需加入一定量的水蒸气。部分氧化的产物会进一步发生如下反应：

$$CO + H_2O = CO_2 + H_2 \qquad \Delta H_{298}^{\ominus} = -41.20kJ/mol$$

$$CH_4 + H_2O = CO + 3H_2 \qquad \Delta H_{298}^{\ominus} = 206.37kJ/mol$$

$$CH_4 + CO_2 = 2CO + 2H_2 \qquad \Delta H_{298}^{\ominus} = 247.39kJ/mol$$

催化部分氧化反应是在装有含镍催化剂的绝热转化炉内进行的。为了防止炭黑析出，在炉外先将含烃原料气与富氧空气或纯氧蒸汽混合好，然后进入转化炉。混合气以较高的速度进入催化剂床层进行氧化反应及蒸汽转化反应，使其没有燃烧空间，这就可以有效防止炭黑析出。

2.3　重油部分氧化

重油是指将石油加工到350℃以上所得的馏分，若再继续减压蒸馏到520℃以上所得馏分则称为渣油。重油、渣油以及各种深度加工所得残渣油习惯上都被称为"重油"。重油除含碳和氢［分别为87%、13%（质量分数）］外，还含有少量硫、氧、氮等，它们大多数是后继工序的毒物。

重油部分氧化是指上述重质碳氢化合物在高温和水蒸气存在下和氧气进行部分氧化，由于反应放热，使部分碳氢化合物发生热裂化以及裂化产物进行转化反应，最终获得了以 H_2 和 CO 为主要成分，含有少量 CO_2 和 CH_4 的合成气。这个过程也可以说是重油在不同催化剂的条件下，以蒸汽和氧作为气化剂的气化过程，产生以 CO 和 H_2 为主的可燃性气体，有时也称重油气化，类似于固体燃料气化。1956 年美国建成世界上第一座以重油为原料生产合成气的工业装置。

2.3.1　重油部分氧化的化学反应

重油部分氧化的过程十分复杂，其所发生的反应可划分三类：①氧气参与的反应，包括重油组分、CH_4、H_2、CO、C 等与氧所发生的快速反应；②烃类蒸汽转化所讨论的反应，其中 CH_4 蒸汽转化和 CO 变换在此也是重要的反应，此外析炭反应所造成的危害更为突出；③重油组分裂解反应。

通常情况下，重油部分氧化出口气体中含有 CH_4、CO、H_2、CO_2、H_2O、H_2S、COS 和 C 等八种物质，它们是由 C、H、O 和 S 四种元素构成的，因此，这一如此复杂的反应系统，其独立反应数应为 4。可由如下四个反应来讨论该复杂反应体系的化学平衡：

$$CH_4 + H_2O \Longrightarrow CO + 3H_2 \tag{2-33}$$

$$CO + H_2O \Longrightarrow CO_2 + H_2 \tag{2-34}$$

$$2CO \Longrightarrow C + CO_2 \tag{2-35}$$

$$COS + H_2 \Longrightarrow H_2S + CO \tag{2-36}$$

在这四个反应中，从理论上计算，H_2S 与 COS 的比例约为 95：5；根据生产经验，碳转化率可定为 97%，这样反应数剩下两个，一般选甲烷蒸汽转化反应式(2-33) 和一氧化碳变换反应式(2-34)，即与讨论甲烷蒸汽转化反应系统平衡组成时所选用的独立反应组相同。在气化炉出口的高温（1300～1400℃）条件下，出口气体中 CH_4 的含量极少，出口的组成接近于 CO 变换反应的平衡组成，所以目前工艺设计中常采用 CO 变换平衡常数来计算。

2.3.2 过程机理与速度问题

重油部分氧化过程是在火焰中进行的，详细的反应机理目前还没有弄清楚。但曾有几种说法：

① 烃类首先被氧化为 CO 和 H_2，只有过量氧存在时，初步产物 CO 和 H_2 才进一步氧化为 CO_2 和 H_2O；

② 反应分两个阶段进行，第一阶段是一部分烃进行完全氧化生成 CO_2 和 H_2O，第二阶段是 CO_2 和 H_2O 对其余的烃进行转化反应得 CO 和 H_2；

③ CO 和 CO_2 同时生成。

由于重油部分氧化是在火焰中进行，对反应速度的研究工作难度较大。普遍认为，重油和气化剂进入气化炉后，在高温条件下，蒸发、燃烧、裂解、转化等反应几乎同时进行。在这些反应中，烃类与氧的反应是飞速的，不可逆的；而 CO_2，H_2O（g）对烃类的转化反应则慢得多。在烃类转化反应中，科学实验和生产实践的结果均表明，在气化炉的高温条件下，CO 变换反应是快速的，易于接近平衡；而 CH_4 转化反应最慢，是气化反应速度的控制步骤。

2.3.3 炭黑生成问题

重油部分氧化过程中，炭黑的生成是不可避免的，大约有原料烃总碳量的 2%～3% 成为炭黑。炭黑的生成不仅降低了碳的利用，而且还将覆盖在后续工序的催化剂表面上，引起催化剂活性下降，并增大床层阻力，或者将影响后续气体净化工序的正常运行。

炭黑生成量不仅与化学热力学和化学平衡有关，而且还取决于碳氢化合物的析炭速度以及水蒸气、二氧化碳的除炭速度，即 $C-H_2O$、$C-CO_2$ 的反应速度。

影响炭黑生成的主要因素有：

① 原料　在相同的操作条件下，原料烃的碳数愈多，烃的不饱和度愈大，C/H 比愈高，即油品愈重，炭黑生成量愈多。

② 氧油比　提高氧油比可使更多的氧在燃烧烃类的同时烧掉炭黑；又因氧油比提高，气化炉温度升高，从化学平衡的角度抑制了 $CO + H_2 \longrightarrow C + H_2O$ 和 $2CO \longrightarrow C + CO_2$ 这两个放热反应而引起的积炭。因此，提高氧油比可降低炭黑的生成量。但是炉温的提高是有限度的，氧油比也就有个最佳值。

③ 蒸汽油比　提高蒸汽油比有利于 $C + H_2O \longrightarrow CO + H_2$ 这一消炭反应的进行，起抑制炭黑生成的作用。同时，蒸汽对物料雾化优劣与生成炭黑的量有直接关系，雾化好，炭黑

生成量少。但是蒸汽油比提高势必使炉温降低，反而增加炭黑生成量。

④ 温度和压力　气化反应系统中两个消炭反应，$C+H_2O$ 和 $C+CO_2$ 是吸热反应，提高温度不仅有利于这两个反应进行完全，也有利于提升反应速度，降低炭黑的生成量。CO的歧化反应是体积缩小的反应，$2CO \longrightarrow C+CO_2$，提高气化压力有利这一反应的进行，增加炭黑的生成量。但是提高压力有利于水洗清除炭黑。

重油气化制合成气工艺实现工业化以后，对炭黑回收利用作了大量的研究，开发出多种回收利用技术，如德士古石脑油二段萃取法，壳牌（Shell）原料重油萃取造粒回收法，壳牌（Shell）石脑油萃取制丸回收法，重油萃取回收法，重油直接洗涤回收法，机械过滤、干燥回收法等。

2.3.4　工艺条件

(1) 温度

一般认为除上面提到的甲烷转化反应速度是全过程速度的控制步骤外，碳的转化速度也是慢的，此两反应又都是吸热可逆反应。因而，提高温度可以提高甲烷与碳的平衡转化率，提高 CO 和 H_2 的平衡浓度。从动力学角度分析，提高温度有利于加快反应速度，因此对降低生成气中甲烷和炭黑含量有重要作用。但是，过高的温度容易烧坏炉衬，而且温度不是一个独立的自变条件，改变温度是通过调整氧油比或蒸汽油比来实现的。一般情况下控制在不超过 1400℃。

(2) 压力

无论是就重油气化的总反应还是控制速度的甲烷、炭黑转化反应，随着反应进行，体积不断增加。所以从热力学的角度，提高压力是不利的。但是，由于气化反应离平衡点还有一定的距离，所以主要是反应速度控制了反应的程度，而不是化学平衡限制了反应的程度，提高压力使反应物及生成物的浓度增加，加速反应接近平衡，因此加压对反应速度是有利的。但在较高压力下气化，过程将逐步由动力学控制转向热力学限制，加压对反应平衡所带来的不利影响逐渐显著起来。

此外，加压操作还有利于提高气化炉的生产强度，节省动力。气体中的蒸汽在炭黑粒子上凝聚，以增大粒径，从而提高除炭黑的效率。

(3) 氧油比

重油部分氧化制合成气的总反应式可表为：

$$C_mH_n+\frac{m}{2}O_2 = mCO+\frac{n}{2}H_2 \tag{2-37}$$

从化学反应计量看，氧的理论用量应该是氧原子数与重油中碳原子数相等，如果氧用量超过了这个比值，便会有一部分碳原子转变为 CO_2 和一部分氢原子转化为 H_2O，因此氧的用量最高不超过 O/C=1（原子比）这个比值，相应的氧理论消耗量与重油组成有关，大约为 $0.8m^3O_2/kg$ 重油。但是重油部分氧化过程是需要有水蒸气的存在下进行的，这是因为：a. 按 O/C=1 的理论氧用量进行理想的不完全氧化，反应温度可高达 1700℃以上，既使是抗高温性能最好的刚玉砖也承受不了如此的高温，因此需要加入一定量的水蒸气作为缓冲剂，以调节温度和改善重油雾化条件；b. 向反应系统加入水蒸气，能促使更多残余的烃类及游离碳进行转化反应，同时蒸汽自身在转化反应中又分解出 H_2，也即加入的蒸汽中所带入的氧原子代替了一部分氧气，因而降低了氧气消耗量。所以在生产操作中实际的 O/C 值在 1.15~1.30 之间，若按加入的氧气计，则 O/C 值小于 1.0。

（4）蒸汽油比

在氧油比的讨论中已经看到，在重油部分氧化法中向气化炉内加入适量蒸汽很有好处。但是，加入蒸汽也有消极的一方面，即降低了反应温度。加蒸汽从浓度因素上有利于甲烷和炭黑的转化反应速度，但同时又从温度因素上不利于甲烷和碳的转化反应速度。这两个相反的影响因素联系在一起，在一定条件下，其中一个因素起主导作用，另一个起次要作用，随着条件的变化而互易其位置。例如，在温度较高、反应物中蒸汽浓度很低的情况下，加蒸汽的有利影响起主导作用。相反地，随着蒸汽油比的提高，反应温度降低，加蒸汽有利影响逐渐减弱，温度降低所带来的不利影响逐步上升。因此，优化的操作条件应该是：在维持气化炉所能允许的最高反应温度的条件下，以最低的蒸汽油比和最低的氧油比达到最高的有效气产率。蒸汽油比是以千克蒸汽/千克重油表示，一般在 0.3～0.6 范围内，相应地氧油比在 0.7～0.8 范围内，加压气化的氧油比和蒸汽油比偏于上述范围的低限。

2.3.5 工艺流程

重油部分氧化制合成气的工艺按重油气化后生成气显热回收方式，分为激冷流程和废热锅炉流程两大类。近来出现激冷-废热锅炉复合型流程。

激冷流程是由美国德士古公司开发并广为使用，常被称为德士古流程。重油气化并产生的高温生成气在激冷室直接与热水接触，进行热交换，急剧地降低生成气的温度并被水蒸气充分饱和，同时脱除大量炭黑。含大量水蒸气的生成气在不继续降温的前提下，于各洗涤器中进一步清除微量炭黑后直接送往 CO 变换工序。这就要求原料是低硫的重油，或采用耐硫变换催化剂。废热锅炉流程则是由壳牌（Shell）公司开发并推广使用，常被称为壳牌流程。废热锅炉流程是采用废热锅炉回收重油气化产生的高温生成气的热量。出废热锅炉的气体进一步被冷却，送往下一工序。

2.3.5.1 激冷流程

图 2-20 所示的是重油气化激冷流程的示意图。原料油与来自炭黑回收工序的油炭浆混合进入油预热器预热至 230℃，经过滤后往复式柱塞泵加压至 10MPa，与等压的工艺蒸汽混合进入烧嘴环隙，10MPa 氧气预热至 130℃进入烧嘴的中心管。三种物料原料油、水蒸气和氧气，在烧嘴口充分交叉雾化混合进入气化炉，在压力为 8.3MPa、温度为 1300～1400℃的条件下进行非催化的部分氧化反应，反应后重油最终转化为以 CO 和 H_2 为主要成分的生成气。高温的生成气由重油气化炉上部的气化室进入气化炉下部的激冷室，与热水直接接触，混合，进行热交换。出激冷室的饱和生成气温度约 260℃左右（略高于露点），残余的微量炭黑经分离器清除至每标准立方米含 10mg 以下。激冷室及洗涤设备排出的含炭污水送往回收工序处理。

激冷流程的主要特点：

① 工艺流程简单，没有锅炉给水和蒸汽发生系统，设备布置紧凑，操作控制灵活方便。

② 热量-质量交换效率高，设备体积小。因为是直接进行热质交换，气体中的炭黑大部分转入水相，一部分用于激冷的水蒸发后进入气相，同时使气化生成气冷却。

③ 就回收气化反应过程中的废热用于工艺而言，热能利用是完全的。

④ 由于没有结构复杂的废热锅炉，易于向单系列、大型化发展。

⑤ 可以在较高压力下进行气化操作。

但是，激冷流程也有其不足之处：

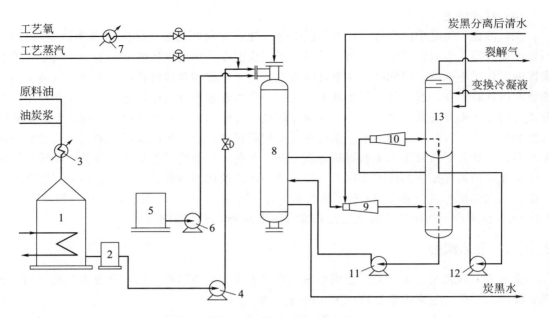

图 2-20 德士古激冷流程

1—油罐；2—油过滤器；3—油预热器；4—给料泵；5—喷嘴冷却水高位槽；6—喷嘴
冷却水泵；7—氧预热器；8—气化炉；9—Ⅰ号文氏洗涤器；10—Ⅱ号文氏洗涤器；
11—激冷水泵；12—炭黑洗涤塔泵；13—炭黑洗涤塔

① 废热的利用不尽合理。因为气化反应生成气所具有的1350℃高位热能，不是用来产生高压蒸汽而仅用来产生低位能的水蒸气，供工艺过程用。高位能的废热是宝贵的，而低位能的废热则较多地存在于其他的工序中。如果不能按废热位能的高低分别回收利用，在经济上是不合理的。故激冷流程比废热锅炉流程的能耗高。

② 激冷流程要求原料油中的硫含量小于1％，以保证变换催化剂的正常运行。

2.3.5.2 废热锅炉流程

图2-21所示意的是一个重油气化的废热锅炉流程。氧气经预热至230℃与7MPa、380℃工艺蒸汽混合，一部分进入烧嘴中心管外的一环隙，此为氧-蒸汽内环隙，此环隙外的二环隙为254℃原料油-炭黑油浆环隙，再外又是氧-蒸汽外环隙，另有38％的蒸汽量作为保护蒸汽进入最外环隙。烧嘴头有循环冷却水系统。

三种物料油、水蒸气、氧，在烧嘴出口处剪切交叉充分雾化混合喷入气化炉，在压力6MPa、温度1300~1400℃的条件下，进行重油部分氧化反应。以CO和H_2为主的生成气进入废热锅炉，可产10MPa的高压蒸汽。降至350℃的生成气，再经节能器进一步降温至200℃后，进入激冷管洗涤炭黑，再经炭黑水分离器和冷却至120℃，进入炭黑洗涤塔进一步洗涤冷却至45℃，气体中炭黑含量约1mg/m^3。

这两种重油气化流程中，在诸如原料油中含硫量的多寡；原料油和气化剂的预热、预混合方式；气化反应的压力；炭黑污水处理方式等方面都不尽相同，各具特色。激冷流程的工艺简单，没有锅炉给水和蒸汽发生系统，操作控制灵活方便，但废热的利用不尽合理。而废热锅炉流程则充分利用废热。例如，利用1350℃左右高温生成气的显热副产高压蒸汽2.3t(11MPa)/t重油，这些副产的高压蒸汽经蒸汽过热器过热后可驱动背压式蒸汽透平，作为各类透平压缩机或发电机的原动机，从背压式蒸汽透平出来的乏汽可

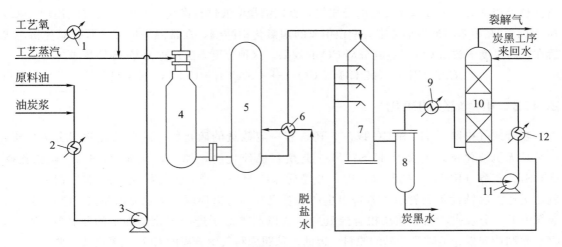

图 2-21 重油气化废热锅炉流程

1—氧预热器；2—油预热器；3—油泵；4—气化炉；5—废热锅炉；6—节能器；7—急冷室；
8—炭黑水分离器；9—脱盐水预热器；10—炭黑洗涤器；11—炭黑洗涤塔循环泵；
12—炭黑洗涤塔水冷却器

用为工艺用汽，做到热尽其用，经济合理。所以废热锅炉流程的能耗比激冷流程的能耗来得低。

2.4 合成气的净化与分离精制

2.4.1 概述

从反应装置排出的生成气通常需要经过净化与分离操作才能成为下一步工序的原料气。净化与分离这两种操作有它相同的一面，即都是从混合气中分离出一种或几种组分；但是也有它不相同的一面，从气体中脱除含量比较少的气相杂质，这个操作被称为"净化"。若将混合气体中含量比较多的组分彼此分开，这个操作被称为"分离"。

从反应炉排出的粗合成气的净化方法，随其后的合成产品而定。对于以固体燃料或重油为原料的气体净化装置是从冷却的粗合成气中脱除粉尘（必要时脱除焦油），并脱去酚、氨、硫化物、CO_2、HCN 和 CH_4 等。在使用低压气化方法的场合，脱尘后需要压缩。另外，H_2/CO 之比必须根据所要合成的各种最终产品的要求来调整，调整 H_2/CO 比的方法之一是利用 CO 的变换反应将其转化为容易分离的 CO_2 和等物质的量的 H_2。

将合成气转化而成纯氢，必须先将其脱硫，并经 CO 变换反应使 CO 转化为更多的 H_2，同时生成 CO_2，再脱除所生成的 CO_2，残余的 CO 可以用含铜溶液吸收脱除，或者在 CO 浓度很低时用甲烷化的方法脱除，合成氨所需的原料气，通常就是采用这种流程。采用变压吸附方法可以提供高纯氢 [99%（体积分数）]。为了进一步进行化学加工，有时要求从合成气中分离两种组分（CO 和 H_2），使之达到很高的纯度。在这种情况下，氢可以用液体甲烷低温分离方式进行萃取，再在随后的分馏中把 CO 从甲烷中分离出来。

纯 CO 除了可采用低温技术从合成气中分离出来以外，还可选用选择性溶剂进行吸收分离。长期以来，经 CO 变换反应的合成气一直用铜盐溶液进行净化。新开发的方法使用 $CuCl_2$ 和 $AlCl_3$，在甲苯溶液中形成带有配位甲苯的四氯化铝酸铜，在常温下同 CO 形成配合物，然后在较高温度下放出 CO 以达到分离 CO 的效果，这种分离方法被称为 COSORB 法。

$$CuAlCl_4 \cdot C_6H_5CH_3 + CO \longrightarrow CuAlCl_4 \cdot CO + C_6H_5CH_3 \tag{2-38}$$

2.4.2 粗合成气的净化

粗合成气中除了 H_2 和 CO 以外，还含有一定数量的硫化物，这些硫化物可分为两类：一类是无机硫化物，主要是 H_2S；另一类是有机硫化物，如二硫化碳（CS_2）、氧硫化碳（COS）、硫醇（RSH）、硫醚（RSR）和噻吩（C_4H_4S）等。硫化物是各种催化剂的毒物，硫化氢还能腐蚀设备和管道，若排出生产装置之外则污染环境，必须加以除去。CO_2 是粗合成气中另一个杂质，也必须从粗合成气中除去以制得适于进一步化学加工的原料气。此外，CO_2 是制造尿素、纯碱等产品的原料。因此，从粗原料气中分离的 CO_2 大多需要回收。

H_2S 和 CO_2 同为酸性气体，因此在脱除方法上有许多相似之处，往往用一种方法可将 H_2S 和 CO_2 同时除去。根据净化程度的不同要求，可选用共同脱除方法，也可选用对 H_2S 或对 CO_2 具有选择性的净化方法。净化步骤有许多方法可供选择，如表 2-10 所列的就是一些常见的方法。

表 2-10 合成气的净化方法

方法	洗涤剂或催化剂	脱除物质	方法	洗涤剂或催化剂	脱除物质
吸附	活性炭	痕量 H_2S+有机硫	化学吸收	N-甲胺	CO_2+H_2S
	分子筛	CO_2+痕量水		碳酸钾	CO_2+H_2S
	硅胶	CO_2+痕量水		碳酸钾+添加剂	CO_2+H_2S+COS
物理吸收	加压水	CO_2+H_2S		硫化砷酸钠	H_2S
	二甲醚或聚乙烯乙二醇	CO_2+H_2S+COS		环丁砜+二异丙醇胺	H_2S,CO_2+H_2S+COS
	甲醇	CO_2+H_2S+有机硫		碳酸钠+蒽醌	H_2S
	N-甲基吡咯烷酮	CO_2+H_2S		甲酸铜-氯化铜	CO
	碳酸丙烯酯	CO_2+H_2S		氨水	痕量 CO_2
化学吸收	一乙醇胺、二乙醇胺、三乙醇胺	CO_2+H_2S		氧化锌	硫化物
	二异丙醇胺	CO_2+H_2S,CO_2+H_2S+COS	催化转化	镍催化剂	CO,CO_2
				钴-钼催化剂	有机硫化合物
	二甲基氨基醋酸	H_2S	冷凝	液氨	CO+Ar+CH_4

除了硫化物和 CO_2 以外，有些造气方法所生成的粗合成气还含有 HCN、NH_3、CH_4 和惰性气体（如 Ar、N_2 等）。这里只就最主要的杂质硫化物和 CO_2 脱除方法作简要介绍。

2.4.2.1 醇胺净化法

使用醇胺脱除酸性气体被认为是一种化学吸收过程，因为这类化合物是碱性物质，能够非常有效地吸收 CO_2 和 H_2S 这类酸性气体。一个对温度敏感的可逆化学反应构成了吸收和解吸的循环过程。许多醇胺已经在工业上使用，它们包括一乙醇胺（MEA）、二乙醇胺（DEA）、三乙醇胺（TEA）、甲基二乙醇胺（MDEA）、二异丙醇胺（DIPA）和二甘醇胺（DGA）。这些醇胺都至少有一个能降低蒸气压和增加水溶解度的羟基（OH），并至少有一个使之具有碱性、可与酸性气体反应的氨基（NH_2）。

当 H_2S 和 CO_2 的分压低时，伯胺（例如 MEA）发生的反应如下式所示：

$$2RNH_2 + H_2S \Longrightarrow (RNH_3)_2S \tag{2-39}$$

$$2RNH_2 + CO_2 + H_2O \Longrightarrow (RNH_3)_2CO_3 \tag{2-40}$$

当酸性气体分压高时，化学反应过程如下：

$$(RNH_3)_2S + H_2S \Longrightarrow 2RNH_3HS \tag{2-41}$$

$$(RNH_3)_2CO_3 + CO_2 + H_2O \Longrightarrow 2RNH_3HCO_3 \tag{2-42}$$

把吸收了酸性气体的溶液加热到沸腾并进行蒸汽气提，就能从吸收溶液中脱除所吸收的气体。

一乙醇胺及二乙醇胺与 CO_2 或 H_2S 所发生的反应类似，它们都能够对这两种酸性气体进行共吸收。叔胺类的三乙醇胺及甲基二乙醇胺与 CO_2 反应较慢，对脱除 H_2S 具有更好的选择性。

其他的硫化物如 COS 和 CS_2 也可被醇胺的水溶液所吸收。然而一乙醇胺与 COS 和 CS_2 的反应为不可逆反应。而仲胺类的二乙醇胺和二异丙醇胺可用于 COS 和 CS_2 浓度低的场合。

从操作角度来看，使用醇胺溶液脱除酸性气体有两个问题，即腐蚀和醇胺的损失。严格地控制装置的操作程序，正确地选择结构材料，并采用缓蚀剂如钒等金属盐，能适当地把腐蚀降至最低程度。操作过程中醇胺损失是因为被所净化的气体夹带，在吸收器和再生器内蒸发以及化学衰退作用。添加一些附加设备如水洗系统或吸附系统等，能控制蒸发的损失。而化学衰退作用是因为多种杂质（如前已述及的 HCN、COS、CS_2 等）都能与醇胺发生不可逆反应，形成沉淀和残渣，也可能存在因氧化而衰退。因而溶液的再生操作比较复杂，且需增加相应的净化设备。

图 2-22 所示的是醇胺处理系统的基本工艺流程图。

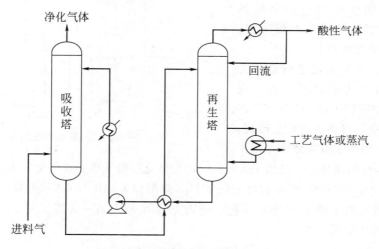

图 2-22　醇胺净化系统基本流程

2.4.2.2　热碳酸钾法

碳酸钾水溶液具有碱性，其与 CO_2 的反应为：

$$CO_2 + K_2CO_3 + H_2O \Longrightarrow 2KHCO_3 \tag{2-43}$$

生成的碳酸氢钾在减压和受热条件下，又可放出 CO_2，重新生成碳酸钾，因而可循环使用。为了提高 K_2CO_3 与 CO_2 的反应速度，吸收在较高温度（105～130℃）下进行，因而被称为热碳酸钾法。采用"热法"的另一个原因是增加 $KHCO_3$ 的溶解度，提高溶液吸收能力。向热碳酸钾水溶液加入某些物质可以大大加快 K_2CO_3 与 CO_2 的反应速度，加入的物质被称为活化剂，可作为活化剂的物质有如三氧化二砷、硼酸或磷酸等无机物和一乙醇胺、二乙醇胺等有机物。与此同时人们向碳酸钾水溶液加入某些被称为缓蚀剂的物质如五氧化二钒等，可以降低对设备的腐蚀。

胺-碳酸钾溶液在吸收 CO_2 的同时，也能全部或部分地将粗合成气中的 H_2S、COS、CS_2、RSH、HCN 以及少量的不饱和烃类吸收。

$$K_2CO_3 + H_2S \Longrightarrow KHCO_3 + KHS \tag{2-44}$$

溶液吸收 H_2S 的速度比吸收 CO_2 的速度快 $30 \sim 50$ 倍。在一般情况下，即使气体中含有较多的 H_2S，经溶液吸收后，净化气中 H_2S 含量仍可达到相当低的值。溶液吸收 COS 和 CS_2 的反应是：第一步，硫化物在热的碳酸钾水溶液中水解生成 H_2S；第二步，H_2S 再与 K_2CO_3 反应。

$$COS + H_2O \Longrightarrow CO_2 + H_2S \tag{2-45}$$

$$CS_2 + 2H_2O \Longrightarrow COS + H_2S + H_2O \Longrightarrow CO_2 + 2H_2S \tag{2-46}$$

氢氰酸是强酸性气体，硫醇也略有酸性，因此可与碳酸钾很快地进行反应。

$$K_2CO_3 + HCN \Longrightarrow KCN + KHCO_3 \tag{2-47}$$

$$K_2CO_3 + RSH \Longrightarrow RSK + KHCO_3 \tag{2-48}$$

热碳酸钾法是在大致相同的温度下进行吸收和再生，可以节省再生所消耗的热量，也简化了系统的流程。当要求出口净化气体内 CO_2 和 H_2S 含量较低时，可对吸收器顶部的小股物流稍加冷却。如果要求达到更低的 CO_2 和 H_2S 含量，则采用两级装置。图 2-23 所示为单级流程。

热碳酸钾法在工业化之后被称为 Benfield 法，用于从重油部分氧化制得的氨合成气中脱除 CO_2 及 H_2S。20世纪 60 年代初期，对该法进行了改进，使用了添加剂，提高了吸收效率，进一

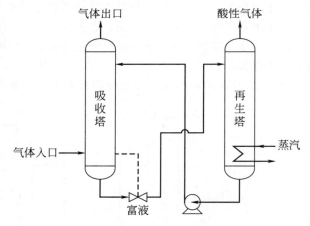

图 2-23 热碳酸钾法流程

步减少了再生操作的耗热量，已用于天然气、部分氧化所得气体、煤气化的生成气、氨合成气和氢气中脱除 CO_2 和 H_2S。必要时可把残余 H_2S 降低到 1×10^{-6}（体积分数）以下。

处理被吸收分离了的 H_2S 方法是把它送入克劳斯（Claus）法装置使之转变为元素硫。克劳斯法的化学反应如下：

$$H_2S + \frac{3}{2}O_2 \longrightarrow H_2O + SO_2 \tag{2-49}$$

$$2H_2S + SO_2 \longrightarrow 2H_2O + 3S \tag{2-50}$$

联合则得：

$$3H_2S + \frac{3}{2}O_2 \longrightarrow 3H_2O + 3S \tag{2-51}$$

在这一方法中所需的 O_2 是由有限空气燃烧酸性气体决定，以使 $1/3$ 的 H_2S 转化为 SO_2，得到 $2:1$ 的 H_2S/SO_2 的比值。气体再进入两个或三个操作温度恰好高于硫的露点的

催化转化器，在活性氧化铝催化剂存在下发生进一步反应。在各步骤之间冷凝气从物料流中分出元素硫。而气体在进入下一个转化器之前再加热。总硫产率可达 96%～97%。

2.4.2.3　物理吸收法

物理吸收法很适用于从高压气流中脱除大量酸性气体。进料气体内 CO_2 和 H_2S 的分压越高，物理吸收法越适用。工业上采用的物理吸收法有水洗法、低温甲醇洗涤法（Rectisol 法）、碳酸丙烯酯法（Fluor 法）、聚乙二醇二甲醚法（Selexol 法）、对甲基-2-吡咯烷酮法（Purisol 法）、环丁砜法等。后二者是既有物理吸收又有化学吸收的物理化学吸收法。这里以低温甲醇洗涤法为例介绍物理吸收法的基本原理和方法。

甲醇是一种从粗合成气中选择吸收 CO_2、H_2S、COS 等极性气体的良好溶剂。图 2-24 给出了不同气体在甲醇中的溶解度，从中可以看出同一条件下 CO_2、H_2S 等在甲醇中的溶解度比 H_2、CO、N_2 等气体大得多。因此在加压下用甲醇洗涤含有上述组分的混合气体时，只有少量惰性气体被甲醇吸收，而在减压再生产过程中，H_2、N_2 等气体首先从溶液中解吸出来。

由图 2-24 还可以看到在甲醇中 H_2S 比 CO_2 有更大的溶解度。对二者的吸收动力学研究表明，甲醇对 H_2S 的吸收速度远大于对 CO_2 的吸收速度。因此当气体中同时含有 H_2S 和 CO_2 时，甲醇首先将 H_2S 吸收。而在减压再生产过程中可适当控制再生压力，使大量 CO_2 解吸出来，而使 H_2S 仍旧留在溶液中，以后再用减压抽吸、气提、蒸馏等方法将其回收。这样，利用甲醇对 H_2S 和 CO_2 吸收的选择性，可将混合气体中的 H_2S 和 CO_2 进行分段吸收，以后再分别再生，从而各自得到高浓度的 H_2S 和 CO_2。另外，CO_2 等气体在甲醇中的溶解度随压力增加而增加。而温度对溶解度的影响更大，尤其是低于 $-30℃$ 时，溶解度随温度的降低而急剧增加。因此用甲醇吸收 CO_2 等组分宜在高压和低温下进行。

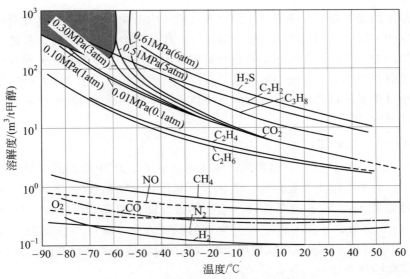

图 2-24　不同气体在甲醇中的溶解度

图 2-25 所示是在 2MPa 压力下操作的低温甲醇法脱除酸性气体的基本工艺流程。

未经净化的气体与净化后的离开吸收塔的气体经换热后，未净化的气体被冷却，从二级吸收塔的下部进入，气体在吸收塔中被温度约为 $-70℃$ 的甲醇逆流洗涤，气体中 H_2S 和 CO_2 被吸收。由于 CO_2 等溶解时放热，塔底部排出的甲醇溶液温度升至 $-20℃$，将该溶液

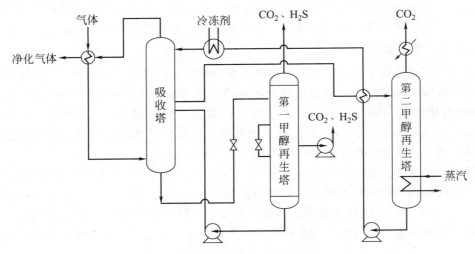

图 2-25 低温甲醇洗涤法脱除酸性气体的基本工艺流程

送到第一甲醇再生塔经两级减压再生。第一级在常压下再生，第二级在负压下再生，在此条件下可将所吸收的气体大部放出，同时由于气体解吸吸热，甲醇的温度降到－75℃。该溶液用泵加压后重新进入吸收塔中部，循环使用。为提高气体的净化度，在吸收塔下部已除去大部分杂质的气体进入吸收塔上部，在此用在第二甲醇再生塔内进一步再生并经过冷却剂冷却的纯甲醇溶剂继续洗涤。这一部分溶剂由上塔底部的出口取出，与再生后的溶液换热后进入第二甲醇再生塔，在第二甲醇再生塔内用蒸汽加热进行蒸馏再生。再生好的溶液与进塔溶液换热并进一步冷却到－60℃以后，送到吸收塔的顶部。通常在上塔部分循环的溶液比较少。

低温甲醇法的优点是：在低温下甲醇对粗合成气中杂质组分具有选择性吸收能力，并根据组分溶解度的不同，可回收不同组分的解吸气；操作压力和杂质组分浓度越高，越能显示该法技术经济的先进性；粗合成气中各组分对甲醇无副反应，不影响它的循环使用；过程的能耗低，冷量的利用率高。该法的缺点是：设备多，流程长，工艺复杂；因在加压、低温下操作，对设备材质要求较高；尽管在低温下操作，但甲醇在蒸发过程中还是有一定损失；甲醇蒸气对人体有毒性等。

2.4.2.4 干式脱硫法

干式脱除气流中的 H_2S 或其他形式的硫化物有如表 2-10 中所列的吸附法如活性炭、分子筛、硅胶等；化学吸收法如氧化铁、氧化锌等和催化法如钴-钼催化剂加氢脱硫。其中氧化锌法是一种脱除 H_2S 和各种有机硫（噻吩除外）能力很高、可将出口气中硫含量降至 0.1×10^{-6}（体积分数，下同）以下的反应型的脱硫方法，既可单独使用（当硫含量小于 50×10^{-6} 时），也可与湿法脱硫串联使用。常被放在对硫敏感的催化剂前面作为保护剂。

氧化锌脱硫的反应如下列各式所示：

$$ZnO + H_2S \Longrightarrow ZnS + H_2O \tag{2-52}$$

$$ZnO + RSH \Longrightarrow ZnS + ROH \tag{2-53}$$

在 H_2 存在下，CS_2 和 COS 先转化为 H_2S，再被吸收为 ZnS。

$$CS_2 + 2H_2 \Longrightarrow 2H_2S + CH_4 \tag{2-54}$$

$$COS + H_2 \Longrightarrow H_2S + CO \tag{2-55}$$

有机硫化物在高温下热分解，而 ZnO 在热分解过程中起催化作用。热分解先是生成烃和 H_2S，而后 H_2S 被氧化锌吸收。例如，硫醇化合物的热分解温度范围为 $150\sim280℃$，而噻吩在 $500℃$ 还是稳定的。

钴-钼加氢转化是脱除含氢原料中有机硫十分有效的方法。钴-钼催化剂可使天然气、石脑油等原料中的有机硫化合物全部转化为 H_2S，再用氧化锌可把总硫脱除到 0.02×10^{-6}（体积分数）。钴-钼催化剂是以氧化铝为载体，由氧化钴和氧化钼所组成。钴-钼催化剂使用前需先经硫化才能呈现活性。操作温度 $250\sim400℃$ 之间，入口空间速度：气态烃为 $500\sim1500h^{-1}$，液态烃为 $0.5\sim6h^{-1}$。

2.4.3 一氧化碳变换

由煤（焦炭）、天然气和重油所制得的粗合成气大致组成如表 2-11 所示。

表 2-11　各种粗合成气的大致组成（体积分数）　　　　　　单位：%

合成气生产工艺	H_2	CO	CO_2	CH_4	N_2	Ar	H_2S
烃类蒸汽转化	56.4	13.0	7.8	0.33	22.3	0.17	—
重油气化	46.3	45.6	6.4	0.5	0.22	0.55	0.43
半水煤气	39.4	30.5	8.3	0.5	21.1	0.2(O_2)	—

在这些粗合成气中均含有相当量的 CO，若作为合成氨原料气，则通常分两次把 CO 除去。大部分 CO 先通过 CO 变换反应转化为 CO_2 和 H_2：

$$CO+H_2O(g)\Longrightarrow CO_2+H_2 \qquad \Delta H^{\ominus}_{298}=-41.19kJ/mol \qquad (2-56)$$

这样，既能把 CO 转变为易于脱除的 CO_2，同时又可制得与反应了的 CO 等物质的量的氢气。因此，CO 变换反应既是原料气的净化过程，又是调节合成气中 H_2O/CO 比的重要方法之一。如在生产甲醇过程中，通常只将一部分粗合成气进行变换和脱碳，然后将此变换气去调节合成气组成，使其 $H_2/CO\approx2$。

CO 变换反应是在催化剂存在下进行的。20 世纪 60 年代以前，主要以 Fe_2O_3 为主体催化剂，适用温度范围为 $350\sim550℃$，变换后的气体含有 3% 左右的 CO；20 世纪 60 年代以来，由于脱硫技术的提高，有可能在较低温度下，使用高活性、但抗毒能力差的 CuO 及催化剂，操作温度为 $200\sim280℃$，残余 CO 可降至 0.3% 左右。通常将前者称为中温变换（或高温变换），所用催化剂被称为中变（高变）催化剂；而称后者为低温变换，相应的催化剂被称为低变催化剂。

2.4.3.1 变换反应的化学平衡

CO 和水蒸气共存的系统，除了进行 CO 变换反应以外，还可能进行其他反应，如：

$$CO+H_2\Longrightarrow C+H_2O \qquad\qquad (2-57)$$

$$CO+3H_2\Longrightarrow CH_4+H_2O \qquad\qquad (2-58)$$

可能有其他反应发生。但是，由于所用催化剂对 CO 变换反应具有良好的选择性，在计算反应系统的平衡组成时，采用反应(2-56)的平衡关系即能基本满足计算的要求。计算表明，压力小于 5.0MPa 时，可以忽略压力对平衡常数及热效应的影响。变换反应的热效应和平衡常数随温度的变化已由表 2-6 和表 2-7 列出。

由变换反应平衡常数式求 CO 变换反应的平衡转化率（或变换率）时，以 1.0mol 湿原料气为基准，常压下，用 y_a、y_b、y_c 和 y_d 分别代表初始气体中 CO、H_2O、CO_2 和 H_2 的摩尔分数，x_{CO} 为 CO 变换反应的平衡转化率，则平衡时的组成可表示如下：

$$CO \quad + \quad H_2O \quad \Longrightarrow \quad CO_2 \quad + \quad H_2$$

初始组成： $\quad y_a \qquad\qquad y_b \qquad\qquad y_c \qquad\qquad y_d$

平衡组成： $\quad y_a - x_{CO}y_a \quad\quad y_b - x_{CO}y_a \quad\quad y_c + x_{CO}y_a \quad\quad y_d + x_{CO}y_a$

将平衡各组分的摩尔分数代入变换反应平衡式，则有：

$$K_p = \frac{p_{CO_2} p_{H_2}}{p_{CO} p_{H_2O}} = \frac{(y_c + x_{CO}y_a)(y_d + x_{CO}y_a)}{(y_a - x_{CO}y_a)(y_b - x_{CO}y_a)} \tag{2-59}$$

已知温度及初始组成，则可根据上述关系式计算 CO 的平衡变换率和系统的平衡组成。表 2-12 为某一个干原料气在不同温度和水碳比（即 H_2O/CO）条件下，干变换气中 CO 的平衡含量。由表中数据可见，由于 CO 变换反应是一个中等放热反应，低温有利于反应向生成 $CO_2 + H_2$ 的方向进行。对于一定的原料气初始组成，随着温度的降低，变换气中 CO 的平衡含量减少。如表 2-12 中，当 $H_2O/CO = 3$，温度为 500℃ 时（即中温变换的温度范围），CO 的平衡含量为 5.08%，而当温度降低至 200℃ 时（即低温变换的温度范围），CO 的平衡含量为 0.21%。水碳比也明显影响 CO 的平衡含量。若要求 CO 平衡含量越低，则需要 H_2O/CO 比越大。高的水碳比不仅有利于降低变换气中的 CO 含量，还有利于抑制反应式 (2-57) 的析炭和 CO 的甲烷化这两个副反应。

表 2-12　干变换气中 CO 的平衡含量

温度/℃	H_2O/CO/(mol/mol)			
	1	3	5	7
200	0.0170	0.0021	0.0002	0.0001
300	0.0590	0.0084	0.0043	0.0029
400	0.0991	0.0248	0.0135	0.0092
500	0.1411	0.0508	0.0298	0.0210
600	0.1805	0.0824	0.0521	0.0379

注：干原料气组成（摩尔分数）：CO = 0.317，$CO_2 = 0.080$，$H_2 = 0.400$，$N_2 + CH_4 + Ar = 0.203$。

2.4.3.2　变换反应的动力学

在 CO 变换的工艺计算中，常用的动力学方程式有三种类型：

(1) 一级反应式

$$r_{CO} = k_0 (y_a - y_a^*) \tag{2-60}$$

式中　y_a，y_a^* ——CO 的瞬时含量与平衡含量（摩尔分数）；

　　　k_0——反应速率常数，h^{-1}。

(2) 二级反应式

$$r_{CO} = k_0 \left(y_a y_b - \frac{y_c y_d}{k_p} \right) \tag{2-61}$$

式中　y_a，y_b，y_c，y_d——CO、H_2O、CO_2、H_2 的瞬时含量（摩尔分数）；

　　　k_0——反应速率常数，h^{-1}；

　　　k_p——变换反应在相应条件（温度、压力）的平衡常数。

(3) 幂函数形式

$$r_{CO} = k_0 p^\delta (y_{CO}^i y_{H_2O}^m y_{CO_2}^n y_{H_2}^q)(1-\beta) \tag{2-62}$$

$$\delta = i + m + n + q$$

$$\beta = \frac{y_{CO_2} y_{H_2O}}{k_p y_{CO} y_{H_2O}}$$

式中　y_{CO}，y_{H_2O}，y_{CO_2}，y_{H_2}——CO、H_2O、CO_2、H_2 的瞬时含量（摩尔分数）；

k_0——反应速率常数，h^{-1}；

p——变换反应系统总压力；

i，m，n，q——幂指数；

k_p——平衡常数。

除了上述所列的三种变换反应动力学方程式以外，文献资料上还报道了多种动力学方程式。这些方程式大多数是不相同的，这是因为各研究者所采用的测定方法、催化剂性能、测定的具体条件有所差异所致。20 世纪 60 年代以后采用指数形式表示的动力学方程式，所得的结果比较相似。

一氧化碳变换是一个多相催化反应，扩散对过程的影响就不容忽视。表征内扩散影响程度的内表面利用率不仅与催化剂的尺寸、结构以及活性有关，还与反应温度和压力有关。对同粒度催化剂，在相同压力下，由于温度的升高，CO 扩散速度有所增加，但在催化剂内表面反应的速率常数增加更为迅速，总的结果使温度升高，内表面利用率降低。而在相同温度下，随着压力的提高，反应速度增大，而 CO 有效扩散系数又显著变小，所以内表面利用率随压力的增加迅速下降。在相同温度和压力下，小颗粒的催化剂具有较高的内表面利用率。以一特定中变催化剂为例，在 400℃，2.04MPa 条件下，催化剂的粒度为 4.76mm、6.36mm、9.53mm，其内表面利用率分别为 0.19、0.15、0.096。这可以被认为是催化剂粒度越小，毛细孔的长度越短，内扩散阻力越小，故内表面利用率就越高。

2.4.3.3　变换催化剂

(1) 中变催化剂

中变催化剂是以 Fe_2O_3 为主体、以 Cr_2O_3 为主要添加剂的多组分 Fe-Cr 系催化剂。Fe_2O_3 含量一般为 80%～90%，Cr_2O_3 7%～11%，并含有 $K_2O(K_2CO_3)$、MgO 及 Al_2O_3 等。在各种添加物中 Cr_2O_3 最为重要。其作用是使活性组分 Fe_2O_3 分散，使之具有更细的孔结构和较大的比表面积；防止活性态的 Fe_3O_4 结晶成长，以提高催化剂的耐热性能；提高催化剂的机械强度和抑制析炭副反应等。所添加的其他组分则是在 Fe-Cr 催化剂的基础上进一步提高催化活性和稳定性。

Fe-Cr 系催化剂中的 Fe_2O_3 需被还原为 Fe_3O_4 才具有催化活性。在工业生产中进行还原操作时，应注意还原条件的控制，避免 Fe_3O_4 进一步还原至元素铁，或还原过程中温升过快造成超温致使催化剂烧结，以及还原气中 H_2O、O_2 含量的控制。生产中通常用含氢或含 CO 的气体进行还原，其反应式如下：

$$3Fe_2O_3 + CO \Longrightarrow 2Fe_3O_4 + CO_2 \tag{2-63}$$

$$3Fe_2O_3 + H_2 \Longrightarrow 2Fe_3O_4 + H_2O \tag{2-64}$$

由重油气化制得的粗合成气含有较高浓度的硫化物，近年来开发了耐硫的钴-钼中变催化剂，以 Al_2O_3 为载体，活性组分为 CoO（3%～3.5%）和 MoO_3（10%～15%），并添加少量碱金属氧化物，使用前通 H_2S 进行硫化，使活性组分由氧化物转化为硫化物，使温度在 250～400℃。

(2) 低变催化剂

低变催化剂的活性组分是氧化铜经还原转化的铜微晶，类似于 Fe-Cr 中变催化剂，需要加入添加剂以抑制铜微晶长大，已发现的有效添加剂有：ZnO、Cr_2O_3、Al_2O_3，根据添加剂的不同，低变催化剂可分为 CuO-ZnO、CuO-ZnO-Cr_2O_3、CuO-ZnO-Al_2O_3 系。以 CuO-ZnO-Al_2O_3 催化剂为例，其组成范围为 CuO $5.3\%\sim31.2\%$（高铜催化剂可达 42%），ZnO $32\%\sim62.2\%$，Al_2O_3 $0\sim40.5\%$。

低变催化剂也适用 H_2 或 CO 还原，其还原反应式如下：

$$CuO+H_2 \rule[0.5ex]{2em}{0.4pt} Cu+H_2O \qquad \Delta H_{298}^{\ominus}=-86.7kJ/mol \tag{2-65}$$

$$CuO+CO \rule[0.5ex]{2em}{0.4pt} Cu+CO_2 \qquad \Delta H_{298}^{\ominus}=-127.7kJ/mol \tag{2-66}$$

还原时以氮气、天然气或过热水蒸气作为载气，配入少量还原性气体。由于在还原过程中，采用 H_2 还原比采用 CO 还原放热量少，故多用 H_2 进行还原。还原反应从 $160\sim180℃$ 开始，此时 H_2 含量为 $0.1\%\sim0.5\%$，随着还原反应的进行，H_2 含量可逐步增至 3%。到还原后期，可增至 $10\%\sim20\%$ 以确保催化剂还原完全。还原操作过程中，同样应小心控制还原过程的温升和还原气中杂质含量，如 O_2、硫化物、氯化物等。

2.4.3.4 工艺条件

(1) 温度

变换反应是一个可逆的放热反应，这就存在着一个最佳反应温度的问题。因为从反应动力学的角度，温度升高，反应速率常数增大，但随着温度的升高，反应的平衡常数变小，反应的推动变小，即温度对两者的影响是相反的。对于一定的催化剂和原料气组成，存在着一个最大反应速度值，其对应的温度即为最佳反应温度 T_m。T_m 可以下式表示：

$$T_m = \frac{T_e}{1+\dfrac{RT_e}{E_2-E_1}\ln\dfrac{E_2}{E_1}} \tag{2-67}$$

式中　T_m，T_e——最佳反应温度和平衡温度，K；

　　　E_1，E_2——正、逆反应活化能，kJ/kmol；

　　　R——气体常数，$8.3143kJ/(kmol \cdot K)$。

由于 T_e 随反应系统组成而改变，不同催化剂活化能也不相同，也即最佳反应温度 T_m 随系统组成与催化剂的不同而变化。但催化剂一定时，E_1、E_2 为常数，对于某一初始气组成的反应系统，T_m 的关系式(2-67) 实际上是 T_m 与 CO 变换率的关系式。随着 CO 变换率的提高，平衡温度 T_e 和最佳反应温度 T_m 均降低。对同一 CO 变换率，最佳反应温度一般比相应的平衡温度低几十度。对中变来说，反应开始温度为 $320\sim380℃$，热点温度为 $450\sim500℃$。低变催化剂的操作温度不但受其活性温度的限制，而且还必须注意应高于气体的露点温度。一般应比该条件下的露点高 $20\sim30℃$。常见的操作温度在 $250\sim280℃$ 范围。

(2) 压力

从化学平衡的角度看，压力增加对主反应并无影响，但将使析炭反应易于进行，所以加压并无好处。但从动力学角度看，加压可提高反应速度。同时变换反应的干原料气体积小于干变换气的体积，所以先压缩原料气再进行变换的动力消耗比先变换后压缩变换气的动力消耗低。大型装置的操作压力在 $3.0\sim5.0MPa$ 范围。

(3) 水蒸气比例

水蒸气比例指的是蒸汽与原料气中 CO 的摩尔比或蒸汽与干原料气的摩尔比。适当提高水蒸气比例，可以提高 CO 变换率、提高反应速度、防止催化剂被进一步还原、抑制析炭及生成甲烷的副反应发生、调节催化剂床层温度等。当然，水蒸气用量也不宜过高，否则不仅蒸汽耗量大，而且床层压降也过大。对于中变过程，水蒸气比例一般在 $3\sim5$。

2.4.3.5　工艺流程

由于粗合成气来源的多样性，其 CO 含量很不相同，以烃类蒸汽转化法制得的转化气中，含 CO 的量为 13%，而重油部分氧化法所得的生成气中 CO 含量高达 45%，且含有 0.3%～0.4% 的硫化物。另外，合成气作为不同化工产品的原料气，其要求的 CO 含量也不相同。因此，CO 变换的工艺流程设计主要依粗合成气的来源与用途为依据。例如，以天然气蒸汽转化法制合成氨，由于原料气中 CO 含量较低，只需配置一段中变催化剂。含有 13%～15% CO 的原料气经废热锅炉降温，在压力 3.0MPa、温度 370℃ 下进入中温变换炉，经反应后气体中的 CO 含量降至 3% 左右，温度为 425～440℃。气体通过换热冷却到 220℃ 后进入低温变换炉，残余 CO 含量降至 0.3%～0.5%。而以固体燃烧气化制得的合成氨原料气，由于 CO 含量较高，一般为 30% 左右，需要采用多段中温变换，在两端的中间进行一定程度的冷却。如果变换后气体中残余 CO 是采用铜氨液脱除，其允许变换气中 CO 含量可以较高，则在这种情况下可不设低温变换。

多段变换流程图如图 2-26 所示。半水煤气进入饱和塔下部与水循环泵打来并经水加热器加热的热水逆流接触，气体被加热到 160～190℃，水被冷却至 135～150℃。然后气体由塔顶溢出，在管道内与外供高压蒸汽混合后，经换热器和中间换热器加热至 400℃ 左右进入变换炉一段，约有 80% 的 CO 被变换为 H_2，反应热使气体温度升至 520℃ 左右，引出至中间换热器降温至 420℃ 后进入变换炉二段。此时，气体中 CO 含量降至 3.5% 以下，温度约 430℃，由炉底部逸出，依次经换热器、水加热器、热水塔降温至 160℃ 后，送下一工序处理。

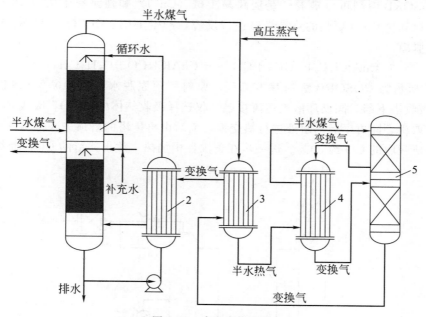

图 2-26　多段变换流程

1—饱和塔；2—水加热器；3—换热器；4—中间换热器；5—变换炉

2.4.4　原料气精制

CO 和 H_2 的混合物可以用于许多化学品的合成，其中最重要的是氨和甲醇的合成，以及通过费托合成制取烃作为燃料等。在这些合成反应中，要求原料气中的微量杂质必须进一步脱除；生产不同化学品所需的 H_2/CO 比值不同，因此，作为各种合成化学品的原料气必须进一步精制并调节 H_2/CO 比。同时，合成气还是纯氢和纯 CO 的来源。本节介绍精制或分离的基本方法。

2.4.4.1　化学吸收分离 CO

一般使用铜液对中性气体 CO 进行化学吸收，脱除或者回收获取纯 CO。

① 铜液法　铜液是铜离子、酸根及氨组成的水溶液。所用的酸有蚁酸、碳酸和醋酸等弱酸，以减缓铜液对设备的腐蚀。不论何种铜氨溶液，吸收 CO 的反应都按下式进行：

$$Cu(NH_3)_2^+ + CO + NH_3 \Longrightarrow [Cu(NH_3)_3CO]^+ + 52.754kJ \qquad (2\text{-}68)$$

这是一个包括气液相平衡和液相中化学反应平衡的吸收过程。

原料气中如有 CO_2、H_2S 等，则吸收 CO 的同时，与氨反应相应地生成碳酸铵、碳酸氢铵、硫化铵等。再生操作中 CO_2 等将混入 CO 气体中，降低 CO 的纯度，欲获得高纯度 CO 时，还需要组合脱 CO_2 等的工序。

作为吸收液的铜氨溶液性质不稳定，即 Cu^+ 易歧化析出金属铜和转为 Cu^{2+}，游离氨挥发致使调节 pH 值较为麻烦。

② 四氯化铝酸铜法（COSORB 法）　吸收 CO 气体的亚铜在水中极不稳定，而且酸性溶液腐蚀性强。而采用 COSORB 溶剂，把氯化亚铜以氯化铝盐的形式稳定下来，而且以具有 π 键的芳烃作为溶剂使用，因此是非常稳定的化合物。其原理是利用配位甲苯的四氯化铝酸铜在常温下同 CO 形成配合物，然后在高温下放出 CO，再次形成甲苯配合物。反应如式 (2-69)。COSORB 溶剂可以被看作是弱路易士碱（CuCl）和强路易士酸（$AlCl_3$）形成的盐，因此可以和比 CuCl 更强的路易士碱进行反应，产生 HCl。即 CO_2、H_2S、SO_2、NH_3 等必须事前脱净。

$$CuAlCl_4C_6H_5CH_3 + CO \Longrightarrow CuAlCl_4CO + C_6H_5CH_3 \qquad (2\text{-}69)$$

图 2-27 所示为 COSORB 法的基本流程。原料气预先脱水 [1×10^{-6}（体积分数）以下]，导入吸收塔下部，同循环溶剂逆流接触，仅选择吸收气体中的 CO，吸收 CO 的溶液从吸收塔底部取出，同再生后的溶液进行热交换，而后由再生塔的塔顶进入再生塔。此时液体减压释放所吸收的 CO 约 80%。进一步在再沸器中加热，放出残留的 CO，而结束再生操

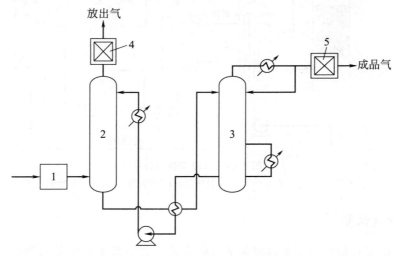

图 2-27　COSORB 法的基本流程

1—干燥器；2—吸收塔；3—再生塔；4,5—芳族回收

作。解吸出的 CO 气体用冷凝器凝缩甲苯后，进一步再将未冷凝的残余甲苯完全回收后制得成品的 CO 气体，由吸收塔顶部放出的气体也需同样的甲苯回收操作。此外，再生后的溶剂经过前已述及的热交换器，再经冷却器冷却到给定的温度后，加入到吸收塔的顶部循环使用。

2.4.4.2 甲烷化法

对于合成氨原料气而言，为了防止少量 CO 和 CO_2 对催化剂的毒害，规定 CO 和 CO_2 总量不得高于 10×10^{-6}（体积分数）。因此原料气在送往合成以前，还需一个最后净化步骤。痕量 CO 除可采用铜氨液吸收法或液氮洗涤法外，采用甲烷化的方法也是一种最后的净化精制原料气的方法。在城市煤气生产的净化过程，利用甲烷化工艺将 CO 转化为甲烷，即可消除 CO 的毒性，还可提高煤气的热值。

甲烷化是指在催化剂的存在下，使气体中的碳氧化合物（指 CO、CO_2，也可简化为 CO_x）加氢生成 CH_4。对合成气进一步化学加工过程而言，CH_4 是一个惰性组分，但是对诸如合成氨过程，CH_4 含量不能太高，否则为维持有效组分浓度而释放的循环气损失太大。

甲烷化的反应如下：

$$CO + 3H_2 \Longrightarrow CH_4 + H_2O \qquad \Delta H_{298}^{\ominus} = -206.16 \text{kJ/mol} \qquad (2\text{-}70)$$

$$CO_2 + 4H_2 \Longrightarrow CH_4 + 2H_2O \qquad \Delta H_{298}^{\ominus} = -165.08 \text{kJ/mol} \qquad (2\text{-}71)$$

在某些情况下，还会有如下副反应：

$$2CO \Longrightarrow C + CO_2 \qquad \Delta H_{298}^{\ominus} = -173.3 \text{kJ/mol} \qquad (2\text{-}72)$$

$$C + 2H_2 \Longrightarrow CH_4 \qquad \Delta H_{298}^{\ominus} = -84.3 \text{kJ/mol} \qquad (2\text{-}73)$$

其中，主反应(2-70)的热力学数据列于表 2-13。

表 2-13　CO 的甲烷化反应的热力学数据

温度		反应热效应	化学平衡常数
K	℃	$\Delta H / (\text{kJ/mol})$	$K = [CH_4][H_2O]/[CO][H_2]^3$
400	127	—	4.009×10^{15}
500	227	-214.7	1.148×10^{10}
600	327	-218.0	1.980×10^6
700	427	-220.7	3.726×10^3
800	527	-222.8	2.979×10

由表 2-13 可见，CO 的甲烷化反应是一个放热反应，但是若作为脱除原料中残余量的 CO 的方法，其浓度低，故可在绝热反应器中进行反应。温度低对平衡有利，但温度低化学反应速度慢，通常要在催化剂的存在下进行。CO 的甲烷化还是一个分子数减少的反应，增大反应压力无论从化学平衡角度还是从提高化学反应速度角度都是有利的。

离开反应器的气体混合物的组成，决定于原料气的组成、压力和温度。

周期表中第Ⅷ族的所有金属元素都能不同程度地催化 CO 加氢生成 CH_4 的反应。现在工业上使用的甲烷化催化剂是由负载于载体上的氧化镍组成的，镍含量在 $15\% \sim 30\%$（以金属镍计）。使用前先以 H_2 或脱 CO_2 后的原料气还原。在还原过程中，为了避免床层升温过高，必须尽可能控制 CO_x 在 1% 以下。还原后的镍催化剂会自燃，应防止与氧化性气体接触。镍催化剂对于硫化物，如 H_2S 和 COS 等的抗毒能力较差。原料气中总硫含量应限制在 0.1×10^{-6}（体积分数）以下。在催化剂中加入其他金属（钨、钡）或氧化物（MoO_3、Cr_2O_3、

ZnO）能改善镍催化剂的抗毒能力。

作为脱除合成氨原料气中痕量 CO 的甲烷化工艺，其操作压力与前后工序有密切关系，需要考虑的操作条件主要是温度。甲烷化镍催化剂的起始活性温度约 200℃，也能承受 800℃ 的高温。温度的上下限可依据反应器材质允许的设计温度和生成羰基镍的温度之间选择，一般在 280～420℃ 范围。

2.4.4.3 液氮洗涤法

应用低温技术的液氮洗涤法，不仅能脱除 CO，而且也能脱除 CH_4 和 Ar。虽然后者对合成氨催化剂无毒害作用，但它能降低 H_2、N_2 的分压，从而影响合成反应的速度。液氮洗涤法需要液体氮，因此，应与设有空气分离装置的重油部分氧化、煤富氧气化制合成气或焦炉气分离制氨等流程结合使用。

气体混合物中各组分的冷凝温度（即沸点）是各不相同的，有的还相差较大（如常压下，CO_2：−78.5℃；CH_4：−183℃；Ar：−185.3℃；CO：−191.5℃；N_2：−195.8℃；H_2：−252.8℃ 等）。但在冷凝过程中并非每一组分达到它的冷凝温度就会全部冷凝下来，必须把气体混合物冷却到比要除去该组分沸点低得多的温度。反之，在气体混合物虽未冷却到每个组分的冷凝温度，但由于各个组分具有溶解在其他组分冷凝液中的性能，这时却已有一部分分离出来。CO 具有比氮的沸点高以及能溶解在液体氮的特性，可以用液氮洗涤法来脱除少量的 CO，用液氮洗涤时，CO 冷凝在液体氮中，而一部分液氮蒸发到气相中，如果进入氮洗系统的气体中含有少量 O_2、CH_4、Ar 的话，由于它们的沸点都比 CO 高，所以在脱除 CO 的同时也可将这些组分除去。

2.4.4.4 深冷分离法

在合成气进一步化学加工成各种化学品的时候，有时需将 H_2、CO 分离开。例如，在合成氨中仅需 H_2 再配上 N_2 作为原料气，而在各种羰基化反应中则以纯 CO 作为原料。适应于各种用途的分离方法至今也还在被采用，前已述及的 COSORB 法特别引人注目。吸附分离和膜分离法也可被作为考虑采用的方法。而深冷分离法是一种广泛用于多种成分气体分离的方法，其适用性很高，技术上也成熟，但是，也有能量消耗大的缺点。

以工业上的习惯，把冷冻温度等于或低于 −100℃ 的称为深度冷冻，简称深冷。所谓深冷分离法就是采用 −100℃ 的深冷系统，利用混合气体中各成分的相对挥发度的不同，在低温下将混合气中除了 H_2（或其他冷凝温度很低的成分）外的其他成分全部冷凝下来，同时用精馏法在适当的温度下将各成分逐一地加以分离。

深冷分离法最低的分离温度可以达到 −210℃。因此，深冷分离前需要预处理。CO_2、H_2O 及其他杂质在低温部分会固化而析出，连续操作困难，为此，一般采用切换式分子筛、硅胶、铝胶等吸附器脱除。使用的分子筛为 1～4mm 的球形或圆柱形。其吸附操作温度一般为 5～10℃，在这个温度下，可被吸附的水量并不多，而分子筛的吸附活性是比较大的。H_2O 及 CO_2 的脱附再生温度为 220～280℃，以少量的再生气进行再生。欲精制的原料气经前述的净化方法还含有 H_2、N_2、CO、Ar、CH_4 等。分离这些组分的问题，由各组分的蒸气压可清楚地看出它们的关系（图 2-28）。

CO 在低温下冷凝可以比较容易从 H_2 中分出。溶解于冷凝液中的 H_2，可用精馏的方法分理出。CH_4 在 1.3～1.5MPa 气压下的精馏从 CO 中也容易分离。最困难的是 N_2 和 Ar，即这类气体的物理性质与 CO 很相似。从 CO 中要求分离出 N_2 及 Ar，则需一次较大的投资和能耗。因而，在分离的前期，最好先脱除 N_2 及 Ar，不要造成 N_2-CO 及 Ar-CO 的分离。例如在天然

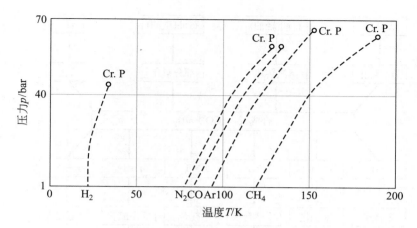

图 2-28 H_2、N_2、CO 等组分蒸气压曲线

1bar＝10^5Pa，下同

气蒸汽转化制合成气时，如果天然气中 N_2 含量过高时，在转化之前就需要从天然气中除去 N_2。用部分氧化法生产气体时，根据所使用的 O_2 中含有的 N_2 及 Ar 的量，决定 CO 成品中 N_2 及 Ar 的含量。

① H_2 的纯度　一般来说，H_2 的纯度是深冷分离温度和压力的函数。分离温度降低，则 H_2 纯度提高，压力提高，H_2 的纯度也有所提高。H_2 纯度的变化随分离温度的变化比随压力变化显著。图 2-29 示意深冷分离最基本的流程。

② CO 的纯度　在由平衡冷凝分离出 H_2 之后的凝液中，含有溶解的 H_2 及其他组分。首先除掉溶解在其中的 H_2。这部分溶解在凝液中的 H_2 大体上服从亨利定律，把冷凝液的压力降低，则随着压力的降低，H_2 被脱除。伴随 H_2 脱除的 CO 即为 CO 收率的损失。凝液中除 H_2 以外的 CH_4、Ar 等可用精馏分离。

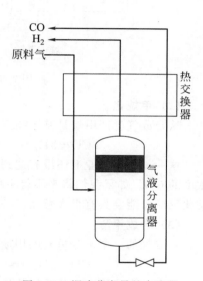

图 2-29　深冷分离最基本流程

2.5　合成气的化学加工

由合成气可以生产一系列化学品和合成燃料。此外，合成气作为一种直接还原剂，在钢铁工业中具有一定的经济意义，图 2-30 是由含碳矿物为原料经蒸汽转化或气化等方法制得由合成气生产一系列化学品的示意图。

(1) 合成氨

氨通过如下反应制得：

$$3H_2 + N_2 \Longrightarrow 2NH_3 \qquad \Delta H_{298}^{\ominus} = -91.9\text{kJ/mol} \qquad (2\text{-}74)$$

这个自从 1913 年开始工业应用的方法是最重要的固氮方法。从焦炉操作中副产的氨和由碳化钙经过氰氨化钙来固定氮，如今已经没有太大的意义。目前世界上运转的大部分氨厂都以天然气为原料，以煤为原料的合成氨在我国还占相当大的比重。

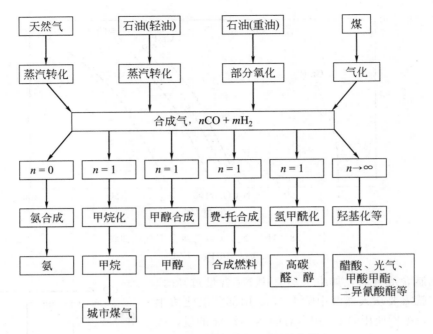

图 2-30　合成气的化学加工过程及产品

（2）甲烷化

从合成气生产甲烷是基于如下反应：

$$CO+3H_2 \Longrightarrow CH_4+H_2O \qquad \Delta H_{298}^{\ominus}=-206.1kJ/mol \qquad (2-75)$$

这一过程在工业上还没有达到很大的规模，但是这一反应用于从氨合成气原料中脱除低浓度的 CO。如果我们将来不得不用越来越多的煤作为化学工业的能源和原料来源，那时甲烷化反应可能会具有很大意义。

（3）合成甲醇

合成气的一个十分重要的用途是按如下反应而转化为甲醇：

$$CO+2H_2 \Longrightarrow CH_3OH \qquad \Delta H_{298}^{\ominus}=-91.9kJ/mol \qquad (2-76)$$

现在的合成甲醇大都采用低压和中压法代替老的高压法（35MPa，350℃，ZnO-Cr$_2$O$_3$催化剂），由于使用了 Cu-Zn-Al 催化剂，所以有可能采用较温和的反应条件（10MPa，250℃），不过这些催化剂要求合成气有很高的纯度，特别是对硫化物和氯有严格的要求。对 Lurgi 低压煤气化法则使用了更低的压力（4～5MPa）。这部分在第 5 章将进行详细讲述。大约有一半的甲醇加工成甲醛。甲醇还作为溶剂用于生产对苯二甲酸二甲酯，并作为制取聚酯纤维、甲基丙烯酸甲酯（塑料）、甲胺类、卤代甲烷类以及其他许多基本化工产品的原料。甲醇作为基质进行发酵而成单细胞蛋白也有其重要意义。在能源方面，已证实甲醇适于作为汽车用燃料。最后，按照尚在开发之中的 Mobil 法，由主要从煤制得的甲醇来合成汽油，将来可能是经济的。

（4）费-托合成

利用费-托合成的方法可以从合成气制得碳原子数范围很宽的大多数是直链的脂肪烃，由气态产物一直到高沸点的烷烃。这个方法最初是在 1923 年由费希尔（F. Fischer）和托罗普歇（H. Tropsch）采用含碱的铁催化剂，并实现了工业化生产。早期的装置大多数建在德国，用以生产合成汽油。到了 20 世纪 50 年代中期，由于廉价石油和天然气的大量供应，费-托合成法的发展势头大为减弱。目前唯有南非,于 1956 年建成了由煤制合成气的费-托合成厂,SASOL(South African Coal,Oil & Gas Group)厂,随后又相继建了 II、III 厂。

费-托合成法除了能获得主要产品汽油外,还能合成一些重要的基本化工原料,如乙烯、丙烯、丁烯以及含氧化合物醇、醛、酮、酸等。

费-托合成反应是以反应式 $CO+2H_2 \longrightarrow —CH_2—+H_2O$ 所表示的反应,每一个碳原子的反应热在液态馏分中约为 $-164.7kJ/mol$。现代改进的费-托合成法全采用铁催化剂。在 SASOL I 厂生产中使用了固定床和气流床反应器。图 2-31 所示 SASOL I 厂的简化流程,可以作为一个运转中的以煤为原料的整套费-托装置的实例。

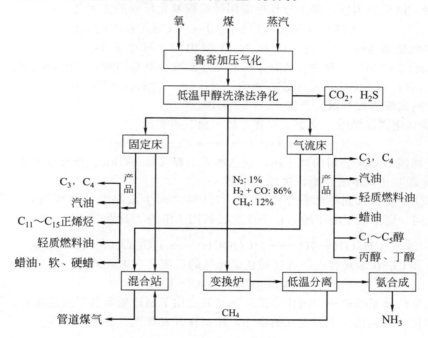

图 2-31   SASOL I 厂的简化流程

气流经过低温甲醇洗涤法净化后分为三股。第一股用固定床方法进行费-托合成将合成气转化为如图 2-31 所示的产品,第二股用气流床方法进行费-托合成将合成气转化为如图 2-31 所示的另一类产品,第三股气流则经过变换和液氮低温分离等预处理以后转化为氨。分离出来的甲烷在混合站混入来自两个费-托合成装置的尾气后加工成城市煤气。

(5) 氢甲酰化

烯烃和合成气在催化剂的存在下进行反应形成醛,也就是在双键两端碳原子上分别加上一个氢原子和一个甲酰基,故称氢甲酰化反应。过去被命名为 OXO 反应,亦为羰基合成反应(该反应还包含了不饱和化合物和 CO 生成相应羰基化合物的反应),例如,丙烯可以转化为正丁醛和异丁醛的混合物,醛进一步氢化制得相应的醇。

$$CH_3CH = CH_2 + CO + H_2 \begin{cases} \longrightarrow CH_3CH_2CH_2CHO \\ \longrightarrow CH_3CHCHO(CH_3) \end{cases} \qquad (2-77)$$

这部分在第 5 章将进行详细讲述。反应烯烃的链长范围为 $C_2 \sim C_{20}$。$C_4 \sim C_6$ 醇或它们各自的酯化产物多数用作溶剂。$C_8 \sim C_{12}$ 醇的酯化产物是重要的增塑剂。C_{12} 以上的醇主要用于生产洗涤剂。

类似于羰基合成的是同系化反应,即通过醇与合成气反应而使链增长一个 $—CH_2—$ 基团，从而生成较高级的醇或醛。例如，从甲醇和合成气反应可以制得乙醇：

$$CH_3OH + CO + H_2 \longrightarrow CH_3CH_2OH + H_2O \tag{2-78}$$

此反应的副产物是丙醇、丁醇、醋酸甲酯和醋酸乙酯等。

(6) 一氧化碳

化学工业中利用纯 CO 不如利用合成气多。不过有几个羰基化反应已在工业上得到应用。

① 乙炔在水或醇的存在下与 CO 作用，可以如下式所示生成丙烯酸或相应的酯（Repper，雷伯法）。此法曾经使用过较长一段时间，直到最近才被丙烯氧化法取代。

$$HC \equiv CH + CO + H_2O(ROH) \longrightarrow CH_2 = CHCOOH(R) \tag{2-79}$$

② 烯和 CO 生产丙酸，是工业规模应用烯烃羰基化反应的实例之一：

$$CH_2 = CH_2 + CO + H_2O \longrightarrow CH_3CH_2COOH \tag{2-80}$$

烯烃在无机酸存在下，与 CO 和 H_2O 作用时，可生成异构和分支羧酸的混合物（Koch，合成）。例如用这种方法从异丁烯和 CO 制取三甲基醋酸，也即特戊酸：

$$(CH_3)_2C = CH_2 + CO + H_2 \longrightarrow (CH_3)_3CCOOH \tag{2-81}$$

从对应的高级烯烃可以生产出 $C_6 \sim C_{11}$ 羧酸。

③ 醇羰基化制取醋酸：这个反应现已显示出其重要性。

$$CH_3OH + CO \longrightarrow CH_3COOH \tag{2-82}$$

原先是德国 BASF 公司的高压法，现已被孟山都（Monsanto）低压法所取代。

④ 甲醇羰基化制甲酸甲酯，进而制甲酸。

如果 CO 不是插入到甲醇分子中的 C—OH 链之间生成醋酸，而是插入到甲醇分子的 O—H 键之间，则生成甲酸甲酯，这个反应已被用于甲酸工业生产的第一步：

$$CH_3OH + CO \longrightarrow HCOOCH_3 \xrightarrow{H_2O} HCOOH + CH_3OH \tag{2-83}$$

⑤ CO 和 Cl_2 在木炭存在下直接转化成光气的反应具有工业意义：

$$CO + Cl_2 \longrightarrow Cl—COCl \tag{2-84}$$

光气是生产异氰酸盐的中间化学品，异氰酸盐用于制造聚氨基甲酸酯塑料、聚碳酸酯塑料以及几种化学衍生物。由于光气的毒性，还正在开发非光气的生产路线。

思考题

基于知识，进行描述

2.1 间歇性制半水煤气一个工作循环中的五个阶段分别是什么？为什么需要经历这五个阶段？

2.2 一氧化碳变换催化剂有哪些类型？各适用于什么场合？使用中注意哪些事项？

2.3 不同的气化剂生产的合成气分别可用来制造什么化工产品？

应用知识，获取方案

2.4 请依据化工原理与工程实际，选择确定间歇性制半水煤气的炉温。

2.5 天然气蒸汽转化中，列管中催化剂的粒径为什么是上密下疏？

2.6 天然气蒸汽转化法制合成气过程有哪些步骤？为什么天然气要预先脱硫才能进行转化？用哪些脱硫方法较好？

2.7 设计甲烷蒸汽转化工艺时，为何二段转化炉的平衡温距要大于一段的平衡温距？

2.8 为什么天然气蒸汽需要分段进行转化，而不采用一段转化？

2.9 请依据化工原理与工程实际，分析确定一氧化碳变换反应工艺的操作温度。

2.10　同样是甲烷蒸汽转化催化剂，活性高低影响着过程的析炭与否，如何理解高活性催化剂不析炭的内在化学与过程原理？

针对任务，掌握方法

2.11　请举两例说明在不同的合成气生产工艺，采用分离净化有何不同？

2.12　热力学分析表明，某一反应得到尽可能高的平衡转化率的条件为高温、低压，但实际生产中，当温度增加时，为什么压力也可以增大？

2.13　基于固体燃料气化的加压气化炉，试设计在交变压力状态下工作的反应器结构，并说明其理由。

2.14　有哪些可再生资源可用来生产合成气？为什么近年来合成气的生产和应用受到广泛重视？

2.15　以天然气为原料生产合成气的过程有哪些主要反应？试简述如何实现天然气转化制合成气的自热反应过程。

2.16　基于天然气蒸汽转化炉结构，简述如何合理设计某一高温反应过程的余热。

第 **3** 章

合 成 氨

合成氨与通常所说的三酸二碱（硫酸、硝酸、盐酸、烧碱和纯碱）一样是最重要的基本化工产品之一，为肥料工业和化学工业提供氮素。在化学工业的早期，合成氨问世以前，施肥主要靠各种天然物质和废物，化学工业生产所需的氮素来自当时数量有限的天然盐类，例如硝石（硝酸钾）。1890 年在智利沙漠地区发现的硝酸钠矿藏很快成为随后相当一个时期世界氮肥的主要来源，在 1850～1900 年间占世界氮肥的 70%，直到 1914 年仍约占 50%。但是，随着社会生产力的发展，氮肥需要量增长极快，情况很快发生了变化。在 1910～1925 年间，当第一个不太完善的合成氨工厂投产以后，合成氨工业迅速发展，很快成为世界氮肥供应的最主要来源。

氨曾是一个比较难合成的基本化工产品，从第一次实验室研制到第一个以氢和氮两种气体反应制氨的工业生产厂投产大约经历了 150 年。把化学上相对惰性的大气中的氮转变为具有足够活性而适于使用的氮化合物，常被称为"固定氮"（简称固氮）。具有足够活性而适于使用的氮化合物除了氨（氮的氢化物）以外，还有氮的氧化物、金属氮化物、生长的植物内复杂的有机氮化物。在氨由实验室研制到工业生产厂投产的漫长岁月里，在 20 世纪初，人们曾把注意力放在由氮和氧反应来固定氮而生产氮氧化合物方面。将空气加热至 3000℃ 或以上的高温，然后迅速冷却之，以避免分解，这样可以获得可接受的氧化氮浓度。采用电弧法使这一反应于 20 世纪初在具有廉价水电供应的挪威实现工业化生产。但在氨直接合成法获得进展以后，电弧法还是被淘汰。在与电弧法固氮的大约相同年代，另一种固定氮的方式也实现了工业化生产，这就是碳氮化钙法，即氮能被碳化钙固定而生成氮化钙（石灰氮），碳氮化钙水解而产生氨，很显然，这种固氮的方法是很不经济的。

1850～1900 年间物理化学的发展，质量作用定律、化学平衡和化学反应动力学等新概念的形成和发展为氨的直接合成奠定了理论基础。这时已经清楚，由氮和氢制氨的反应是可逆的，压力将反应推向生成氨的方向，而提高温度将反应推向相反方向，催化剂对获得可接受的反应速度起重要作用。1909 年，德国的弗里兹·哈伯（Fritz Haber）采用锇催化剂使氨浓度达到 6%。这是开发一个实际工艺方法的转折点。但是，很显然 H_2-N_2 混合气即使在高温高压条件下，一次通过反应器也只有一部分转化。针对这一问题，哈伯又提出循环方法的概念。在所涉及的高压下，用冷却合成塔的出口气就可使大部分的氨冷凝下来，未反应的气体混合物返回合成塔，根据从气体中回收氨的量补充氮和氢或含有氮和氢的气体。随后，德国的巴登苯胺纯碱公司（BASF）购买了哈伯的专利并进行进一步的研究开发工作。波施（Carl Bosch）和 BASF 公司的化学师们经过 20000 多次的试验后，终于得出了一个较为理想的催化剂，最终成果是以少量钾、镁、铝和钙作助催化剂的铁催化剂，这与当代合成氨厂所用的催化剂组分很相似。接着遇到的困难是设备设计。在高温下和氢气接触的一般钢材不耐用，在当时能耐 20MPa 压力的只有碳钢有足够的强度，然而碳钢会因脱碳而受到破坏。后来，将合成塔衬以合金钢解决了这个问题。氨合成塔外壳属于高温、高压、临氢设备，通常采用单层铬钼钢或铬钼钢内件包扎多层高强度外筒钢板结构。进入合成塔的气体先经过内件与外筒之间的环隙，内件外面设有保温层，以减少向外筒的散热。因此，外筒主要承受高压（操作压力与大气压之差），但不承受高温，而内件虽然在高温下操作，但只承受环隙气流与内件气流的压差，一般仅 0.5～2.0MPa。1913 年 9 月 9 日第一个合成氨生产厂在一个 BASF 公司的工厂投产，并很快就达到日产 30t 的设计水平。如今，工业上生产氨的方法几乎全部都采用这种氢-氮气直接合成法，被人们称为"哈伯-波施法"，将这种直接合成的产物称为"合成氨"，以区别于其他方法制的氨。

　　氨的合成，首先必须制得合格的氢、氮原料气。

　　氮气可以取之于空气，将空气液化分离而得氮气，或使空气通过燃料层燃烧，消耗掉氧气，将所生成的 CO_x（$x=1,2$）除去而制得。

　　氢气一般常用含有烃类的各种原料（煤、天然气、重油等）与水蒸气作用的方法来制得。

　　由此，合成氨的生产过程基本可分为三个步骤：原料气的制备、原料气的净化、氨的合成。前面两个步骤已在第 2 章合成气中有详细叙述。本章集中讨论由 H_2、N_2 直接合成氨的基本原理和方法以及氨的加工应用。

3.1　氨合成反应的化学原理

3.1.1　氨合成反应的化学热力学问题

3.1.1.1　化学平衡

由 H_2 和 N_2 合成 NH_3 的反应如下式所示：

$$1.5H_2 + 0.5N_2 \Longrightarrow NH_3 \qquad \Delta H_{298}^{\ominus} = -46.22\text{kJ/mol} \qquad (3\text{-}1)$$

此反应是一个分子数减少的放热可逆反应，应依此选择合适的条件，促使反应尽可能朝着生成氨的方向移动。

式（3-1）反应的平衡常数为：

$$K_p = \frac{p_{NH_3}}{p_{N_2}^{0.5} p_{H_2}^{1.5}} \qquad (3\text{-}2)$$

在比较高的压力下，H_2、N_2、NH_3 的性质与理想气体有较大的偏差。因此，以组分分压表示的平衡常数 K_p 不仅与温度有关，同时也是压力的函数。在一定压力范围，可以近似地以组分的逸度来代替组分的分压，平衡常数的表达式便成为：

$$K_f = \frac{f_{NH_3}}{f_{N_2}^{0.5} f_{H_2}^{1.5}} \qquad (3\text{-}3)$$

式中，f_{NH_3}、f_{N_2}、f_{H_2} 为平衡体系中 NH_3、N_2、H_2 在纯态、平衡时的温度、压力下的逸度；K_f 则为以组分逸度表示的平衡常数，单位为 MPa^{-1}。

将逸度与压力的关系式 $f_i = \gamma_i p_i$ 代入式（3-3）可得：

$$K_f = \frac{\gamma_{NH_3}}{\gamma_{N_2}^{0.5} \gamma_{H_2}^{1.5}} \times \frac{p_{NH_3}}{p_{N_2}^{0.5} p_{H_2}^{1.5}} = K_\gamma K_p \tag{3-4}$$

式中，K_γ 为由实际气体的逸度系数 γ 表示的平衡常数的校正值，所以

$$K_p = K_f / K_\gamma \tag{3-5}$$

因此，已知 K_f 与 K_γ，即可求得 K_p。K_γ 的值可查相关资料的图或表，这些资料的数据显示，压力足够低时，K_γ 值接近于 1，此时 $K_p \approx K_f$，因此 K_f 可以视为在压力很低时的 K_p 值，而在压力逐渐增加时，其气体与理想气体之间的偏差增大，K_γ 值小于 1（如 30MPa，500℃，$K_\gamma = 0.78$），K_p 与 K_f 的差别也相应增大。表 3-1 列出常见的氨合成反应的温度、压力范围内，平衡常数 K_p 值。

表 3-1 氨合成反应平衡常数 K_p 值

温度/℃	压力/MPa					
	0.1	10.1	15.2	20.3	30.4	40.5
350	0.2600	0.2980	0.3290	0.3530	0.4240	0.5140
400	0.1250	0.1380	0.1470	0.1580	0.1820	0.2120
450	0.0641	0.0713	0.0749	0.0790	0.0884	0.0996
500	0.0366	0.0399	0.0416	0.0434	0.0475	0.0523
550	0.0213	0.0239	0.0247	0.0254	0.0276	0.0299

由表 3-1 可见，温度愈高，平衡常数愈小。提高压力，K_p 值增加。利用平衡常数值及其他已知条件，即可以计算在指定的温度、压力下的平衡氨含量。

3.1.1.2 平衡氨含量

平衡氨含量是指在一定的温度、压力、氢氮比和惰性气体浓度等条件下，反应达到平衡时，氨在气体混合物中的摩尔分数。平衡氨含量即反应的理论最大产量，通过计算可以找出实际产量和理论产量的差值，为选择工艺条件提供理论依据。计算平衡氨含量的公式推导如下：

设反应体系中含有 N_2、H_2、NH_3 和惰性气体，它们的摩尔分数分别用 x_{N_2}、x_{H_2}、x_{NH_3}、x_i 表示，即：

$$x_{N_2} + x_{H_2} + x_{NH_3} + x_i = 1 \tag{3-6}$$

根据气体分压定律：

$$p_{N_2} = x_{N_2} p \tag{3-7}$$

$$p_{H_2} = x_{H_2} p \tag{3-8}$$

$$p_{NH_3} = x_{NH_3} p \tag{3-9}$$

$$p_i = x_i p \tag{3-10}$$

式中，p 为系统总压；令 r 为氢氮比，则

$$r = \frac{x_{H_2}}{x_{N_2}} \tag{3-11}$$

代入式(3-6)，整理后得：

$$x_{N_2} = (1 - x_{NH_3} - x_i)\left(\frac{1}{r+1}\right) \tag{3-12}$$

$$x_{H_2} = (1 - x_{NH_3} - x_i)\left(\frac{r}{r+1}\right) \tag{3-13}$$

将式(3-12) 即 N_2 的摩尔分数表达式代入式(3-7)，则得：

$$p_{N_2} = (1 - x_{NH_3} - x_i)\left(\frac{1}{r+1}\right)p \tag{3-14}$$

同理：

$$p_{H_2} = (1 - x_{NH_3} - x_i)\left(\frac{r}{r+1}\right)p \tag{3-15}$$

将组分的分压表达式代入式(3-2) 即以分压表达的平衡常数式，则：

$$K_p = \frac{x_{NH_3}p}{\left[(1 - x_{NH_3} - x_i)\left(\frac{1}{r+1}\right)p\right]^{0.5}\left[(1 - x_{NH_3} - x_i)\left(\frac{r}{r+1}\right)p\right]^{1.5}}$$

整理后：

$$K_p = \frac{(r+1)^2}{r^{1.5}} \times \frac{x_{NH_3}}{(1 - x_{NH_3} - x_i)^2} \times \frac{1}{p} \tag{3-16}$$

若系统中无惰性气体且氢氮比为 3 时，则：

$$\frac{x_{NH_3}}{(1 - x_{NH_3})^2} = 0.325 K_p p \tag{3-17}$$

这是一个一元二次方程，解此方程并取其中合理的实根，即可求得一定条件下氨的平衡含量 x_{NH_3}。表 3-2 列出不同温度、压力条件下平衡氨含量的数据。

表 3-2　平衡氨含量 ［体积分数，纯氢氮气（$H_2 : N_2 = 3$）］　　　　　单位：%

温度/℃	压力/MPa					
	0.1	10.1	15.2	20.3	30.4	40.5
350	0.84	37.9	46.2	52.5	61.6	68.2
400	0.41	25.4	32.8	38.8	48.2	55.4
450	0.22	16.5	22.4	27.5	35.9	42.9
500	0.12	10.5	14.9	18.8	25.8	31.9
550	0.07	6.82	9.90	12.8	18.2	23.2

由表中数据可见，压力一定时，平衡氨含量随着反应温度的升高而下降；温度一定时，平衡氨含量随着反应系统压力的增加而增大。所以，从化学反应平衡的角度看，氨的合成反应宜在低温、高压下进行。

3.1.1.3　影响平衡氨含量的因素

将式(3-16) 改写为如下形式：

$$\frac{x_{NH_3}}{(1 - x_{NH_3} - x_i)^2} = \frac{r^{1.5}}{(r+1)^2} K_p p \tag{3-18}$$

由式(3-18) 可见，影响氨平衡含量 x_{NH_3} 的因素有：反应系统总压力 p、平衡常数（与温度、压力有关）、氢氮比 r 和惰性气体含量 x_i，其中温度、压力的影响前已述及，这里只要讨论氢氮比 r 和惰性气体含量 x_i 的影响即可。

(1) 氢氮比 r 的影响

由式(3-18) 可知，当温度、压力和惰性气体含量 x_i 一定时，平衡含量 x_{NH_3} 最大值的条件为：

$$\frac{d}{dr}\left[\frac{r^{1.5}}{(r+1)^2}\right] = 0 \tag{3-19}$$

$$\frac{1.5r^{0.5}(r+1)^2-2r^{1.5}(r+1)}{(r+1)^4}=0$$

$$1.5r^{0.5}(r+1)^2-2r^{1.5}(r+1)=0$$

$$(r+1)r^{0.5}[1.5(r+1)-2r]=0$$

因 $(r+1)$，$r^{0.5}$ 均不为零，则

$$1.5(r+1)-2r=0$$

$$r=3$$

可得 $r=3$ 时为最大平衡氨含量。在考虑组成对平衡常数 K_p 的影响时，氢氮比 r 略小于 3，大约在 2.90～2.68 之间变动。但是，事实上在这些最适宜的氢氮比条件下的氨平衡含量，仅比氢氮比为 3 时约大 0.1%，所以，只有理论上的意义。

(2) 惰性气体含量 x_i 的影响

通常把氨合成原料气中不参与反应的 CH_4、Ar 等组分称为惰性气体。它们对平衡氨含量有影响。将式(3-16) 改写并忽略高次方的影响，即可近似地写成：

$$\frac{x_{NH_3}}{(1-x_{NH_3})^2}=\frac{r^{1.5}}{(r+1)^2}K_p p(1-x_i)^2 \tag{3-20}$$

上式表明平衡氨含量 x_{NH_3} 随着惰性气体含量 x_i 的增加而减少。因此，在生产中要求尽可能减少原料气中惰性气体含量。但是，由于惰性气体不参与反应，在循环过程中将愈积愈多，因此，在工艺流程中要释放一定量的循环气，使惰性气体含量保持一定稳定值。

3.1.2 氨合成反应动力学

前已述及，氨合成反应即使在高温高压下进行，其速度也极其缓慢，欲获得可接受的氨含量，催化剂的作用是主要的。为此，首先应了解氨合成反应中所采用的催化剂，进而讨论在催化剂存在下氨合成反应的速度问题。

3.1.2.1 氨合成催化剂

现在的氨合成催化剂都是以金属铁为主要成分，以碱金属（如钾）和各种其他氧化物（如氧化铝或氧化镁）为促进剂。用以制造大多数工业上催化剂的传统组成通常是磁铁矿 Fe_3O_4，而催化剂中的某些组分是磁铁矿中原有的杂质。在制作这种催化剂时，必须注意到这些极少量的组分对最终催化剂性能的影响，有些是有利的，有些是有害的。它们本身也相互作用，彼此抑制或彼此促进。

(1) 活性组分——铁

现在几乎所有的氨合成铁催化剂都是由熔融磁铁矿制得的，加入所需数量的促进剂至熔融磁铁矿中，然后将熔融混合物倾出成薄层使之冷却，薄层固化后，粉碎并过筛至所需要的粒度。催化剂在使用之前需进行还原。

磁铁矿 Fe_3O_4 具有类似于 $MgAl_2O_4$ 的尖晶石结构，这种结构是由氧离子的立方堆积所组成，而 Fe^{2+} 和 Fe^{3+} 则分布于其间隙中。在催化剂还原过程中全部氧被除去，铁被还原为 α-Fe（体心立方结构），α-Fe 微粒中掺入少量助剂。以 α-Fe 的熔剂为主，而助剂作为隔开微晶的难还原且耐高温的物质存在于 α-Fe 微粒之间，被称为 A 相；在 α-Fe 微粒外，则以助剂为主，也有少量 Fe，被称为 B 相。

(2) 促进剂

在高温熔融（约 1500℃ 以上）条件下，与 Fe^{2+}、Fe^{3+} 半径近似的离子可能取代晶格

中的 Fe^{2+} 或 Fe^{3+} 生成混晶，当催化剂还原时，氧化铁被还原为 α-Fe，而未能被还原的 Al_2O_3、MgO 在铁微晶中析出，防止活性铁的微晶在还原时及以后的使用中进一步长大。可见 Al_2O_3、MgO 是通过改善还原态铁的结构而呈现出促进作用，是一种结构型促进剂。

K_2O 的作用与 Al_2O_3 不同，它是一种电子型促进剂。由于 K_2O 的加入，使 α-Fe 的电子输出功降低，促进电子输出，提高催化剂活性。但是它还有降低铁表面积的倾向，一般控制 K_2O 的含量在 $1.1\% \sim 1.8\%$。CaO 也属于电子型促进剂，同时它还能降低熔体的熔点和黏度，有利于 Al_2O_3 与 Fe_3O_4 固溶体的形成。

SiO_2 一般是磁铁矿的杂质。从目前已知实验事实看，SiO_2 的作用可能在于改善催化剂的物理结构，使 K^+ 分布更均匀或调节表面 K^+ 的浓度，故而其最佳含量随 K_2O 的含量而变。

总的来说，促进剂各种成分是相互联系、相互制约的，它们通过对 α-Fe 微晶大小及其分布，α-Fe 电子输出功的改变等使催化剂活性、稳定性达到最佳值。

(3) 催化剂毒物

在还原的过程中，催化剂的表面积稳步地增加，在将近还原末期铁表面积以较快的速度增大，活性也相应地增加，这说明催化剂表面是很不均匀的，可能只有很小一部分，或许仅 $1\% \sim 2\%$ 的铁表面成为催化剂的最活泼的部分。催化剂对氧、硫、磷、砷和氯这类气体毒物的敏感性，证实了活性表面的比例是很小的。

氧和含氧化合物如 H_2O、CO 和 CO_2 是熟知的毒物。在 H_2 和活泼催化剂存在的条件下，含氧化合物转化为 H_2O。如果催化剂在有毒物下操作时间短，则毒害作用是暂时的和可逆的，因而用纯净气体操作，催化剂活性可以恢复。这种暂时中毒是由于比较小部分的活性铁表面被氧化所致。

当中毒时间较长就会发生永久性中毒，用纯净气体操作无法使催化剂完全恢复。在氧化物的存在下，铁的反复氧化和还原可能使活性铁烧结，铁微晶的增大是不可逆的，造成铁表面积和活性的损失是永久性的。其他熟知的毒物如硫、磷、砷等可能生成比氧化物更稳定的表面化合物，所造成的活性损失很难完全恢复。

其他因素也会引起催化剂活性衰退如：催化剂表面的物理覆盖和孔的堵塞；在无毒物存在下，铁表面缓慢发生的重结晶作用等。

(4) 催化剂还原

催化剂的还原可被视为如下的放热反应：

$$Fe_3O_4 + 4H_2 \Longrightarrow 3Fe + 4H_2O(g) \qquad \Delta H_{298}^{\ominus} = 149.9kJ/mol \qquad (3\text{-}21)$$

选择还原条件的原则是一方面使 Fe_3O_4 充分还原为 α-Fe，另一方面是还原生成铁结晶不要因重结晶而长大，以保证有最大的比表面积和更多的活性中心。为此，宜选择合适的还原温度、压力、空速和还原气的组成。

还原温度对催化剂活性有很大的影响，只有达到一定温度还原反应才开始进行，提高温度能加快还原反应的速度、缩短还原时间。但是，催化剂还原过程也是铁晶体形成的过程，还原温度过高会导致 α-Fe 晶体的长大，从而减小催化剂表面积，降低催化剂活性。实际还原温度一般不超过正常使用温度。除了选择合适的还原温度之外，与温度有关的还有一个温度与时间的关系，即严格按规定的温度-时间曲线进行，不可因升温过快而造成催化剂局部过热。一般温度升至 300℃ 左右即开始出水，最后还原温度在 $500 \sim 520$℃ 之间。

降低还原气体的 p_{H_2O}/p_{H_2} 有利于还原，水蒸气的存在可以使已还原催化剂反复氧化，造成晶粒变粗、活性下降。为此应该使还原气中氢含量尽可能高，及时除去还原生成的水分，尽量采用高空速（10000h⁻¹）以保持还原气中低的水汽含量。还原压力以低些为宜。

催化剂的还原操作既可在氨合成塔内进行，也可在合成塔外进行预还原。采用预还原方式可以缩短还原操作占用合成塔开车时间，也避免在合成塔内不适宜的还原条件对催化剂的损害。预还原后的催化剂必须进行"钝化"处理，即在 $100\sim140℃$ 下以含有少量氧的气体缓慢氧化，使催化剂表面形成一层薄的氧化铁保护膜。预还原催化剂装入氨合成塔内只需稍加还原即可投入生产操作。

3.1.2.2　氨合成反应机理与动力学

氨合成铁催化剂的研究，在催化基础理论和生产实际中始终占有很重要的地位，其动力学是多相催化动力学的一个重要典型。虽然捷姆金-佩热夫方程及 Nielsen 动力学方程已应用于生产实际，但是推导这些方程所依据的反应机理仍有争议，可以说至今还没有一个在微观作用机理上比较合理、同时又符合低压与中压（30MPa）动力学实验数据的动力学方程。捷姆金-佩热夫，在推导动力学方程时设定：氨合成反应中氮的活性吸附是反应速度的控制步骤，并假设催化剂表面活性不均匀。氮的吸附覆盖度中等，气体为理想气体以及反应距平衡不很远等。其中最基本的假设是第一点即氮的活性吸附是反应速度的控制步骤。经过系列假设和推导，得到著名的捷姆金-佩热夫方程（3-22）。

$$V = k_1 p_{N_2} \left(\frac{p_{H_2}^3}{p_{NH_3}^2} \right)^a - k_2 \left(\frac{p_{NH_3}^2}{p_{H_2}^3} \right)^{1-a} \tag{3-22}$$

式中，k_1、k_2 为正、逆反应的速率常数；p_{N_2}、p_{H_2}、p_{NH_3} 分别为 N_2、H_2、NH_3 的分压；a 为常数，依催化剂和实验条件而定，由实验确定。对于一般工业催化剂，a 可取 0.5，于是式（3-22）变为：

$$V = k_1 p_{N_2} \frac{p_{H_2}^{1.5}}{p_{NH_3}} - k_2 \frac{p_{NH_3}}{p_{H_2}^{1.5}} \tag{3-23}$$

正逆反应的速率常数 k_1、k_2 与温度的关系为：

$$k_1 = k_1^0 e^{-\frac{E_1}{RT}}, \quad k_2 = k_2^0 e^{-\frac{E_2}{RT}}$$

E_1、E_2 为正、逆反应的活化能，随催化剂而变化。对于一般铁催化剂，$E_1 = 58.6\sim75.4 kJ/mol$，而 $E_2 = 168\sim193 kJ/mol$。

测试数据表明式（3-22）在常压至 10MPa 范围内，与实验值比较相符，压力再增加后偏差较大，此外，当反应距平衡甚远时，特别是 $p_{NH_3} = 0$，由式（3-22）得 $V = \infty$，这显然是不合理的。为此，捷姆金曾提出远离平衡的动力学方程式：

$$V_{NH_3} = k p_{H_2}^a p_{N_2}^{1-a} \tag{3-24}$$

1963 年，捷姆金等提出推广式的氨合成反应动力学方程式，在推导中假设反应分为两个慢步骤进行。第一步为氮的活性吸附，第二步为吸附的氮与氢分子的结合，由此推导出捷姆金推广式。采用捷姆金推广式计算的反应速度能取得比较满意的结果，但是计算较为繁杂。还有一些其他形式的氨合成反应动力学方程式，但在一般工业操作范围内，使用式（3-22）还是比较满意的。

3.1.2.3　催化剂粒度的影响

前面讨论的动力学方程并未考虑扩散过程对反应速度的影响，在工业反应器中，实际的氨合成反应速度尚需考虑到扩散过程的阻滞作用。

　　大量的研究工作表明，工业反应器内的气流条件足以保证气流与催化剂颗粒外表面之间传递过程的进行，外扩散的阻滞作用可以略而不计，但是内扩散的阻力却不容忽视。

　　大颗粒催化剂的活性比小颗粒催化剂的活性小，这点是很清楚的。其原因是催化剂孔中的扩散控制影响。但也还有另外一个非扩散控制引起的原因，即大颗粒催化剂内表面的铁组分受还原时生成的水的毒害，降低了催化剂的固有活性。工业上所用催化剂的颗粒大小，明显地受到这两种效应的影响，其影响的程度与气体组成、温度、压力以及催化剂组成等有关。在消除了外扩散影响的微型高压流动循环反应装置所进行的测定表明，温度愈高，催化剂的内表面利用率愈小；粒度增大，内表面利用率大幅度下降；氨含量增加，内表面利用率将随之增加。对于不同压力的测定，同样也证明，同一品种的催化剂在压力增加后，内表面利用率将减小。实验结果确定了内扩散影响的界限，即粒度为 $0.25 \sim 0.50 \mathrm{mm}$ 时没有内扩散的阻滞，$1.5 \sim 2.5 \mathrm{mm}$ 粒度的催化剂在 450℃以上，和 $7 \sim 10 \mathrm{mm}$ 的粒度在 400℃时，就具有明显的内扩散抑制作用。

3.2　氨合成的工艺与设备

3.2.1　工艺条件的选择

　　前面就氨合成的化学基本问题进行了讨论，由这些讨论中可见，由 H_2 和 N_2 直接合成为氨是一个分子数减少的放热可逆反应，宜在加压低温下进行，而且需在催化剂存在下才能获得需要的出口氨浓度，这些就决定了氨合成工艺流程和设备的基本特征。但是，在实际生产中，工艺条件的选择还需综合考虑装置的生产能力、原料和能量的消耗等，以期达到良好的技术经济指标。氨合成的工艺条件一般包括温度、压力、空速、原料气组成等。

　　(1) 温度

　　前已述及，和其他可逆放热反应一样，氨合成反应存在着最适宜（或称最佳）反应温度 T_m，即在一定的反应条件下（如压力、反应气体组成和催化剂等），欲达到某一反应度（反应物的转化率或产物氨含量）反应速率最快的温度。如果氨合成过程自始至终按最佳反应温度进行，那么，整个过程将以最高的反应速率进行。但是在工业生产中这是很难完全实现的，而只能是尽可能接近最佳温度进行操作。

　　不同型号催化剂的活性温度略有不同，同一种催化剂在不同的使用时期其活性温度也有所不同。在催化剂床层的进口处，温度较低，一般大于或等于催化剂使用温度的下限，而在床层中温度最高点（热点）处，温度不应超过催化剂的使用温度。通常是将气体先预热到高于催化剂活性温度下限后，送入催化剂床层，在绝热条件下进行反应，随着反应的进行，温度逐渐升高，当接近最佳温度后，再采取冷却的措施，使反应温度尽量接近最佳温度。床层中的热点温度不应超过催化剂使用温度的上限。随着催化剂使用时间的延长，活性逐渐下降，操作温度应适当提高。工业上氨合成反应温度范围在 350~550℃。

　　(2) 压力

　　从化学平衡和化学反应速率两方面考虑，提高操作压力可以提高生产能力，而且压力提高，氨的分离流程可以简化。如高压下分离氨，只需水冷却就足够。但是，压力高时，对设备材质、加工制造的要求均高。工业生产上选择压力的依据是能源和原料消耗、设备技术、投资费用等，即取决于技术经济效果。具体操作压力的选择，几十年来经历了几次大的变化。后来，采用蒸汽透平驱动的离心压缩机，合理利用余热的大型生产装置出现，操作压力降至 15~24MPa。而中小型生产装置的操作压力大多采用 20~32MPa。

(3) 空速

空速（即空间速度）是指单位时间、单位体积催化剂上通过的气体量（通常以标准状态下的体积表示），其大小意味着装置处理量的大小。空速增加，转化率并不是成反比降低，而是在低转化率时，转化率与空速的平方根成反比地变化；在高转化率时，则随空速的增加，转化率降低得更少一些。因此，催化剂的生产强度即"时空产率"（单位时间、单位体积催化剂所生产产物的量）是随空速的增加而增加的，工业生产中选用空速以愈高愈好。但是实际上还要考虑其他因素，其中最重要的一个因素就是催化剂床层的压降问题，它是随气体通过床层的线速度而成平方增长的。其次，还要考虑分离产品氨的冷却冷凝功耗、循环气体的功耗等，它们都是随空速的增加而增加的。一般工业上的空速在 $10000 \sim 30000h^{-1}$ 之间。

(4) 原料气组成

由于如上述氨合成反应受化学反应平衡的限制，合成生产过程中有未反应的气体进行循环，故进入催化剂床层的气体并不是单纯新鲜原料气，而是新鲜原料气与循环气的混合气[通常二者的比例 1:（4~5），成分各有差别]。因此，原料气组成或具体地说是指进入催化剂床层的混合气组成包含了三个方面：氢氮比、惰性气含量与氨含量。

在讨论影响平衡氨含量因素时曾指出就氨合成反应本身而言，氢氮比的最佳值应是 3.0，如果考虑到气体组成对平衡常数的影响，则氢氮比的最佳值在 2.68~2.9 之间。在工业生产中，一般控制在 2.7~3.0。用来控制氢氮比的最主要操作变量是新鲜 H_2-N_2 混合气的组成。通常，新鲜 H_2-N_2 混合气的氢氮比稍加改变就可以达到所要求的氢氮比。

原料气中惰性气体通常指的是甲烷和氩气。这些组分对氨合成催化剂并无毒害作用，同时它们也不参与反应，但是它们的存在既影响反应速率，也降低平衡氨含量，因此氨的产率是随惰性气体含量的增加而降低的。但是，维持过低的惰性气体含量需要增加循环气的排放量，导致氢-氮组分的损失。为此，进入催化剂床层的原料气中将保持一定的惰性气体含量。一般新鲜补充气体中惰性气体含量为 0.9%~1.4%，进入催化剂床层原料气中惰性气体含量约为 10%~15%。循环气的放空量约为新鲜气量的 10%。

进入催化剂床层混合气中的氨是由于生产中氨分离不可能完全而随循环气带入的。进入催化剂床层原料气中氨含量愈低，氨的净产值愈高，但要增加分离氨所需的能耗，因此原料气中氨含量有一个适宜值，大约在 3%。

(5) 催化剂颗粒度

前已述及，大颗粒催化剂的活性比小颗粒催化剂的活性低，但催化剂颗粒愈小，催化剂床层的压力降将愈大。从 20 世纪 90 年代开始，国际上已经广泛采用径向氨合成塔，径向合成塔阻力降低，催化剂颗粒粒度多为 1.5~3mm。大型轴向多段冷激式合成塔的催化剂床层高度一般为 10~12m，为了减少合成塔的阻力，应该采用较大颗粒，如 6.7~9.4mm 或 9.4~13mm。中型合成塔的催化剂层高一般为 7~8m，阻力问题也比较突出，鉴于合成塔下部 4~5m 的合成效率仅占 1/4 左右，为降低催化剂床层阻力，采用较大的催化剂，如 6.7~9.4mm。小型合成塔催化剂层高约 5m，阻力问题不突出，可采用较小颗粒的催化剂，一般使用 2.3~3.3mm 或 3.3~4.7mm 颗粒度的催化剂。

3.2.2　氨合成的工艺流程

3.2.2.1　氨合成工艺流程简介

氨合成流程可以简单地概括为由压缩系统、氨合成系统和氨的分离回收系统三个部分组成。如图 3-1 所示意的新鲜 H_2-N_2 原料气（可能含有惰性气体）经压缩送到氨合成系统，与未反应的循环气混合。混合后合成气送到合成塔进行催化合成，经过一系列的热交换之后，在合成塔生成的氨大部分在高压低温下被冷凝回收。在氨回收过程中分离出未反应的氢、氮和惰性气体以及部分氨的混合气，少量送燃料系统，大部分作为循环气和新鲜 H_2-N_2 原料气一起返回氨合成系统。

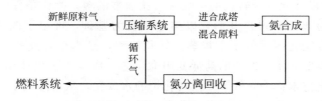

图 3-1　氨合成流程示意

氨的分离回收曾采用过水吸收法，分离效果良好，但分离了氨的气体亦同时被水蒸气所饱和，循环气还需经过严格脱水才能进入合成塔，以免催化剂中毒。另外，水吸收法分离所得的是浓氨水，从浓氨水制取液氨尚需经过进一步的分离。因此，工业生产中大都采用冷凝法分离氨。加压条件下分离，气相中饱和氨含量随温度的降低和压力的增高而减少。操作压力在 20～30MPa 时，水仅能分出部分氨，气相中尚含 7％～9％的氨，需进一步以液氨冷却到 0℃以下，才能使气相中氨含量降至前面所讨论的，原料气中氨含量的适宜值 3％左右。

哈伯的第一个用氢-氮直接合成生产氨的装置是把净化的原料气送到装有含特殊促进剂的还原态的铁催化剂合成塔里，压力在 10～20MPa 范围内变化，以水吸收法回收产品氨。合成塔出口的氨含量按压力的不同在 5％～10％之间。从现代的技术经济水平看，原始的哈伯法装置是粗糙的，但是，它是现代所有的合成氨工业装置的原型。在哈伯法开发后不久，就提出了很多改进的方法。如克劳德-卡萨莱法是在 56～100MPa 压力下合成的，而蒙特·塞尼斯法则是在 10～14MPa 较低压力操作。直到 1964 年为止，大部分装置采用 28～35MPa 操作压力的合成回路，通常被称为中压法，装置生产能力大多数在日产 90～400t 合成氨。随着大型氨厂的出现，氨合成回路的基本设计观点有很大变化，这种变化主要是由于压缩小分子量气体离心压缩机的使用以及大型容器制造的重大改进。目前国际上新建合成氨装置规模通常在日产 2000t 以上，最大单系列装置能力已达到日产 3300t。

大多数新工艺的开发是合成氨生产厂家在其装置中对各种新设想进行试验而实现的，然后这些技术通过专利权的转让而得到普遍的应用。而各化学工程公司则通过由别的工业向合成氨工业移植技术，对合成氨工业生产的大型化、现代化做出了重大的贡献。

(1) 凯洛格 (Kellogg) 氨合成工艺

凯洛格公司在化学、石油化工和石油炼制等工业方面是一家很重要的化学工程公司。在 20 世纪 60 年代初期由于氨需求量的增长，促使凯洛格公司对氨合成工艺进行了大量的研究，其着眼点是应用现代化的工程设计技术，并从石油化工和石油炼制工业方面移植技术来改进合成氨的工艺。

凯洛格设计的主要特点是：①采用离心压缩机；②生产装置大型化；单系列日产氨600t或更高；③提高甲烷蒸汽转化制合成气的压力，2MPa或更高；④回收过程热量，用于发生10MPa或更高的高压蒸汽；⑤利用蒸汽轮机驱动压缩机，而排出蒸汽的压力足以驱动各种泵和用做工艺流程所需的蒸汽。虽然这种流程有它不利的一面，如蒸汽转化压力较高，不利于转化平衡；高压蒸汽所用的给水系统费用较高以及离心压缩机相对效率较低。但是工业实践表明该流程优点是主要的。

（2）布朗公司氨合成工艺

布朗公司（美国）在1967年时，提出了一个完全新型的工艺流程，主要特点是在甲烷化炉和原料气压缩机之间采用了一个深冷净化装置。这一深冷净化装置可以除去甲烷，大部分的Ar、N_2。这种设计允许未转化的甲烷含量比通常的多，操作条件的控制比较宽松。此外，在凯洛格已经与布朗公司合并后，以布朗工艺为基础，推出了改进的KBR合成氨工艺。该工艺吨氨综合能耗明显低于常规蒸汽转化流程，是当今合成氨低能耗生产技术的代表。该工艺除了变换单元使用传统的高低变串联工艺，脱碳工艺仍使用MDEA技术外，其他单元均采用了改进技术：①降低了一段转化炉的水碳比，从而降低了一段转化炉负荷，减少燃料消耗。②在净化工艺中增加了深冷分离工艺，降低了进入合成回路的惰性气体含量。从而减少合成弛放气量，大大降低了吨氨综合能耗。③在合成氨合成工序，使用最新的卧式合成塔和组合式氨冷分离器，提高了生产效率，降低了能耗。

（3）托普索（Topsoe）氨合成工艺

该工艺在催化剂的改进和新型合成塔的设计两方面已被广泛采用。常见的合成塔中气体是径向流过催化剂床层，而采用离心压缩机要求生产能力大，回路压力低，这就是需要增大氨合成塔的直径，以保持塔内压差在一个适当的水平。径向合成塔中催化剂床层压差很低，除了直接节省动力消耗外，还可以用颗粒小的催化剂，使催化剂活性提高。径向塔通常所用的催化剂颗粒大小为1.5～3mm和3～6mm，床层压力降仅0.1～0.2MPa。另外，由于床层压差小，可以采用比其他现代低压氨合成装置高得多的空速，12000～20000h^{-1}。高空速能提高时空产率（每立方催化剂、每小时产氨的体积量）。

上述三个工艺均是以天然气为原料的合成氨全流程。在我国，以煤为原料的合成氨工艺也很常见，以煤为原料的各种合成氨工艺流程的区别主要在煤气化过程（见第2章）。国内大型氨合成技术已比较成熟了，如中国寰球工程公司、南京聚拓、国昌化工科技有限公司等。

图3-2为一种合成氨工艺流程简图。20世纪60年代以前，合成氨生产装置的规模不大，所采用的压缩机大都为往复式，通常不考虑反应热的回收利用。合成塔出口含10%～20%氨的气体，经水冷器冷却至常温，被冷凝下来的液氨在氨分离器中分出。未能冷凝的气体排放一部分以维持一定含量的惰性气体，其他大部分即为循环气，进入循环压缩机增压后进入滤油器，新鲜原料气也在滤油器补入。而后混合的原料气进冷凝塔上部热交换器与分离掉氨后低温气体换热降温，再于氨冷器中冷却至0～8℃，使气体中大部分氨冷凝下来。分离掉液氨的低温气体经冷凝塔上部热交换器与来自滤油器的混合原料气换热，被加热至10～30℃进入氨合成塔，从而完成循环过程。

对上述早期流程的改进主要在增加反应热回收利用。反应热除了用于预热反应原料气外，还用于加热热水以供铜洗工序的再生或作CO变换热源，或产生如1.5MPa蒸汽作其他工序工艺用汽。

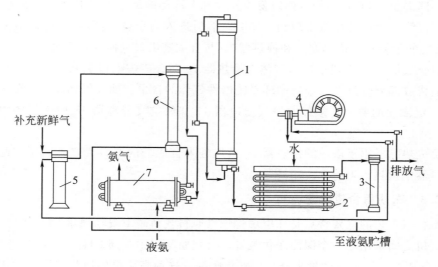

图 3-2 氨合成工艺流程

1—氨合成塔；2—水冷器；3—氨分离器；4—循环压缩机；5—滤油器；6—冷凝塔；7—氨冷塔

3.2.2.2 凯洛格氨合成工艺流程

图 3-3 为凯洛格氨合成工艺基本流程。该流程中反应热用于加热锅炉给水。采用汽轮机驱动带循环段的离心式压缩机。新鲜原料气在离心压缩机 15 的第一缸中压缩，经新鲜原料气换热器 1、水冷器 2 及氨冷器 3 逐级冷却到 8℃，以除去新鲜原料气中的水分，然后进入压缩机的第二缸升压，并与来自合成塔出口的循环气在缸内混合，升压到 15.3MPa，温度为 69℃，经水冷器 5 冷却降至 38℃。此后气体分两路，一路约一半的气体经过两级串联的氨冷器 6 和 7 将气体冷却到 1℃。另一路气体与高压氨分离器 12 来的－23℃的气体在换热

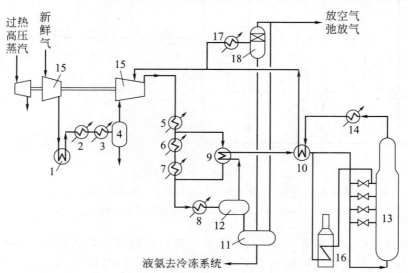

视频

合成氨工艺
流程 3D
仿真

图 3-3 凯洛格氨合成工艺流程

1—新鲜原料气换热器；2,5—水冷器；3,6～8—氨冷器；4—冷凝液分离器；9,10—换热器；
11—低压氨分离器；12—高压氨分离器；13—氨合成塔；14—预热器；15—离心压缩机；
16—加热炉；17—放空气氨冷器；18—放空气分离器

器 9 换热，降温至 -9℃，与经过两级氨冷器 6 和 7 冷却的那一半气汇合，温度为 -4℃。汇合后气体再经第三级氨冷却器冷却到 -23℃，然后进入高压氨分离器 12 分离液氨，分离器出口含氨 2% 的原料气经换热器 9 和换热器 10 与合成塔出口气换热，温度升至 141℃ 进入轴向冷激式氨合成塔 13。合成塔出口气体在换热器 10 与合成塔入口工艺气换热，在进入循环气压缩机前排放部分弛放气以维持循环系统惰性气体的含量。弛放气和高压氨分离器的放空气均含有一定浓度的氨，均须经放空气氨冷器 17 和放空气分离器 18 回收气体中的氨才能排放。

合成反应热除了用于塔前的换热器 10 预热进入合成塔的原料气之外，还在此之前在锅炉给水预热器中预热锅炉给水。

3.2.2.3 布朗氨合成工艺流程

布朗氨合成工艺的主要特点是在甲烷化炉（原料气精制中脱除微量 CO、CO_2 装置）和原料气压缩机之间采用了一个深冷净化装置，可把原料气中全部 CH_4、大约一半的 Ar 和多余 N_2 一起分离掉，更不含微量水分、二氧化碳等，这种高质量的原料气可有效提高合成系统能力。图 3-4 所示即为布朗氨合成工艺流程。

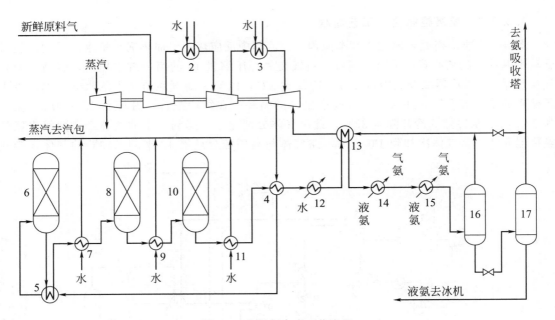

图 3-4 布朗氨合成工艺流程

1—合成气压缩机；2,3,12—水冷器；4—换热器；5—预热器；6,8,10—合成塔；
7,9,11—废热锅炉；13—冷交换器；14,15—氨冷器；16—分离器；17—减压罐

该流程设置 3 台氨合成塔、3 台废热锅炉。来自布朗深冷净化装置（图中未标出）的 H_2-N_2 新鲜原料气经合成气压缩机 1 压缩、水冷器 2、3 冷却后，在压缩机的循环段与循环气相混合，然后经预热器 4、5 预热后去氨合成塔 6、8、10。每台合成塔出口都设有废热锅炉 7、9、11，副产 12.5MPa 高压蒸汽。第三个合成塔 10 的出口气经废热锅炉 11 和换热器 4 回收热量后，经水冷却器 12、冷交换器 13、二级氨冷器 14、15 冷却，温度降至 4.4℃ 并分离器 16 分离冷凝下来的液氨，气体进冷交换器 13 回收冷量，并升温至 32℃，进入合成

气压缩机循环段与新鲜的 H_2-N_2 原料气混合进入氨合成塔，从而构成氨合成的循环回路。在此流程中，第三个氨合成塔 10 出口气中含氨 21%，第一个氨合成塔 6 入口气体中含氨 4%。

3.2.2.4　托普索氨合成工艺流程

托普索氨合成工艺流程随与之匹配的氨合成塔型号和其出口温度不同而有所差异。图 3-5 所示的是一种出塔温度较低，故反应热的回收为加热锅炉给水的一种托普索氨合成工艺流程。新鲜 H_2-N_2 原料气经过三段式离心压缩机压缩，每段升压后均配有水冷却器 11、12、13 和水分离器 14、15、16，然后与经过第一氨冷器 6 冷却的循环气混合后去第二氨冷器 7，温度降至 0℃ 左右进入氨分离器 8 分出液氨。从氨分离器出来的气体中含氨 3.8%，进入冷交换器 5 升温到 30℃，进入压缩机循环段升压，而后经塔前换热器 3 预热后进入径向合成塔 1。出合成塔的气体经锅炉给水预热器 2 回收反应热后，经塔前换热器 3 与将要进入合成塔的原料气换热，经水冷器 4 冷却、再经冷交换器 5 与从氨分离器 8 出来的气体换热、再进入第一氨冷器 6 冷却，温度降至 10℃ 左右与新鲜的 H_2-N_2 原料气混合，从而完成循环过程。近 20 年新建合成氨装置的大型氨合成塔均为径向氨合成塔。

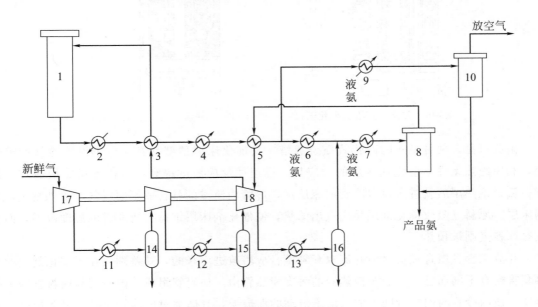

图 3-5　托普索氨合成工艺流程

1—氨合成塔；2—锅炉给水预热器；3—塔前换热器；4,11～13—水冷器；5—冷交换器；
6—第一氨冷器；7—第二氨冷器；8,10—氨分离器；9—放空气氨冷器；
14～16—水分离器，17—离心式压缩机；18—压缩机循环段

3.2.3　氨合成塔

氨合成塔是氨合成生产过程中最重要的设备之一。前已述及，为了适应氨合成反应条件，氨合成塔通常由外筒和内件两部分组成。进入合成塔的气体先经过内件与外筒之间的环隙。内件的外表面设有保温层，以减少向外筒散热。这样，外筒主要承受高压（操作压力与大气压力之差），其设计温度为 300℃。内件虽在高温下操作，但只承受环隙气流与内件气

流的压差，一般仅为 1～3MPa。这是所有型式氨合成塔共同的结构特征。氨合成塔的型式较多，按反应过程换热方式的不同，合成塔可分为冷管式、冷激式、段间换热式等多种型式；按气流在塔内件流动的方向可分为轴向和径向两种合成塔。

3.2.3.1 冷管式氨合成塔

冷管式氨合成塔（又称内部换热式氨合成塔）是在催化剂床层中设置冷却管，利用冷却管中流动的未反应的气体以移走反应热，使合成反应在较适宜的温度范围进行，是一种连续换热式的氨合成反应装置。冷管式氨合成塔型式有三套管式和并流单管式，常用于中小型合成氨装置。传统的并流三套管式和并流单管式氨合成塔的催化剂筐的基本结构如图 3-6 和图3-7 所示。

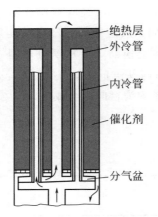

图 3-6　并流三套管式催化剂筐

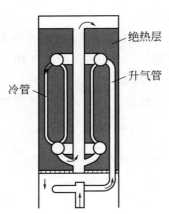

图 3-7　并流单管式催化剂筐

由此可见，两种型式的冷管式氨合成塔，其催化床层顶部都有一段不设置冷管的绝热层，利用绝热条件下催化剂床层的反应热，迅速使反应温度提高，以接近反应最适宜的温度。流经绝热层后就进入设置冷管的床层区，冷管内流过的是合成氨原料气，管外则是催化剂床层。原料气吸收催化剂层反应放出的热，使催化剂床层维持在所要求的温度范围，而合成氨原料气则被预热。

并流三套管氨合成塔是由并流双套管氨合成塔改进而来的，其差别仅在于催化剂筐的换热套管略有不同而已。三套管换热器的每支换热管由三根套管组成，内冷管与内衬管的末端焊住，使内冷管与内衬管间形成一层不流动的滞流层，气体通过内冷管时并不显著换热，直到气体从内冷管的缝隙下流时才通过外冷管壁与催化剂换热，其流向与气体通过催化剂层的方向相同。之后气体由中心管上升后折返向下流过催化剂床层进行合成反应。滞流层的作用在于增大了内外管的热阻，因而气体在内冷管的温升较小，使床层与内外管间环隙气体的温差增大，改善上部床层的冷却效果。

并流单管式催化剂筐中的热交换器则是以单管代替三套管，以几根直径较大的升气管代替三套管中几十根双层冷却管，取消了与三套管相适应的分气盒，从而使结构简化，提高了塔的容积系数，因而应用也很广泛。

前已述及，氨合成塔由内件和外筒两部分组成。进入合成塔的气体先经过内件与外筒之间的环隙，内件外壁有保温层，减少向外筒的散热。因此外筒主要承受高压，而内件虽然在高温下操作，但只承受环隙气流与内件气流的压差，一般仅 1～3MPa。冷管式合成塔的内部分成两个区域，上半区及如上述的催化剂筐，下半部是热交换器。如图 3-8 所示。通常原料气分两路进入合成塔。主路由合成塔的顶部沿外筒的内壁与内件之间的环隙顺流而下，保持合成塔筒体不致过热，其内壁温度一般在 40℃。之后原料气进入下半部热交换器的管间，与管内的气体换热，温度可升至 350℃，经分气盒下室流入催化剂筐内的冷却套管的内冷管，上升到顶部，再由内套管与外套管之间的空隙折流而下进入分气盒的上室。在此过程中，原料气与催化剂层的气流并流换热。原料气随后经分气盒上室汇合进入中心管由下而上至顶部折流而下流经催化剂层进行合成反应。反应后的气体进入下部热交换器的管内，将热量传给管外刚进入塔内的原料气。然后反应后的气体由塔的底部导出塔外。

原料气副线从合成塔下部进入，通过热交换器中央冷气管直接与换热后的原料气汇合，以调节合成反应的温度。

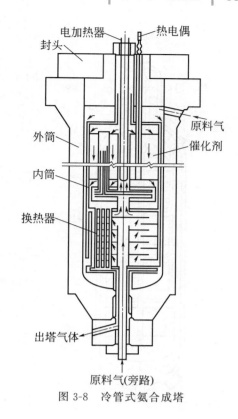

图 3-8　冷管式氨合成塔

3.2.3.2　冷激式氨合成塔

用尚未预热的冷态合成气进行催化剂床层间冷激以调节反应温度，是一种多段式冷激式氨合成塔，有轴向冷激和径向冷激之分。图 3-9 是一种轴向冷激式氨合成塔示意图。

氨合成原料气由塔底进入塔内，沿内外筒间的环隙向上流以冷却外筒。气体流过催化剂筐缩口部分向上流过换热器与上筒体的环形空间，折流向下穿过换热器的管间，被加热到 400℃左右进入第一层催化剂，经反应后温度升到约 500℃，第一、二层间反应气与来自冷激气接管的冷激气混合降温，而后进入第二层催化剂继续反应。以此类推，最后气体由第四层催化剂层底部流出，折流向上沿中心管与换热器管内换热后经波纹连接管流出塔外。

图 3-10 是一种双层径向冷激式氨合成塔的示意图。气体从塔顶接口进入沿内外筒之间的环隙向下流，进入换热器的管间；冷副线气体由塔底封头接口进入；二者混合后沿中心管向上流进入第一段催化剂床层。气体沿径向辐射，自内向外流经催化剂床层后进入一环形通道，在此与塔顶接口来的冷激气相混合，再从外部向内流经第二层催化剂床层。反应后的气体由中心管外环形通道向下流经换热器管内，由塔底接口流出塔外。

在径向合成塔内，气体通过催化剂床层的路径很短，通气截面积大，气流速度慢，气流的阻力很小。由于催化剂床层的阻力很小，催化剂床层的阻力强度依赖于气流流动途径的长度，因此采用径向流动方式可以大大降低床层阻力降，这样就可以采用小粒度催化剂，减小催化剂内扩散的影响，提高催化剂内表面利用率。但是也因为径向塔内气体流动的路程短，气流分布难于均匀，在气流分布设计上要求较高。这种塔型只适用于大型装置。

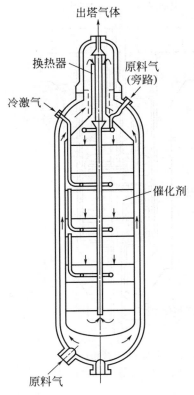

图 3-9　轴向冷激式氨合成塔图

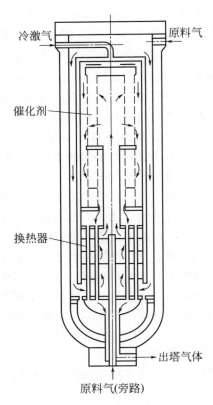

图 3-10　双层径向冷激式氨合成塔

3.2.3.3　段间换热式氨合成塔

　　段间换热式合成塔即在催化床层间设置间接换热器，绝热反应一次，温度升高，在换热器内冷却，再绝热反应。它的优点是在段数多的情况下，反应接近最适宜温度曲线。段数越多，反应曲线越接近最适宜温度曲线，并且反应速度越快，氨净值越高。但它的缺点是换热器占了一定空间，催化剂装填量将减少，且段数越多，催化剂越少；段数越多，内件越复杂，维修装配越难。

3.3　氨的加工

　　氨在常温常压下为无色气体，具有特殊的刺激性臭味。氨在 25℃、1.2MPa 压力下可液化为无色的液氨。液氨或干燥的氨气对大部分物质不腐蚀，在有水存在时，对铜、银、锌等金属有腐蚀作用。氨是一种可燃性气体，但其自燃点较高（630℃），一般较难点燃。氨气易溶于水，溶解时放出大量的热。氨的水溶液称为氨水、氢氧化铵等。氨易与许多物质发生反应，由此制成许多的含氮化合物。

　　氨在国民经济中有着重要的地位，在化学工业中形成一个相对独立的骨干行业——合成氨工业。现在约有 85% 的氨用于制造化学肥料，其余则用于制造炸药、化学纤维和塑料。氨还可用作致冷剂，用于提炼矿石中的铜、镍等金属。在医药行业则用于生产磺胺类药物、维生素、氨基酸等。此外，液氨也是一种可循环的储氢材料和高能燃料，它的热值为 21.29GJ/t。

3.3.1　硝酸

以氨为原料制造硝酸的生产过程是在催化剂的作用下，氨氧化为一氧化氮，生成的一氧化氮继续氧化为二氧化氮，再与水作用生成硝酸。如下列反应式所示：

$$4NH_3 + 5O_2 \longrightarrow 4NO + 6H_2O \tag{3-25}$$

$$2NO + O_2 \longrightarrow 2NO_2 \tag{3-26}$$

$$3NO_2 + H_2O \longrightarrow 2HNO_3 + NO \tag{3-27}$$

总反应式为：

$$NH_3 + 2O_2 \longrightarrow HNO_3 + H_2O \tag{3-28}$$

氨的氧化是在装有多层（10～20 层）Ru-Pt 合金催化剂（2%～10% Ru）的反应器内，于 760～840℃、常压或加压（约 0.5MPa）下进行。气流的停留时间约为 0.3ms。氧化产物 NO 在低温下继续氧化为 NO_2，然后在吸收塔中进行水吸收为稀硝酸。受 HNO_3-H_2O 共沸物组成的限制，用直接蒸馏稀硝酸的方法，最多只能得到 68.4% HNO_3 的硝酸，其沸点为 110℃。

为了制取浓硝酸，必须加入"脱水剂"以破坏此共沸混合物。工业上常用的脱水剂有硝酸镁、硝酸钙、硝酸锌等或浓硫酸。这些脱水剂与水的结合力比硝酸与水的结合力大得多，从而改变了共沸混合物的组成。同时，这些脱水剂本身的蒸气压极小，热稳定性好，加热时不会分解，不会与 HNO_3 反应。

硝酸是一种重要的化工原料，在各类酸中，产量仅次于硫酸。稀硝酸大部分用于制造硝酸铵、硝酸磷肥和各种硝酸盐。浓硝酸用于炸药、有机合成等。

3.3.2　硝酸铵

由氨和硝酸反应可制得 NH_4NO_3，如下式所示：

$$NH_3 + HNO_3 \longrightarrow NH_4NO_3 \tag{3-29}$$

采用氨气与硝酸中和以制取硝酸铵，是工业上生产硝酸铵的主要方法，其所用原料为氨气或含氨气体（合成氨生产中的弛放气、贮罐气和尿素生产中的蒸馏尾气）和 60% 以下的稀硝酸。合理利用中和反应所放出的热量是中和法制硝酸铵工艺的重要问题。中和反应通常在由两个同心筒构成的循环式中和器中进行。采用加压（0.6～1.6MPa）中和工艺可以得到浓度为 85%～90% 的硝酸铵溶液，所以无需蒸发即可送去结晶。硝酸铵是易结晶的盐类之一，高浓度的硝酸铵溶液稍加冷却便可迅速凝固结晶。由于硝酸铵结晶方法和结晶速度不同，可以采用造粒塔制成农业用的颗粒状硝酸铵便于施肥；也可以真空机械制成工业用的细粉（粒）结晶；此外，还可制成互相紧密黏结的鳞片状结晶。

在化肥工业中，还有一种利用氨或氨的化合物 $(NH_4)_2CO_3$ 转化法制取硝酸铵。首先是用稀硝酸分解磷矿 [主要成分为 $Ca_5(PO_4)_3F$] 制取磷酸和硝酸钙的水溶液，其反应为：

$$Ca_5(PO_4)_3F + 10HNO_3 \longrightarrow 3H_3PO_4 + 5Ca(NO_3)_2 + HF \tag{3-30}$$

工业上生产多将硝酸钙用转化法加工成硝酸铵，可以采用两种方法来实现：用气态氨和二氧化碳处理，反应式如下：

$$Ca(NO_3)_2 + CO_2 + 2NH_3 + H_2O \longrightarrow 2NH_4NO_3 + CaCO_3 \downarrow \tag{3-31}$$

或者是硝酸钙与碳酸铵溶液作用，反应式如下：

$$Ca(NO_3)_2 + (NH_4)_2CO_3 \longrightarrow 2NH_4NO_3 + CaCO_3 \downarrow \tag{3-32}$$

析出的碳酸钙沉淀经过滤分离，滤液是硝酸铵溶液，可以用通常方法将其加工为商品硝酸铵，或返回硝酸磷肥生产系统。

硝酸铵为白色晶体，铵态氮和硝态氮的总含量为 35%，熔点为 169.6℃，易溶于水。硝酸铵是一种重要的氮肥，在气温较低地区的旱田作物上，它比硫酸铵和尿素等铵态氮肥的肥效快、效果好。但是，硝酸铵具有很强的吸湿性和结块性，所以产品制成颗粒状，也有少量的粒状、鳞片状结晶供工业用。硝酸铵是能助燃的氧化剂，可用作硝铵炸药的原料，用于军事和采矿、筑路等方面。

类似于硝酸铵的生产，氨也能与硫酸、磷酸进行中和反应，制备硫酸铵、磷酸二氢铵和磷酸氢二铵，它们也都是重要的肥料，其中磷酸铵还是一种含有磷和氮两种营养元素的复合肥料。

3.3.3 尿素

尿素的学名是碳酰二胺 H_2N—CO—NH_2。因为在人类及哺乳动物的尿液中含有这种化合物而得名。它还是佛勒在 1928 年用氨和氰酸制得而成为第一个人工合成的有机化合物。目前世界上广泛采用的尿素生产方法是由氨和二氧化碳直接合成的方法，其总反应式为：

$$2NH_3 + CO_2 \Longrightarrow CO(NH_2)_2 + H_2O \tag{3-33}$$

这是一个可逆放热反应，受化学平衡的限制，NH_3 和 CO_2 只能部分转化为尿素。一般认为反应是在液相中分两步进行。

第一步，液氨与 CO_2 反应生成液态氨基甲酸铵，其反应为：

$$2NH_3 + CO_2 \Longrightarrow H_2N\text{—}COONH_4 \qquad \Delta H_{298}^{\ominus} = -119.2\text{kJ/mol} \tag{3-34}$$

第二步，氨基甲酸铵脱水生成尿素：

$$H_2N\text{—}COONH_4 \Longrightarrow CO(NH_2)_2 + H_2O \qquad \Delta H_{298}^{\ominus} = 28.49\text{kJ/mol} \tag{3-35}$$

第一步液氨与 CO_2 反应是一个快速、强放热的可逆反应，如果反应热能及时移走，并保持反应系统温度低至足以使氨基甲酸铵冷凝为液体，这个反应容易达到平衡，加压下反应速度更快。而第二步氨基甲酸铵脱水反应则是一个吸热的可逆反应，反应速度较慢，反应达到平衡时的转化率一般为 50%～70%，氨基甲酸铵不能完全转化为尿素。此外，反应必须在液相中进行。

氨和 CO_2 在尿素合成塔内的反应，以 CO_2 计转化率为 55%～72%，也即从合成塔出来的物料中，除了尿素以外还含有氨和氨基甲酸铵。根据未反应原料回收方式的不同，有不同的尿素生产工艺。其中，气提法是利用一种气体介质在与合成塔等压的条件下通入反应液分解氨基甲酸铵，并将分解物返回系统使用的方法。以 CO_2 为气提介质的被称为二氧化碳气提工艺。

尿素合成塔的操作条件为：压力 13.8MPa，温度 180～185℃，氨与 CO_2 的摩尔比为 3，从合成塔出来的溶液依靠重力流入气提塔。气提塔为降膜列管式结构，溶液在列管内壁于 180～190℃下成膜从塔顶流向塔底；CO_2 气流从塔底进入向上流动。从气提塔塔顶出来的氨和 CO_2 流入一个高压氨基甲酸铵冷凝器的顶部，同时还向这个冷凝器送入稀氨基甲酸铵溶液和一部分由合成塔引出来的溶液，以保证有足够的溶剂，不至于氨基甲酸铵析出。从高压氨基甲酸铵冷凝器底部流出的溶液再返回合成塔，形成循环。从气提塔底部出来的溶液降压进入低压分离系统（包括精馏塔、加热器和闪蒸罐），分离出来的氨和 CO_2 再凝缩成稀氨基甲酸铵溶液，返回高压系统。离开精馏塔的尿液经真空闪蒸、两段真空蒸发浓缩至 99.7% 后送造粒塔造粒。

尿素易溶于水，常温时在水中缓慢地进行水解，先转化为氨基甲酸铵，然后形成碳酸铵，最后分解为氨和 CO_2。随着温度的升高，水解速度加快，水解程度也增大。

尿素在农业和工业上都有广泛的用途。作为肥料，尿素含氮量高达 46.6%，是中性速效肥料，不会影响土质。因此，世界尿素的消费量已占整个氮肥的 32%。在工业上尿素可作为高聚物合成材料，用以生产塑料、漆料和胶合剂等。此外，医药、纤维素、石油脱蜡等的生产中也要用尿素。

3.4　合成氨工业与高新技术、战略性新兴产业结合

在 20 世纪化学工业的发展中，催化合成氨技术起着核心的作用。化工基础技术是伴随着催化合成氨技术的进步而进步、发展而发展的。因此，虽然合成氨工业是有百年历史的传统工业，但它与诸如传统工业的节能减排技术、新型煤化工、清洁能源和新型功能材料等国家重点发展的战略性新兴产业密切相关，蕴含着一系列高新技术和战略性新兴产业中需要解决的系列共性-关键技术，而这些共性-关键技术是在其成熟的工艺技术和实践经验基础上发展起来的。因此，了解和熟悉合成氨的工艺流程和设备及其成熟技术和实践经验，对于了解现代化工、能源、材料、环保领域一系列共性-关键技术，尤其是对于节能减排、新型煤化工和清洁能源等战略性新兴产业具有强烈的启迪和借鉴作用。

3.4.1　合成氨工业与新型煤化工

现有的大型合成氨与 F-T 合成装置和能源企业有较强的互补性。合成氨和合成甲醇本来就是传统煤化工的主要产品，其中甲醇是煤化工平台化合物，实现甲醇制烯烃，从烯烃中分离出乙烯和丙烯，则"煤部分替代油"便成为可能。在大型合成氨装置上增加侧线，依托现有炼厂设施，省去合成气和合成油加工的投资，形成合成油的附加生产线，形成"氨联油"、"氨联醇"工艺路线。

从国家安全与能源战略角度考虑，一旦需要即可将散布在我国各地的多数中小型氮肥厂转为生产液体燃料的工厂，形成集散生产与消费模式，稳固自我能源支撑体系，保证在非常情况下发动机燃料的自给，对于国家应付可能发生的能源封锁及突发事件具有极其重要的战略作用。

3.4.2　合成氨工业与传统工业的节能减排技术

现代大型合成氨装置的余热回收及能量梯级利用技术在传统工业中具有典型的代表性。图 3-11 是大型合成氨装置余热回收及梯级利用系统示意图。

由图 3-11 可知，大型合成氨装置的工艺过程与蒸汽动力系统有机地结合在一起，整个工艺系统可以说就是一个能量综合利用系统。在余热回收系统中，它把工艺过程各个阶段可以回收利用的余热，特别是一些低位热能加以统筹安排，依据能级的高低、热量的多少，逐级预热锅炉给水，最后转变成高能级的高温、高压蒸汽。在梯级利用方面，将蒸汽按压力分成 10.0MPa、3.9MPa、0.46MPa 等几个等级。10.0MPa 的高压蒸汽首先作为背压式汽轮机的动力，抽出部分 3.9MPa 的中压蒸汽作为转化工艺蒸汽之用，其他 3.9MPa 的中压蒸汽仍作为动力之用。0.46MPa 的低压蒸汽做加热、保温用，而透平冷凝液和工艺冷凝液的冷凝热也几乎得到全部回收，冷凝液返回锅炉给水系统，构成热力循环系统。

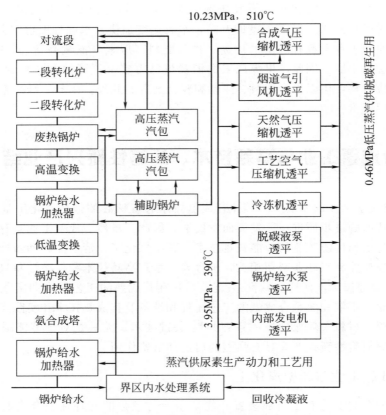

图 3-11 大型合成氨装置余热回收及梯级利用

在图 3-11 余热回收及梯级利用系统中，单独设置有辅助锅炉。这是因为工艺余热产生的高压蒸汽尚不能满足全厂动力需要，需要一台外供燃料的辅助锅炉提供能量给以补充。即使余热回收及梯级利用最先进的氨厂（总能效高达 74％ 以上），也还有 20％ 以上的节能潜力。这是因为合成氨生产的原料和燃料都是能源，其中提供动力的燃料约占能耗的 50％。原料的能量利用已趋近极限，并无太大潜力，进一步节能的方向在燃料，其中约 2/3 用以生产高压蒸汽以提供动力驱动压缩机，所消耗的能源占吨氨总能耗的 30％ 以上，这部分能量消耗在克服流体流动阻力，尤其是化学反应能垒上。因此要降低这部分动力所需的能耗，就必须降低化学反应能垒，从而达到降低反应压力来降低动力（蒸汽）消耗的目的，其关键在于采用新型高效催化剂及其新工艺技术。因为提供动力目的主要是克服化学反应能垒，而能垒的高低决定于催化剂的活化能。氢与氮的合成反应是放热反应，在常温、常压下可以合成为氨，除了以水及空气为原料制氨的过程必须消耗功外，其他各种原料制氨过程理论上都是可以对外做功的过程（表 3-3）。正是为了跨越这一反应障碍，开发新型低温氨合成催化剂及其工艺意义非同小可。如能实现低压，例如 5.5MPa 氨合成，高压蒸汽将节省一半。

表 3-3 合成氨的理论能耗

原料	制氨过程主要反应式	过程理论能耗/(GJ/t 液氨)	产品理论能耗/(GJ/t 液氨)
水、空气	$H_2O + N_2 \longrightarrow NH_3 + O_2$	20.31	20.11
煤、空气、水	$C + H_2O + (N_2 + O_2) \longrightarrow NH_3 + CO_2$	−0.19	20.11
甲烷、水、空气	$CH_4 + H_2O + (N_2 + O_2) \longrightarrow NH_3 + CO_2$	−0.94	20.11

　　实现常温常压合成氨的关键是氮分子的活化和能量的提供形式与途径。铁或钌为催化剂的 Haber-Bosch 固氮过程的驱动力是煤、石油、天然气等矿石燃料的化学能。目前，将电能、光能、辐射能引入合成氨过程辅助氮分子的活化或改变反应途径一直是备受关注的研究领域之一。电化学合成氨可使一些热力学非自发反应（如 $N_2 + 3H_2O \Longrightarrow 2NH_3 + 1.5O_2$，$K_{298} = 10^{-120}$）在电能的推动下发生，从而拓展氨合成方式的研究领域；也可使受平衡限制的热力学自发反应（如 Haber-Bosch 合成氨反应）不受或少受热力学平衡的限制。例如，在高温（570℃）、常压下进行的电化学方法合成氨，氢气的转化率可接近 100%，具有实现常温常压合成氨的可能。就目前而言，电化学合成氨不可能提供比现行 Haber-Bosch 合成氨更便宜的氨（电流效率太低），但对电化学合成氨的深入研究，大幅度提高电流效率和转化率，使得电化学合成氨的成本主要集中到单纯的电能消耗上，则电化学合成氨在电能充足或可有效地将太阳能转化为电能的偏远地区有望占有一席之地。特别是在未来当可能由于能源危机导致石油、煤炭等合成氨原料价格大幅度上扬致使 Haber-Bosch 合成氨成本成倍增长时，电化学合成氨将不失为一种有益的选择，因此电化学合成氨研究依然具有潜在的应用前景。

思考题

基于知识，进行描述

3.1　平衡氨含量除了与反应温度和压力有关之外，还受什么因素影响？

应用知识，获取方案

3.2　简述氨合成的回路流程的构成工艺中为什么要排放部分气体？排放气中的 H_2 采用什么方法进行回收？

3.3　典型的合成氨生产工艺分别进行了哪些方面的改进，这些改进的目的何在？

3.4　氨合成塔为什么能实现氨合成过程的高温、高压生产？

针对任务，掌握方法

3.5　对于一般的过程来讲，反应压力增加，能耗会增加。对于氨合成工序来说，总能耗在 15～30MPa 区间内变化不大，为什么？

第 **4** 章

烃类蒸汽裂解

有机化工的发展大体上经历了三个阶段，依次为：以动植物为原料的农副产品化工，以煤气为原料的煤化工和以石油、天然气为原料的石油化工。石油化工源于利用石油炼制的副产气生产石油化工产品。随着石油化工的发展，有机化工由以煤气为原料转向以石油、天然气为原料的生产路线，靠炼油之余的馏分作为原料已远不能满足石油化工飞速发展的需要。由石油烃裂解分离的方法成为获取有机化工基础原料的最主要途径。

在石油化工中，乃至整个化学工业，原料和产品的概念是相对的，例如，乙烯、丙烯、丁二烯、苯、甲苯、二甲苯等（即所谓的三烯三苯）对于石油烃裂解分离过程来说是产品，而对基本有机合成过程来说是原料；醇、醛、酮等是基本有机合成过程产品，它们有的直接作为产品使用（如作溶剂等），有的作为原料用以进一步生产各种有机化工产品。在此，我们不妨将三烯三苯等称为有机化工（也可说石油化工）的基础原料。

在石油化工中，基础原料的产量是很大的，其中又以乙烯吨位最大，人们往往把一个国家或地区乙烯产量的大小作为衡量该国或地区石油化工发展水平的重要标志。由石油烃裂解分离得到乙烯之外，同时还联产丙烯、丁二烯、苯、甲苯、二甲苯等。所以石油烃的裂解分离是石油化工中最基本的生产过程，近些年，新建乙烯装置的规模以年产乙烯计为（80～120）万吨，国内最大可达 150 万吨。

裂解是指有机化合物在高温下发生分解的反应过程。石油化工中所谓的裂解是指石油烃在隔绝空气和高温条件下发生分解反应，生成小分子烯烃或（和）炔烃的过程。不同情况下的裂解，可有不同的名称，单纯加热不使用催化剂的裂解称为热裂解；使用催化剂的裂解称为催化裂解；使用水蒸气做添加剂的裂解称为蒸汽裂解；添加氢气的裂解称为加氢裂解等。现在石油化工中使用最为广泛的是蒸汽裂解。石油化工中的裂解和石油炼制中的裂化均符合裂解的广义定义，但有其不同点。一是温度不同，裂化一般在 600℃ 以下进行，而裂解通常在 800℃ 以上；二是生产目的不同，裂化产物是汽油等燃料产品，而裂解产物是石油化工的基础原料。

本章旨在以烃类为原料，主要介绍乙烯和丙烯生产的基本原理和方法以及工艺。

4.1 裂解原料

4.1.1 裂解原料的来源

石油化工是以石油和天然气这两种资源为原料。用于裂解的原料来源很广。一般按其相态可分为气态原料和液态原料两大类。气态原料如天然气分离轻烃、油田伴生气和炼厂副产的干气；液态原料如由原油所得的各种油品。按其来源来看，主要有两大方面的来源：一是来自油田开采出来的原油和油田伴生气，来自气田开采出来的天然气而分离出来的乙烷、丙烷、丁烷等。二是来自炼油厂一次加工油品（如石脑油、煤油、柴油、重油等）和副产的干气。这些来源可以由图 4-1 裂解原料总括图来表示。

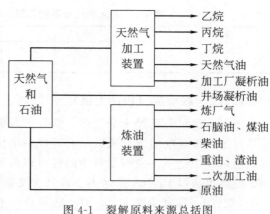

图 4-1　裂解原料来源总括图

4.1.2　裂解原料性质指标及其与裂解反应的关系

石油烃裂解的效果取决于原料性质、裂解条件、裂解反应器的型式等因素，其中裂解原料的性质起着最重要的决定性作用。

裂解原料与其他化工生产过程所使用的原料有一个显著差别，那就是裂解原料不是一种单一的物质，而是混合物，是各种烃的混合物，其组分多且含量各不相同。就以最常用的裂解原料石脑油而言，用分析仪器分析出的石脑油组分已经超过 120 种，所含的常见烃有七十多种，含碳数 $C_4 \sim C_{12}$，其中有四十多种烷烃、十五种芳烃和近十种烯烃，不同来源的石脑油这几十种烃的含量又各不相同。如何来表征其性质，并与裂解效果联系起来呢？由于裂解原料的多样性，就出现了多种表征其性质的指标，它们有：烃组成、族组成（PONA 值）、含氢量、碳氢比、氢饱和度、平均分子量和平均分子式、沸点和蒸馏曲线及平均沸点、密度和密度指数、特性因素、关联指数 BMCI 等，多达八种性质指标或物性参数。

4.1.2.1　烃组成

各种裂解原料都是各种烃的混合物。因此，一个原料的裂解反应性能如何取决于它是由哪些烃所组成的，以及这些烃各含多少。所以裂解原料的烃组成是最根本地表征其裂解反应性最直接的数据。举例来说，同是 C_6 烃，但因其化学结构不同，其裂解反应性就不同，裂解转化率和产物分布也不相同，如表 4-1 所示。

表 4-1　不同结构的 C_6 烷烃的裂解反应性能

C_6 烃	转化率/%	选择性（质量分数）/%	
		丙烯	丁二烯
正己烷	90	20.2	4.4
2-甲基戊烷	85	28.6	4.4
2,3-二甲基丁烷	95	31.8	3.7
环己烷	65	11.0	28.8
甲基环戊烷	35	33.2	7.8

一般气体原料的烃组成比较简单，容易作全分析，例如乙烷、丙烷馏分的烃组成可见表 4-2。而液体原料的烃组成比较复杂，只有用全组分蒸馏仪才能进行全部组分的分析，常规实验设备做不了全分析。

表 4-2　由天然气分离的乙烷、丙烷馏分的组成（摩尔分数）　　　单位：%

组分	C_1	C_2	C_3	iC_4	nC_4	iC_5	C_{5+}	H_2S
乙烷馏分	<3	>95	<2	<2	<2	<2	<2	<0.03
丙烷馏分	—	<3	>90	<5	<5	>5	<1	<0.03

4.1.2.2　族组成（PONA 值）

由于石脑油组分已经十分复杂，部分比石脑油更重的馏分烃组成目前无法通过分析手段确定其详细、准确的组成，所以还需要找一个比较简便的、能表征原料裂解反应性的参数，族组成便是其中之一。裂解原料中的烃可以分为：链烷烃族、烯烃族、环烷烃族和芳香族。这四族的族组成以 PONA 值来表示，其含义如下：

P（烷烃）：取其英文名 paraffin 的字首（不作说明时一般仅指链烷烃）；

O（烯烃）：取其英文名 olefin 的字首；

N（环烷烃）：取其英文名 naphtene 的字首；

A（芳烃）：取其英文名 aromatics 的字首。

相对说来，各族烃的裂解性能是不同的，大体有如下的规律：

P（烷烃）：较易裂解，生成乙烯和丙烯；

O（烯烃）：裂解性能不如相应的烷烃，易生成结焦；

N（环烷烃）：乙烯、丙烯和 C_4 烃的收率不如烷烃，但比烷烃易于生成芳烃；

A（芳烃）：较难裂解，易生成重质芳烃甚至结焦。

测定裂解原料的 PONA 值，就能在一定程度上了解其裂解反应的性能。此外，在实际工程设计中，也经常使用 PIONA，其中 P 指正构烷烃，I 指异构烷烃。为了说明族组成数据与裂解性能的关系，下面举出三种不同的石脑油族组成数据与其裂解反应性能，加以讨论。

表 4-3 所列的三种石脑油均不含烯烃，因此只有 PNA 值，可以预见石脑油 1 的裂解反应性能最好，其 P 值最高，而对裂解反应不利的芳烃含量最少，同理可以预见石脑油 3 的反应性能最差。这些可由图 4-2 示之。由此可见，PONA 值是表征各种液体原料裂解性能的一个较有使用价值的参数。

表 4-3　三种石脑油的族组成数据

（质量分数）　单位：%

石脑油 1		
烷烃 P	环烷烃 N	芳烃 A
80.8	13.0	6.2
石脑油 2		
烷烃 P	环烷烃 N	芳烃 A
72.1	13.7	14.2
石脑油 3		
烷烃 P	环烷烃 N	芳烃 A
71.7	18.2	20.1

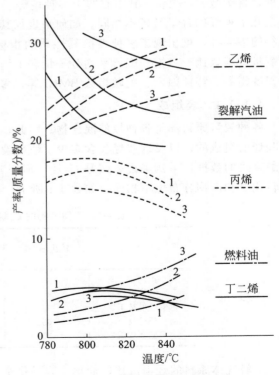

图 4-2　三种石脑油的裂解反应性

反应条件：水蒸气/石脑油=0.7（质量）；

质量流率 13.5g/(cm² · s)；入口温度 580℃

4.1.2.3 氢含量、碳氢比和氢饱和度

这三个参数均与裂解原料中氢的量有关,从分析测定的角度来看,测定氢含量比测定 PONA 值更简单,而从与裂解性能的关系来说,氢含量与 PONA 值有一致的趋势。从裂解性能的好坏来看,各族烃有如下顺序:P>N>A;而从氢含量的大小来看,各族烃也有下列顺序:P>N>A。所以可以较简便地用氢含量这个参数来表征原料的裂解反应性。

① 氢饱和度 各种烃的分子式可表示为 C_nH_{2n+z},其中 z 值可理解为氢的饱和度。如烷烃 C_nH_{2n+2},氢饱和度 $z=2$,为氢饱和;烯烃 C_nH_{2n+0},$z=0$;单环烷烃 C_nH_{2n},$z=0$;双环烷烃 C_nH_{2n-2},$z=-2$;苯及烷基苯 C_nH_{2n-6},$z=-6$;三环芳烃 C_nH_{2n-18},$z=-18$。z 值愈小,氢含量愈低。减压柴油中有的馏分 z 值低至 -24。z 值愈低,乙烯收率愈低,而副产的裂解汽油、燃料油的收率愈高。

② 碳氢比 碳氢比是指烃分子结构中 C 与 H 的质量比。碳氢比与氢含量有一定的对应关系,氢含量愈高,则碳氢比愈低。

原料的氢含量是衡量该原料裂解性和乙烯潜在含量的重要尺度。随着原料氢含量的提高,裂解产物中氢分配到乙烯的份额就增大,氢分配到液体产物的份额就减少。依据各族烃含量的顺序,可以预测各族烃裂解性能的如下规律:

氢含量顺序　　　　　P>N>A

乙烯产率顺序　　　　P>N>A

液体产品产率顺序　　P<N<A

易结焦顺序　　　　　P<N<A

4.1.2.4 特性因数

特性因数(characterization factor)的符号为 K^{uop*} 或 uop-k,简写为 K,它是反映原油及其馏分化学组成特性的一种因数。K 值以烷烃为最高,环烷烃次之,芳烃最低。举几个常见的烃作为例子,其 K 值列于表 4-4。

由表 4-4 可看出,K 值愈高,表示烃的石蜡性愈强,K 值愈低,表示烃的芳香性愈强。因为芳烃比烷烃、环烷烃的氢含量低,而 K 又是表征芳香性的一个因素,所以特性因数 K 与氢含量有一定的关系,即特性因数大的,其氢含量高。可以推知,K 愈高的原料,乙烯、丙烯产率应该愈高。

表 4-4　烃类的特性因数 K

烷烃	K	环烷烃	K	芳香烃	K
甲烷	19.54	环戊烷	11.12	苯	9.73
乙烷	18.38	甲基环戊烷	11.33	甲苯	10.15
丙烷	14.71	乙基环戊烷	11.40	乙苯	10.37
正丁烷	13.51	1,1-二甲基环戊烷	11.41	邻二甲苯	10.28
异丁烷	13.82	正丙基环戊烷	11.53	间二甲苯	10.43
正戊烷	13.04	异丙基环戊烷	11.48	对二甲苯	10.46
新戊烷[①]	13.06	环己烷	10.99	正丙基苯	10.62
正己烷	13.39	甲基环己烷	11.36	异丙基苯	10.57
正十三烷	12.77	乙基环己烷	11.37	正丁基苯	10.84

① 新戊烷为 2,2-二丙烷。

4.1.2.5 关联指数 BMCI

石脑油中环烷烃和芳烃大部分是单环的,而柴油中环烷烃和芳烃有相当部分是双环、多

环的，这在 PONA 值中是反映不出来的。这可以用关联指数 BMCI 来表征。

关联指数 BMCI 是由密度和沸点组合起来的一个参数，其定义式如下：

$$BMCI = \frac{48640}{t+273} + 473.7d_{15.6}^{15.6} - 456.8$$

式中　t——对单一烃为其沸点，对混合烃为体积平均沸点，℃；

$d_{15.6}^{15.6}$——相对密度。

由于沸点和密度用简便的方法就可测得，所以求出 BMCI 值是很容易的。由于正己烷的 BMCI＝0.2，苯的 BMCI＝99.8，萘的 BMCI＝131.0，故 BMCI 是一个芳香性指标，其值愈小，芳香性愈弱，则乙烯产率愈高；反之，BMCI 值愈大，表示脂肪性愈弱、芳香性愈强，则乙烯产率愈低。所以 BMCI 值小的馏分油是比较优良的裂解原料。

表 4-5 将各种性质参数的特点综合起来，便于比较。对于一般了解一个原料的裂解性能，不需要知道所有八个性质参数的具体数据。对于不同的原料，往往利用其不同的性质参数。例如，气体原料比较多地利用其烃组成；而比石脑油重的馏分就不易得到烃组成的数据，可利用其蒸馏数据、（API 度）等。

表 4-5　表征裂解原料性的参数表

参数名称	说明的问题	参数来源	适用原料	高的乙烯产率
烃组成	表征原料化学特性	分析测定	主要是气体原料	直链烷烃高,芳烃低
族组成	表征原料化学特性	分析测定	石脑油、柴油等	直链烷烃高,芳烃低
氢含量	反映原料潜在乙烯量	分析测定	各种原料都适用	氢含量高
平均分子量、平均分子式	反映裂解性能优劣	测定	混合烃	平均分子量低
馏程、平均沸点	反映裂解性能优劣	蒸馏数据	石脑油、煤油、柴油	沸点低
密度、API 度	反映原料轻重	测定密度	液体原料	密度小 API 度高
特性因数	反映芳香性强弱	由 d、t 计算	液体原料	特性因数高
关联指数	反映烷烃直链支链比例,芳香性大小	由 d、t 计算	柴油	关联指数小

4.1.3　裂解原料与裂解过程

各种裂解原料由于性质的不同，裂解过程所要求的条件、各种裂解产物的产率和每生产 1t 乙烯的各种指标就不相同。表 4-6 列出各种裂解原料、裂解过程条件、产物产率和乙烯生产的指标。由表 4-6 中数据可见：

① 随着原料由轻到重，乙烯产率下降，而每生产 1t 乙烯所需要的原料量则猛增。

② 随着原料由轻到重，裂解温度降低，水蒸气稀释比增大，且每生产 1t 乙烯所需原料量增多，因此加热量增大，燃料消耗量随之增大，水、电、汽等公用工程的消耗也增大。

③ 随着原料由轻到重，所产液体组分量增多，气体组分量减少。

④ 随着原料由轻到重，联产物和副产物量增大。

由此可以预料，以乙烷为原料联产物和副产物量较少，所要求解决能量和物料综合利用问题不突出，裂解分离的工艺流程简单，未反应的乙烷和丙烷循环返回裂解装置；相反，以液体烃为原料，特别是重质烃，联产物副产物多，工艺流程较复杂。

表 4-6　各种原料的过程条件、产物产率和乙烯生产指标举例

指标	原料					
	乙烷	丙烷	正丁烷	石脑油	轻柴油	重柴油
	过程条件					
裂解温度/℃	850～900	800～850	800～900	750～800	750～800	700～800
水蒸气量(质量分数)/%	20～25	20～25	20～25	60	100 以下	100 以下
单程转化率/%	60	70～90	90	85～90	—	—
	产物产率(质量分数)/%					
$CH_4 + H_2$	15.30	30.00	20.60	18.03	11.96	11.82
C_2H_4	76.89	42.00	36.40	31.40	26.4	24.4
C_3H_6	2.88	16.20	20.50	14.77	14.2	13.4
C_4H_6	1.35	3.15	3.04	3.73	3.89	3.39
C_4H_8	0.61	1.39	12.65	4.14	4.65	4.36
裂解汽油(主要含 C_5,38～205℃馏分)	2.88	6.05	4.09	24.20	19.52	17.73
燃料汽油(初馏点:205℃)	—	1.21	2.32	3.73	19.38	24.4
	乙烯的指标/(t/t 乙烯)					
所需原料量	1.3	2.38	2.75	3.18	3.79	4.1
联产物和副产物	0.2995	1.38	1.75	2.6	2.79	3.1

　　当然，裂解原料的选择不仅限于上述裂解原料对裂解过程的影响，同时还要考虑资源情况、原料来源以及产品方案、运输条件、燃料结构状况等多方面因素。美国及其他一些产油国由于湿性天然气的资源丰富，在裂解原料结构中，乙烷、丙烷占有较大的比重，而西欧和日本则主要以石脑油为裂解原料。

4.2　烃类裂解过程的化学反应

　　烃类裂解的过程是很复杂的，由表 4-6 可见，即使是单组分的烃，如乙烷裂解，其产物就有氢气、甲烷、乙烯、丙烯、丁二烯、丁烯、芳烃和其他碳五以上的组分，并含有未反应的乙烷。因此必须了解烃类在裂解过程发生反应的规律及其反应机理，以便对这复杂过程有一个深入了解，进而能控制反应过程。目前，已知烃类在裂解过程中所发生的反应有：脱氢、断链、异构化、脱氢环化、脱烷基、叠合、歧化、芳构化、聚合、脱氢交联和焦化等一系列十分复杂的反应，裂解产物中已鉴别出的化合物已多达数百种。

　　由上述原料烃在裂解过程中所发生复杂反应可见，一种烃可以平行地发生很多种反应过程。但从整个反应的进程来看，是属于比较典型的串联反应。因为随着反应的进行，不断分解出气态烃和氢气；而液体产物的含氢量则逐渐下降，分子量逐渐增大，直至结焦。所以，可以从反应先后顺序将裂解过程划分为一次反应和二次反应。所谓一次反应就是指原料烃分子在裂解过程中首先发生的反应，一般指裂解生成乙烯、丙烯的反应；二次反应就是指一次反应的生成物，一般指乙烯、丙烯，继续发生后继的反应，甚至最后生成焦或炭的反应。一次反应和二次反应的划分并没有严格的界定，只是为了研究裂解反应所采用的一种方法。

4.2.1　烷烃的裂解反应

　　烷烃（按一般习惯指链烷烃，不指环烷烃）有正构烷烃和异构烷烃两种。烷烃的裂解反

应主要有脱氢反应、断链反应，还可发生一些其他反应。

脱氢反应是断裂 C—H 键的反应，产物分子中碳原子数保持不变；断链反应是断裂 C—C 键的反应，产物分子中碳原子数减少。

不同烷烃脱氢和断链的难易，可以从分子结构中键能数据的大小来判断。表 4-7 为正、异构烷烃的键能数据。

表 4-7　各种烷烃的键能数据

C—H 键	键能/(kJ/mol)	C—C 键	键能/(kJ/mol)
H_3C—H	426.8	CH_3—CH_3	346.0
CH_3CH_2—H	405.8	CH_3—CH_2—CH_3	343.1
$CH_3CH_2CH_2$—H	397.5	CH_3CH_2—CH_2CH_3	338.9
$(CH_3)_2CH$—H	384.9	$CH_3CH_2CH_2$—CH_3	341.8
$CH_3CH_2CH_2CH_2$—H	393.2	$CH_3C(CH_3)_3$	314.6
$CH_3CH_2CH(CH_3)$—H	376.6	$CH_3CH_2CH_2$—CH_2CH_3	325.1
$(CH_3)_3CC$—H	364.0	$CH_3CH(CH_3)$—$CH(CH_3)CH_3$	310.9
C—H(一般)	378.7		

从表 4-7 数据可见：

① 同碳原子数的烷烃，C—H 键的键能大于 C—C 键的键能，所以，断链比脱氢容易。

② 烃的相对热稳定性随碳链的增长而降低，即 $CH_4 > C_2H_6 > C_3H_8 \cdots$

③ C—H 键的断链以叔氢最易，仲氢次之、伯氢又次之。

④ 带支链烃的 C—C 键和 C—H 键比直链烃的 C—C 键和 C—H 键容易断链。

下面以 $C_2 \sim C_6$ 正构烷烃为例来说明烷烃裂解的热力学基本特征，即裂解反应可能进行的程度和热效应。表 4-8 是 1000K 下 $C_1 \sim C_6$ 正构烷烃裂解时一次反应的 $\Delta G^\ominus$、$\Delta H^\ominus$ 值。

表 4-8　$C_2 \sim C_6$ 正构烷烃裂解时一次反应的 $\Delta G^\ominus$、$\Delta H^\ominus$

	反应		$\Delta G^\ominus_{1000K}$/(kJ/mol)	$\Delta H^\ominus_{1000K}$/(kJ/mol)
脱氢	$C_2H_6 = C_2H_4 + H_2$	(1)	8.87	144.4
	$C_3H_8 = C_3H_6 + H_2$		−9.54	129.5
	$C_4H_{10} = C_4H_8 + H_2$		−5.94	131.0
	$C_5H_{12} = C_5H_{10} + H_2$		−8.08	130.8
	$C_6H_{14} = C_6H_{12} + H_2$		−7.41	130.8
断链	$C_3H_8 = C_2H_4 + CH_4$		−53.89	78.3
	$C_4H_{10} = C_3H_6 + CH_4$	(2)	−68.99	66.5
	$C_4H_{10} = C_2H_4 + C_2H_6$	(3)	−42.34	88.6
	$C_5H_{12} = C_4H_8 + CH_4$		−69.08	65.4
	$C_5H_{12} = C_3H_6 + C_2H_6$		−61.13	75.2
	$C_5H_{12} = C_2H_4 + C_3H_8$		−42.72	90.1
	$C_6H_{14} = C_5H_{10} + CH_4$	(4)	−70.08	66.6
	$C_6H_{14} = C_4H_8 + C_2H_6$		−60.08	75.5
	$C_6H_{14} = C_3H_6 + C_3H_8$	(5)	−60.38	77.0
	$C_6H_{14} = C_2H_4 + C_4H_{10}$		−45.27	88.8

由表 4-8 裂解反应 $\Delta G_{1000K}^{\ominus}$、$\Delta H_{1000K}^{\ominus}$ 数据可见：

① 脱氢和断链反应都是热效应很大的吸热反应，脱氢反应比断链反应所需的热量更多。

② 断链反应的 $\Delta G^{\ominus}$ 有较大的负值，而脱氢反应的 $\Delta G^{\ominus}$ 是较小的负值或正值，反应度受平衡的限制，是一种可逆反应。所以从热力学角度，断链反应比脱氢反应容易进行，反应度不太受化学平衡的限制，可看作是不可逆反应。

③ 在断链反应中，低碳烷烃的 C—C 键分子两端断链比在分子中央断链在热力学上占优势〔例如反应(2) 与反应(3) 之比较〕，断链所得的较小分子是甲烷。随着烷烃碳链的增长，C—C 键在两端断裂的相对趋势逐渐减弱，在分子中央断裂的可能性逐渐增大，例如反应(2) 和反应(3) 的 $\Delta G_{1000K}^{\ominus}$ 差值为 $-26.65kJ/mol$，而反应(4) 和反应(5) 的 $\Delta G_{1000K}^{\ominus}$ 差值仅为 $-9.70kJ/mol$。

④ 碳原子数等于或小于乙烯的烷烃即乙烷和甲烷，不经发生断链反应而生成乙烯，只能由脱氢反应生成乙烯〔反应(1)〕。不论是原料中的甲烷或者裂解过程生成的甲烷都不发生变化而保留在产物中。

4.2.2　环烷烃的裂解反应

环烷烃裂解时，可以发生断链和脱氢反应，生成乙烯、丁烯、丁二烯和芳烃等烃类。如表 4-9 所示，以环己烷裂解为例来说明环烷烃裂解所发生的反应。

表 4-9　环己烷裂解反应

反应		ΔG_{1000K}/(kJ/mol)
	$C_2H_4 + C_4H_8$	-54.22
	$C_2H_4 + C_4H_6 + H_2$	-57.24
	$C_4H_6 + C_2H_6$	-66.11
	$3/2C_4H_6 + 3/2H_2$	-44.98
	$C_6H_6 + 3H_2$	-175.81

由以上各反应的 $\Delta G_{1000K}^{\ominus}$ 值可见，环己烷裂解生成芳烃的可能性最大。若环烷烃带有长侧链，裂解时首先进行脱烷基反应，生成烯烃或烷烃。脱烷基反应一般在长侧链的中部开始断链，一直进行到侧链为甲基或乙基，然后再进一步裂解。

$C_{10}H_{21}$ →

$CH_2CH_2CH_2CH = CH_2$ $+ C_5H_{12}$

C_5H_{11} $+ C_5H_{10}$

4.2.3　芳烃的裂解反应

芳香烃的热稳定性很高，在一般的裂解温度下不易发生芳环开裂的反应。芳烃在裂解时发生的反应有如：

① 断侧链反应，如：

C_3H_7 → $+ C_3H_6$

C_3H_7 → CH_3 $+ C_2H_4$

② 侧链的脱氢反应，如：

$$\text{C}_6\text{H}_5-\text{C}_2\text{H}_5 \longrightarrow \text{C}_6\text{H}_5-\text{CH}=\text{CH}_2 + \text{H}_2$$

③ 脱氢缩合反应，芳烃在裂解过程中可由单环芳烃逐步脱氢缩合生成双环、多环和稠环芳烃并继续脱氢缩合生成焦油直至结焦。

4.2.4 烯烃的裂解反应

有些裂解原料也含有烯烃，它们在裂解温度下则可继续发生如下几种反应：

① 较大分子的烯烃可继续裂解成较小分子的烯烃或二烯烃，如：

$$\text{C}_5\text{H}_{10} \left\langle \begin{array}{l} \text{C}_2\text{H}_4 + \text{C}_3\text{H}_6 \\ \text{C}_4\text{H}_6 + \text{CH}_4 \end{array} \right.$$

② 烯烃的加氢和脱氢，如：

$$\text{C}_2\text{H}_4 + \text{H}_2 =\!=\!= \text{C}_2\text{H}_6$$
$$\text{C}_2\text{H}_4 \longrightarrow \text{C}_2\text{H}_2 + \text{H}_2$$
$$\text{C}_3\text{H}_6 \longrightarrow \text{CH}_3\text{C}\equiv\text{CH} + \text{H}_2$$
$$\text{C}_4\text{H}_8 \longrightarrow \text{C}_4\text{H}_6 + \text{H}_2$$

③ 烯烃的聚合、环化和缩合，如：

$$2\text{C}_2\text{H}_4 \longrightarrow \text{C}_4\text{H}_6 + \text{H}_2$$
$$\text{C}_2\text{H}_4 + \text{C}_4\text{H}_6 \longrightarrow \text{C}_6\text{H}_6 + 2\text{H}_2$$
$$\text{C}_3\text{H}_6 + \text{C}_4\text{H}_6 \longrightarrow \text{芳烃}$$

所生成的芳烃在裂解温度很容易脱氢缩合生成多环芳烃、稠环芳烃直至转化为焦。另外，烯烃如乙烯也可脱氢成乙炔，乙炔再脱氢缩合直至成结炭。

4.2.5 裂解过程中的结焦生炭反应

各种裂解原料中所含的或裂解反应中生成的烷烃、烯烃、环烷烃、芳烃，它们在高温下的标准生成自由焓 $\Delta G_{f,t}^{\ominus}$ 都是很大的正值，也就是说各种烃在高温条件下是不稳定的，它们在热力学上都有分解为氢和碳的趋势，见表 4-10。

表 4-10　烃分解反应的 $\Delta G_{1000\text{K}}^{\ominus}$

烃分解为氢和碳的反应	$\Delta G_{1000\text{K}}^{\ominus}/(\text{kJ/mol})$	烃分解为氢和碳的反应	$\Delta G_{1000\text{K}}^{\ominus}/(\text{kJ/mol})$
甲烷 $\text{CH}_4 =\!=\!= \text{C}+2\text{H}_2$	−19.15	丙烯 $\text{C}_3\text{H}_6 =\!=\!= 3\text{C}+3\text{H}_2$	−181.8
乙炔 $\text{C}_2\text{H}_2 =\!=\!= 2\text{C}+\text{H}_2$	−161.0	丙烷 $\text{C}_3\text{H}_8 =\!=\!= 3\text{C}+4\text{H}_2$	−191.3
乙烯 $\text{C}_2\text{H}_4 =\!=\!= 2\text{C}+2\text{H}_2$	−118.3	苯 $\text{C}_6\text{H}_6 =\!=\!= 6\text{C}+3\text{H}_2$	−260.3
乙烷 $\text{C}_2\text{H}_6 =\!=\!= 2\text{C}+3\text{H}_2$	−109.4		

各种烃在高温下裂解释放出氢气和小分子化合物，最终成炭。但这个炭不是单个的碳原子，而是好几百个碳原子稠合形式的碳。如果这个稠合形式的碳尚有少量的氢，碳含量约95%以上，成为"结焦"。生炭结焦过程的机理还没有完全弄清楚，但一般认为结焦是在较低温度下（<1200K）通过芳烃缩合而成；而生炭是在较高温度下（>1200K）通过生成乙炔的中间阶段，脱氢为稠合形式的碳原子。

所生成的高分子焦炭在 1300K 以上，其氢含量可降至 0.3%，1600K 以上可降至 0.1%

以下，在更高温度（如 3273K）则进一步脱氢交联，由平面结构转化为立体结构，此时氢含量降到接近于零，进而转变为热力学上稳定的石墨结构。

4.2.6　烃裂解的自由基链反应机理

现在一般认为烃类热裂解大都按自由基链反应机理进行。而像 1-戊烯的裂解反应，有的研究者确认是按自由基链反应机理进行的，但也有的研究者从实验中确认是发生了 1,5 氢移位，按分子反应机理进行的。

自由基链反应机理包括几种反应类型：①链引发——反应系统中引入自由基。链烷烃裂解的链引发为 C—C 键的均裂。②链增长——一系列反应使反应物转化为产物，典型的链增长反应有自由基分解、自由基异构化、氢转移和自由基加成。③链终止——自由基化合或通过歧化反应生成稳定的产物。链烷烃裂解的基本机理是美国的 F.O.Rice（赖斯）及其合作者 K.F.Herzfeld（赫茨菲尔德）于 1934 年提出的，他们提出：小自由基从反应物上夺取氢，形成被称为母体的自由基，母体自由基再分解生成烯烃和较小自由基称为链增长步骤；Rice 发现仲和叔氢的脱除活化能各自比伯氢脱除活化能低。Rice 的机理能很好地描述乙烷等轻链烷烃裂解的产物分布，但对较重的反应物还不太适用，用此机理预测，乙烯量偏高，而高级烯烃产量偏低。Kossiakoff 和 Rice（1943 年）改进了这个模型，他们指出，烷基自由基除了断裂分解外，还能异构化，即自身卷曲并在内部转移氢。Rice-Kossiakoff 机理指出产物分布的复杂性，比较能够与实验数据吻合。他们还比较了异十二烷和正十二烷的实验值和预计值，二者是能一致的。然而，此机理（即 R-K 机理）具有一定的局限性，它仅能描述低压和低转化率时的产物分布，而不能预计氢分子的形成。若考虑乙基自由基不但能进行氢转移（$C_2H_5 \cdot + RH \longrightarrow C_2H_6 + R\cdot$），而且能分解（$C_2H_5\cdot \longrightarrow C_2H_4 + H\cdot$），并利用合适的相对活化能加权这两个反应，则 R-K 机理后面的不足之处就能有很大的改进。

（1）乙烷裂解简化了的自由基链反应机理

链引发：

$$C_2H_6 \xrightarrow{k_1} CH_3\cdot + CH_3\cdot \qquad\qquad E_1 = 359.8kJ/mol \qquad (4\text{-}1)$$

链传递：

$$CH_3\cdot + C_2H_6 \xrightarrow{k_2} CH_4 + C_2H_5\cdot \qquad E_2 = 45.2kJ/mol \qquad (4\text{-}2)$$

$$C_2H_5\cdot \xrightarrow{k_3} C_2H_4 + H\cdot \qquad\qquad E_3 = 170.7kJ/mol \qquad (4\text{-}3)$$

$$H\cdot + C_2H_6 \xrightarrow{k_4} C_2H_5\cdot + H_2 \qquad\qquad E_4 = 29.3kJ/mol \qquad (4\text{-}4)$$

链终止：

$$2C_2H_5\cdot \xrightarrow{k_5} C_2H_4 + C_2H_6 \qquad\qquad\qquad (4\text{-}5)$$

$$C_2H_5\cdot + H\cdot \xrightarrow{k_6} C_2H_6 \qquad\qquad\qquad (4\text{-}6)$$

$$2H\cdot \xrightarrow{k_7} H_2 \qquad\qquad\qquad (4\text{-}7)$$

第一阶段是链引发反应。乙烷分子在高温作用下断裂 C—C 键而生成两个甲基自由基（$CH_3\cdot$），反应由此开始。

第二阶段是链传递反应，又称链增长反应或链转移反应。第一阶段生成的 $CH_3\cdot$ 与系统中的乙烷分子反应，生成 CH_4 分子和乙基自由基（$C_2H_5\cdot$）即反应(4-2)；$C_2H_5\cdot$ 又按反应

(4-3) 分解为 C_2H_4 和 $H\cdot$（氢自由基即氢原子）；$H\cdot$ 再按反应 (4-4) 与 C_2H_6 分子反应，生成 H_2 分子和 $C_2H_5\cdot$，后者又按反应 (4-3) 分解为 C_2H_4 和 $H\cdot$。如此，整个过程就靠自由基的不断转变，把自由基传递下去，循环不已。反应 (4-3) 和反应 (4-4) 构成了反应链，其总效果是使乙烷分子裂解生成乙烯分子和氢分子，如下所示：

$$C_2H_5\cdot \longrightarrow C_2H_4 + H\cdot$$
$$H\cdot + C_2H_6 \longrightarrow C_2H_5\cdot + H_2$$
$$C_2H_6 \longrightarrow C_2H_4 + H_2$$

如果没有反应 (4-4) 的参与，则反应 (4-3) 所需的 $C_2H_5\cdot$ 就要由反应 (4-1) 所生成的 $CH_3\cdot$ 通过反应 (4-2) 才能提供，而由于有了反应 (4-4) 的参与，$C_2H_5\cdot$ 可直接由反应 (4-4) 来提供，才构成反应链的链增长阶段。

第三阶段是链终止反应。如果反应 (4-3) 和反应 (4-4) 不受阻碍地继续进行下去，则反应一经引发即可将系统中全部乙烷裂解生成乙烯分子。但实际上两个自由基（2个 $H\cdot$，2个 $C_2H_5\cdot$ 或者 $H\cdot$ 与 $C_2H_5\cdot$）相互碰撞而发生链终止。就必须再由反应 (4-1) 开始一个新的反应链。这样就出现一个问题，即每引发一个 $CH_3\cdot$，可以生成多少个 C_2H_4 分子呢？这就是所谓链长度的问题，就是产物分子的生成速度与原料分子引发反应速度的比值。

C_2H_6 在反应 (4-1)、反应 (4-2) 和反应 (4-4) 中消耗，而在反应 (4-5) 和反应 (4-6) 中再生。假设通过反应 (4-5) 和反应 (4-6) 形成 C_2H_6 的概率为 α，则可写出：

$$-\frac{d[C_2H_6]}{dt} = k_1[C_2H_6] + k_2[CH_3\cdot][C_2H_6] + k_4[H\cdot][C_2H_6] - \alpha k_5[C_2H_5\cdot]^2 - \alpha k_6[H\cdot][C_2H_5\cdot]$$

通常在链的多个终止反应中，有一个反应要比其余反应快得多，其余的反应可以忽略。若 $k_6[H\cdot][C_2H_5\cdot]$ 为终止反应速度，由反应达稳态时，各自由基的生成速率与消失速率相等，即有：

$$-\frac{d[C_2H_6]}{dt} = \left(\frac{k_1 k_3 k_4}{k_6}\right)^{\frac{1}{2}}[C_2H_6]$$

因此，乙烷裂解的自由链反应过程，可以用一级动力学方程来描述，有效活化能为：

$$E = \frac{1}{2}(E_1 + E_3 + E_4 - E_6)$$

如果反应 (4-5) 是一个比较快的链终止反应，那么可以得：

$$-\frac{d[C_2H_6]}{dt} = k_3 \left(\frac{k_1}{k_5}\right)^{\frac{1}{2}}[C_2H_6]^{\frac{1}{2}}$$

这种情况下，反应为 1/2 级。有效活化能为：

$$E = E_3 + \frac{1}{2}(E_1 - E_5)$$

如果链按反应 (4-7) 终止，那么：

$$-\frac{d[C_2H_6]}{dt} = k_4 \left(\frac{k_1}{k_7}\right)^{\frac{1}{2}}[C_2H_6]$$

有效活化能为：

$$E = E_4 + \frac{1}{2}(E_1 - E_7)$$

（2）丙烷裂解的自由基机理

链引发：

$$C_3H_8 \longrightarrow CH_3 \cdot + C_2H_5 \cdot \tag{4-8}$$

链增长：

$$C_2H_5 \cdot + C_3H_8 \longrightarrow C_2H_6 + C_3H_7 \cdot \tag{4-9}$$

$$CH_3 \cdot + C_3H_8 \longrightarrow CH_4 + C_3H_7 \cdot \tag{4-10}$$

$$C_3H_7 \cdot \longrightarrow CH_3 \cdot + C_2H_4 \tag{4-11}$$

$$C_3H_7 \cdot \longrightarrow H \cdot + C_3H_6 \tag{4-12}$$

$$H \cdot + C_3H_8 \longrightarrow H_2 + C_3H_7 \cdot \tag{4-13}$$

链终止：

$$CH_3 \cdot + C_3H_7 \cdot \longrightarrow C_4H_{10} \tag{4-14}$$

$$CH_3 \cdot + CH_3 \cdot \longrightarrow C_2H_6 \tag{4-15}$$

上面所列的丙烷裂解自由基链反应机理是简化了的。

4.2.7　烃裂解的分子反应机理

前已述及，有的研究者从实验中确认 1-戊烯的裂解反应是发生了 1,5 氢移位反应，它是通过生成环状活性配合物的中间阶段，而生成丙烯和乙烯，如下列所示：

1-庚烯的裂解，一方面按自由基链反应机理进行，一方面按分子反应机理进行，如下式所示：

由以上讨论可见，裂解过程的反应系统同时发生了多种反应，且随着转化率的增大，系统便愈来愈复杂。而当混合物组分裂解时，各种组分间存在着相互作用，表现为某组分裂解速度被促进，另一组分裂解速度被抑制。

4.3　裂解反应的化学热力学和动力学

4.3.1　裂解反应的热效应

虽然石油烃在裂解过程中的反应很复杂，但是从整个反应的进程来看，主要的还是石油烃分子在高温下分裂为较小分子的过程，所以是一个强吸热反应过程。

对于稳定气相反应，在等温等压条件下，反应的热效应 Q_r 可由下式计算：

$$Q_r = -\Delta H_r \tag{4-16}$$

式中，ΔH_r 为反应产物和原料的焓差。相当于等温等压流动系统反应的反应热。又据 Hess 定律，反应产物和原料的焓差可由各组分生成热计算，如下式所示：

$$\Delta H_r = \sum_i \nu_i \Delta H_{fiP} - \sum_i \nu_i \Delta H_{fiR} \tag{4-17}$$

式中　ΔH_{fi}——组分 i 的生成热；

　　R，P——原料和产物。

对于组分单一或比较简单的裂解原料，且裂解产物也较简单的裂解反应，其热效应可依式（4-17）进行计算。组分的生成热 ΔH_{fi} 可利用生成热数据表或由氢含量或分子量计算。

有一些较重的原料，由于组成复杂，其裂解反应热不容易计算，而有时为了估计反应热，只需要一个粗略数据，表 4-11 列出一些原料在工业常用的反应条件下的裂解反应热数据。

表 4-11　裂解反应热经验数据

裂解原料	$C_5 \sim C_8$烃	$C_5 \sim C_{11}$烃	石脑油	轻柴油
裂解反应热/（kcal/kg 原料）	322	346.8	345	346～350

注：1cal=4.18J，下同。

4.3.2　裂解反应的化学平衡

4.3.2.1　化学平衡常数

一个反应的化学平衡是以化学平衡常数来衡量的。对于等温等压的气相反应，如下式所示的反应，

$$a\mathrm{A}+b\mathrm{B}+\cdots = q\mathrm{Q}+r\mathrm{R}+\cdots \tag{4-18}$$

其化学平衡常数常以反应系统中组分的分压来表示：

$$K_p = \frac{p_\mathrm{Q}^q p_\mathrm{R}^r \cdots}{p_\mathrm{A}^a p_\mathrm{B}^b \cdots} \tag{4-19}$$

式中　　　　　　　K_p——以组分分压 p_i 表示的化学平衡常数；

p_Q，p_R，p_A，p_B，…——组分 Q、R、A、B 等的分压；

　　q，r，a，b，…——组分 Q、R、A、B 等在反应式中的计量系数。

由式（4-19）可见，当 K_p 值愈大时，反应系统达到平衡状态时，产物的量相对于原料的量来说便愈大。

K_p 值可由反应系统中组分的标准生成自由焓 $\Delta G_{fi}^{\ominus}$ 计算。

由于裂解反应是在高温低压下进行的，等温等压反应的标准自由焓改变 $G^{\ominus}$ 与化学平衡常数 K_p 有如下关系：

$$\Delta G^{\ominus} = -RT\ln K_p \tag{4-20}$$

而反应的标准自由焓改变 $\Delta G^{\ominus}$ 可由反应系统中组分的标准生成自由焓 $\Delta G_{fi}^{\ominus}$ 依下式进行计算：

$$\Delta G^{\ominus} = (q\Delta G_{fQ}^{\ominus} + r\Delta G_{fR}^{\ominus} + \cdots) - (a\Delta G_{fA}^{\ominus} + b\Delta G_{fB}^{\ominus} + \cdots) \tag{4-21}$$

式中　$\Delta G_{fQ}^{\ominus}$，$\Delta G_{fR}^{\ominus}$，$\Delta G_{fA}^{\ominus}$，$\Delta G_{fB}^{\ominus}$——组分 Q、R、A、B 的标准生成自由焓。

对于任意一个反应可概括为下式：

$$\Delta G^{\ominus} = \sum_i \nu_i \Delta G_{fi}^{\ominus} \tag{4-22}$$

式中　$\Delta G^{\ominus}$——反应的标准自由焓改变；

　　$\Delta G_{fi}^{\ominus}$——组分 i 的标准生成自由焓；常见物质的 $\Delta G_{fi}^{\ominus}$，可查相关数据表；

　　ν_i——组分 i 在化学反应中的化学计量常数，原料组分的 ν_i 取负值，产物组分的 ν_i 取正值。

4.3.2.2　裂解反应系统化学平衡组成的计算

裂解反应系统所包含的反应很多，特别是重质原料组成复杂，往往不能确切地写出各个反应式。即使是最简单的乙烷裂解反应系统，虽然已基本上知道其所发生的具体反应，但由于反应多，用计算联立反应平衡组成的方法来处理，仍然是很复杂的。为了说明化学平衡组成的计算方法，在此，我们以简化了的乙烷裂解反应系统为例进行平衡组成的计算，其结果有助于讨论裂解反应的规律。

我们所讨论的简化了的乙烷裂解反应系统可有下列反应：

$$C_2H_6 \overset{K_{p_1}}{\rightleftharpoons} C_2H_4 + H_2 \tag{4-23}$$

$$C_2H_6 \overset{K_{p_{1a}}}{\rightleftharpoons} \frac{1}{2}C_2H_4 + CH_4 \tag{4-24}$$

$$C_2H_4 \overset{K_{p_2}}{\rightleftharpoons} C_2H_2 + H_2 \tag{4-25}$$

$$C_2H_2 \overset{K_{p_3}}{\rightleftharpoons} 2C + H_2 \tag{4-26}$$

$$C_2H_4 \overset{K_{p_4}}{\rightleftharpoons} 2C + 2H_2 \tag{4-27}$$

$$C_2H_6 \overset{K_{p_5}}{\rightleftharpoons} 2C + 3H_2 \tag{4-28}$$

式中，K_{p_1}、$K_{p_{1a}}$、K_{p_2}、K_{p_3}、K_{p_4} 和 K_{p_5} 分别为相应反应的平衡常数。

欲计算这一复杂反应系统的化学平衡组成，首先要确定这一反应系统的独立反应组。此反应系统的组分数为 6，它们是由 C 和 H 两种元素组成的，因此独立反应数为 4。

为了确定可由哪四个反应构成独立反应组，乃将六个反应式中各组分的化学计量系数表示为矩阵 $\boldsymbol{M}$：

$$\boldsymbol{M} = \begin{array}{cccccc} C_2H_6 & C_2H_4 & C_2H_2 & C & H_2 & CH_4 \\ \begin{pmatrix} -1 & 1 & 0 & 0 & 1 & 0 \\ -1 & 0.5 & 0 & 0 & 0 & 1 \\ 0 & -1 & 1 & 0 & 1 & 0 \\ 0 & 0 & -1 & 2 & 1 & 0 \\ 0 & -1 & 0 & 2 & 2 & 0 \\ -1 & 0 & 0 & 2 & 3 & 0 \end{pmatrix} \end{array}$$

对矩阵 $\boldsymbol{M}$ 进行变换，凡是某行元素不能全得零，则该行所对应的反应为独立反应。通过变换可得到多种由四个反应组成的独立反应组，进行化学平衡组成计算。以总衡分子数 $\sum_i N_i^* = 1$ 为计算基准，根据式（4-19）即以组分分压表示的化学平衡常数式可以列出此四个反应在 $p = 1\text{atm}$ 的计算式如下：

$$N_{26}^* + N_{24}^* + N_{22}^* + N_{02}^* + N_{14}^* = 1 \tag{4-29}$$

$$K_{p_1} = N_{24}^* N_{02}^* / N_{26}^* \tag{4-30}$$

$$K_{p_{1a}} = \sqrt{N_{24}^*}\, N_{14}^* / N_{26}^* \tag{4-31}$$

$$K_{p_2} = N_{22}^* N_{02}^* / N_{24}^* \tag{4-32}$$

$$K_{p_3} = N_{02}^* / N_{22}^* \tag{4-33}$$

式中，N_{26}^*、N_{24}^*、N_{22}^*、N_{02}^*、N_{14}^* 分别为 C_2H_6、C_2H_4、C_2H_2、H_2、CH_4 的气相平衡分子数。由式（4-29）～式（4-33）可导出计算反应系统中各组分的平衡分子数的计算式：

$$N_{02}^* = 1 - (N_{26}^* + N_{24}^* + N_{22}^* + N_{14}^*) \tag{4-34}$$

$$N_{22}^* = N_{02}^*/K_{p_3} \tag{4-35}$$

$$N_{24}^* = N_{22}^* N_{02}^*/K_{p_2} \tag{4-36}$$

$$N_{26}^* = N_{24}^* N_{02}^*/K_{p_1} \tag{4-37}$$

$$N_{14}^* = K_{p_{1a}} N_{26}^*/\sqrt{N_{24}^*} \tag{4-38}$$

以上各计算式中反应平衡常数 K_{p_1}、$K_{p_{1a}}$、K_{p_2}、K_{p_3} 的数值在石油烃裂解温度范围如表 4-12 所示。

表 4-12　不同温度下的化学平衡常数

T/K	K_{p_1}	$K_{p_{1a}}$	K_{p_2}	K_{p_3}
1100	1.675	0.01495	6.556×10^7	60.97
1200	6.234	0.08053	8.662×10^6	83.72
1300	18.89	0.33500	1.570×10^6	108.74
1400	48.86	1.13400	3.646×10^6	136.24
1500	111.98	3.24800	1.032×10^5	165.87

由式(4-34)～式(4-38)方程组，根据表 4-12 的数据计算不同温度下的平衡组成，其结果列于表 4-13。

表 4-13　反应系统在不同温度下的平衡组成

T/K	N_{02}^*	N_{22}^*	N_{24}^*	N_{26}^*	N_{14}^*
1100	0.9657	1.473×10^{-8}	9.514×10^{-7}	5.486×10^{-7}	3.429×10^{-2}
1200	0.9844	1.137×10^{-7}	1.389×10^{-6}	2.194×10^{-7}	1.558×10^{-2}
1300	0.9922	6.320×10^{-7}	1.872×10^{-6}	9.832×10^{-8}	7.815×10^{-3}
1400	0.9957	2.731×10^{-6}	2.397×10^{-6}	4.886×10^{-8}	4.299×10^{-3}
1500	0.9974	9.667×10^{-6}	2.969×10^{-6}	2.644×10^{-8}	2.545×10^{-3}

由表 4-12 数据可见，从化学平衡的观点看，即使在 1100～1500K 高温范围内，反应系统中占绝大部分的是 H_2，其他含碳组分，特别是我们所关心的主产物 C_2H_4 含量仅在 $\times 10^{-6}$（体积分数）数量级，也就是说如让反应系统达到平衡，原料乙烷都裂解为 H_2 和结炭，得不到所希望的乙烯产物。但是，上述的计算和讨论是只考虑反应到达平衡的情况，而不考虑反应的速度问题。

在一个复杂反应系统中，如果各个反应的速度都不相上下，则热力学因素对于这几个反应的相对优势将起决定性作用。但是如果各个反应的速度相差悬殊，则动力学因素对于改变其相对优势也会起重要作用。假如反应(4-23)的速度远大于反应(4-25)、反应(4-26)，即生成乙烯反应的速度能远大于消耗乙烯反应速度的话，可以让反应进行到某一时刻为止，不让反应接近或达到平衡，也就有可能使反应(4-23)由热力学上的劣势地位转变为动力学上的优势地位。

4.3.3　裂解反应系统的化学动力学

裂解反应系统的化学动力学讨论仍以反应(4-23)、反应(4-24)、反应(4-25)、反应(4-26)为例进行。

$$C_2H_6 \xrightarrow{k_1} C_2H_4 + H_2 \tag{4-23'}$$

$$C_2H_6 \xrightarrow{k_{1a}} \frac{1}{2}C_2H_4 + CH_4 \tag{4-24'}$$

$$C_2H_4 \xrightarrow{k_2} C_2H_2 + H_2 \tag{4-25'}$$

$$C_2H_2 \xrightarrow{k_3} 2C + H_2 \tag{4-26'}$$

式中，k_1、k_{1a}、k_2、k_3 分别为反应(4-23)、反应(4-24)、反应(4-25)、反应(4-26) 的速率常数，其阿累尼乌斯表达式为：

$$k_1 = 10^{14} \exp[-69/(RT)] \tag{4-39}$$

$$k_{1a} = 1.6 \times 10^{12} \exp[-67/(RT)] \tag{4-40}$$

$$k_2 = 2.57 \times 10^8 \exp[-40/(RT)] \tag{4-41}$$

$$k_3 = 9.7 \times 10^{10} \exp[-62/(RT)] \tag{4-42}$$

式中，R 为气体常数，$R = 0.001987\,kcal/(mol \cdot K)$。

通常一些物质的分解反应，即使不是基元反应，表现为一级反应。那么反应系统中各组分的速度式则可表示为：

C$_2$H$_6$　　$\dfrac{dN_{26}}{d\theta} = -(k_1 + k_{1a})N_{26}$ （4-43）

C$_2$H$_4$　　$\dfrac{dN_{24}}{d\theta} = -\left(k_1 + \dfrac{1}{2}k_{1a}\right)N_{26} - k_2 N_{24}$ （4-44）

C$_2$H$_2$　　$\dfrac{dN_{22}}{d\theta} = k_2 N_{24} - k_3 N_{22}$ （4-45）

CH$_4$　　$\dfrac{dN_{14}}{d\theta} = k_{1a} N_{26}$ （4-46）

H$_2$　　$\dfrac{dN_{02}}{d\theta} = k_1 N_{26} + k_2 N_{24} + k_3 N_{22}$ （4-47）

C　　$\dfrac{dN_{10}}{d\theta} = 2k_3 N_{22}$ （4-48）

式中，N_{26}、N_{24}、N_{22}、N_{14}、N_{02}、N_{10} 分别为 C$_2$H$_6$、C$_2$H$_4$、C$_2$H$_2$、CH$_4$、H$_2$ 和 C 的物质的量；θ 为反应时间。

为了寻求乙烷裂解能生成乙烯的动力学条件，应求反应系统中各组分特别是乙烯的产率。所谓产率即为反应产物中某组分的量与原料乙烷的进料量之比，也称单程产率（one pass yield）。

对于 C$_2$H$_6$ 的产率（N_{26}/N_{26}^0，N_{26}^0 为 C$_2$H$_6$ 的起始物质的量），对式(4-43)积分，起始条件为 $\theta = 0$ 时，$N_{26} = N_{26}^0$，得：

$$\int_{N_{26}^0}^{N_{26}} \frac{dN_{26}}{N_{26}} = -\int_0^\theta (k_1 + k_{1a})d\theta$$

对于等温反应，温度（T）不随时间（θ）而变，即速度常数（k_1，k_{1a}）不随 θ 的变化而变化，解得上式，得 C$_2$H$_6$ 产率：

$$\frac{N_{26}}{N_{26}^0} = \exp[-(k_1 + k_{1a})\theta] \tag{4-49}$$

对于 C$_2$H$_4$ 产率，将式(4-49)与式(4-44)结合，得：

$$\frac{dN_{24}}{d\theta} = \left(k_1 + \frac{1}{2}k_{1a}\right)N_{26}^0 \exp[-(k_1+k_{1a})\theta] - k_2 N_{24} \tag{4-50}$$

这是一个一阶非齐次线性微分方程，$\dfrac{dy}{dx} + \rho(x)y = q(x)$，采用拉格朗日（Lagrange）常数变易法，将式(4-50) 中相应 $\rho(x)$，$q(x)$ 等代入其通解式：

$$y = e^{-\int \rho(x)dx} \left[\int q(x)e^{\int \rho(x)dx} dx + c_1\right]$$

即可得：

$$N_{24}\exp(k_2\theta) = N_{26}^0 \frac{k_1 + \frac{1}{2}k_{1a}}{k_2 - k_1 - k_{1a}} \exp[(k_2-k_1-k_{1a})\theta] + c_1 \tag{4-51}$$

当 $\theta = 0$ 时，$N_{24} = 0$，定出积分常数 c_1：

$$c_1 = -N_{26}^0 \frac{k_1 + \frac{1}{2}k_{1a}}{k_2 - k_1 - k_{1a}}$$

代入式(4-51)，得 C_2H_4 产率：

$$\frac{N_{24}}{N_{26}^0} = \frac{k_1 + \frac{1}{2}k_{1a}}{k_2 - k_1 - k_{1a}} \{\exp[-(k_1+k_{1a})\theta] - \exp(-k_2\theta)\} \tag{4-52}$$

同样地，可求出 N_{22}/N_{26}^0、N_{14}/N_{26}^0、N_{02}/N_{26}^0、N_{10}/N_{26}^0 的表达式。

式(4-52) 的计算结果表示于图 4-3 中。

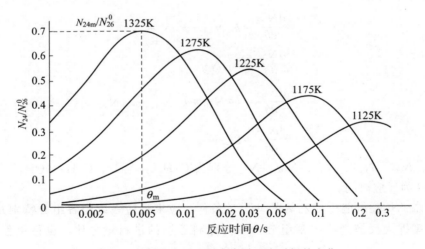

图 4-3　不同温度下乙烯产率随反应时间的变化

由图 4-3 可见：

① 当温度一定时，乙烯产率 N_{24}/N_{26}^0 随着反应时间 θ 的延长而开始增大，此时生成乙烯的反应，反应(4-23) 和反应(4-24) 占优势，随后增长率下降，到达最高点乙烯值产率 N_{24m}/N_{26}^0。如果反应时间继续延长，乙烯产率 N_{24}/N_{26}^0 下降。

② 在每一个温度下有一个峰值产率 N_{24m}/N_{26}^0，对应有一个最佳反应时间 θ_m。例如 1325K 的乙烯峰产率 70% 所对应的反应时间 $\theta_m \approx 5ms$；1275K 的乙烯峰产率 60%，其所对应的反应时间 $\theta_m \approx 13ms$；而 1125K 的乙烯峰值产率约 30%，其所对应的 $\theta_m \approx 250ms$。

由上述裂解反应化学热力学和动力学的讨论中可见，乙烷裂解为乙烯是一个增分子数的吸热反应，促进一次反应、抑制二次反应的条件是：①短时间提供大量热；②尽可能高的反应温度；③尽可能短的停留时间；④低的乙烷分压。

这些条件同样适用于其他裂解原料，决定了裂解工艺和设备的基本特征。

4.4　烃类蒸汽裂解的工艺过程

4.4.1　衡量裂解结果的指标

通常由两个方面衡量一个化学反应过程的结果，一个是反应度，另一个是对某一特定产物的选择性。

① 原料转化率　衡量反应度最常用的指标是原料中某一组分的转化率。对单一烃的裂解反应，这是最方便的表示方法。例如，乙烷裂解，根据原料中乙烷的量以及裂解产物中未反应的乙烷量，即可计算出乙烷转化率 x：

$$x = \frac{N_0 - N_u}{N_0} \times 100\% = \left(1 - \frac{N_u}{N_0}\right) \times 100\% \tag{4-53}$$

式中，x 为乙烷转化率，常用百分数表示；N_0，N_u 分别为乙烷反应前、后的量。

对于混合烃裂解，常选用其中一个烃为代表来计算转化率。例如乙烷-丙烷混合烃裂解，以丙烷为代表来计算转化率比较方便，因为乙烷在裂解中几乎不生成丙烷，计算丙烷的转化率可以反映反应进行的程度。同理，对于轻石脑油，常以正戊烷转化率来衡量裂解反应的深度。对于较重的液体原料，如煤油、柴油等就无法以转化率作为裂解反应程度的度量。有时采用一些粗略计算方法，如产气率等。

② 组分收率，如乙烯对丙烯的收率比、甲烷收率、甲烷对丙烯的收率比、C_3 及较轻组分收率等都可用来表示不同裂解原料裂解时反应进行的程度。

③ 液体产物的氢碳原子比 $(H/C)_L$。

④ 出口温度 (T_{out})。

⑤ 裂解深度函数 (S)　裂解深度函数 S 的定义为：

$$S = T\theta^m \tag{4-54}$$

式中，T 为裂解温度，K；θ 为停留时间，s；m 为一般取 0.06，也有取 0.027。

当温度愈高或停留时间愈长，裂解深度愈深时，S 值愈大。由式(4-54) 可见，θ 大小对 S 的影响较小，影响裂解深度的主要因素是温度。

⑥ 动力学裂解深度函数（Kinetic Seuerity Function，KSF）　前已述及，对于较重质的裂解原料，如全沸程石脑油、煤油、柴油的裂解，由于其组成复杂，每个成分的裂解性能也不相同，某一种烃在裂解过程中消失了，而另一种烃在裂解时又可能生成它，因此无法以某一种烃的转化率来衡量其裂解深度。采用"动力学裂解深度函数"（KSF）作为衡量裂解深度的标准，则综合考虑了原料性质、停留时间和裂解温度效应。

KSF 的定义是：

$$\text{KSF} = \int k_5 \, d\theta \tag{4-55}$$

式中，k_5 为正戊烷的反应速率常数；θ 为反应时间，s。

此法之所以选定正戊烷作为衡量裂解深度的当量组分，是因为在任何轻质油中，正戊烷总是存在的，它在裂解过程中只有减少不会增加。其裂解余下的量也能测定，选定它作为当量组分，足以衡量原料的裂解深度。

又正戊烷裂解反应按一级反应，其反应速度为：

$$-\frac{dN}{d\theta} = k_5 N \tag{4-56}$$

得：

$$-\int \frac{dN}{d\theta} = \int k_5 N \tag{4-57}$$

由式（4-56）和式（4-57）

$$KSF = \int_0^\theta k_5 d\theta = -\int_{N_1}^{N_2} \frac{dN}{N} = \ln \frac{N_1}{N_2} \tag{4-58}$$

式中，N 为反应系统中正戊烷的物质的量。

如果能分析正戊烷在裂解前后的量，或能知道正戊烷裂解反应的速率常数，则可求出 KSF。

⑦ 裂解选择性　裂解选择性是指对某种裂解产物而言，以裂解的单位原料为基准的该种产物的产率；或广义地说，选择性表示实际所得目的产物量与按反应掉原料计算应得产物理论量之比。

4.4.2　裂解过程的工艺条件

4.4.2.1　温度-停留时间效应

由图 4-3 不同温度下乙烯产率随反应时间的变化可见，乙烷裂解过程中乙烯峰值产率取决于裂解温度和反应时间。在化工生产中常常用停留时间的大小来表示反应时间的长短。温度愈高，乙烯峰值产率也愈高，但最佳反应时间 θ_m 必须相应缩短。若乙烯峰值产率为 0.70、0.61、0.53、0.42 或 0.32，其裂解温度-反应时间相应分别为 1328K-0.0045s、1275K-0.013s、1225K-0.03s、1175K-0.09s 或 1125K-0.25s。其他裂解原料裂解时，也存在着乙烯产率与温度和停留时间的这种关系。高温裂解条件有利于裂解反应中一次反应的进行，而短的停留时间则可抑制二次反应的进行。

对管式裂解炉而言，温度高就要求管材有较高的耐高温性。20 世纪 50 年代管材可耐 800℃左右，20 世纪 80 年代已可在 1070℃下长期使用。由于反应吸热量大，如要求停留时间短，就要求裂解炉能在短时间内给烃类物料提供大量热量。用以衡量这项性能的指标是热强度（或秒热通量或传热速率），一般用的单位是千卡（或千焦耳）/（米²·时）。裂解炉管不仅要有高的热强度，而且还要求热强度沿管程有最合理的分布。此外，由于停留时间短，除了供热快以外，还需要做到降温快，只有在极短时间内将高温物料急速冷却下来，生成的乙烯才不会在高温下逗留过长时间而发生二次反应。保证缩短停留时间的工艺措施是急冷操作。有直接急冷和间接急冷两种方法。直接急冷是通过和冷介质混合而降温，间接急冷是通过换热器和与冷介质热交换的形式。直接急冷的速度现在已可达到在 10^{-6}s 内下降 100℃，间接急冷的速度现在达到 10^{-6}s 内下降 1℃。

4.4.2.2　压力、稀释剂与稀释比

（1）压力对裂解反应的影响

烃类裂解的一次反应是分子数增加的反应，降低压力对提高乙烯平衡含量有利，但在高温下一次反应中的断链反应平衡常数已很大，反应是不可逆的，压力对这类反应影响不大。烃聚合的二次反应分子数可能不变化，压力可能无影响。

从反应速度来看，烃裂解的一次反应可按一级反应处理，其反应速度方程式为：

$$r_{裂} = k_{裂} c \tag{4-59}$$

烃类聚合、缩合的二次反应大多高于一级反应，其反应方程式为：

$$r_{聚} = k_{聚} c^n \tag{4-60}$$

$$r_{缩} = k_{缩} c_A c_B \tag{4-61}$$

压力不能改变反应速率常数，但能通过 c 影响反应速度。降低压力即降低了反应物的浓度 c，由式(4-59)～式(4-61)可知都能减小反应速度，所以对一次反应、二次反应都不利。但反应的级数不同，由改变压力因而改变浓度对反应速度的影响各有不同，压力对高于一级反应的影响比对一级反应的影响要大得多，也就是说降低压力可增大一次反应对于二次反应的相对速度。

所以从化学平衡和反应速度两方面来看，降低压力可以促进生成乙烯的一次反应，抑制聚合等二次反应的发生，从而减轻结焦的程度。

(2) 烃分压、稀释比对裂解反应的影响

裂解过程是烃原料在高温下反应，只能在大于常压条件下进行，而且负压操作对后续分离部分的压缩操作也不利，也就是说降低操作系统总压力受到限制。采取添加稀释剂以降低烃分压是一个较好的办法。

稀释剂的存在与减小反应体系总压的效应是类同的，它不能改变以组分分压项表达的平衡常数值，却能改变平衡组成，这体现于改变 K_n 而使平衡移动，K_p 与 K_n 之间的关系式：

$$K_p = K_n \left[\frac{p}{\sum_i n_i} \right]^{\sum_i \nu_i} \tag{4-62}$$

式中，p 为反应体系总压；n_i 为组分 i 的物质的量；ν_i 为相应组分在反应式中的化学计量数。

稀释剂的加入使物质总量 $\sum n_i$ 增加，这样对于气体分子数增加（$\sum \nu_i > 0$）的反应，固定总压则 $\left[\dfrac{p}{\sum_i n_i} \right]^{\sum_i \nu_i}$ 项值减小，为要保持 K_p 值不变，必须使 K_n 值增大，故平衡时产物的物质的量相对于反应物的物质的量比值增大。

稀释剂可以是 N_2、H_2O 等，但工业上都是采用水蒸气作为稀释剂，所以石油烃热裂解在工业上称为烃类蒸汽裂解。

4.4.2.3　水蒸气的作用及稀释比

水蒸气除了作为稀释剂降低烃分压外，还有如下作用或优点：

① 水蒸气的热容较大，在 1027K 时约为 1.46kJ/(kg·K)，而氮气约为 1.17kJ/(kg·K)，虽然升温时热耗多些，但能对炉管温度起稳定作用，在一定程度上保护炉管。

② 易于从裂解气中分离。

③ 可以抑制原料中硫组分对合金钢裂解管的腐蚀作用。

④ 在高温下发生水煤气反应，部分消除裂解管上沉积的炭。

$$C + H_2O \longrightarrow H_2 + CO_2$$

但是水蒸气的加入量也不是愈多愈好，需要综合考虑。过量的水蒸气会导致不利的影响，包括：

① 装置能耗增加；

② 装置污水排放量增加；

③ 影响急冷速度，增大急冷负荷；

④ 裂解炉处理原料烃的能力下降。

表 4-14 列出几种常见裂解原料所取的水蒸气稀释比。

表 4-14 不同裂解原料及水蒸气稀释比

原料	乙烷	丙烷	石脑油	轻柴油
原料的氢含量/%	20	18.5	14.16	13.6
水蒸气/原料/(kg/kg)	0.25~0.4	0.3~0.5	0.5~0.8	0.75~1.0

水蒸气的加入量随裂解原料不同而异，一般以能防止结焦、延长操作周期为前提。愈重质裂解原料愈易结焦，水蒸气用量也愈大。

4.4.3 管式炉裂解法

工业上实现烃类裂解反应要达到如下要求：

① 对反应物料提供大量热量；

② 要使反应系统处在高温下进行反应；

③ 由于停留时间短，所以要在很短时间内使反应物料升到反应所需的高温，且在很短时间内供给大量热量，并要求在很短时间内将反应物料迅速降温（急冷）；

④ 由于要求低的烃分压，所以要在原料中配入适量水蒸气或其他气体作为稀释剂。

能满足上述要求的设备是裂解炉、急冷设备和与之配套的其他设备。其中裂解炉是裂解过程的核心。

依供热方式不同，烃类裂解方法可作如下简单分类：

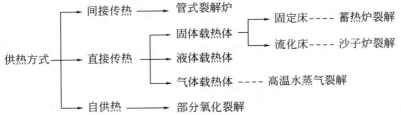

在以上各种裂解方法中，以管式裂解法最为成熟，应用最广。现在世界乙烯产量中，98%是由管式炉裂解法生产的。管式炉是在炉子中设置一定排列形式的金属管子，管内通以裂解原料，管外用燃料燃烧所发出的热量来加热管外壁，通过管壁的传热，将热量传递给管内的反应物料。

由于裂解反应温度高达 800℃，而管壁温度一定要更高，才能把热量传到管内去，所以管式炉要求用耐高温（1000℃以上）的金属管材。

裂解原料在管子中进行裂解反应时，总会或多或少地发生一些二次反应而产生焦炭沉积在管子的内壁，由于连续进行生产，管内壁的结焦层愈来愈厚，以致每操作两三个月就要烧焦一次。由于氢含量低的重质原料在裂解时较易结焦，所以管式炉对原料有一定的限制，一般只能用较轻的原料，例如轻烃、石脑油、轻柴油等，不能用渣油作为原料。

4.4.3.1 管式裂解炉的炉型

历史上管式裂解炉按外形有方箱式炉、立式炉、门式炉、梯台式炉等；按炉管布置方式有横管式、竖管式；按燃烧方式有直焰式、无焰辐射式、附墙火焰式；按烧嘴位置有底部燃烧、侧壁燃烧、底部-侧壁联合燃烧等。近年来各国竞相发展垂直管双面辐射式裂解炉，炉型各具特色，下面举一些有代表性的炉型。

（1）鲁姆斯短停留时间裂解炉

短停留时间裂解炉（Lummus Short Residence Time，SRT 型炉）最先为 SRT-Ⅰ型，后为 SRT-Ⅱ型，SRT-Ⅲ、Ⅳ、Ⅴ、Ⅵ型。SRT 各型裂解炉外形大体相同，而裂解管管径及排布则各异。SRT-Ⅰ型炉的结构如图 4-4 所示。

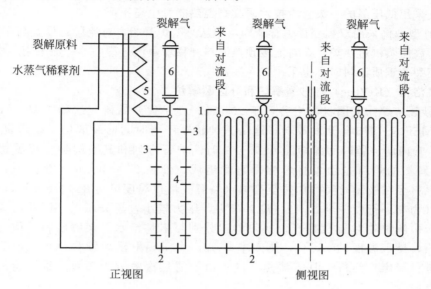

图 4-4　SRT-Ⅰ型裂解炉示意
1—炉体；2—油气联合烧嘴；3—气体无焰烧嘴；4—辐射段炉管（反应）管；
5—对流段炉管；6—急冷锅炉

该炉型的炉管单排垂直排列在辐射室中央，由于受双面辐射，裂解炉管受热均匀，热强度高。物料在炉管内移动速度大于每秒 213.5m，停留时间一般在 0.3～0.8s。整个辐射段由四组炉管组成，每组有 8 根 10m 左右的炉管，管径为 76～127mm，由 U 形管连接，通过上部回弯头的支耳由弹簧支架吊在炉顶。炉墙的每侧有 4～6 排燃烧器，每排有 8～11 个。炉底燃烧器沿两侧炉墙排列，每边各有 8 个燃烧器。SRT-Ⅰ型炉的对流段由原料蒸发器、锅炉给水预热器、原料-水蒸气混合预热器组成，炉顶装有引风机。

SRT-Ⅱ型炉采用了变径管，图 4-5 是变径管排布方式的一个实例。在辐射段入口采用 4 根小管径并流管，在出口处合并为一根大管径炉管。这种结构使 SRT-Ⅱ型炉的反应停留时间比 SRT-Ⅰ型炉降低 50%，温度上升较快，恒温区较长。SRT-Ⅱ型炉又分有高深度（SRT-Ⅱ HS）和高容量（SRT-Ⅱ HC）两种型号。两者功能上的区别在于前者裂解深度高，乙烯收率高；后者生产能力大，乙烯产量是前者的 1.5 倍。

SRT-Ⅲ型炉是一种大容量高效率裂解炉，它采用Ⅱ型炉的变径管组并增大了各股管子的管径。与 SRT-Ⅱ型相比，Ⅲ型炉采用了能耐更高温度的镍-铬合金炉管及可塑性耐火材料以提高壁温，增加热强度。Ⅲ型炉的另一改进是采用计算机控制，在线分析裂解气中甲烷、乙烯、

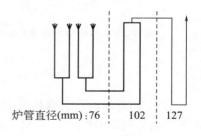

炉管直径(mm)：76　　102　　127

图 4-5　变径管排布方式举例

丙烯含量并与设定值一起输入计算机，依此控制进炉原料量和燃烧量，使烃类裂解在运行中保持着高的生产能力。

20世纪80年代鲁姆斯公司又开发了SRT-Ⅳ型炉，它也是一种变径反应炉并带有燃气透平，从而大大降低了能耗。同样地采用计算机控制，使裂解炉工况更稳定，工艺条件最佳，保持着高的生产能力。

SRT-Ⅴ型炉采用双程变径分支结构炉管，辐射段炉管材质为耐1100℃以上高合金钢。高温裂解气采用低压降的一级急冷技术回收高温热能发生高压蒸汽。

SRT-Ⅵ型炉仍采用双程变径炉管结构，但从Ⅵ型炉开始，对流段还设置高压蒸汽过热，由此取消了高压蒸汽过热炉。在对流段预热原料和稀释蒸汽过程中，一般采用一次注入蒸汽的方式，当裂解重质原料时，也采用二次注汽。

(2) 凯洛格（Kellogg）毫秒裂解炉和分区裂解炉

① 毫秒裂解炉　美国凯洛格公司于20世纪60年代开始研究这种炉型（Milli Second Furnace，MSF），1978年开发成功。这是一种超短停留时间的裂解炉。在高裂解温度下，使物料在炉管内的停留时间缩短至0.05～0.1s。炉管排列和其裂解炉系统示意于图4-6、图4-7。裂解炉的炉管是由单排单程垂直管组成，管径25～30mm，管长10m，热通量大，可使原料烃在极短时间内加热至高温（裂解气出口温度可达850～880℃），且因裂解管是一程（物料进行仅一个方向），没有弯头，压力较小，烃分压低，因此乙烯收率比其他炉型高。裂解炉的对流段有6台换热器，分别与锅炉给水、裂解原料、稀释蒸汽、高压蒸汽换热，排烟温度约150℃，热效率93%。由于辐射段炉管管径小，炉管内结焦不太多就得进行清焦，约每个月需清焦一次。由于清焦次数过于频繁，采用轮流清焦的不停炉清焦方法。

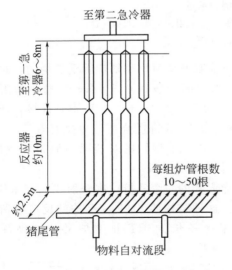

图4-6　毫秒裂解炉管排列示意

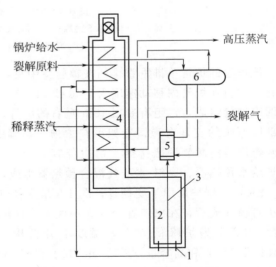

图4-7　毫秒裂解炉系统示意

1—烧嘴；2—辐射段；3—裂解炉管；4—对流段；

5—急冷换热器；6—汽包

② 分区裂解炉　凯洛格公司在综合考虑烃分压、停留时间和裂解深度对产品收率和清焦周期影响的基础上，更加强调裂解深度和停留时间对乙烯收率的影响。为进一步提高裂解深度并缩短停留时间，在炉管材质耐热程度的限制下，对三种强化传热的途径进

行了比较和选择：调节烧嘴方式、变管径和分区加热的方式。凯洛格认为：烧嘴调节的方式在控制上有一定困难。而对一组设计好的盘管，其供热比例也相应确定，故适应原料变化的灵活性有一定的限制。因此选择了分区加热方式，即开发对原料灵活性较大的分区裂解炉。

分区裂解炉将炉膛分为两个或三个加热区，分别控制加热量。对三区裂解炉而言，在原料油刚进入辐射段的第一区中，需要大量的反应热，而此时物料和管壁温度均较低，只要强化传热，便可进一步提高热强度。因此，将第一区的供热量和热强度安排为最大，第二区次之，至第三区，裂解反应已大部分完成，所需热负荷小，但物料及管壁温度均较高，为降低管壁温度，防止有效产品"过裂解"而影响选择性和结焦，此时的加热应最小。如以第一区炉管平均热强度为 100[约 350000kJ/(m² · h)]，则第二区为 80，而第三区为 60。

（3）超选择性裂解炉

美国斯通-韦勃斯特（Stone and Webster，S&W）公司从 20 世纪 40 年代开始设计和建设乙烯装置，1960 年开始研究轻柴油裂解技术，1966 年建立了年产 5000t 乙烯的超选择性裂解炉（Ultra Selective Cracking，USC）的原型炉，这种炉型的裂解工艺可以适应从乙烷到减压柴油范围宽广的裂解原料。

S&W 公司在超选择性范围的研究表明，在低烃分压的条件下，停留时间的影响比烃分压的影响更为显著。停留时间与质量流速成反比，与盘管长度成正比。由于质量流速的提高受阻力降所限制，因此，缩短停留时间最有效的方法是缩短管长。缩短管长必然要增加管表面热强度。此时，如相应减小管径，增加表面积与体积之比，则可补偿由于管长缩小所减少的表面热强度。因此，USC 超选择性裂解炉以其高裂解深度、短停留时间和低烃分压见长。其裂解炉管有 U 形、W 形、M 形三种。U 形炉管结构更加简单，在炉管第一程采用小口径管，而第二程采用大口径管，这样缩短了停留时间、降低了烃分压。

对大于 10 万吨/年的液体原料裂解炉，S&W 推荐采用具有双辐射段炉膛的炉子。两个炉膛可以裂解不同的原料，可以一个炉膛裂解，一个炉膛清焦，同一炉膛也可进行分组裂解，增加了原料灵活性。

（4）中国石油高性能裂解炉

中国寰球工程有限公司（简称寰球公司）是由中国石油天然气集团公司控股的上市公司。2012 年，寰球公司设计、建设的国内首套采用自主成套乙烯技术的乙烯装置［中国石油高性能裂解炉（High Quality Furnace，HQF）］的成功投产，标志着我国成为世界上继美国、法国和德国后第四个拥有乙烯技术的国家。

该技术根据不同的原料裂解性能差异，采取不同的裂解条件，并开发出了 HQF-Ⅱ 型、HQF-Ⅳ 型和 HQF-Ⅵ 型三种裂解炉，其中 HQF-Ⅱ 型炉管为两程（1-1），适用于加氢尾油、柴油、石脑油、LPG 等原料；HQF-Ⅳ 型炉管为四程（2-1-1-1），其中第一程为双支结构，适用于乙烯、丙烷或乙烷/丙烷的混合物；HQF-Ⅵ 型炉管为六程（2-1-1-1-1-1），其中第一程为双支结构，适用于乙烯、丙烷或乙烷/丙烷的混合进料。

裂解炉管内表面焦层的附着是导致炉管传热受阻的重要原因，寰球公司开发出了一种强化传热技术，在裂解炉管内表面通过特殊技术加工出一种流线型形状元件，通过对流体的扰动，破坏管内壁滞流层，提高传热效率，强化流体的湍流程度，降低炉管内表面结焦的倾向，使管内介质径向温度分布更均匀。在相同的炉管出口介质温度条件下，与光滑炉管相比，可降低炉管壁金属温度 10～15℃，延长清焦周期 50% 左右。寰球公司裂解炉的烧嘴全部位于辐射炉膛的底部、沿辐射段炉管的两侧布置，辐射炉管双面受热，辐射段炉管为两程

（图 4-8）。

4.4.3.2 裂解气急冷与急冷换热器

（1）裂解气急冷

从裂解炉出来的裂解气温度尚在
800℃以上，为了减少二次反应的发生
而使乙烯、丙烯收率下降，以及减少
结焦反应的进行，需在极短时间内将
高温裂解气冷却下来，以终止其裂解
反应。可以认为，当裂解气温度降至
650℃以下时，裂解反应基本终止。裂
解气急冷是裂解工艺流程中很重要的
一个环节。

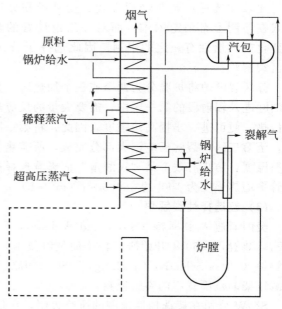

图 4-8　中国石油高性能裂解炉示意

裂解气急冷的方法有两种。一种是
直接急冷，直接向裂解气喷油或水，以
急速降低裂解气的温度。这种淬冷方式
流程简单，但裂解气热量没能被有效利
用。另一种急冷方法是先间接急冷，后
直接急冷，最后洗涤的办法，将裂解气从 800℃逐步降至 400℃左右，如图 4-9 所示。

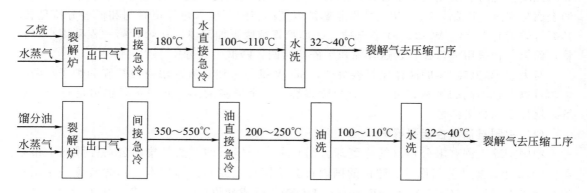

图 4-9　裂解炉出口气的急冷和洗涤流程

间接急冷是采用锅炉给水间接冷却，换热器为急冷换热器，由急冷换热器和汽包构成的
高压蒸汽发生系统称为急冷锅炉，也称为废热锅炉。急冷换热器在使用中遇到的最主要问题
是二次反应而引起的结焦，导致传热情况恶化。因此，当结焦到一定程度时，就需要停炉清
焦。为了减少裂解气在急冷换热器内的结焦倾向，应该控制以下两个指标：一是停留时间，
一般控制在 0.04s 以下；二是裂解气流出急冷换热器的出口温度要高于裂解气的露点，以尽
量减少裂解气中的较重组分部分冷凝。

（2）急冷换热器

急冷换热器是裂解装置中关键设备之一。急冷换热器管内走高温裂解气，其温度高达 800~
900℃，压力约 0.1MPa（g），要求在极短时间内（一般在 0.1s 以下，气体原料裂解为 0.03~
0.07s；馏分油原料裂解 0.02~0.05s）降至 350~550℃，传热强度需达到 10^5 kcal/（m² · h）；管外
走锅炉给水，压力约为 11~12MPa，在此产生高压水蒸气，出口温度约为 320~326℃。由

此可知，急冷换热器与一般换热器不同的地方是热强度高，操作条件极为苛刻，管内外必须同时承受较高的温度差和压力差。此时，管外高压热水和高压水蒸气的压力远大于管内裂解器的压力，所以对管子外表面产生压缩力，引起管子的径向收缩而导致管子轴向伸长变形。为此，急冷换热器大体上有两种设计方案：一种是刚性设计，用加强支撑结构强度的办法使管子轴向伸长变形趋于零；另一种是柔性设计，使管子的轴向压应力趋于零，而用柔性结构来使管子能够自由伸长变形。

急冷换热器型号主要有美国 FW 公司的 DSG 型、美国 SDW 公司的 USX 型、德国 Schmidt 公司的 Schmidt 型、德国 Borsig 公司的 Borsig 型和日本三菱公司的 M-TLX 型五种。列管式双层薄管板结构（如 Borsig 型）是一种结构比较简单的急冷换热器，这种型式的急冷换热器与一般管壳式换热器的不同之处在于：入口端管板为特殊的双层薄管板，其承压管板的厚度仅约为 20mm。为承受 12MPa 以上的压力，采用了栅板锚栓的支撑结构加强承压薄管板。薄管板的结构避免了在高温高压高热强度操作条件下造成管子与管板联结部位的过热损坏。这种固定管板壳式换热器的结构如图 4-10 所示。

为了适应急冷换热器高温差、高压差，以及裂解气快速急冷的需求，寰球公司开发出了线性双套管急冷换热器，内管为高温裂解气，夹套管为高压锅炉给水。裂解炉管和急冷换热器每每连接，或者两根裂解炉管出口汇合后和单根急冷换热器连接，具有换热效率高、产气量大、维修方便等特点（图 4-11）。

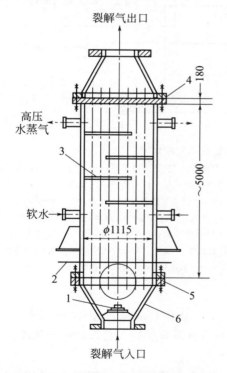

图 4-10　列管式双层薄管板急冷换热器

1—分布器；2—检查管；3—挡板；4—单层厚
管板；5—双层薄管板；6—耐火衬里

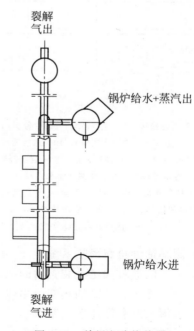

图 4-11　单根急冷换热器

4.4.3.3　裂解工艺流程

在 4.1.3 裂解原料与裂解过程中讨论了裂解原料对裂解过程的影响，裂解原料的轻重与流程组织的简繁关系极大。裂解流程中，以乙烷裂解的情况最为简单。从这个意义上来说，当有轻烃资源可以利用时，应尽量使用轻烃作裂解原料。在我国，受限于石油资源不足，在很长的时间内乙烯主要以较重质的烃为原料来生产，近些年来随着新能源技术的发展，为适应能源市场需求的变化，炼化企业纷纷开启了由燃料型向化工型转型，越来越多的轻质油品被作为蒸汽裂解的原料。

图 4-12 是传统轻柴油裂解的流程图，整个流程是由原料油供给和预热系统、裂解系统和高压蒸汽系统、急冷油和燃料油系统、急冷水和稀释蒸汽发生系统以及化学药剂系统等组成的。

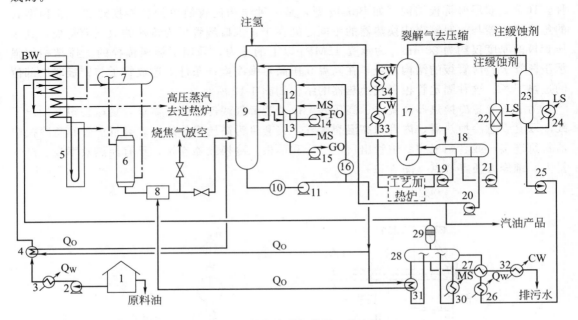

图 4-12　轻柴油裂解装置工艺流程

1—原料油储罐；2—原料油泵；3,4—原料油预热器；5—裂解炉；6—急冷换热器；7—汽包；8—急冷器；9—油洗塔（汽油初分馏塔）；10—急冷油过滤器；11—急冷油循环泵；12—燃料油汽提塔；13—裂解轻柴油汽提塔；14—燃料油输送泵；15—裂解轻柴油输送泵；16—燃料油过滤器；17—水洗塔；18—油水分离罐；19—急冷水循环泵；20—汽油回流泵；21—工艺水泵；22—工艺水聚结器；23—工艺水汽提塔；24—再沸器；25—稀释蒸汽发生器给水泵；26,27—预热器；28—稀释蒸汽发生器汽包；29—分离器；30—中压蒸汽加热器；31—急冷油加热器；32—排污水冷却器；33,34—急冷水冷却器；Q_w—急冷水；CW—冷却水；MS—中压蒸汽；LS—低压蒸汽；Q_o—急冷油；FO—燃料油；GO—裂解轻柴油；BW—锅炉给水

（1）原料油供给和预热系统

由罐区来的原料油送入装置内的原料油储罐 1，再由原料油泵 2 送出，经预热器 3 和 4，分别与过热急冷水和急冷油热交换预热后，与稀释蒸汽混合后进入裂解炉的预热段。

（2）裂解系统和高压蒸汽系统

混合后的原料油和稀释蒸汽在裂解炉预热后，进入裂解炉辐射段被加热至规定的裂解温度，发生了烃的蒸汽裂解反应，高温裂解气即刻在急冷换热器 6 中被迅速冷却，再去急冷器 8 中用急冷油进一步冷却，然后进入油洗塔 9。

高压锅炉给水首先在裂解炉对流段预热并局部汽化后送入高压汽包 7，锅炉给水按自然对流的方式流入急冷换热器 6 中，回收高温裂解气的热量而副产蒸汽。所得高压蒸汽经裂解炉对流段过热后再送入过热炉过热，然后并入高压蒸汽管网，供蒸汽透平使用。

裂解炉烧焦时，应先停止供原料油，然后停止在急冷器中喷油，并将炉出口与油洗塔 9 隔离，将炉出口蒸汽由清焦阀放空，然后进行裂解炉的清焦操作。

（3）急冷油系统

裂解气在急冷器 8 中用急冷油直接急冷，然后与急冷油混合在一起进入油洗塔 9。油洗塔塔顶用汽油作为回流，塔顶采出的裂解气为氢气、气态烃、裂解汽油以及稀释水蒸气和酸性气体等。

裂解轻柴油从油洗塔 9 的侧线采出，经汽提塔 13 汽提其中的轻组分后，作为裂解轻柴油产品。塔釜采出重质燃料油。

从油洗塔塔釜采出的重质燃料油，一部分经汽提塔 12 汽提出其中的轻组分后，作为重质燃料油产品送出。由油洗塔塔釜来的大部分重质燃料油则作为循环急冷油使用。循环使用的急冷油分两股进行冷却。一股用来预热原料油之后，返回油洗塔作为塔的中段回流；另一股用来发生低压稀释蒸汽，急冷油本身被冷却后则送至急冷器作为急冷介质，对裂解气进行直接急冷。

（4）急冷水和稀释蒸汽系统

裂解气在油洗塔 9 中脱除重质燃料油和裂解轻柴油后，由塔顶采出的裂解气进入水洗塔 17。塔顶和塔的中段用急冷水喷淋，使裂解气降温，并使其中的稀释蒸汽和一部分汽油冷凝下来。冷凝的油水混合物由塔釜引至油水分离槽 18，分离出的水一部分供工艺加热用，冷却后的水再经急冷水换热器 33 和 34 冷却，分别作为水冷塔 17 的塔顶和中段回流，此部分水循环使用，称为急冷水。

一部分水量相当于稀释蒸汽的水，由工艺水泵 21 经聚结器 22 送入汽提塔 23，将工艺水中的轻烃汽提回水洗塔 17，保证塔釜水中含油量小于 100×10^{-6}（体积分数），此工艺水由稀释水蒸气发生器给水泵 25 送入稀释蒸汽发生器汽包 28（先经急冷水预热器 26 和排污水预热器 27 预热），再分别由中压蒸汽加热器 30 和急冷油加热器 31 加热汽化而产生稀释蒸汽，经汽液分离后再送入裂解炉。

油水分离槽 18 分离出的汽油，一部分由泵 20 送至油洗塔 9 作为塔顶回流而循环使用。从裂解气中分离出的汽油则经处理后作为汽油产品送出。经脱除了绝大部分水蒸气和少部分汽油的温度约 40℃ 的裂解气送至压缩工序。

（5）化学药剂系统

随着裂解气的逐步冷却，裂解气中的酸性气体也逐步溶解于冷凝的水中，从而形成腐蚀性极大的酸性溶液。为了防止这种酸性腐蚀，相应地在可能发生腐蚀的部位注入缓蚀剂。

油洗塔塔顶出口气体中的水已接近于饱和状态，因此，在此管线注入氨。注入氨的一部分随裂解气带走，对后系统可以起一定的防腐作用，另一部分溶解于急冷水中，保证急冷水的 pH 值在 6.5～8 之间，起到缓蚀作用。

工艺水经汽提后，部分酸性气被汽提，因此，汽提塔 23 塔顶管线有较强的腐蚀，为此，在此管线注入缓蚀剂。

汽提后的工艺水一般呈酸性，pH 值在 5～6 之间，尤其在中压蒸汽加热器 30 中，由于管壁温度较高，腐蚀十分强烈，可注入碱性介质将此工艺水的 pH 值保持在 7～8 左右，一般来说加入强碱性介质，pH 值调节比较快速，但是不易控制，目前实际工业生产中都是加入弱碱性介质，再配合具有防腐效果的缓蚀剂。

视频

管式炉裂解法工艺流程 3D 仿真

4.4.4　管式炉裂解法与新裂解技术

管式炉裂解法是石油烃热裂解制低级烯烃和芳烃的一种成熟生产工艺。这种通过管壁传热的裂解炉结构简单，操作容易，控制方便，生产连续化，主产物乙烯、丙烯收率较高，动力消耗小，热效率高，裂解气和烟道气的余热大部分回收利用，原料的适用范围随着裂解技术的进步已由初期的轻烃扩展到加氢尾油，装置规模已达年产150万吨乙烯。

但是，正因为管式炉裂解法是通过管壁传热的方式，来满足烃类裂解过程的基本要求——高温、短时间供大量热量、短停留时间和低烃分压，欲进一步提高辐射段平均热强度就受到一定的限制，另外管式炉裂解法对重质原料的适应性也有一定的限制。目前，裂解技术的发展趋势正是在这两个方面研究和开发新过程、新设备。

(1) 高温短停留时间裂解技术的进展

① 毫秒裂解法　为了采用比常规裂解法更高的温度和更短的停留时间，缩小裂解炉辐射炉管的直径，以增大炉管表面积与体积之比，从而提高其热强度，使停留时间缩短至65ms，裂解气出口温度提高到843～924℃。

② 过热蒸汽稀释管式炉裂解法　在进入辐射短的裂解原料中混入高温过热稀释蒸汽，这部分蒸汽所带给裂解原料的热量不是通过管壁传入的，而是由外界直接传入的，这样可以增大每单位时间对裂解原料的供热量，使辐射段的传热负荷减轻，即在尽可能提高辐射段热强度的情况下，再额外地增大供热量，加之采用了单程直管，减小了流体流动阻力，因此有可能使裂解温度提高和停留时间缩短，收到较好的裂解效果。

③ 火焰裂解法　火焰裂解法采用内热式供热，摆脱间壁传热的方式，直接利用燃料气和氧气在烧嘴中燃烧成高温火焰，产生2400～2700℃的高温气流作为热载体，与原料气迅速混合，使之升温至1500～1700℃，在反应室中发生裂解反应，然后又迅速与急冷水膜接触，将裂解气在百分之几到千分之几的短时间内从1100～1400℃急冷到80～100℃。

(2) 重质裂解原料直接裂解

① 减压柴油直接裂解　为了进一步扩大管式炉裂解原料，研究了用价格低廉的减压柴油为原料，不经预处理而直接裂解。试验装置设有四台裂解炉，采用在线清焦技术，即有一组或多组炉管（占炉管总数的5%～10%）轮流进行清焦，其余炉管仍在投料裂解。

减压柴油经预热后进入裂解炉对流段与稀释蒸汽混合，然后进入辐射段炉管发生裂解反应。裂解炉出口气采用油直接冷却，然后经油洗塔、水洗塔，分别分离出油和水，从水洗塔塔顶出来的裂解气经空气冷却器冷却，再经分离槽分去水和油后，送去压缩和分离。

② 原油或渣油直接裂解　含有易结焦组分的原油和品质较低的重质油可用非管式炉裂解法来进行裂解。例如，高温水蒸气裂解法即用H_2和CH_4为燃料，与氧气发生燃烧反应，然后作为气体载热体与裂解原料混合，在反应室发生高温短时反应。而固体热载体流化床裂解法则用循环的高温固体载热体向裂解原料和裂解反应供热，其操作原理类似于沙子炉裂解法。还有一种称为部分燃烧流化床裂解法，则是石油烃一部分作为裂解原料，一部分作为燃料，与限定量的氧发生燃料反应。氧的配入量是有控制的，使得它与烃燃烧所产生的热量正好等于另一部分烃进行裂解反应所需要的热量。

(3) 裂解方法的研究与开发

前面述及的各种裂解方法都是以水蒸气作为稀释剂，但氢气在此不仅起降低烃分压的作用，而且参与裂解反应，例如：氢分子能与裂解反应系统中的烃自由基 R· 发生反应，生成氢自由基（即氢原子）H·，如：

$$H_2 + CH_3 \cdot \longrightarrow H \cdot + CH_4 \tag{4-63}$$

$$H_2 + CH_3 - CH_2 \cdot \longrightarrow H \cdot + CH_3 - CH_3 \tag{4-64}$$

H· 能使较大分子的烯烃生成乙烯，例如：

$$CH_3-CH=CH_2+H \longrightarrow C_3H_7 \cdot \longrightarrow CH_3 \cdot + CH_2=CH_2 \tag{4-65}$$

$$CH_3-CH_2-CH=CH_2+H \cdot \longrightarrow C_4H_9 \cdot \longrightarrow C_2H_5 \cdot + CH_2=CH_2 \tag{4-66}$$

由上面这些反应式可见，氢气的存在可使乙烯产率提高，从反应系统的氢碳比角度看，氢的存在可以弥补氢含量低的重质原料中氢的不足，使重质原料的裂解成为可能。另外，由于 H_2 的存在，有利于抑制结焦升炭的发生。

另一种裂解新方法是类似于炼油工业中的催化裂化法——催化裂解法，与热裂解相比，催化裂解由于使用了催化剂，裂解温度可以适当降低，结焦情况可有一定程度的减缓。所用的催化剂有 $FeSO_4$、CrO_3 等。目前催化裂解方法已经有工业化运行装置，但是受限于多种因素，距大规模工业生产烯烃的要求还比较远，还有大量工作要做。

4.5　裂解气的净化与分离

4.5.1　概述

4.5.1.1　裂解气的组成与净化分离的要求

裂解气的组成是很复杂的，其中既有目的产物乙烯、丙烯等，也含有一些有害的组分，以轻柴油为裂解原料的裂解气组成列于表 4-15。

表 4-15　轻柴油裂解气组成

成分	摩尔分数/%	成分	摩尔分数/%	成分	摩尔分数/%
H_2	13.183	C_3H_8	0.356	甲苯	0.358
CH_4	21.249	1,3-丁二烯	2.419	二甲苯+乙苯	0.219
C_2H_2	0.369	异丁烯	0.075	$C_9 \sim 200℃$馏分	0.240
C_2H_4	29.036	正丁烷	0.515	CO	0.175
C_2H_6	7.795	C_5	0.694	CO_2	0.058
丙二烯+丙烯	0.542	$C_6 \sim C_8$非芳烃	2.140	H_2O	5.04
C_3H_6	11.476	苯	0.930	硫化物	0.027

裂解气的净化与分离就是要除去裂解气中的有害成分，分离出单个组分，为基本有机化学工业和高分子化学工业等提供原料。

在基本有机化学工业中，有些产品的生产对原料纯度的要求不高，但有些产品却要求用高纯度的烯烃原料。例如，由乙烯环氧化生产环氧乙烷时，要求浓度在 99% 以上，有害成分不能超过 10×10^{-6}（体积分数，同下）。在高分子化学工业中，聚合级的乙烯、丙烯等原料的纯度均得大于 99.9%，有害杂质含量在 10×10^{-6} 以下。

4.5.1.2　裂解气分离法简介

工业上裂解气的分离方法主要有深冷分离法和油吸收精馏分离法两种。油吸收精馏分离法是利用溶剂油对裂解其中各组分的不同吸收能力，将裂解气中除了氢和甲烷以外的其他烃全部吸收下来，然后用精馏法将各种烃再逐个分离开，是一种吸收精馏过程。这种分离方法流程简单，设备少，最低温度为 $-70℃$，但是该法分离效果差，收率低，仅适用于装置规模小且对产品质量要求不高的生产装置。

目前，在烃类蒸汽裂解制低级烯烃和芳烃的生产装置中，广泛采用深冷分离法。深冷即深度冷冻，工业上把冷冻温度等于或低于−100℃的，称为深度冷冻。在裂解气分离中，在深冷的低温下，把氢和甲烷以外的各种烃组分全部冷凝下来，使烃组分与氢和甲烷首先分离开，然后根据各种烃的相对挥发度，在精馏塔内进行多组分分离，把各种烃逐个分离出来，因此，深冷分离法是一种冷凝精馏过程。表 4-16 列出一些组分的主要物理常数。

表 4-16　某些组分的主要物理常数

组分	分子量	沸点/℃	临界温度/℃	临界压力/MPa	组分	分子量	沸点/℃	临界温度/℃	临界压力/MPa
氢	2.016	−252.5	−239.8	1.28	丙烯	42.02	−47.7	91.4	4.54
氮	28.016	−195.8	−147.1	3.35	正丁烷	58.08	−0.5	152.2	3.75
一氧化碳	28.01	−191.5	−140.2	3.45	异丁烷	58.08	−11.7	133.8	3.02
甲烷	16.04	−161.5	−82.3	4.58	1-正丁烯	56.06	−6.3	146	3.07
乙烷	30.05	−88.6	33.0	4.86	异丁烯	56.06	−6.9	144.7	3.95
乙烯	28.03	−103.8	9.7	5.07	顺式-2-丁烯	56.06	3.7	155	4.1
乙炔	26.02	−83.6	35.7	6.16	反式-2-丁烯	56.06	0.88	155	4.1
丙烷	44.06	−42.1	95.8	4.16	1,3-丁二烯	54.09	−4.4	152	4.27

裂解气的净化与分离包括三大组成部分：

① 气化净化系统：包括脱除酸性气体、脱水、脱炔和脱除 CO；

② 压缩和冷冻系统：将裂解气加压、降温；

③ 精馏分离系统：由一系列精馏塔组成，逐个分离各种烃组分。

4.5.2　裂解气的净化

在化工生产过程中，将从气体中脱除含量比较少的气相杂质的过程称为净化操作过程。对于裂解气来说，脱除含量较少的 H_2S、CO_2、H_2O、C_2H_2、CO 等气相杂质，就属于净化操作过程。

(1) 酸性气体的脱除

裂解气中的酸性气体主要是 CO_2 和 H_2S，此外还有少量的有机硫化物。一般要求将裂解气中的硫含量降至 $1×10^{-6}$（体积分数，同下）以下，CO_2 含量降至 $(1～10)×10^{-6}$ 以下，脱除方法类似于第 2 章合成气净化脱除酸性气的方法。通常采用碱洗法和溶剂吸收法。

采用碱洗法用于轻烃、石脑油和低硫柴油裂解的裂解气中的硫化物和 CO_2 的脱除，一般在常温、1.0MPa 条件下，用 10%～20% 的氢氧化钠水溶液来吸收酸性气体。工业装置上可分多段碱洗法，先用上段流下的稀碱液（3%）洗涤，然后用浓碱洗涤，最后用水洗涤裂解气。

溶剂吸收法用于含硫的重质原料［含硫量高于 0.1%（质量分数）］裂解的裂解气，其中酸性气含量较高。在高压低温下用溶剂洗吸收 H_2S 和 CO_2，然后在低压高温下解吸，并回收 H_2S 和 CO_2，吸收剂循环使用。常用的吸收剂为 5%～20% 乙醇胺溶液。在吸收剂解吸后，再进行碱洗，以使裂解气中的酸性杂质降至最低程度。

(2) 水的脱除

裂解气经过急冷、脱除酸性气体杂质后一般含有 $(400～700)×10^{-6}$（体积分数，同下）的水。当在 −100℃ 低温下进行深冷分离操作时，水能冻结成冰，也能与轻烃形成固体结晶水合物，如 $CH_4·6H_2O$、$C_2H_6·7H_2O$、$C_4H_{10}·7H_2O$ 等，影响分离操作。为此要求裂解气进入低温系统之前将其中的水分脱除至 $1×10^{-6}$ 以内，相当于露点温度 −70℃

以下。

工业上一般采用吸附方法脱水，吸附剂为 3A 分子筛。

（3）脱炔

裂解气中含有少量炔烃，如乙炔、丙炔以及丙二烯等。乙炔含量一般为 $0.2\%\sim0.7\%$，丙炔含量一般为 $0.1\%\sim0.15\%$，丙二烯含量一般为 $(600\sim1000)\times10^{-6}$（体积分数，同下）。它们是在裂解过程中生成的，对于聚合级的烯烃单体，通常要求炔烃含量在 5×10^{-6} 以下。有些以乙烯、丙烯为原料的合成过程对炔烃含量也有严格要求。所以脱除裂解气中少量炔烃是净化操作过程的组成部分。

脱炔的方法很多，有溶剂吸收法、选择加氢法、低温精馏法、氧化法、乙炔酮沉淀法和络合吸收法等。对于乙炔含量较少、生产规模较大时，采用催化选择加氢脱除乙炔的方法在操作和技术经济上都比较有利。

催化选择加氢除炔法要求将裂解气中的乙炔被加氢为乙烯，而裂解气中乙烯、丙烯等烯烃不被加氢为相应的烷烃，这样既脱除了乙炔又将被脱除的组分转化为目的产物，提高目的产物乙烯的收率。欲达到这一要求，关键在于选择合适的加氢催化剂。

① 加氢脱炔时可能的副反应主要有：乙烯进一步加氢为乙烷；乙炔聚合生成液体产物即绿油；乙炔分解为氢和碳。

② 加氢催化剂：常用的催化剂为 $Pd/\alpha\text{-}Al_2O_3$。

③ 前加氢和后加氢：由于加氢脱炔过程在裂解气净化分离流程中所处的部位不同，有前加氢和后加氢之别。设在脱甲烷塔前进行加氢脱炔的叫做前加氢，此时氢气尚未分离出去，可以利用裂解气中的氢气进行加氢反应，故又称自给加氢，由于不用外加氢气供应，故流程简单。但是在前加氢的情况下，氢气是过量的，氢气的分压高，降低了加氢过程的选择性。欲克服这种不利因素，则对催化剂的活性和选择性的要求更高。

④ 绿油问题：在乙炔加氢过程中有乙炔聚合生成液体产物即绿油的副反应发生，生成的绿油量多时，影响催化剂操作周期，引起乙烯塔塔板结垢。绿油的生成量与 H_2/C_2H_2 摩尔比、催化剂床层温度有关。

⑤ 液相催化加氢脱炔法：C_3 馏分可以采用液相催化加氢脱除其中少量的丙炔和丙二烯。液相催化加氢脱炔是指物料（如 C_3 馏分）在液体状态下，采用固体催化剂进行选择加氢的过程。这个过程物料密度大，催化剂用量少，所需设备容积小，反应温度低，一般为 $30\sim40℃$，过程进行缓和，副反应少。此加氢流程通常使丙炔和丙二烯含量由约 2% 降至 $0.05\%\sim0.1\%$（体积分数）以下。

（4）脱除一氧化碳

裂解气中的 CO 来自稀释水蒸气在高温下与结炭的水煤气反应：

$$H_2O+C \Longrightarrow CO+H_2 \tag{4-67}$$

CO 一般部分在脱甲烷塔的塔顶随 CH_4，H_2 一起混入塔顶出气口中，在脱甲烷操作中不会渗入含乙烯的馏分中去，此部分一般可不必脱除；另一部分 CO 进入氢气系统，后加氢脱炔过程和碳三加氢过程对 CO 的含量有着严格的限制，同时氢气一般作为聚乙烯和聚丙烯的辅助原料，也对氢气中的 CO 含量要求比较严格，因此氢气中的 CO 必须脱除。

脱除 CO 的方法很多，如第 2 章中合成气的净化与分离精制中所述，深冷分离工业上常采用甲烷化法。

4.5.3　压缩和冷冻系统

压缩机是裂解气深冷分离中重要的动力设备，即通常所说的"三机"，裂解气压缩机、乙烯压缩机和丙烯压缩机。前者的用途是将裂解气压缩到脱甲烷塔所要求的压力。后两者的用途是在冷冻系统中压缩乙烯冷剂和丙烯冷剂，以获得－100℃的低温。

4.5.3.1 裂解气的压缩

裂解气中许多组分的沸点都很低，如表 4-15 所列。如果在常压下进行各组分的冷凝分离，则分离温度很低，需要大量的冷量。为了使分离温度不太低，可以适当提高分离压力。压力高时，精馏塔塔釜温度随着升高，容易引起重组分聚合，并使各烃组分的相对挥发度降低，增加分离的难度。工业上已有的深冷分离装置有高压法（3.3～3.8MPa）、中压法（0.55～0.95MPa）和低压法（0.18～0.25MPa）。其中以高压法居多。采用高压法可不必采用液态甲烷、液态 H_2 等作为冷剂，而只需采用液态乙烯作冷剂即可。

现在大型生产装置的裂解气压缩机都是离心式的，一般为四～五段。转速可达到 3000～16000r/min。由于裂解炉的急冷换热器副产高压水蒸气，因此多用蒸汽透平驱动离心式压缩机，达到能量合理利用。压缩机采用多段压缩也便于在压缩段之间进行净化与分离，例如脱硫、干燥和重组分脱除等可安排在压缩段间进行。

4.5.3.2 冷冻系统

为了给脱甲烷塔提供－100℃的低温，需采用乙烯-丙烯复叠制冷循环。即在丙烯制冷循环中由冷水向丙烯供冷，在乙烯制冷循环中由丙烯向乙烯供冷。为了向分离装置提供各个不同级位的低温冷剂和热剂，需采用段间闪蒸、多次节流，构成多级循环。所以分离部分的制冷系统为乙烯-丙烯复叠多级制冷循环。

4.5.4 裂解气的精馏分离系统

由于不同碳原子数的烃之间的相对挥发度较大，因此裂解气用深冷分离时，它们彼此容易分开，而同一碳原子数的烯烃和烷烃之间的相对挥发度较小，分离比较困难。所以在深冷分离时，先进行不同碳原子数的烃的分离，然后再进行同一碳原子数的烯烃和烷烃之间的分离。表 4-17 列出精馏分离系统中各精馏塔的操作条件和关键组分的相对挥发度。

表 4-17 各塔的操作条件和相对挥发度

分离塔	关键组分		操作条件			平均相对挥发度
	轻	重	温度/℃		压力/MPa	
			塔顶	塔釜		
脱甲烷塔	C_1^0	$C_2^=$	－96	6	3.4	5.50
脱乙烷塔	C_2^0	$C_3^=$	－12	76	2.85	2.19
脱丙烷塔	C_3^0	C_4^0	4	70	0.75	2.76
脱丁烷塔	C_4^0	C_5^0	8.3	75.2	0.18	3.12
乙烯塔	$C_2^=$	C_2^0	－70	－49	0.57	1.74
丙烯塔	$C_3^=$	C_3^0	26	35	1.23	1.09

深冷分离流程有：顺序流程（图 4-13）、前脱乙烷流程（图 4-14）和前脱丙烷流程（图 4-15）三种，典型的是顺序流程，三种流程各有特点，顺序流程适应性最广；前脱乙烷流程适用于乙烷原料，或者含 C_3、C_4 烃较多，丁二烯较少的裂解气；前脱丙烷流程适用于处理较重裂解气，如含 C_4 烃较多的裂解气的分离，不适合以乙烷为原料的乙烯装置。

在顺序流程中（见图 4-13），裂解气经过离心式压缩机一、二、三段压缩，压力达到

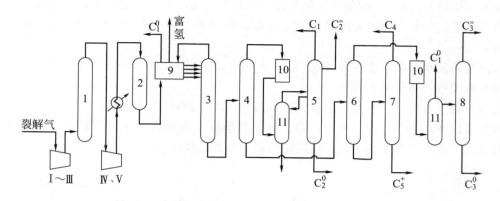

图 4-13　深冷分离顺序流程

1—碱洗塔；2—干燥器；3—脱甲烷塔；4—脱乙烷塔；5—乙烯塔；6—脱丙烷塔；
7—脱丁烷塔；8—丙烯塔；9—冷箱；10—加氢脱炔反应器；11—绿油塔

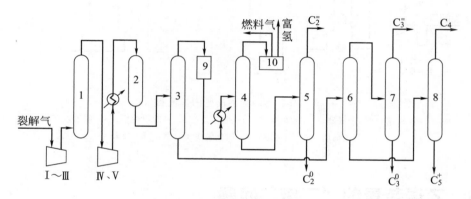

图 4-14　深冷分离前脱乙烷流程

1—碱洗塔；2—干燥器；3—脱乙烷塔；4—脱甲烷塔；5—乙烯塔；6—脱丙烷塔；
7—丙烯塔；8—脱丁烷塔；9—加氢脱炔反应器；10—冷箱

1.0MPa，送入碱洗塔，脱去 H_2S、CO_2 等酸性气体。碱洗后的裂解气经过压缩机的四、五段压缩，压力达到 3.7MPa，经冷却至 15℃，去干燥器经 3A 分子筛脱水，使裂解气的露点达到 −70℃ 左右。

干燥后的裂解气经过一系列冷却冷凝，在前冷箱中分出富氢和四股馏分。富氢经过甲烷化后作为加氢除炔的氢气；四股馏分进入脱甲烷塔的不同塔板，轻馏分温度低进入上层塔板，重馏分温度高进入下层塔板。脱甲烷塔塔顶脱去甲烷馏分。脱甲烷塔的塔釜是 C_2 以上馏分，进入脱乙烷塔，塔顶出 C_2 馏分，塔釜釜液为 C_3 以上馏分。

由脱乙烷塔塔顶出来的 C_2 馏分经过换热升温，进行气相加氢脱乙炔，在绿油塔用乙烯塔来的侧线馏分洗去绿油，再经过 3A 分子筛干燥，然后送去乙烯塔。在乙烯塔的上部侧线引出纯度为 99.9% 的乙烯产品。塔釜液为乙烷馏分，送回裂解炉作裂解原料。乙烯塔的塔顶脱除甲烷、氢气（加氢脱乙炔时带入的）。

脱乙烷塔釜液进入脱丙烷塔，塔顶分出 C_3 馏分，塔釜液为 C_4 以上馏分，含有容易聚合结焦的二烯烃，故塔釜温度不宜超过 100℃，且需加阻聚剂。

由脱丙烷塔蒸出的 C_3 馏分经过加氢脱丙炔和丙二烯,然后在绿油塔脱去绿油和加氢脱炔时带入的甲烷和氢,再进入丙烯塔进行精馏,塔顶蒸出纯度为 99.9% 的丙烯产品,塔釜液为丙烷馏分。

脱丙烷塔的釜液在脱丁烷塔分成 C_4 馏分和 C_5 以上馏分,C_4 和 C_5 以上馏分分别送往下步工序,以便进一步分离和利用。

在脱甲烷塔系统中,有些冷凝器、换热器和气液分离罐的操作温度甚低,为防止散冷,把这些低温设备集装在一起,称为冷箱。由于目前国内的原料都是以石脑油、LPG 等的液体原料为主。国内液体乙烯原料公认前脱丙烷前加氢比较好(图 4-15)。

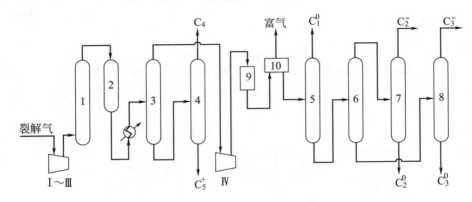

图 4-15　深冷分离前脱丙烷流程

1—碱洗塔;2—干燥器;3—脱丙烷塔;4—脱丁烷塔;5—脱甲烷塔;6—脱乙烷塔;
7—乙烯塔;8—丙烯塔;9—加氢脱炔反应器;10—冷箱

4.6　乙烯装置的"三废"问题

由烃类蒸汽热裂解制取乙烯、丙烯等低级烯烃和芳烃的工艺过程在工业上有时被简称为乙烯装置。其生产过程排放的"三废"有:废气、废水和废液等,具体在第 6 章还会详细介绍。

(1) 废气

乙烯装置的废气主要来自裂解炉的烟气、清焦罐顶排放的清焦气,烟气的主要污染物是 SO_2、NO_x、灰尘;清焦气的主要污染物是焦粉(灰尘)。烟气中 SO_2 含量取决于燃料的含硫量。各国各地区对 SO_2 的排放制定了一定的标准。如烟气中 SO_2 含量较高,应改用低硫燃料或对烟气进行脱硫处理。

近年来,国家对乙烯装置 NO_x 的排放要求也越来越严格,国家有相应的法律法规对废气中污染物的排放有明确的要求,但是部分省、市、自治区等在国家标准的基础上做了更严格的要求,遇到此类问题需要遵循当地的相关法律法规。

(2) 废水

与其他石油化工装置相比,乙烯装置排放的废水是比较干净的废水。主要废水是稀释蒸汽排污水、清焦污水、碱洗塔洗涤水、乙醇胺废水、废碱液等。一个 30 万吨/年乙烯装置所排放废水的典型组成和废水量如表 4-18 所列。

表 4-18 废水组成和数量

废水名称	稀释蒸汽排污	碱洗塔洗涤水	清焦污水	冷却水排污
BOD/(mg/L)	250～300	500	10	10
COD/(mg/L)	500	2000～3000	200	20
油含量/(mg/L)	20～100	10～50	无	
酚含量/(mg/L)	50～100	—	无	
硫含量/(mg/L)	10	1000	—	
溶解固体物/(mg/L)	150	—	250	1200
悬浮固体物/(mg/L)	50	40～100	150	30
CN/(mg/L)	5	—	无	
烃/(mg/L)			50	
pH 值	8～9	13.5	—	6～8.5
正常流量/(m³/h)	8～8.5	5	无	200
最大流量/(m³/h)	—	—	8.5	280～300
备注		碱洗脱硫流程		加含铬缓蚀剂时,冷却水含铬为 3～5mg/L

（3）其他废液及废渣

乙烯装置中的废油主要是碱洗塔排放的"黄油"及加氢反应器中可能排放的"绿油"，这两种废油均为含低聚物的废油，具有恶臭气味，一般用焚烧炉烧掉。

乙烯装置的废渣主要是急冷换热器清焦的焦末急冷系统急冷油锅氯气清理出的焦末，对柴油裂解的 30 万吨/年乙烯装置来说，每周平均焦量大约为 300kg。

（4）噪声

乙烯装置的噪声源主要为裂解炉、压缩机和蒸汽减压阀，对于噪声超标设备，需要考虑采取降噪措施。

4.7 催化裂解乙烯工艺

石脑油催化裂解是结合传统蒸汽裂解和流化催化裂化（FCC）技术优势发展起来的，表现出了良好的原料适应性和较高的低碳烯烃收率，多年来经过学术界和工业界的不懈努力，取得了许多进展。

4.7.1 催化裂解反应机理

催化裂解过程兼具热反应和催化反应的特点，是自由基和正碳离子两种反应机理共同作用的结果。关于烃类催化裂解机理，一般认为，在有钒酸盐或金属氧化物类催化剂存在以及高温蒸汽条件下，催化裂解过程以自由基反应为主；而在有酸性分子筛催化剂存在以及低温条件下，催化裂解过程则以正碳离子反应为主。在酸性催化剂存在的条件下，正碳离子反应占主导，但随着反应温度的升高，热裂解反应不容忽视。在氢型 ZSM5 分子筛的催化过程中，酸性分子筛催化剂上存在着 B 酸中心和 L 酸中心，传统的正碳离子反应机理认为 B 酸中心是给质子中心，主要发生裂解反应；而 L 酸中心是缺电子中心，可以发生氢转移、脱氢、环化、芳构化以及生焦等反应。

在石油烃类催化裂解过程中，一般认为低碳数烯烃主要经历聚合裂解双分子反应，高碳数烯烃则以单分子裂解反应占优。以 C_4 烯烃双分子裂解反应为例，根据裂解产物的复杂性可以认为 C_4 烯烃的裂解过程包含 C_4 烯烃发生二聚和二聚中间体发生裂解两个连续的反应步骤。烷烃在分子筛催化剂上的裂解同样会经历单分子和双分子反应过程，但由于正碳离子形成机理的差异，其裂解过程与烯烃裂解并不相同。环烷烃裂解首先需要经历开环，然后发生类似烯烃裂解生成小分子烯烃的反应。芳环结构比较稳定，裂解反应一般在烷基侧链上发生。在催化裂解过程中，以上各烃类分子除了发生主要的裂解反应外，还伴随着异构化、聚合、氢转移、芳构化等复杂的副反应。

4.7.2　催化剂的研究和进展

催化裂解催化剂随着原料性质的差异有所不同，以 ZSM5 分子筛作为活性组分的催化剂研究最为活跃，催化裂解催化剂的研究主要包括调变分子筛载体的硅铝比、控制催化剂晶粒尺寸、添加碱土金属和稀土金属等改性助剂、负载 P 以及采用水蒸气预处理等方式来控制催化剂的酸性，提高催化剂的水热稳定性、反应活性和抗结焦等性能。研究结果表明，通过改变 ZSM5 分子筛的硅铝比一方面可以控制催化剂的酸中心数目并影响酸量分布；另一方面还可以改变催化剂颗粒的微观结构，引起吸附位数目和扩散性能的变化；对于比表面积和总酸量相近、晶粒大小不同的 ZSM5 分子筛，其中合适的小晶粒分子筛由于具有微孔短外比表面积大和孔口多等特点，因而表现出更优异的容积炭能力和稳定性；ZSM5 分子筛上负载稀土金属或碱土金属一方面可以增加酸性位的数目，改变酸的类型（L/B），另一方面金属阳离子的加入可以增强催化剂的碱性、促进烯烃分子的脱附而抑制进一步的芳构化反应。脱铝和焦炭沉积是催化剂失活的两个重要原因，而将适量的 P 负载到 ZSM5 上则可以改变催化剂结构中铝的四面体结构，减少强酸吸附位的数目，提高催化剂的抗结焦能力；采用水蒸气对 ZSM5 分子筛进行预处理可以降低催化剂的酸量和酸强度，提高催化剂对低碳烯烃的选择性，但水热处理同样容易引起催化剂中结构铝的脱除，影响催化剂的稳定性，因此选择适宜的水蒸气预处理条件非常重要。

除了微孔型的 ZSM-5 分子筛，中孔型的 ZSM-5 分子筛和 Y 型分子筛也被广泛。

4.7.3　催化裂解制乙烯工艺

根据反应器类型，石脑油催化裂解技术主要分为两大类。

一类是固定床催化裂解技术，代表性技术有日本工业科学原材料与化学研究所及日本化学协会共同开发的石脑油催化裂解新工艺，以 10% La/ZSM-5 为催化剂，反应温度 650℃，乙烯和丙烯总产率可达 61%，P/E 质量比约为 0.7。另外还有俄罗斯莫斯科有机合成研究院与莫斯科古波金石油和天然气研究所共同开发的催化裂解工艺、韩国 LG 石化公司开发的石脑油催化裂解工艺以及日本旭化成公司等开发的工艺。尽管固定床催化裂解工艺的烯烃收率较高，但反应温度降低幅度不大，难以从根本上克服蒸汽裂解工艺的局限。

另一类是流化床催化裂解技术，代表性技术有韩国化工研究院和韩国 SK 能源公司共同开发的 ACO 工艺，该工艺结合美国 KBR 公司的 Ortho-flow 流化催化裂化反应系统与 SK 能源公司开发的高酸性 ZSM-5 催化剂，与蒸汽裂解技术相比，乙烯和丙烯总产率可提高 15%～25%，P/E 质量比约为 1。研究表明，在反应温度为 650℃、水/油质量比为 1.1、空速为 $1.97h^{-1}$ 的条件下，乙烯收率为 24.18%，丙烯收率为 27.85%。

　　从理论上讲，石脑油催化裂解技术是降低反应温度、减少结焦、提高乙烯收率和节能降耗的有效技术，尽管各工艺在实验室研究阶段都取得了较理想的效果，然而由于种种技术和工程上的困难，工业化进程十分缓慢。

　　石脑油催化裂解制乙烯的生产技术还包括重油催化裂解制乙烯和原油直接裂解制乙烯。为避免依赖于炼油厂或气体加工厂提供原料，直接裂解原油工艺的主要特点在于省略了传统原油炼制生产石脑油的过程，使得工艺流程大为简化。代表性的技术有埃克森美孚公司技术和沙特阿美公司技术。前者主要工艺改进是在裂解炉对流段和辐射段之间加入一个闪蒸罐，原油在对流段预热后进入闪蒸罐，气液组分分离，气态组分进入辐射段进行裂解，液态组分则作为炼厂原料或者直接卖出。在石脑油价格高于原油价格时，该工艺将显著降低裂解原料成本。

　　沙特阿美公司技术与埃克森美孚公司技术完全不同。其工艺过程为原油直接进入加氢裂化装置，去除硫并将高沸点组分转化为低沸点组分；之后经过分离，瓦斯油及更轻的组分进入蒸汽裂解装置，重组分则进入沙特阿美公司自主研发的深度催化裂化装置，最大化生产烯烃。

4.8　新型非石油路线乙烯工艺

　　近年来，世界和我国乙烯产能年均增幅为 3%～6%，截至 2015 年底，我国石脑油裂解制乙烯和煤（包括 MTO）制乙烯分别占乙烯总产能的 84.7% 和 13.1%。到目前为止，世界上约 98% 的乙烯生产采用管式炉蒸汽裂解工艺，还有 2% 的乙烯产能采用煤（甲醇）制烯烃等其他乙烯生产技术。

　　甲醇制烯烃技术是以天然气或煤为原料转化为合成气，再经甲醇制备乙烯、丙烯。此工艺突破了石油资源紧缺、价格起伏大的限制，对我国具有一定的战略意义。甲醇制烯烃代表性工艺有 UOP/Hydro 的甲醇制烯烃（MTO）工艺、Lurgi 的甲醇制丙烯（MTP）工艺、中国科学院大连化学物理研究所的 DMTO 技术和中国石化上海石油化工研究院的 S-MTO 技术。

　　UOP/Hydro 的 MTO 工艺采用 MTO-100 催化体系。MTO-100 催化剂具有优良的耐磨性和良好的稳定性。连续运行 90 天，甲醇转化率仍保持接近 100%，乙烯和丙烯选择性（碳基）为 75%～80%，可以通过改变反应条件和工艺装置大致在 0.75～1.25 的范围内调节乙烯/丙烯，当乙烯、丙烯选择性相同时达到最佳的乙烯和丙烯选择性。采用类似于流化催化裂化流程的工艺，采用提升管式反应器，即快速流化床作为 MTO 反应器、鼓泡床作为 MTO 再生器。选择这种快速流化床反应器有利于减少底部返混和减小反应器尺寸，其反应器分为底部反应段、中间过渡段及顶部沉降段。底部反应段操作气速接近 1m/s，是一个密相湍动流化床，中间过渡段尺寸小，从而使操作气速增加到 3～4m/s，形成快速流化床，甲醇进料在底部密相湍动床先部分转化，然后在快速流化床过渡段完全转化。在顶部沉降段有旋风分离器。

　　2004 年，我国采用流化床工艺和 SAPO 分子筛型催化剂进行甲醇制烯烃技术（DMTO）工业性试验，建设了世界第一套万吨级甲醇制烯烃工业性试验装置。2011 年进入商业化运营，近年又有多套该技术甲醇制烯烃装置投入生产运行。中国石油化工集团开发的

S-MTO 工艺于 2012 年在反应压力 0.15MPa、再生压力 0.15MPa 下，60 万吨/年甲醇制烯烃装置首次成功应用。双烯收率为 32.7%，甲醇转化率为 99.9%。影响甲醇制烯烃反应的因素有反应速率、反应压力、催化剂的碳含量、空速等，控制不同的反应温度，乙烯和丙烯的收率有很大变化，根据所选催化剂不同和乙烯/丙烯比不同。截至 2015 年底，我国已有 20 套煤（甲醇）制烯烃/丙烯装置投产，其中乙烯产能合计 281 万吨。

选择合适的反应温度、提高压力有利于 C_5 以上脂肪烃和芳烃生成。空速的影响，实际上是反应时间的影响，随着反应时间的增加，副反应增多，反应产物趋于重质化，即由低碳烯烃转化为 C 及以上烃类甚至芳烃，为了获得低碳烯烃，需要采取较高的空速，使生成的低碳烯烃在进一步反应之前离开反应区，反应时间短，有利于低碳烯烃生成；原料中添加稀释剂（水蒸气），可以提高低碳烯烃的选择性，添加稀释剂实质上就是降低甲醇和低碳烯烃的分压，从而有利于获得低碳烯烃。

总的来说，MTO 工艺是借鉴成熟的 FCC 工艺方法，即转化反应和催化剂烧焦再生连续进行的催化裂化技术，不断补充再生后的催化剂，保证催化剂的反应活性和选择性稳定，使转化反应平稳进行，与 FCC 不同的是 MTO 是放热反应，反应物基本为气体，而 FCC 是吸热反应，在反应过程中需要通过取出反应放出的热来控制反应中不同组分生成的比例，以达到最好的经济效益。甲醇制烯烃过程中，生成的反应产物乙炔含量非常低，且受进料中氧含量的影响。反应器出来的气体经回收热量降温后，采用的烯烃分离流程与常规的乙烯装置烯烃分离类似，因反应气组分相对单一，其分离流程也相对简单。分离方法也是先经压缩升压，再进行低温分离。

截至 2018 年 9 月中旬，我国已投入运行和试车成功的煤（甲醇）制烯烃装置共 29 套，合计烯烃产能 1300 万吨/年，预计 2025 年将达到 28%，届时国内烯烃市场将形成石油烯烃（含丙烷脱氢制丙烯）、煤制烯烃、进口烯烃（当量）"三分天下"的市场格局。

除甲醇制烯烃工艺以外，生物乙醇制乙烯、合成气费-托合成制取乙烯和甲烷氧化偶联或一步法无氧制取乙烯等在国内外也都有深入的研究，其中部分技术已经建设有年产数十万吨乙烯相关工艺的示范厂。

思考题

基于知识，进行描述

4.1 简述在烃类裂解制烯烃反应中，以水为稀释剂来实现低烃分压的优点和缺点。

4.2 分析简述裂解气的分子筛脱水与再生工艺流程。

4.3 简述乙炔催化加氢的"前加氢"流程和"后加氢"流程各自具备的优点和缺点。

4.4 试讨论影响热裂解的主要因素有哪些？评价裂解结果的指标是什么？

应用知识，获取方案

4.5 请从热力学、动力学角度，分析解释为什么烃热裂解制烯烃的过程要得到高的乙烯收率，需要高温和短停留时间。

4.6 为了降低烃分压，通常加入稀释剂，试分析稀释剂加入量确定的原则是什么？

4.7 裂解气出口的急冷操作目的是什么？可采取的方法有几种？你认为哪种好？为什么？

4.8 如何理解"乙烷蒸汽裂解制乙烯反应，动力学是关键"这句话？

4.9　压缩气的压缩为什么采用多级压缩？确定段数的依据是什么？

4.10　裂解气分离流程各有不同，其共同点是什么？试绘出顺序分离流程、前脱乙烷后加氢流程、后脱丙烷后加氢流程简图，指出各流程特点、适用范围和优缺点。

针对任务，掌握方法

4.11　Lummus 公司的 SRT 型裂解炉由 I 型发展到 Ⅵ 型，它的主要改进是什么？采取的措施是什么？遵循的原则是什么？

4.12　近年来乙烯工业的主要发展方向和研究开发的热点是什么？

第5章

基本有机化工

基本有机化学工业也称基本有机合成化学工业，是指以煤、石油、天然气或农副产品等为初始原料，生产各种量大面广的有机化工产品的化工部门。在有机化学工业中，基本有机化工与非基本有机化工之间并没有严格界限。若是以石油为初始原料的话，基本有机化工的范围大约相当于我们在第1章绪论中所说，第二层次加工中各种烯烃、芳烃催化转化部分。从化学角度看，基本有机合成化学主要是指烯烃、炔烃、芳烃和合成气化学。本章主要针对八大基础原料的催化氧化、催化加氢、催化脱氢和催化氧化脱氢等典型工艺进行原理和过程讲述。

5.1 概述

基本有机化工产品的种类很多，按化合物的类型主要是含氧有机化合物，如醇、醛、酮、酸、酸酐、酯、醚、酚中的甲醇、乙醇、甘油、乙醛、丙酮、醋酸、醋酐、醋酸乙烯酯、甲基丙烯酸甲酯、乙醚、苯酚等；高分子化工中的聚合反应的单体，如苯乙烯、异戊二烯等；以及一些含卤素、氮素的有机化合物，如氯乙烯、四氟乙烯、丙烯腈、己腈、己丙酰胺等。一种通俗的说法是有机化工（若以石油为初始原料即为石油化工）中有八大基础原料和十四种基本有机化工产品。八大基础原料是三烯三苯加上一炔（乙炔）一萘。十四种基本有机化工产品是：甲醇、甲醛、乙醇、乙醛、醋酸、环氧乙烷、环氧氯丙烷、甘油、异丙醇、丙醇、丁醇、辛醇、苯酚、苯酐。基本有机化工产品也可按所用原料分类为：合成气系

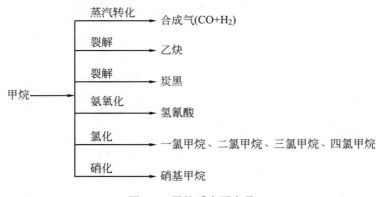

图 5-1　甲烷系主要产品

产品；甲烷系产品；乙烯系产品；丙烯系产品；C_4 烃系产品；乙炔系产品；芳烃系产品。它们的主要产品分别示于图 5-1～图 5-5。

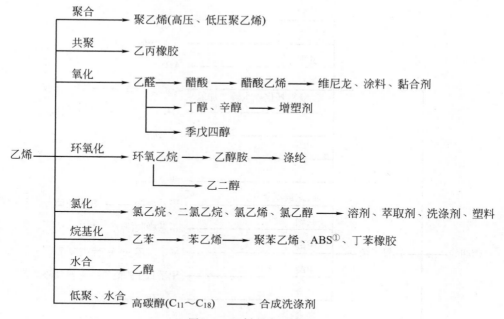

图 5-2　乙烯系主要产品

① ABS 由丙烯腈、丁二烯、苯乙烯共聚的树脂

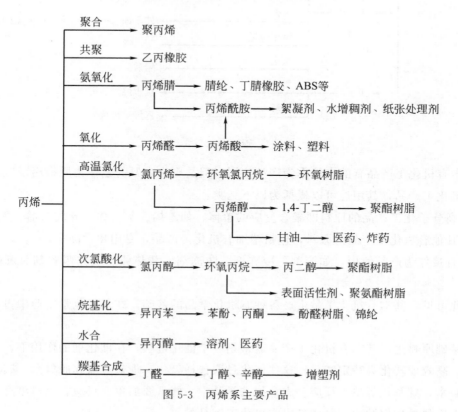

图 5-3　丙烯系主要产品

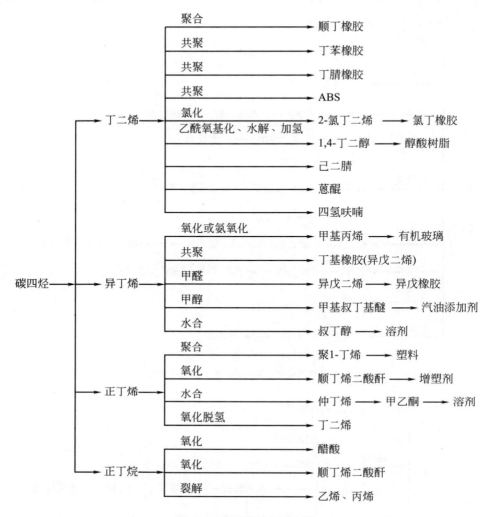

图 5-4　碳四烃系主要产品

基本有机化工产品有的直接作为产品使用，但是更为主要的是作为原料用以进一步生产各种有机化工产品，其用途可以概括为以下三类：

① 高分子化工产品的原料即聚合反应的单体，如乙烯、丁二烯、异戊二烯、丙烯腈等；

② 其他有机化工产品的原料，包括精细有机化工产品，专用化学品等；

③ 直接作为产品使用，如溶剂、冷冻剂、防冻剂、载热体、气体吸收剂、麻醉剂、消毒剂等。

由此可见，基本有机化工是生产各种有机化学品的基础，在现代化学工业中占有重要的地位。

由基础原料生产基本有机化工产品通常是一个催化过程，在催化剂的作用下，基本原料定向地、高效地转化为特定产品。这些催化过程包括氧化、加氢（氧化脱氢）、羰化、氯化、水合、脱水、烷基化等单元反应。本章拟选择其中一些重要的单元反应，以典型产品为对象论述基本原料是如何被加工制成基本有机化工产品的。

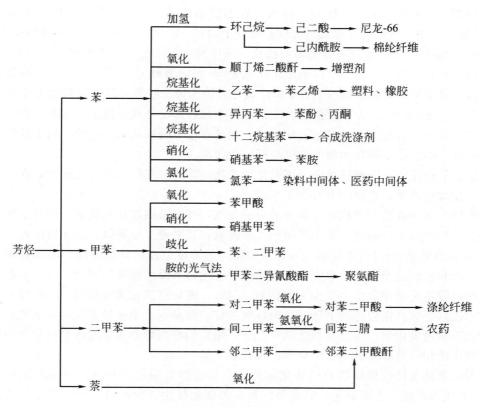

图 5-5 芳烃系主要产品

5.2 催化氧化——乙醛、环氧乙烷、丙烯腈

5.2.1 概述

催化氧化过程在基本有机化学工业中占有重要的地位。烃类及其衍生物通过催化氧化过程可以转化为醇、醛、酮、酸、酸酐等一系列重要含氧有机化合物，与此有关的还有通过氨氧化、氯氧化等过程，让烃类分子与空气（氧）和氨或氯发生催化反应，可获得含氮的腈化物或含氯的氯代烃等重要产品，据估计，大约有 25% 的石油化工产品来自催化氧化过程，其中，某些重要的烃类催化氧化产品列于表 5-1。

表 5-1 重要的催化氧化产品

原料	乙烯	乙烯	乙烯	乙烯	丙烯	丙烯	丙烯
产品	乙醛	环氧乙烷	氯乙烯	醋酸乙烯	丙烯醛（酸）	丙烯腈	环氧丙烷
原料	丁烷	丁烷	异丁烯	丁烯	苯	邻二甲苯	萘
产品	顺丁烯二酸酐	醋酸	甲基丙烯醛（酸）	丁二烯	顺丁烯二酸酐	邻苯二甲酸	邻苯二甲酸

烃氧化的最终产品是二氧化碳和水，但从表 5-1 可见，在催化剂的作用下，选择适当的反应条件可以使氧化反应得到控制，得到所需的单一含氧化合物，也就是说，可以使氧化剂

只进攻烃类分子中某一个 C—H 键，或只是在不饱和体系（烯烃或芳烃）加成氧和不触及 C—C 骨架。例如，我们可以说氧只进攻乙烯分子的 C—H 键，生成乙烯醇再异构化为乙醛；或加成到乙烯分子的碳-碳双键成为环氧乙烷。同样的，氧化剂只进攻丙烯分子中的—CH_3，将其转化为醛基、羟基或氰基（在氨氧化反应中），而没有触及丙烯分子三个碳的骨架，也保留了丙烯分子中的烯键。表 5-1 中苯催化氧化为顺丁烯二酸酐和萘催化氧化为邻苯二甲酸酐，分别由 C_6 转化为 C_4 和 C_{10} 转化为 C_8。这两个过程都已是成熟的生产工艺，但从合理利用碳资源或原子经济反应的角度是有缺陷的，现已有相应的催化氧化过程（如丁烷转化为顺丁烯二酸酐、邻二甲苯转化为邻苯二甲酸酐）取代之。

通常，氧化反应为不可逆反应，不受化学平衡的限制，反应速度也比较快，在工艺上流程简单，设备也简单，适合于大型化工生产。

要在烃类分子或其他有机化合物分子中引入氧，可以采用多种氧化剂，但对于大多数基本有机化工产品的生产而言，大多采用空气或纯氧，其来源丰富易得，又无腐蚀性。但是以有机物-氧或有机物-空气所组成的反应体系在很广的浓度范围内易燃易爆，所以在生产工艺条件的选择和控制方面必须注意安全，必须注意上述物系爆炸极限的问题。也有少数烃分子催化氧化过程不是采用氧或空气作为氧化剂。例如，丙烯环氧化成环氧丙烷不能像乙烯环氧化那样由乙烯和氧在银催化剂上环氧化为环氧乙烷，而是由乙苯或异丁烷先被氧气氧化为乙苯基或叔丁基过氧化氢，然后在催化剂存在下，用它们将丙烯环氧化为环氧丙烷，而有机过氧化物则生成相应的醇，再脱水生成苯乙烯或异丁烯。

烃类的催化氧化过程按所使用催化剂类型和反应物系相态的不同，分为均相催化氧化（如乙烯氧化为乙醛、乙醛氧化为醋酸等）和多相催化氧化（如乙烯环氧化为环氧乙烷、苯氧化为顺丁烯二酸酐等）两大类。本节选择产品重要、过程典型的乙醛、环氧乙烷和丙烯腈生产工艺作为实例进行较详细介绍和讨论。

5.2.2 乙烯络合催化氧化制乙醛

5.2.2.1 液相催化氧化简述

1960 年以来，自乙烯均相催化氧化制乙醛的瓦克（Wacker）法实现工业化后，均相催化氧化技术获得了迅速的发展。就乙醛生产而言，瓦克法迅速取代了以乙炔为原料，在 $HgSO_4$-H_2SO_4 催化剂作用下水合生成乙醛这一工艺简单且成熟的生产方法。瓦克法所用的催化剂是 $PdCl_2$-$CuCl_2$-HCl 水溶液，在反应过程中，烯烃与 Pd^{2+} 形成活化配合物，而后转化为产物，属均相络合催化氧化反应。

工业生产上采用的另一类均相催化反应是均相自氧化反应，烃与氧发生的氧化反应，其热力学平衡常数通常都相当大，但在普通室温下实际上观察不到氧化反应的进行。这主要是由于氧化反应的活化能比较高。但若反应物系内加入少量的引发剂（或光引发、热引发）后，氧化反应即可按自由基链式反应机理发生自氧化反应。在工业生产中，绝大多数自氧化过程是在催化剂存在下进行的，所用的催化剂是过渡金属的水溶液或油溶性的有机酸盐，常用的是醋酸钴、丁酸钴、环烷酸钴、醋酸锰等。重要催化自氧化产品如丁烷氧化制醋酸和甲乙酮；轻油氧化制醋酸；高级烷烃氧化制高级醇或者酸；环己烷氧化制环己醇、酮或己二酸；甲苯氧化制苯甲酸；对二甲苯氧化制对苯二甲酸；乙苯或异丙苯氧化制相应的乙苯基或异丙苯基过氧化氢；乙醛氧化制醋酸或酸酐等。所以，工业上液相催化氧化过程有两种，即均相自氧化反应和络合催化氧化反应。

5.2.2.2　烯烃钯盐络合催化氧化

(1) 反应过程

烯烃在均相络合催化剂（$PdCl_2$-$CuCl_2$）的作用下可氧化生成碳原子数不变的羰基化合物，其中除乙烯外均能生成相应的酮，如：

丙烯→丙酮；1-庚烯→正甲戊酮；丁烯→甲乙酮；1-辛烯→正甲己酮；1-戊烯→正甲丙酮。

这些 α-烯烃氧化反应速率随碳原子数的增多而减小。β-烯烃的氧化反应速度比 α-烯烃慢，而且有 $R(R')C\!=\!CH_2$ 结构的烯烃氧化反应速度更慢，或根本不起反应。其中，乙烯络合催化氧化为乙醛最为重要，将乙烯和氧在一定条件下通入 $PdCl_2$-$CuCl_2$-HCl 水溶液中，乙烯即转化为乙醛：

$$C_2H_4+\frac{1}{2}O_2\longrightarrow CH_3CHO \qquad \Delta H_{298}^{\ominus}=-243.5kJ/mol \tag{5-1}$$

它是由下列三个化学反应组成：

① 烯烃的羰化反应：

$$CH_2\!=\!CH_2+PdCl_2+H_2O\longrightarrow CH_3CHO+Pd^0\downarrow+2HCl \tag{5-2}$$

② Pd^0 的氧化反应：

$$Pd^0+2CuCl_2=\!=PdCl_2+2CuCl \tag{5-3}$$

③ CuCl 的氧化：

$$2CuCl+\frac{1}{2}O_2+2HCl\longrightarrow 2CuCl_2+H_2O \tag{5-4}$$

$PdCl_2$ 首先使烯烃配位于中心原子钯上并使其得到活化，进而将与之配位的烯烃氧化，而 Pd^{2+} 本身被还原为零价的金属钯。为使反应得以继续进行，则需借助比它具有更高氧化势的变价金属离子来进行氧化，一般用 Cu^{2+} 使 Pd^0 氧化为 Pd^{2+}，而 Cu^{2+} 还原为 Cu^+；随后再由氧将其氧化为 Cu^{2+}。这一反应过程（或机理）称为共氧化循环机理。之所以引入 $CuCl_2$ 组分是因为在盐酸溶液中由氧气氧化金属钯为 $PdCl_2$ 的反应速度比起烯烃羰化反应速度慢得多，不可能形成催化循环，而 $CuCl_2$ 或 $FeCl_3$ 等氧化剂能有效地使金属钯氧化为 Pd^{2+}，同时 CuCl 在酸性溶液中很容易被气态氧氧化为 $CuCl_2$。

在上述三个基本反应中，烯烃的羰化反应速度最慢，是反应的控制步骤。

(2) 乙烯羰化反应机理与反应速度

尽管乙烯羰化反应机理的某些细节可能还有不同的见解，但仍可由下列式子表示其基本步骤：

$$[PdCl_4]^{2-}+C_2H_4=\!=[PdCl_3(C_2H_4)]^-+Cl^- \tag{5-5}$$

$$[PdCl_3(C_2H_4)]^-+H_2O=\!=[PdCl_2(H_2O)(C_2H_4)]+Cl^- \tag{5-6}$$

$$[PdCl_2(H_2O)(C_2H_4)]+H_2O=\!=[PdCl_2(OH)(C_2H_4)]^-+H_3O^+ \tag{5-7}$$

$$[PdCl_2(OH)(C_2H_4)]^-=\!=PdCl\text{-}C_2H_4OH+Cl^- \tag{5-8}$$

$$PdCl\text{-}C_2H_4OH=\!=CH_3CHO+HCl+Pd \tag{5-9}$$

由这个机理可以推得乙烯氧化为乙醛的动力学方程为：

$$\frac{-d[C_2H_4]}{dt}=k\,\frac{[PdCl_4^{2-}][C_2H_4]}{[H^+][Cl^-]} \tag{5-10}$$

与由实验所得的动力学方程相符。

(3) 乙烯氧化制乙醛主要的副反应

在钯盐催化剂作用下，乙烯氧化制乙醛过程的选择性相当高，大约95%，副产物的生成量不多，主要的副反应有下列几种。

① 氯代烷、氯代醇的生成：

$$CH_2 \!=\! CH_2 + HCl \longrightarrow CH_3CH_2Cl \tag{5-11}$$

$$2HCl + \frac{1}{2}O_2 \longrightarrow Cl_2 + H_2O \tag{5-12}$$

$$CH_2 \!=\! CH_2 + Cl_2 + H_2O \longrightarrow ClCH_2\!-\!CH_2OH + HCl \tag{5-13}$$

② 乙醛的氧氯化：

$$2CH_3CHO + Cl_2 + \frac{1}{2}O_2 \longrightarrow 2ClCH_2CHO + H_2O \tag{5-14}$$

$$2ClCH_2CHO + Cl_2 + \frac{1}{2}O_2 \longrightarrow 2Cl_2CHCHO + H_2O \tag{5-15}$$

$$2Cl_2CHCHO + Cl_2 + \frac{1}{2}O_2 \longrightarrow 2Cl_3CCHO + H_2O \tag{5-16}$$

③ 乙醛、氯乙醛氧化为醋酸、氯代醋酸：

$$CH_3CHO + \frac{1}{2}O_2 \longrightarrow CH_3COOH \tag{5-17}$$

$$ClCH_2CHO + \frac{1}{2}O_2 \longrightarrow ClCH_2COOH \tag{5-18}$$

④ 缩合反应生成烯醛和树脂状物质。

⑤ 其他副反应：在乙烯氧化制乙醛的反应过程中，还有氯代甲烷衍生物和草酸铜等副产物的生成。草酸可能是由三氯乙醛水解和氧化生成。草酸与催化剂中心 Cu^{2+} 生成草酸铜沉淀。

5.2.2.3　乙烯络合催化氧化制乙醛的工艺

(1) 生产方法

前已述及，在钯盐催化剂作用下，乙烯均相氧化制乙醛的过程包括三个基本反应。这三步反应可在同一反应器中进行，称为一段法。也可分开在两个反应器中进行，称为两段法。这两种生产方法的流程示意见图5-6和图5-7。

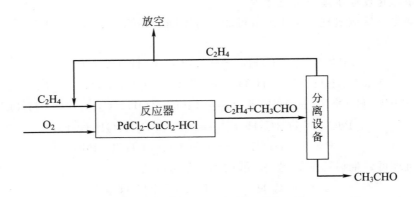

图 5-6　乙烯均相氧化制乙醛一段法流程示意

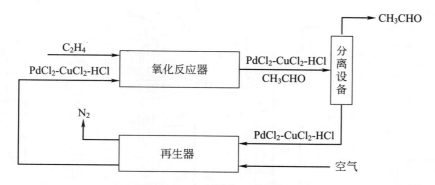

图 5-7　乙烯均相氧化制乙醛两段法流程示意

在一段法过程中，乙烯和氧（乙烯要大量过量，使混合气保持在爆炸极限以外）在 $60\sim70℃$ 及大约 0.3MPa 下，通过催化剂溶液。乙醛与过剩的乙烯一起离开反应器，在分离设备中用水洗涤，使乙醛和乙烯分开，再用蒸馏的方法从乙醛水溶液中回收乙醛。未反应的乙烯循环使用。为防止在系统中积累惰性气体，将一部分循环气排放出系统外。

两段法是乙烯在一个盛有 $PdCl_2\text{-}CuCl_2\text{-}HCl$ 溶液的反应器中完成氧化反应而在另一个再生器中进行金属盐溶液的再氧化。氧化反应在大约 1.0MPa 下进行，含有乙醛的钯-铜溶液在分离设备中蒸出乙醛，被还原了的钯-铜溶液送入再生器以空气进行再氧化。一段法和两段法过程的选择性均约 95%。

在工业生产上，一段法和两段法均被采用。在一段法中为避免爆炸，必须使用过量乙烯，因此乙烯就必须循环。如果在这个过程中用空气作氧化剂，在分出乙醛后，剩下的乙烯就必须与氮气分开才能循环使用，这就要求有空气分离设备能供应纯氧气。在两段法生产过程中则需要两个反应器，乙烯无需循环，也不要高纯度的乙烯，因此乙烯-乙烷混合物也可以作为原料气。

由于催化剂溶液有很强的腐蚀性，与之接触的设备、管道、泵等都需要采用比较耐腐蚀的钛钢制造或采用其他耐腐蚀性能良好的材料。例如，反应器可以采用砖和橡胶衬里。

（2）一段法生产乙醛

1）工艺流程

一段法生产乙醛的工艺流程如图 5-8 所示。流程包括氧化、乙醛精制和催化剂再生三部分，新鲜乙烯（纯度 99.8%）和循环乙烯混合从反应器底部通入，氧气（纯度 99.5%）从反应器侧线引入，反应器内装 $1/2\sim1/3$ 体积的催化剂溶液，反应温度 $125\sim130℃$，压力 0.4MPa，反应后的气液混合物从反应器上部的导管进入除沫分离器，分出的催化剂溶液经循环管返回反应器，气体经冷凝器将乙醛及高沸点组分冷凝下来，未冷凝气体进入吸收塔用水吸收未冷凝的乙醛，吸收液与冷凝液一并进入粗乙醛贮槽。吸收塔排出的气体含约 15%乙烯、8%氧，其余为惰性气体和副产的二氧化碳、氯甲烷、氯乙烷等，乙醛含量约 100×10^{-6}（体积分数），大部分循环使用，少部分送火炬烧掉。

粗乙醛水溶液含乙醛约 10%，先在脱轻组分塔中直接通入水蒸气加热脱除低沸点组分氯甲烷、氯乙烷和溶解的 CO_2、C_2H_4 等，塔底液进入精馏塔，塔顶蒸出纯乙醛产品，侧线引出丁烯醛等副产物（未画出），塔釜液为含少量醋酸等高沸点副产物的废水，送污水处理系统。

从循环管引出的催化剂溶液通入氧和补加盐酸，减压降温，在分离器中分出气体混合物

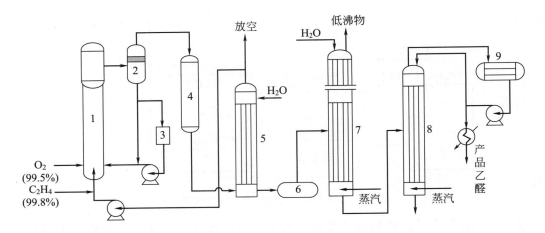

图 5-8 一段法生产乙醛工艺流程

1—反应器;2—除沫分离器;3—催化剂再生器;4—冷凝器;5—洗涤器;

6—粗乙醛贮槽;7—脱低沸物塔;8—精馏塔;9—冷凝塔

经冷凝后,再水吸收回收乙醛(图中未画出)。分离器底部的催化剂溶液用泵升压后直接通入蒸汽加热再生,然后送回反应器。一段法生产过程中需要引出一小部分催化剂进行再生,是因为反应所生成的不溶树脂和固体草酸铜仍留在催化剂中,需将不溶物分离,加热分解草酸酮,放出 CO_2 和 Cu^+,再生后的催化剂再返回反应器。

2)乙烯液相氧化制乙醛反应器

乙烯液相络合催化氧化制乙醛是一个气液相反应,同时也是一个强烈放热的反应($\Delta H_{298}^{\ominus} = -243.5kJ/mol$),传质传热状况很重要。工业上是采用具有循环管的鼓泡床塔式反应器。为了有效地进行传质,气体的空塔速度很高,流体处于湍流状态,气液两相能较充分地接触,反应器是被密度较低的气液混合物所充满。这种气液混合物经反应器上部侧线流至除沫分离器(如图 5-9 所示),在此气体流速减少,气液分离,催化剂溶液在除沫分离器中沉淀下来,此处催化剂溶液的密度比反应器内的气液混合物密度约大一倍,借此密度差,催化剂溶液经循环管自行返回反应器,与此同时也从循环管引出一部分催化剂溶液进行再生。反应器除热的方法是借产物和催化剂溶液中水的蒸发带走反应热。

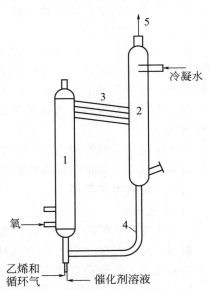

图 5-9 乙烯液相氧化制乙醛反应器

1—反应器;2—除沫分离器;3—连接管;

4—循环管;5—反应器出口

3)乙烯液相氧化制乙醛的工艺条件

① 原料气纯度 前已述及,一段法中乙烯要大量过量,未反应的乙烯循环使用,这就要求乙烯纯度尽量高(>99.5%),减少循环气放空量。同时钯催化剂对多种常见毒物很敏感,对毒物含量有严格限制。乙炔能与催化剂溶液中的亚铜离子作用生成乙炔铜,与钯盐作用生成钯炔化合物和析出金属钯。乙炔铜和钯炔化合物都是难溶的物质(干燥的乙炔铜和钯炔化合物受热会爆炸)。它们的生成不仅降低了催化剂活性而且容易引起发泡现象。

在酸性溶液中,氯化钯与硫化氢作用能生成硫化钯沉淀,这种沉淀物质稳定不易分解。原料气中如有一氧化碳存在,会使钯盐转化为金属钯析出。二氧化碳和乙烷等烷烃对反应没有不利的影响。

一般使用的原料乙烯纯度 99.5%,氧气纯度 99.5%,乙炔含量<30×10^{-6}(体积分数,同下),硫化物含量<3×10^{-6}。

② 混合气的组成 进入一段法反应器的混合气体是由原料乙烯、氧气和循环气所组成。氧和乙烯两种气体分别通入装有催化剂水溶液的反应器内,虽然氧含量在约 17% 而不形成爆炸混合物。但自反应器出来的气体混合物就必须严格控制其组成,不能让其在爆炸极限之内,这就与反应过程中乙烯转化率有关。由于一段法生产乙醛是让乙烯和氧同处一个反应器,为减少连串副反应的发生,必须控制较低的乙烯转化率。工业生产上从安全和经济两方面考虑,要求循环气氧含量控制在约 8%,乙烯含量控制在约 65%。当循环气中氧含量到 9% 或乙烯含量降至 60% 时,就需立即停车,并用氮气置换系统中的气体,排入火炬烧掉。为了确保安全,要求配置自动报警联锁停车系统。

工业生产中气体组成的实例之一是:当进入反应器混合气体组成是 C_2H_4 65%、O_2 17%、惰性气体 18% 时,如要求循环气中氧含量约 8%,则乙烯转化率只能控制在约 35%。

③ 反应温度与压力 前已述及,氧化反应在热力学上是有利的,温度因素主要是影响反应速率和副反应。升高温度有利于提高反应速度,既提高乙烯羰化反应速率,也提高了金属离子氧化反应的速度;但是温度高了,乙烯和氧在催化剂水溶液中的溶解度却随之降低,同时温度升高,副反应也随之增多。因此,温度因素对反应过程存在两个相反效应,故有一适宜反应温度,一般控制在 120~130℃。

一段法采用的除热方法是借助产物乙醛和水的蒸发以带走反应热,以保持反应温度恒定,反应器内催化剂溶液处于沸腾状态,反应温度与反应压力有一个对应关系。当反应器出口压力(绝对)为 0.4~0.5MPa 时,反应温度即为 120~130℃。

④ 催化剂溶液的组成 由乙烯氧化制乙醛反应动力学方程可知,反应速度与 [Pd^{2+}]、[Cl^-]、[H^+] 诸物种浓度有关,其中 [Pd^{2+}] 又受制于溶液中铜离子浓度和氧化度 [$Cu^{2+}/(Cu^{2+}+Cu^+)$]。因此,工业生产中对催化剂溶液组成的控制指标有:钯含量、总铜含量、氧化度、pH 值等。它们一般为:钯含量 0.2~0.45g/L,总铜含量 65~70g/L,氧化度 0.6,pH 值 0.8~1.2。

(3) 两段法生产乙醛

两段法设置两个反应器。第一台反应器为羰化反应器,是钛钢制的管式反应器,通入乙烯和催化剂溶液进行羰化反应及钯的氧化反应,乙烯几乎全部转化,反应温度和压力可单独控制,故可用较高压力来提高乙烯在催化剂溶液中的溶解度,加快反应速度。一般为 100~110℃及 1.0~1.2MPa。所得产物在闪蒸塔减压,蒸出乙醛、水蒸气及挥发性副产物。塔底催化剂溶液补充水后进入第二台反应器,同样通入空气使 Cu^+ 氧化为 Cu^{2+}。氧化后的催化剂溶液返回第一台反应器使用。同样也需要引出一部分催化剂溶液再生。氧化反应器也是钛钢制的管式反应器。反应压力也是 1.0~1.2MPa。

5.2.2.4 乙烯络合催化氧化制乙醛的技术经济

乙烯络合催化氧化制乙醛的原料和动力消耗如表 5-2 所列。

每生产 1t 乙醛排出的副产物和三废量为:

一段法:丁烯醛馏分约 2kg;蒸馏废水约 10t;反应废气(标准状态)约 40m³;蒸馏废

表 5-2　乙烯络合催化氧化制乙醛原料和动力消耗（按每吨乙醛计）

项目	一段法	两段法	项目	一段法	两段法
乙烯（>99.8%）/kg	670	670	冷却水（25℃）/m³	200	220
氧（标准状态）/m³	275	—	冷却水（12℃）/m³	—	12
空气（标准状态）/m³	—	1600	工艺水/m³	6.0	—
盐酸（30%）/kg	4	15	去离子水/m³	1.5	—
$PdCl_2$/g	0.9	0.9	蒸汽/kg	1200	1200
$CuCl_2 \cdot H_2O$/g	150	150	电/kW·h	50[①]	300[②]

①不包括空分装置；②包括空气压缩机。

气（标准状态）约 5m³；催化剂再生废气（标准状态）约 10m³。

两段法：氯仿馏分约 3kg；氯乙醛及水约 25kg；废水约 1.4m³；氧化反应放空气体（标准状态）约 1300m³；反应后尾气约 30m³；蒸馏尾气约 2m³。

生产工艺过程：一段法乙烯单程转化率 35%，对乙醛选择性 95%；两段法乙烯单程转化率 95%～99%，对乙醛选择性 95%。

乙烯络合催化氧化制乙醛（Wacker 法）的第一套装置于 20 世纪 60 年代投产以后显示很明显的经济效益，超过了从乙烯经乙醇制乙醛、乙炔水合制乙醛等生产路线，并得到广泛的采用，典型的装置生产规模达到年产乙醛（8～20）万吨。但是，乙醛的主要销路传统上一直是用于制造醋酸，这个方法正受到以丁烷或石脑油氧化以及甲醇低压羰基化（孟山都方法）制醋酸过程的激烈竞争，所以制醋酸的乙醛用量正在下降。乙醛的另一个重要销路是制取正丁醇和 2-乙基己醇，也受到羰基合成生产路线的竞争。总之，乙醛的产量正日趋下降。

5.2.3　乙烯环氧化制环氧乙烷

5.2.3.1　环氧乙烷及其生产方法

环氧乙烷 $CH_2—CH_2$（沸点 10.7℃）是最简单也是最重要的环氧化合物，是生产乙二

$\diagdown O \diagup$

醇的原料，后者是聚酯纤维的主要原料之一，工业上常将环氧乙烷和乙二醇的生产组织在一起。环氧乙烷本身还是表面活性剂和制取其他有机化工产品的原料，在乙烯系产品中仅次于聚乙烯居第二位，世界年产量在（600～800）万吨。

工业上生产环氧乙烷的最早也是主要的生产方法是氯醇法。该法分两步进行，第一步将乙烯和氯气通入水中反应，生成 2-氯乙醇 $HO—CH_2—CH_2—Cl$，第二步让氯乙醇与 $Ca(OH)_2$ 反应，生成环氧乙烷。每生产 1t 环氧乙烷要消耗 0.9t 乙烯、2t 氯气和 2t 石灰，排放大量污水。乙烯直接环氧化的方法问世后，发展迅速，现已成为环氧乙烷的主要生产方法，典型的装置生产规模已达每年（5～25）万吨。

乙烯环氧化制环氧乙烷的工艺过程的研究与开发源于 20 世纪 30 年代，法国催化剂公司的 Lefort 让乙烯和氧在适当载体的银催化剂上作用生成环氧乙烷，并完成了乙烯和空气直接氧化制环氧乙烷的试验，取得专利。与此同时，美国联合碳化物公司也进行了一系列的研究与开发工作，并由此开发成功一种能用于工业生产的方法，1938 年首次建厂投产。1958 年美国壳牌（Shell）公司采用氧气方法以后，近代大型的工厂已全部改用纯氧氧化法。这是因为乙烯环氧化制环氧乙烷过程乙烯的单程转化率只能在约 10%。如果提高转化率，不但选择性下降，反应热难于导出，致使反应温度不易控制。因此，大量未反应的乙烯需要循

环。如果使用空气作氧化剂，在补充新鲜空气之前，为了保持恒定的氧和乙烯浓度，必须将相当一部分尾气放空，而放空尾气中的乙烯又难于从尾气中回收，导致乙烯的大量损失。

采用纯氧氧化法还有一个优点，就是可以选择一种传热性能比氮好（如甲烷或乙烷）并更能缩小氧和乙烯的爆炸范围的惰性气体作稀释剂，以使整个反应在爆炸范围之外操作。由于在环氧化反应中除 CO_2 以外，其他不易脱除的气体组分生成量很小，所以放空量可以维持很小。另甲烷与乙烷相比，分子量较小，循环时压缩机的功耗较低，因而一般多采用甲烷作为稀释剂。

5.2.3.2　乙烯的环氧化反应

（1）环氧化反应

环氧乙烷是烯烃与氧气在催化剂作用下直接生成环氧化合物在工业生产唯一的产品，丙烯或更高级的烯烃的直接环氧化反应，生成环氧化合物的选择性很差，如前所述，环氧丙烷可由乙苯基过氧化氢或叔丁基过氧化氢直接环氧化丙烯生成环氧丙烷。

在银催化剂上发生的乙烯氧化反应，除了生成环氧乙烷外，副产物只有二氧化碳和水：

$$C_2H_4 + \frac{1}{2}O_2 \longrightarrow C_2H_4O \quad \Delta H_{277}^{\ominus} = -117kJ/mol, \ \Delta G_{277}^{\ominus} = -50.6kJ/mol \tag{5-19}$$

$$C_2H_4 + 3O_2 \longrightarrow 2CO_2 + 2H_2O \quad \Delta H_{277}^{\ominus} = -1334kJ/mol, \ \Delta G_{277}^{\ominus} = -1299.6kJ/mol \tag{5-20}$$

$$C_2H_4O + 2\frac{1}{2}O_2 \longrightarrow 2CO_2 + 2H_2O \quad \Delta H_{277}^{\ominus} = -1217kJ/mol, \ \Delta G_{277}^{\ominus} = -1249kJ/mol \tag{5-21}$$

上述三个化学反应的化学平衡都明显地有利于产物的生成。生成二氧化碳和水的副反应的热效应要比主反应的热效应高一个数量级。

（2）催化剂与反应机理

1）催化剂

乙烯只有在银催化剂上才能定向地氧化为环氧乙烷，自 20 世纪 30 年代研究开发成功以来，催化剂的改进提高一直是一项热门的研究课题，在选择性、强度、热稳定性和使用寿命等方面均有很大的提高，以选择性为例，已由早期的约 70% 提高到目前 >80%。工业催化剂通常由四个基本部分组成：银、载体、助催化剂和深度氧化抑制剂。

① 活性组分金属银　已经工业化的催化剂中银的含量变化很大，最低约 10%，最高约 20%。

② 载体　载体的功能在于分散活性组分银和防止银微晶烧结，使其活性能保持稳定。常用载体有碳化硅、α-氧化铝、含少量二氧化硅的 α-氧化铝，一般比表面积只有 $1m^2/g$，孔隙率约 50%，平均孔径 $4.4\mu m$ 或更大孔径的。这些物理参数意味着尽量减小反应产物在孔隙中的扩散阻力，防止深度氧化反应的发生。同时还要求载体具有良好的导热性能和较高的热稳定性。

③ 助催化剂　仅由银和载体组成的催化剂，乙烯环氧化的效果并不佳，通常还需要添加碱金属或碱土金属作为助催化剂。最常见的助催化剂组分是钡，也有加碱金属铯、钾或铷，也有同时添加有碱金属和碱土金属为助催化剂的，其效果有的比单添加一种助催化剂组分要好。例如有一种银催化剂只添加钾助催化剂，环氧乙烷的选择性为 76%，只添加适量铯助催化剂，环氧乙烷的选择性为 77%，如同时添加钾和铯，则环氧乙烷的选择性可提高至 81%。

④ 深度氧化抑制剂　这类抑制剂主要是有机卤化物，如二氯乙烷。早期是添加在催化剂中，现在一般是在操作过程中以气相形式将二氯乙烷加入到反应物料中。

催化剂制备通常有：热分解法、沉淀法、银盐还原法、银盐电解法等。

常用的是热分解法，即将银盐溶液浸渍载体，然后热分解，使银均匀分散负载于载体上，最后加热分解。

2）反应机理

关于乙烯在银催化剂上直接氧化为环氧乙烷的机理已进行了大量的工作，特别是在银或被部分氧化了的银上，氧分子、乙烯、二氧化碳等的吸附态及这些吸附物种对主副反应的贡献进行了大量的实验观测和理论分析，到目前尚未有一致的认识，但是在这其中仍有几点看法为大多数人所接受。

① 氧分子在银催化剂上可能发生两种形式的化学吸附，一种是解离吸附，即氧-氧键已断裂；另一种是非解离吸附，即氧-氧键没有断裂。即氧分子在催化剂上的吸附机理为：

$$O_2(g) \longrightarrow O_{2*} \longrightarrow O_{2*}^{\delta-} \longrightarrow 2O_*^{\delta-}$$

反应温度范围内，吸附态为 O^{2-} 或 O_2^-。

② 乙烯与解离吸附的 O^{2-} 作用，产物是 CO_2 和水，而乙烯与非解离吸附的 O_2^- 作用，能选择性地氧化为环氧乙烷并同时产生一个解离吸附态的氧。

③ 基于上述两点和乙烯环氧化为环氧乙烷反应的选择性长期徘徊于 $70\% \sim 80\%$ 之间，有人据此预测该反应的选择性的最高值为 6/7 即 85.7%。这是因为一个分子的乙烯完全氧化成 CO_2 和水要消耗 6 个 $Ag—O_*^-$：

$$CH_2 =\!\!= CH_2 + 6Ag—O_*^- \longrightarrow 2CO_2 + 2H_2O + 6Ag$$

而 6 个乙烯分子环氧化为环氧乙烷要消耗 6 个 $Ag—O_2^-$ 同时生成 6 个 $Ag—O_*^-$，则总反应式为：

$$7CH_2 =\!\!= CH_2 + 6Ag—O_2^- \longrightarrow 6\ \underset{O}{CH_2—CH_2} + 2CO_2 + 2H_2O + 6Ag$$

但是实际上此反应的选择性在低转化率时可能超过 96%，新近也有报道新催化剂研究中选择性突破 6/7。20 世纪 70 年代后期，基于银催化剂上氧吸附态的各种表面科学的研究和催化反应的动力学实验结果分析，关于吸附氧原子与乙烯相互作用成环，在 Ag—O 键断裂的同时生成环氧乙烷的观点逐渐为人们所接受。银表面下层的氧或氯作为电子受体将使金属中心的正电荷得到加强，配位于该银原子的弱键的氧原子吸附了乙烯分子，并插入乙烯的双键成环而成为环氧乙烷；而与低正电荷银原子成强桥式键的氧原子与乙烯作用，进攻乙烯分子的 C—H，促使其断裂，导致完全氧化的发生。

5.2.3.3 乙烯氧气氧化法生产环氧乙烷的工艺

(1) 工艺流程

乙烯在 $Ag/\alpha\text{-}Al_2O_3$ 催化剂上直接环氧化制取环氧乙烷有空气氧化法和氧气氧化法两种。虽然氧气氧化法生产的安全性不如空气氧化法，但如前所分析的，氧气氧化法有其优越性，新建的大型生产装置（1 万～20 万吨/年）大多采用氧气氧化法，其工艺流程有反应部分和环氧乙烷的回收和精制部分。其反应部分流程如图 5-10 所示。

新鲜原料氧气和新鲜原料乙烯与循环气混合后，经过热交换器预热到一定温度后从列管式固定床反应器上部进入催化剂床层反应，反应热由管间冷却介质（有机载热体或加压热水）带走。从反应器流出的气体中环氧乙烷的含量仅 $1\% \sim 2\%$，经热交换器冷却后，进入环氧乙烷吸收塔，以水作为吸收剂吸收反应气中的环氧乙烷。从吸收塔排出的气体含有未反应的乙烯、氧气和副产物二氧化碳以及惰性气体，其中的大部分（约 90%）直接循环使用，

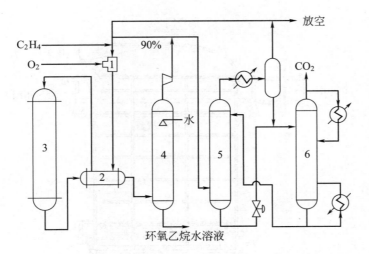

视频

乙烯氧气
氧化法生产
环氧乙烷
工艺流程
演示

图 5-10 氧气氧化法反应部分流程示意

1—混合器；2—热交换器；3—反应器；4—环氧乙烷吸收塔；

5—二氧化碳吸收塔；6—二氧化碳吸收液再生塔

而一小部分送 CO_2 吸收装置用热碳酸钾溶液脱除。自 CO_2 吸收装置出来的气体只需要周期性地排放一小部分，大部分用于循环。

粗环氧乙烷中所含杂质主要是溶于其中的二氧化碳和少量的甲醛、乙醛等副产物。当环氧乙烷用于制取乙二醇时，水的含量可较高，并允许有醛存在，但溶于其中的二氧化碳应尽量除尽以免腐蚀以碳钢制作的环氧乙烷水合制乙二醇的设备。

当需要高纯度环氧乙烷产品时，则须再进行精馏，以除去甲醛、乙醛等杂质。

（2）反应器

乙烯环氧化制环氧乙烷是一个强放热反应，温度对反应选择性的影响又甚敏感，对于这种反应最好是采用流化床反应器。但因细颗粒的银催化剂易结块也易磨损，流化质量很快恶化，催化剂效率急速下降，故工业上普遍采用的是列管式固定床反应器，管内装催化剂，管间走冷却介质（有机载热体或加压热水），如图 5-11 所示。

近来，在较低温度下操作的高活性催化剂允许直接用反应器壳体内的沸腾水进行冷却。这时管壳不加挡板。由反应热产生的高压蒸汽通过膨胀而降低至较低的压力时，足以推动循环压缩机运行。而低压蒸汽本身能推动装置上所有的泵，接着用于加热蒸馏塔的蒸发器。

（3）工艺条件

① 反应温度　在乙烯环氧化过程中伴随着完全氧化为水和二氧化碳平行副反应是一个强放热反应过程。完全氧化反应的活化能等于或略大于氧化反应的活化能，且前者的热效应是后者热效应的 10 倍，因此，随着温度的升高，活性升高，选择性下降，且如不能及时移走反应热，将导致温度难以控制，产生飞温现象。适宜的反应温度与催化剂性能有关，一般控制在 $220\sim260℃$。

② 空速　与反应温度相比，空速对反应过程的影响是次要的，这与主要副反应是与主反应平行进行有关。小的空速虽然能提高乙烯的转化率但选择性也会下降，且空速小催化剂的时空产率和单位时间的放热量也会受到影响。现在工业上采用的混合气空速一般为 $7000h^{-1}$。若用纯氧为氧化剂，乙烯的单程转化率在 $12\%\sim15\%$，选择性可达 $75\%\sim80\%$ 或更高。

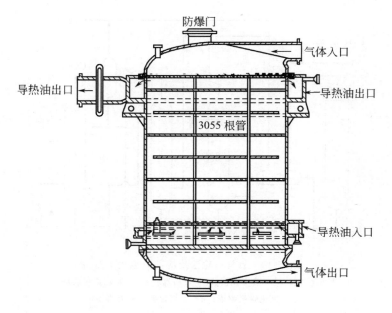

图 5-11 乙烯环氧化管式反应器

③ 压力　在加压条件下进行乙烯环氧化反应对过程选择性没有显著的影响，但可提高反应设备的生产能力，有利于从反应气中回收环氧乙烷，也有利于从反应气中脱除二氧化碳；但加压条件下对循环气的爆炸极限不利，只能在较低的氧浓度下进行操作。工业生产的操作压力一般是 2MPa。

④ 原料气的纯度　在原料乙烯中要求乙炔 $<5\times10^{-6}$（体积分数，下同），$C_{3+}<10\times10^{-6}$，硫化物 $<1\times10^{-6}$，$H_2<5\times10^{-6}$。这是因为乙炔和硫化物等能使银催化剂永久性中毒，形成的乙炔银受热会发生爆炸性分解；H_2 和 C_{3+} 烃等能发生完全氧化而放出大量的热量，从而影响对反应温度的控制；惰性气等会影响爆炸极限，如氩、氢的存在会使氧的爆炸极限浓度降低而增加爆炸的危险性。

⑤ 进反应器的混合气组成　进入反应器的混合气是由从环氧乙烷吸收塔排出的循环气（含有未反应乙烯、氧等）、新鲜的乙烯原料气和氧（或空气）三部分组成。混合气的组成不仅影响装置生产能力，也关系到生产的安全性，氧的含量必须低于爆炸极限浓度，乙烯浓度也必须控制。乙烯浓度不仅影响氧的爆炸极限浓度，也影响催化剂的生产能力。另外，乙烯环氧化是一个强放热过程，乙烯和氧的浓度升高，反应速度加快，释放的热量增大，若不能维持放热和散热平衡，就会出现飞温。所以氧和乙烯的浓度有一个适宜值，这个适宜值依所用氧化剂而有所不同（见表 5-3）。

表 5-3　空气氧化法与氧气氧化法混合气组成的适宜值

项目	空气氧化法	氧气氧化法	项目	空气氧化法	氧气氧化法
乙烯（摩尔分数）/%	2~10(5)	约 15	氩（摩尔分数）/%		5~15
氧（摩尔分数）/%	4~8	8	氮（摩尔分数）/%	稀释剂	2~60
CO_2（摩尔分数）/%	5~10	5~15	甲烷（摩尔分数）/%		1~60
乙烷（摩尔分数）/%	0~1.0	0~2			

⑥ 循环稀释剂　氧气法放空量小，有可能不用氮气作稀释剂，而用热容量较大的其他气体，有用甲烷也有用乙烷作稀释剂，反应气组成的浓度范围大致是：稀释剂 30%~60%，

乙烯 $15\%\sim30\%$，氧 $4\%\sim15\%$（摩尔分数），主要取决于气体混合物的爆炸极限。以甲烷作稀释剂时，稀释乙烯和氧的工作浓度移至爆炸极限以外，提高反应体系的安全性；甲烷的热容量大，增加反应体系的热稳定性。但以甲烷作稀释剂时必须严格净化脱除掉硫化物和高级烃类，操作费较高；离开反应器的气体带走的显热也比较大。

（4）工艺过程的安全问题

乙烯环氧化法的操作条件不是很安全，存在着燃烧、爆炸等潜在的危险。空气（特别是氧气）与反应原料乙烯的混合器是很容易发生事故的部位。为了保证安全，一定要使氧气（或空气）出喷嘴时有很高的线速度（例如 $25\sim30m/s$），让它大大高于原料的火焰传播速度。原料的火焰传播速度要进行实际测试。在所用工业实用气体中，火焰传播速度最快的是氢，但一般也小于 $10m/s$，故如喷气速度很高，能保证混合器的安全。工业上是借助多孔喷射器对着循环气和乙烯混合气流的下游将氧高速度地喷射入混合气中，使它们迅速进行均匀混合，以减少循环气和乙烯的混合气返混入分布器的可能性。这一部分是氧气氧化法安全生产的关键部分。

混合器应安排在反应器进口附近，确保混合后立刻进入反应器；反应器顶头盖的体积要尽量缩小，以便尽可能缩小烃与空气（氧气）混合处至催化剂上面的空间，因为这里比较容易发生爆炸；在管道上和反应器顶盖上应安装防爆膜，以确保安全。

为了确保安全，需有自动分析仪监视，并配自动报警联锁停车系统。

5.2.4 丙烯氨氧化制丙烯腈

5.2.4.1 丙烯的催化氧化

丙烯在不同条件下氧化，可以得到含氧的或含其他杂原子的化合物，如丙烯醛、丙烯酸、丙烯腈等。

$$CH_2=CH-CH_3+O_2 \longrightarrow CH_2=CH-CHO+H_2O \qquad \Delta H=-340kJ/mol \qquad (5-22)$$

$$CH_2=CH-CHO+\frac{1}{2}O_2 \longrightarrow CH_2=CH-COOH \qquad \Delta H=-254kJ/mol \qquad (5-23)$$

$$CH_2=CH-CH_3+NH_3+\frac{3}{2}O_2 \longrightarrow CH_2=CH-CN+3H_2O \quad \Delta H=-518kJ/mol \qquad (5-24)$$

丙烯醛是生产丙烯酸的中间产物，它本身也是制造饲料添加剂蛋氨酸的原料。丙烯酸的主要用途是用于生产丙烯酸酯，后者的聚合物具有耐热、耐光和不易氧化分解等性能，可制成柔软而有弹性的膜片、黏合剂等。丙烯酸甲酯可用作纤维；丙烯酸乙酯是溶剂和水溶性涂料的原料；丙烯酸丁酯和丙烯酸-2-乙基己酯主要用作水溶性涂料和粘接剂。总之，丙烯酸系列产品在纺织、纤维、皮革、造纸和涂料等行业中有重要应用。

丙烯腈是重要的有机化工原料，聚丙烯腈纤维（腈纶）质轻耐磨、易洗快干、富有弹性，是优良的合成纤维。

1948 年 Shell 公司采用 CuO/SiO_2 作为催化剂，首次实现丙烯选择氧化生产丙烯酸，1960 年 Sohio 公司开发了第一个工业氨氧化催化剂，第一套工业生产装置投产，推动了丙烯腈生产的发展（20 世纪 80 年代世界年产量达到 300 万吨，典型的装置生产规模达到年产 6 万～20 万吨）。全面取代了以前采用的以环氧乙烷、乙醛或乙炔为原料的生产路线：

$$\underset{O}{CH_2-CH_2} +HCN \longrightarrow \underset{\underset{OH}{|}}{CH_2}-\underset{\underset{CN}{|}}{CH_2} \longrightarrow CH_2=CHCN \qquad (5-25)$$

$$CH_3CHO+HCN \longrightarrow CH_3\!-\!\overset{\displaystyle |}{\underset{\displaystyle CN}{CH}}\!-\!CN \longrightarrow CH_2\!=\!CHCN \tag{5-26}$$

$$CH\!\equiv\!CH+HCN \longrightarrow CH_2\!=\!CH\!-\!CN \tag{5-27}$$

从化学反应过程看，现在普遍认为丙烯选择氧化大致经历三个主要步骤：

① 丙烯为催化剂表面所吸附，失去 α-H 并生成烯丙基 $CH_2\!=\!CH\!-\!CH_2\!\cdot$；

② 催化剂上的晶格氧与烯丙基发生氧的插入反应，生成烯丙基-氧表面中间物；

③ 失去氧的催化剂（即被还原的催化剂）为气相氧再氧化，即催化剂进行氧化-还原循环。

5.2.4.2　丙烯氨氧化反应

(1) 主副反应

主反应：

$$C_3H_6+NH_3+\frac{3}{2}O_2 \longrightarrow CH_2\!=\!CH\!-\!CN+3H_2O \tag{5-28}$$

$$\Delta H_{298}^{\ominus}=-514.8kJ/mol, \Delta G_{700}^{\ominus}=-569.67kJ/mol$$

主要副反应：

$$C_3H_6+\frac{3}{2}NH_3+\frac{3}{2}O_2 \longrightarrow \frac{3}{2}CH_3CN+3H_2O \tag{5-29}$$

$$\Delta H_{298}^{\ominus}=-543.8kJ/mol, \Delta G_{700}^{\ominus}=-595.71kJ/mol$$

$$C_3H_6+3NH_3+3O_2 \longrightarrow 3HCN+6H_2O \tag{5-30}$$

$$\Delta H_{298}^{\ominus}=-942.0kJ/mol, \Delta G_{700}^{\ominus}=-1144.78kJ/mol$$

$$C_3H_6+O_2 \longrightarrow CH_2\!=\!CH\!-\!CHO+H_2O \tag{5-31}$$

$$\Delta H_{298}^{\ominus}=-353.3kJ/mol, \Delta G_{700}^{\ominus}=-338.73kJ/mol$$

$$C_3H_6+\frac{3}{2}O_2 \longrightarrow CH_2\!=\!CH\!-\!COOH+H_2O \tag{5-32}$$

$$\Delta H_{298}^{\ominus}=-613.4kJ/mol, \Delta G_{700}^{\ominus}=-55.12kJ/mol$$

$$C_3H_6+O_2 \longrightarrow CH_3CHO+HCHO \tag{5-33}$$

$$\Delta H_{298}^{\ominus}=294.1kJ/mol, \Delta G_{700}^{\ominus}=-298.46kJ/mol$$

此外还有一些其他副反应发生，所有副反应的产物可以分为三类：氰化物（如 CH_3CN、HCN），含氧化合物（如丙烯醛、丙烯酸、丙酮、乙醛等）和深度氧化产物 CO_2、水。这些副产物在热力学上均是很有利的。欲使反应能定向地进行，关键在于催化剂。所采用的催化剂要使主反应具有较低的活化能，这样反应就可在较低的温度下进行，使那些在热力学上比主反应有利的副反应在动力学因素方面受到抑制。

(2) 丙烯氨氧化反应催化剂

工业上丙烯氨氧化所采用的催化剂型号很多，组分也很复杂，但主要的可归纳为两类，即 Mo-Bi-O 系催化剂和 Sb-O 系催化剂。

① Mo-Bi-O 系催化剂　单一的 MoO_3 虽然有一定的催化活性，但选择性甚差。单一的 Bi_2O_3 对生成丙烯腈无催化活性，只有两者组合起来才有较好的催化剂性能（指活性、选择性和稳定性）。工业上最早使用的丙烯氨氧化催化剂是氧化钼和氧化铋混合氧化物，并加入磷的氧化物作助催化剂。实际上 P_2O_5 加入后，催化剂活性有所下降，但选择性和稳定性明显得到改善。20 世纪 70 年代初在五组分催化剂（P-Mo-Bi-Fe-Co-O）的基础上开发成功了七组分催化剂（P-Mo-Bi-Fe-Co-Ni-K），使丙烯腈的收率提高至约 74%，反应温度由 470℃

降至 435℃。这种七组分催化剂在工业应用中被编号为 C-41 催化剂。据称，20 世纪 70 年代末又成功开发了 C-49 催化剂，其催化剂性能更为优良，使丙烯腈的生产消耗定额进一步降低。

② Sb-O 系催化剂　锑系催化剂于 20 世纪 60 年代中期用丙烯氨氧化制丙烯腈。例如 Sb-U-O、Sb-Sn-O、Sb-Fe-O 等。Sb-U-O 催化剂的效果很好，但由于具有放射性，废催化剂难于处理，工业上已不采用。Sb-Fe-O 催化剂对丙烯氨氧化的催化效率甚好，但其耐还原性能较差，添加 V、Mo、W 等氧化物可以改善它的耐还原性能。

各类催化剂所用的载体与所用的反应器型式有关。常见的载体是粗孔微球形硅胶，采用等体积浸渍法制备，适用于流化床反应。

丙烯氨氧化反应所采用的催化剂也可用于其他烯丙基氧化反应，例如丙烯氧化制丙烯醛，丁烯氧化脱氢制丁二烯，异丁烯氨氧化制甲基丙烯腈等。

(3) 反应机理及动力学

丙烯氨氧化是烯丙基氧化系列中的一员，其反应历程的第一步是丙烯分子在催化剂表面与元素最高氧化态（如 W^{6+}、Sb^{5+}）有关的配位不饱和的部位上发生化学吸附，然后 α-C—H 键发生解离，分裂出 H^+ 并释放出一个电子而形成烯丙基。形成烯丙基可继续脱氢（释放 H^+ 和电子）而形成 $[CH_2—CH—CH]$，若与催化剂上的晶格氧结合则生成丙烯醛。若系统中有 NH_3 存在，则 NH_3 先吸附于如 Bi^{3+} 上，然后被相邻的 MoO_3 层上的氧离子脱氢而形成—NH_2 或 ＝N—H。最高氧化态的金属离子（如 Mo^{6+}）特别适合于 $[O]$ 或 $[NH]$ 插入到 π 键合的烯丙基中，并转化为 σ 键合烯丙基表面中间化合物，如 Mo—NCH—CH ＝CH_2，最后生成丙烯腈。

在上述过程中所释放的 H^+ 与晶格氧结合为 OH^-，进而形成水解吸；而释放出的电子则很可能先授予 Bi^{3+}，然后又转到 Mo^{6+} 成低价态的钼离子如 Mo^{5+}。

气相中的氧吸附在催化剂表面并获得电子后，转化为晶格氧，并使低价态钼离子恢复到高价态的 Mo^{6+}，从而形成一个氧化-还原循环。

这是一个典型的氧化-还原机理。该机理最早是由 Mars 和 Van Krevekn 在研究有机化合物在 V_2O_5 催化剂上的氧化反应后提出来的。该机理认为整个氧化反应过程分为两个步骤进行：首先是反应物与催化剂上的晶格氧发生氧化反应，生成氧化产物和还原态催化剂，第二步是催化剂上还原态的金属氧化物与气相氧的再氧化反应，由氧化-还原循环构成有机化合物在催化剂上的氧化反应机理。在烃类氧化反应中的另一种氧化反应机理是化学吸附型机理，这是假定所有直接参加烃类氧化反应的氧，是以化学吸附态形式存在的。

丙烯氨氧化反应速度似乎与传质关系不大，对反应物丙烯是一级，而对氧和氨是零级，这与上述机理中关于烯丙基的形成是速度控制步骤的假定是相符的。

5.2.4.3　丙烯氨氧化制丙烯腈的生产工艺

(1) 工艺流程

1960 年美国 Standard 石油公司开发成功丙烯氨氧化法制丙烯腈的新工艺，又称 Sohio 法后，受到各国极大重视，各化学公司都相继开展了丙烯氨氧化法制丙烯腈的研究。主要有美国 Distillers 公司、法国 Vgine 公司、意大利 SNAM 公司和 Montedison 公司、奥地利 O.S.W 公司和美国杜邦公司等，形成了五种工艺流程。目前采用 Sohio 法占世界丙烯腈总生产能力的 90％以上。图 5-12 是 Sohio 法工艺流程示意图。

丙烯、氨和空气送入流化床反应器，反应产生的大量反应热由设置在反应器内的冷却水

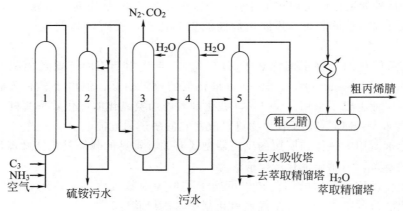

图 5-12　Sohio 法工艺流程

1—流化床反应器；2—急冷塔；3—水吸收塔；4—萃取精馏塔；
5—乙腈解吸塔；6—油水分离罐

管移出并产生高压蒸汽。反应气体离开流化床反应器后去急冷塔冷却。在反应器的流出物料中尚有少量未反应的氨，这些氨必须先除去，以免在碱性介质中发生一系列不希望发生的反应，生成聚合物等。除氨的方法大都采用硫酸中和，中和过程也是物料的冷却过程，所以中和塔也是急冷塔。

从急冷塔脱除了氨的反应物料中含有产物丙烯腈，副产物乙腈、氢氰酸等和大量惰性气体、未反应丙烯、O_2、CO_2 和 CO。利用丙烯腈、乙腈、氢氰酸等能与水部分互溶的性质，工业上采用水作为吸收剂，使产物、副产物与其他气体分离。所以，由急冷塔顶流出的物料进水吸收塔，塔顶所排出的气体主要是氮气，还有少量未反应的 $C_3^=$（丙烯）、C_3^0（丙烷）、O_2、CO_2 和 CO 等。产物丙烯腈和副产物乙腈、氢氰酸、丙烯醛和丙酮等溶于水中。

由于丙烯腈与乙腈的相对挥发度很接近，故工业上采用萃取精馏法，以水作萃取剂，以增大它们的相对挥发度。在萃取精馏塔塔顶蒸出的是氢氰酸和丙烯腈与水的共沸物，乙腈残留在塔釜，丙烯醛和丙酮等则与 HCN 发生加成反应生成氰醇主要留在塔釜。

由于丙烯腈与水是部分互溶，蒸出的共沸物经冷却冷凝后，在油水分离罐中分为水相和油相两相，水相回流至萃取精馏塔，油相是粗丙烯腈。

萃取精馏塔塔釜排出液送乙腈解吸塔进行解吸分离，以分出副产物粗乙腈和获得符合质量要求的水，作为水吸收塔的吸收剂或萃取精馏塔的萃取剂。乙腈解吸塔排出的少量含氰废水送污水厂处理。

油水分离罐中的粗丙烯腈经脱氢氰酸塔、氢氰酸精馏塔和丙烯腈精馏塔进一步分离精制获得聚合级丙烯腈产品和副产物氢氰酸。

乙腈解吸塔解吸分离出的粗乙腈需进一步精制才能获合格乙腈产品。

(2) 流化床反应器

丙烯氨氧化是一个在高温下（约 450℃）进行的强放热反应，工业上大多采用流化床反应器，图 5-13 所示的是这类反应器的基本结构，可将它分为三段来说明，即底部气体分布板、中部反应段和上部扩大段。

① 底部气体分布板　图 5-13 所示氧化剂空气和原料混合后从底部气体分布板进料，这种进料方式应充分考虑安全问题。另一种进料方式是分别进料，比较安全。如丙烯氨氧化制丙烯腈，让空气和丙烯-氨分别进料。空气经分布板自床的底部进入催化剂层，而丙烯和氨

的混合气经过分配管在离空气分布板一定距离处进入床层，在床层中与空气汇合发生氨氧化反应。

② 中部是反应段，它是反应器关键的部分，内装有一定粒度的催化剂，并设置有一定传热面积的冷却管。这些冷却管还可以起到破碎大气泡、改善流化质量的作用，也可在反应段另设置一定数量的导向挡板，有利于破碎大气泡，改善气固相之间的接触，减少返混，改善流化质量。但这些挡板与催化剂碰撞增加了催化剂的磨损率，也限制了催化剂的轴向混合。

③ 上部扩大段由于床径扩大，气体线速度减小，有利于气流所夹带催化剂的沉降。另在扩大段设置两至三级旋风分离器，捕集回收催化剂，通过料腿回到反应段。

(3) 工艺条件

① 温度　在 350℃ 以下几乎没有氨氧化反应发生，必须控制在较高的反应温度才能获得高收率丙烯腈。适宜的反应器温度与催化剂活性有关，C-A 催化剂（即 P-Mo-Bi-O 系）活性较低，需在 470℃ 左右进行，而 C-41 催化剂（即 P-Mo-Bi-Fe-Co-Ni-K 七组分）活性较高，适宜的反应温度为 440℃ 左右。

② 压力　在加压条件下反应有利于提高反应速度，提高反应器的生产能力。但实验结果表明，反应压力增加，选择性下降，丙烯腈收率降低，故丙烯氨氧化反应不宜在加压条件下进行。

③ 接触时间（空速）　丙烯氨氧化过程的主反应与副反应两者是平行进行的。实验资料表明，丙烯腈的收率随接触时间的增加（在 0～5.4s 范围）而增加，而在同样条件下副产物乙腈、氢氰酸、CO_2 等的生成量的增加很有限，所以允许控制足够的接触时间，使丙烯能达到尽可能高的转化率，以获得较高的丙烯腈收率。当然过长的接触时间也是不适宜的，一般为 5～10s。

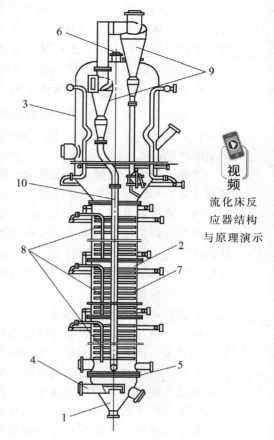

视频
流化床反应器结构与原理演示

图 5-13　流化床反应器
1—锥形体；2—反应段；3—扩大段；
4—进料管；5—分布板；6—防爆孔；
7—导向挡板；8—冷却管；
9—旋风分离器；10—料腿

④ 原料气的纯度与配比　原料丙烯通常源于烃类裂解气或催化裂解气分离而得，其中可能含有的杂质是 C_2、C_3^0、C_4 烃，也可能含有极少量的硫化物。乙烯不如丙烯活泼，分子中不含 α-H，对氨氧化反应没有不利的影响。C_3^0 的存在也仅是降低了反应物丙烯的浓度。但 C_4 或 C_{4+} 烃则对反应会带来不利的影响，因为它们更易氧化为诸如甲基乙烯酮（正丁烯）、甲基丙烯腈（异丁烯）等，消耗原料气中的氧，而使催化剂活性下降。硫化物的存在也会影响催化剂的活性。

⑤ 丙烯与空气的配比　反应若在缺氧条件下进行就无法构成上述氧化-还原循环，催化剂活性就无法维持，因此必须用过量的空气，以保持催化剂的活性稳定。当然空气过量太多也会带来负面影响。适宜的空气量与催化剂有关，例如 C-A 催化剂，C_3H_6：空气 = 1：10.5(mol) 左右；C-41 七组分催化剂，C_3H_6：空气 = 1：9.8(mol)。

⑥ 丙烯与氨的配比　氨的用量至少等于理论比，否则就会有较多的丙烯醛副产物生成。这是因为诸如 P-Mo-Bi-O 系催化剂既可氨氧化为丙烯腈，也可氧化为丙烯醛，它们都是烯丙基氧化反应中的一员。但过量太多也不适宜，既增加氨的消耗定额，也加重反应气体硫酸中和的负荷。可取理论用量或过量 5%～10%。

5.2.4.4　丙烯腈生产中的废气与水

丙烯氨氧化生产丙烯腈，同时副产一定量的氢氰酸和乙腈。以使用 C-41 催化剂的 Sohio 法为例，每生产 1t 丙烯腈，副产 100～150kg 的氢氰酸和 30～50kg 的乙腈。它们均被分离精制成产品。

在丙烯腈生产装置中，会有由水吸收塔排出的含腈废气，急冷塔、乙腈解吸塔排出的含腈的废水，均需加以处理才能排放。

(1) 废气的处理

将需处理的废气和空气通过负载型金属催化剂，使废气中含有的可燃性有毒有机物在较低温度下完全氧化，转化为 CO_2、H_2O、N_2 等无毒组分排出。这种催化燃烧法是近年来对含低浓度可燃性有毒有机废气处理的重要方法。

(2) 污水的处理

由急冷塔排出的硫铵污水组成极其复杂，除含有 5%～10% 硫铵外，还有丙烯酸、醋酸、硫酸、高沸物、聚合物、催化剂粉尘和焦油等。因此，从硫铵污水回收结晶硫铵有一定的技术难度。通常的方法是：适当提高急冷塔（即中和塔）温度，使排出的污水中硫铵含量提高，节省浓缩硫铵液的蒸汽消耗，增大硫铵液与焦油的相对密度差，便于焦油分离。经沉淀或过滤去掉硫铵液中的固体杂质。然后用加压水解法除去氰化物，最后浓缩并得到硫铵结晶。浓缩中产生的冷凝液送污水回收系统处理，残余液则烧掉。

另一污水来自乙腈解吸塔或萃取精馏塔的釜液。这部分污水量约 1.9t/t 丙烯腈。处理方法有两种：加压水解-生化处理方法和湿式氧化法。

加压水解法是将含氰污水在碱性条件下，于 0.2MPa、200℃下加热处理，则氰化物基本被消除。但不能消除 COD（化学耗氧量），再经活性污泥生化处理，使 CN 和 COD 均达到排放标准。

湿式氧化法是将含氰污水与空气在 0.7MPa、250℃下用 Cu^{2+} 为催化剂氧化，然后经回收 Cu^{2+}，再经活性炭吸附除去残余有机物后排放。

5.3　催化加氢——甲醇、环己烷

5.3.1　有机化工中的催化加氢过程

催化加氢广泛用于有机化工（主要是石油化工）和石油炼制工业，既可获得多种多样的产品，也能满足多种需要。生产有机化工产品的过程主要有如下几种。

① 加氢制环己烷　这是环己烷工业生产的主要方法，通常分为液相法和气相法两种，以液相法居多。以负载于 Al_2O_3 上的 Ni 和 Pt 或骨架镍为催化剂。环己烷大部分用于生产己二酸、己内酰胺及己二胺等，小部分用于生产环己胺。世界环己烷总产量超过 200 万吨。

② 苯酚加氢制环己醇、环己酮　环己醇和环己酮都可以通过苯酚加氢来生产。如果环己醇是所要求的产物，则用镍催化剂；如果环己酮是所要求的产物，则用钯催化剂。有气相

法和液相法，工业上常用气相法。环己醇或环己酮均可用于生产己二酸和己内酰胺。

③ 醛、酮加氢生产醇 例如由乙醛生产丁、辛醇是先由乙醛醇醛缩合生成丁烯醛，加氢为丁醇，或选择加氢为丁醛、丁醛再醇醛缩合为 C_8 的烯醛，最后加氢为辛醇。

④ 脂肪酸加氢生成高级脂肪醇 天然油脂催化氢解法是早期生产高级脂肪醇的唯一方法。油脂的脂肪酸三甘油酯先转化为甲酯，然后高压下催化加氢为高级脂肪醇。

⑤ 己二腈催化加氢制己二胺 目前生产己二胺的工业方法主要是己二酸法、丁二烯法和丙烯腈二聚法，这三种方法都是经过中间物己二腈加氢制己二胺。己二腈加氢制己二胺一般是在镍或钴催化剂存在下进行的。工业上有高压和低压两种方法。

己二胺主要用于生产尼龙 66 单体，其次与光气反应生成二异丙氰酸酯，少量用于生产聚酰胺。

⑥ 硝基苯加氢制苯胺 硝基苯加氢制苯胺是生产苯胺的一个古老方法，将硝基苯、氯化亚铁溶液和铁屑加入到一个间歇反应器中，于 100℃回流进行反应，然后以石灰中和，再分离精制获得苯胺联产氧化铁颜料。

⑦ 一氧化碳直接加氢制甲醇 甲醇是重要的基本有机化工产品，可由 CO 和 H_2 在铜基催化剂上于约 250℃、5～10MPa 条件下直接合成甲醇，这是一个重要的基本有机合成生产过程，装置规模已超过年产甲醇 30 万吨。

CO 和 H_2 还可在铁催化剂存在下于较低温度 160～230℃、较低压力 0.5～2.5MPa 条件合成混合烃（汽油、柴油等），即费-托合成。

此外，催化剂加氢还广泛用于原料气或产品的精制，脱除某些有害的杂质，如第 4 章中裂解气的净化与分离步骤有加氢脱炔，即在富含烯烃的裂解气中，含有少量的乙炔、丙炔、丙二烯等，通过催化加氢转化为相应的烯烃；各种含有有机硫、氮等原料气，如粗合成气、裂解气等，通过催化加氢转化为容易脱除的 H_2S 和相应的烃；含有微量 CO 的原料气通过催化加氢转化为惰性的甲烷等。

各种加氢反应在化学热力学上的共同特征就是它们都是分子数减少的放热反应，热效应的大小与被加氢或氢解的化学键有关，如乙炔→乙烯 174（25℃，kJ/mol，下同），苯→环己烷 208.1，CO→CH_3OH 90.8，CO→CH_4 176.9，C_2H_5SH 700K 下 70.7。而加氢反应的可逆性及温度对平衡的影响则存在着三种类型。

① 第一种类型的加氢反应在热力学上很有利，即使在较高温度下平衡常数仍然很大。例如乙炔加氢 K_p（127℃）≈10^{16}，K_p（227℃）≈10^{12}，K_p（427℃）≈10^6；甲烷化反应 K_p（200℃）≈10^{11}，K_p（300℃）≈10^7，K_p（400℃）≈10^4。

② 第二种类型的加氢反应在低温度时平衡常数甚大，但随着温度的升高，平衡常数显著变小，例如苯加氢成环己烷，K_p（127℃）≈$7×10^7$，K_p（227℃）≈$1.9×10^2$。这类反应若在不太高的温度条件下加氢，对平衡是有利的，可以接近全部转化。苯液相加氢一般用骨架镍催化剂，于 2.0MPa、150～200℃下或用加有锂盐的 Pt-Al_2O_3 催化剂，于 3.5MPa、200℃下进行加氢反应；而气相苯加氢采用特殊贵金属催化剂进行加氢反应，苯的转化率大于 99.9%。

③ 第三种类型的加氢反应在热力学上是不利的，在温度不太高时，平衡常数已很小，如一氧化碳加氢合成甲醇，K_p（100℃）≈12.9，K_p（200℃）≈$1.9×10^{-2}$，K_p（300℃）≈$2.4×10^{-4}$，K_p（400℃）≈$1.1×10^{-5}$。化学平衡成为关键问题，为了提高转化率，通常在高压条件下进行。碳-氧三键部分加氢（完全加氢就生成 CH_4 和 H_2O）至甲醇反应的热力学特征非常类似于氮-氮叁键（即 N_2）完全加氢为两个氨反应的热力学特征。

本节选择一氧化碳加氢合成甲醇和苯加氢为环己烷作为实例，讨论加氢过程的基本原理和由此衍生的工艺过程基本特征。

5.3.2 合成甲醇

5.3.2.1 甲醇及其直接合成法

甲醇是一种重要的化工产品，其世界总的生产能力已超过 3000 万吨/年，仅次于氨和乙烯居第三位。甲醇广泛用于各种化工产品的生产，但主要用来生产甲醛，约占甲醇总产量的一半，其次用于生产对苯二甲酸二甲酯、甲基丙烯酸甲酯、季戊四醇、各种胺类、聚氯乙烯树脂、脲醛树脂、离子交换树脂等。在染料和中间体的生产中，甲醇还可以作为溶剂。为了摆脱基本有机化学工业对石油原料的过分依赖，世界各国正大力发展以天然气和煤为原料的 C_1 化学研究，其中包含甲醇化学研究，开拓甲醇的新用途。甲醇作为汽车燃料或添加剂已引起广泛重视；一向以乙炔或乙烯为原料的醋酸生产工艺路线已逐渐被甲醇低压羰化制醋酸法（孟山都法）所替代；甲醇合成蛋白的产品已进入市场；甲醇为原料生产烯烃、汽油已完成工业实验或实现工业化生产。预期甲醇将可用于生产更多的化工产品，其地位将更加重要。

1661 年波义耳（Boyle）首先在木材干馏产品（木精）中发现甲醇，而后 1834 年由杜马（Dumas）和波利哥（Beligot）制成纯品。1857 年伯特洛（Berthelot）用氯甲烷水解合成出甲醇。工业上曾出现过很多甲醇生产方法，但是，目前几乎都是采用合成气（$CO+2H_2$）直接合成的方法。

20 世纪初期，发现金属和金属氧化物在由 N_2 和 H_2 合成的过程中能起催化剂作用，并且在确立了物理化学基础及适合的设备可用于高温高压操作之后，就开始了甲醇合成的早期尝试。德国于 1923 年首次 Zn-Cr 催化剂在高压下（25～35MPa）及 300～400℃ 温度条件下实现了 CO 催化加氢合成甲醇的工业生产，直到 20 世纪 60 年代，几乎所有工厂都把这种技术作为生产合成甲醇的基础。

约在 20 世纪 70 年代当脱硫技术已能使合成气的硫含量降至×10⁻⁶ 级时，就有条件采用对硫毒物敏感但活性高的铜基催化剂，严格的反应条件得到很大的缓和，相继出现了中低压合成甲醇的专利技术。低压合成甲醇的技术于 5～10MPa 及 230～280℃ 的条件下操作，具有很高的经济效益，已完全取代高压法生产工艺。

5.3.2.2 基本工艺原理

(1) 甲醇合成中的化学反应

由 CO 加氢合成甲醇是一个分子数减少的可逆放热反应：

$$CO+2H_2 \Longrightarrow CH_3OH \qquad \Delta H_{298}^{\ominus} = -90.84kJ/mol \tag{5-34}$$

若合成气中含有少量 CO_2 时，发生下列反应：

$$CO_2+3H_2 \Longrightarrow CH_3OH+H_2O \qquad \Delta H_{298}^{\ominus} = -49.75kJ/mol \tag{5-35}$$

同时还有变换反应：

$$CO+H_2O \Longrightarrow CO_2+H_2 \qquad \Delta H_{298}^{\ominus} = -41.27kJ/mol \tag{5-36}$$

可能生成的副产物有烃类、高级醇、二甲醚、酯类、酮类及醛类。适宜的催化剂和优化了的工艺条件可以使上述副产物的生成量限制在尽量低的范围。

甲醇合成时，甲烷及高级烃类的生成是基于下述反应：

$$CO+3H_2 \Longrightarrow CH_4+H_2O \tag{5-37}$$

$$CO_2 + 4H_2 \Longrightarrow CH_4 + 2H_2O \tag{5-38}$$

$$nCO + (2n+1)H_2 \Longrightarrow C_nH_{2n+2} + nH_2O \tag{5-39}$$

如果催化剂基体材料中铁、钴及镍的含量能保持最小值，那么甲烷及高级烃的生成量均能限制在最小范围。另外，低的反应温度也利于减少甲烷的生成。

碳的生成是基于布杜阿尔（Boudouar）反应：

$$2CO \Longrightarrow CO_2 + C \tag{5-40}$$

尽管在甲醇合成条件下生成碳的热力学趋势很高，但只要不超过催化剂的特定最高温度，这种反应并不显得重要。

乙醇、丙醇及丁醇之类碳原子数较多的醇的形成是基于下面的反应：

$$nCO + 2nH_2 \Longrightarrow C_nH_{2n+1}OH + (n-1)H_2O \tag{5-41}$$

如催化剂中不使用碱金属、碱土金属的氧化物作为助催化剂，上述反应物就可加以抑制。

甲醇有可能发生分子间脱水而生成二甲醚：

$$2CH_3OH \Longrightarrow CH_3OCH_3 + H_2O \tag{5-42}$$

如果 Cu-Zn-Al 催化剂中 Al_2O_3 百分含量适宜，则生成二甲醚的量可控制在小于 0.2％（质量分数）。

在甲醇合成条件下，只有甲醇甲酯的生成量相对较多：

$$CH_3OH + CO \Longrightarrow HCOOCH_3 \tag{5-43}$$

进一步提高催化剂选择性，可使粗甲醇中甲酸甲酯含量控制在 0.15％。

(2) 甲醇合成反应的热效应

一氧化碳加氢合成甲醇是放热反应，在常温常压下的反应热 $\Delta H_{298}^{\ominus} = -90.84 kJ/mol$。常压下反应热随温度变化可由下式计算，$\Delta H_T^{\ominus}$ 的单位是 kJ/mol：

$$\Delta H_T^{\ominus} = -75.0 - 6.6 \times 10^2 T + 4.8 \times 10^{-5} T^2 - 1.13 \times 10^{-8} T^3 \tag{5-44}$$

据此，在不同温度、常压下的反应热如下：

温度/℃	25	100	200	300	400
$\Delta H_T^{\ominus}/(kJ/mol)$	-90.8	-93.7	-97	-99.3	-101.2

反应热与压力也有关系，反应热随压力变化与温度有关，反应温度低于 200℃ 时，反应热随压力变化幅度大于反应温度较高时的变化幅度。上述常压下，200℃ 时的反应热为 $-97 kJ/mol$，当反应压力为 10MPa 时，200℃ 时的反应热为 $-103 kJ/mol$。

(3) 甲醇合成的热力学平衡

甲醇合成是一个受热力学平衡限制的反应，前已述及，在不太高的反应温度下平衡常数已很小，如 $K_p(200℃) \approx 1.9 \times 10^{-2}$，$K_p(300℃) \approx 2.4 \times 10^{-4}$。热力学的平衡状态决定甲醇可能的最高收率，早期的计算未能充分考虑反应系统在操作压力下的真实行为，结果造成相当大的误差。

以逸度表示的平衡常数 K_f 可由反应自由焓变化 ΔG 加以计算：

$$K_f = \exp[\Delta G/(RT)] \tag{5-45}$$

而且只与温度由关，许多研究者以数字方程的形式表示了 K_f 与温度的关系，下式就是其中之一，

$$\lg K_f = \lg \frac{f_{CH_3OH}}{f_{CO} f_{H_2}^2} = 10.20 + 3921 T^{-1} - 7.971 \lg T + 2.499 \times 10^{-3} T - 2.953 \times 10^{-7} T^2 \tag{5-46}$$

但是，实际上以分压或物质的量表示的平衡常数 K_p 或 K_x 在计算中得到广泛运用，所以必须确定其修正值 K_r：

$$K_r = \frac{r_{CH_3OH}}{r_{CO} r_{H_2}^2} \tag{5-47}$$

式中，r_{CH_3OH}、r_{CO}、r_{H_2} 分别为组分 CH_3OH、CO、H_2 的逸度系数。

单一组分的逸度系数 r_i 可由实验的 pVT 数据，采用图解积分法确定。混合气体中由于组分间的相互作用将影响各自的 r_i 值。重要的高压下反应体系的 K_r 可在相关手册查阅。图 5-14 显示了不同压力下反应（5-34）即 CO 加 H_2 生成甲醇反应体系的 K_r 值。低温，尤其是低压下，反应体系的混合气性质比较接近理想气体，K_r 趋近于 1.0，而随着压力的升高，混合气的性质逐渐偏离理想气体，如 30MPa、250℃下修正值 K_r 小至约 0.2。在相同压力下，温度越低修正值 K_r 愈小，即混合气性质偏离理想气体的程度越大。

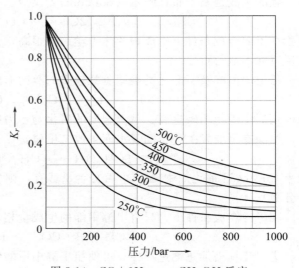

图 5-14　CO$+2$H$_2$ $\Longrightarrow$ CH$_3$OH 反应体系的 K_r 值

表 5-4 列出甲醇合成反应在不同温度和压力条件下的平衡常数。

表 5-4　CO$+2$H$_2$ $\Longrightarrow$ CH$_3$OH 的平衡常数

温度/℃	压力/MPa	K_f	K_r	K_p
200	10.0	1.909×10^{-2}	0.453	4.21×10^{-2}
	20.0		0.292	6.53×10^{-2}
	30.0		0.177	10.80×10^{-2}
	40.0		0.130	14.67×10^{-2}
300	10.0	2.42×10^{-4}	0.676	3.58×10^{-4}
	20.0		0.486	4.97×10^{-4}
	30.0		0.338	7.15×10^{-4}
	40.0		0.252	9.60×10^{-4}
400	10.0	1.079×10^{-5}	0.782	1.398×10^{-5}
	20.0		0.625	1.726×10^{-5}
	30.0		0.502	2.075×10^{-5}
	40.0		0.400	2.695×10^{-5}

为了更直观地显示温度、压力对甲醇可能的最高收率的影响，选择正常煤气化的气体，即 H_2 60%、CO 26%、CO_2 4% 和惰性气体 10% 作为原料，计算它们在合成甲醇反应中 CO 和 CO_2 的平衡转化率并列于表 5-5。在 CO_2 存在的情况下甲醇合成反应体系的独立反应组可选取反应（5-34）和反应（5-36），CO 加氢生成甲醇和 CO 变换这两个反应。

平衡组成的计算结果表明，平衡的甲醇含量还随原料气组成而变化，CO_2 降低了甲醇的平衡含量，它们的数值与 H_2：$(CO+CO_2)$ 和 CO_2：CO 有关。惰性气体的存在也会影响甲醇平衡含量和水的平衡含量，如 10% 惰性气体含量可使甲醇平衡含量由 22.3% 降至 16.4%，同时提高水的平衡量。在高温高压的条件下，水的平衡含量甚至可高达 50%。

由表 5-5 数据可见，在同一温度下，压力越高，CO 的平衡转化率也越高。而在同一压力条件下，CO 的平衡转化率随着温度的升高而降低。在这混合气体的反应体系中，CO_2 的平衡转化率比 CO 的平衡转化率大约小一个数量级，再加上 CO_2 的反应动力学上不利，所以在富 CO 合成气的情况下，CO_2 的转化只占很小一部分，评价只限 CO 转化即可。

表 5-5　CO、CO_2 的平衡转化率

温度/℃	CO 平衡转化率			CO_2 平衡转化率		
	5MPa	10MPa	30MPa	5MPa	10MPa	30MPa
250	0.524	0.769	0.951	0.035	0.052	0.189
300	0.174	0.440	0.825	0.064	0.081	0.187
350	0.027	0.145	0.600	0.100	0.127	0223
400	0.015	0.017	0.310	0.168	0.186	0.260

由上可见，在热力学上甲醇合成宜在高压低温下进行。如果反应温度高，则必须采用高压，才有足够高的 CO 平衡转化率；如果能够在较低温度下进行甲醇合成反应，则所需压力就相应降低，这就取决于催化剂的活性。另外，从表中数据还可见，受 CO 平衡转化率的限制，即在所能采用的反应条件下，只能有一部分甚至是一小部分 CO 转化，这就决定了甲醇合成工艺中，反应后的气体经分离甲醇后必须返回到合成气中，构成循环回路，这与氨合成循环回路是类似的。

（4）反应机理与动力学

在甲醇合成中，H_2 和 CO 被化学吸附于催化剂上，表面反应的机理被假定为：开始由一个被化学吸附的 CO 分子（可认为是一碳原子与催化剂表面相互作用）和一个同样被化学吸附的氢（可认为是已被离解了的）发生反应生成一个初始的含氧中间物，此中间物进一步与更多的氢发生反应生成甲醇。这一机理显然对 Cu-Zn 催化剂或对 Zn-Cr 催化剂均是适用，但具体的细节并不清楚。

自 20 世纪 80 年代以来，由于甲醇这一有机化工产品的重要性愈加引起人们的关注，有关 Cu-Zn 基催化剂上 $CO-H_2$ 或 $CO-CO_2-H_2$ 合成甲醇的机理与动力学研究再次成为研究热点。

其中，关于 Cu-ZnO 基甲醇合成催化剂活性位的本质一直存在争议。利用一些现代的分析技术以已经获得在 Cu-ZnO 基催化剂上，Cu 与 ZnO 之间存在着协同作用的实验，结果催化剂的活性中心是溶解于 ZnO 中的 Cu^+。具体说是含有某些 Cu^+ 的 ZnO 棱晶表面 CO 加氢生成甲醇的复合催化剂活性模型（含 H_2 和 CO 吸附态），如图 5-15 所示。

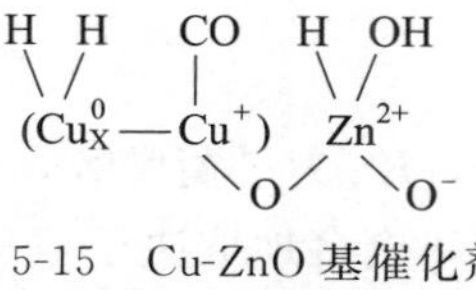

图 5-15　Cu-ZnO 基催化剂甲醇合成催化活性位模型

在这样一个活性位模型中，要求 Cu^0、Cu^+ 和 ZnO 同时存在。在这个活性位上，CO 加氢合成甲醇的机理可由图 5-16 表示。

另有研究者认为，CO 与 H_2 除了通过图 5-16 所示路线生成甲醇外，还有可能是 CO 插

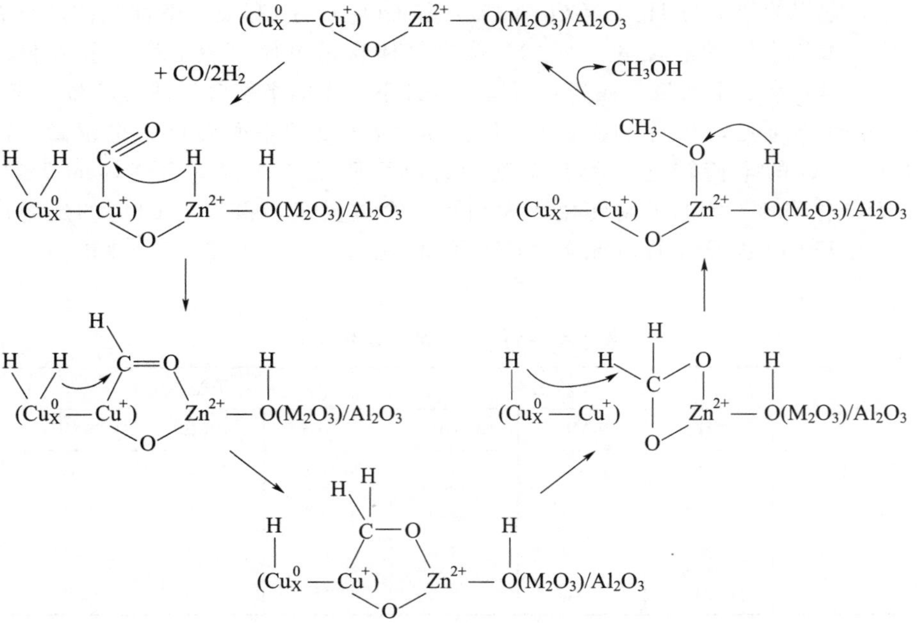

图 5-16　CO 加氢合成甲醇的反应机理

入表面羟基中生成表面甲酸基，然后加氢脱水，经过甲酸去表面甲氧基生成甲醇。更有认为，甲醇中碳原子来源于 CO_2，氢原子则来源于原料气的 H_2。CO 是通过变换反应（$CO + H_2O \Longrightarrow CO_2 + H_2$）而进行甲醇合成的。

自 20 世纪 30 年代就有人开始研究合成气制甲醇反应的动力学。各研究者基于不同的反应机理，对其各自实验数据的整理、推导，得出各有差异的动力学方程。例如，对于一个实验压力为 $4 \sim 5.5 MPa$，温度 $220 \sim 260 ℃$，空速 $8000 \sim 70000 h^{-1}$，原料气组成为 CO $10\% \sim 20\%$、H_2 $60\% \sim 70\%$、CO_2 $5.8\% \sim 6.4\%$、其余为惰性气体的反应体系，实验所求得的本征速率方程为：

$$r = k_1 \left(\frac{p_{CO}^{0.5} p_{H_2}}{p_{CH_3OH}^{0.66}} - \frac{p_{CH_3OH}^{0.34}}{K_p p_{CO}^{0.5} p_{H_2}} \right) \tag{5-48}$$

式中，K_p 为平衡常数，CO_2 组分的影响未体现在上述方程中。

1982 年以前，即使在混合气中含有 CO_2 的情况，大多数的甲醇合成反应动力学方程都只包含 CO 和 H_2 分压项。一般地说，当把甲醇合成的速率方程表示为 p_{CO} 和 p_{H_2} 的幂函数形式，则可由下式表示：

$$r = k p_{CO}^n p_{H_2}^m \left(1 - \frac{p_{CH_3OH}}{p_{CO} p_{H_2}^2 K_1} \right) \tag{5-49}$$

式中，K_1 为平衡常数，求得的多个方程表明，$n = 0.25 \sim 0.75$，$m = 0.7 \sim 2$。因此合成反应的速率更多地取决于氢气的分压。

1982~1985 年间出现了多个甲醇合成反应速率方程，其中有些包含了 p_{CO_2} 和 p_{H_2} 项。

(5) 催化剂

甲醇合成所用的催化剂先是 $ZnO-Cr_2O_3$，该催化剂活性较低，所以所需的反应温度较高（$380 \sim 400 ℃$），为了提高平衡转化率，反应必须在高压（如 $30 MPa$）条件下进行，被称为高压法。$ZnO-Cr_2O_3$ 催化剂用于高压合成时，对硫之类催化剂毒物显示出较强的抗毒性，

原料气中 H_2S 含量达到或超过 30×10^{-6}（体积分数，同下）时，仍可用于合成反应。

在 $5 \sim 10MPa$ 的较低操作压力下进行的工业甲醇合成，要求催化剂在较低温度下具有很高活性的特点。早已知道含铜催化剂具有比 $ZnO\text{-}Cr_2O_3$ 催化剂高得多的活性，但含硫的催化剂毒物必须限制在 1×10^{-6}（质量分数）以下。只有开发出新的气体净化方法，使原料气中硫化物含量减少到 0.1×10^{-6}，催化剂使用寿命才能超过 3 年。

使用含铜催化剂的另一个必须严格控制的条件是温度，过高温度下铜会发生再结晶。在甲醇合成条件下，催化剂中的绝大部分铜是金属铜状态，铜的塔曼（Tamman）温度即晶格中首次显示出明显迁移的温度，约为 190℃。基于这一原因，铜催化剂的上限温度约为 270℃。

为了提高 $CuO\text{-}ZnO$ 催化剂的活性和热稳定性，通常加入一些组分作为助催化剂。最常见的是 $CuO\text{-}ZnO\text{-}Al_2O_3$ 催化剂，其次还有 $CuO\text{-}ZnO\text{-}Cr_2O_3$。由于铬组分具有毒性，更多采用 $CuO\text{-}ZnO\text{-}Al_2O_3$。作为工业催化剂的助催化剂还有 Mn、V、Ag 等。

催化剂投入运转前，必须小心地加以还原，即氧化铜必须先转化为金属铜，由于氧化铜还原反应的强放热（$CuO + H_2 \longrightarrow Cu + H_2O$，$\Delta H = -86.7kJ/mol$；$CuO + CO \longrightarrow Cu + CO_2$，$\Delta H = -127.7kJ/mol$），用于还原的氢浓度要低，必须避免催化剂过热。

铜催化剂一般是将某些金属组分（如 Cu^{2+}、Zn^{2+}、Al^{3+} 等）从稀释到某种程度的溶液中一起沉淀制得的，维持一定沉淀温度及特定 pH 值极为重要。将滤饼干燥及焙烧后，把所得催化剂材料压成所需的尺寸。

5.3.2.3　甲醇生产工艺

目前正在使用的甲醇生产工艺，相互间只是稍有不同而已，而实际上所有方法都是由早期高压甲醇合成工艺派生而来。由于 CO 和 H_2 反应生成甲醇是放热反应，所以，除去反应热及限制催化剂温度至关重要。各种熟知的甲醇生产工艺，在解决这些问题方面并不相同，这种差别体现在反应器结构类型上，或是反应热除去的方法上。

采用特殊气体净化工艺，可得到极高纯度的合成气，而将催化剂毒物几乎完全除去。这就为高活性铜催化剂的使用创造了条件，这种工艺在 20 世纪 60 年代引入，在低压（$5 \sim 10MPa$，$230 \sim 270\text{℃}$）甲醇生产工艺得到巨大发展。目前，低压甲醇装置已能建成带涡轮压缩机的独立系统，生产能力可达到每天 $150 \sim 3000t$，常见装置规模是每天 1000t 甲醇，即年产 30 万吨。世界甲醇年产量接近 3000 万吨，重要的甲醇生产工艺有帝国化学公司（ICI）法（60%），鲁奇（Lurgi）法（30%），托普索（Topsφe）法（目前所占比重已很小）以及三菱瓦斯化学株式会社（Mitsubishi Gas Chemistry Company Inc.）所开发的方法（约 6%）。

(1) 低压合成甲醇工艺流程

合成甲醇工艺流程由造气（第 2 章已详述）、压缩、合成以及粗甲醇精制四个部分组成。图 5-17 所示为后两个部分的简要流程。

合成气经过换热、冷却和压缩，压力升至所要求的值（5MPa 或 10MPa），进入反应器进行合成反应。由反应器出来的反应气体含有 6%～8% 的甲醇，经过换热器换热后进入水冷凝器，使产物甲醇冷凝，然后将液态甲醇在气液分离器中分离，得粗甲醇。粗甲醇在闪蒸罐闪蒸出溶解的气体。然后把粗甲醇送去精制。在气液分离器分离出的气体主要是未反应的 H_2 和 CO；小部分排出系统之外，以维持系统内惰性气体含量有一个恒定值，气液分离器出来的大部分气体与新鲜合成气混合，增压后再进入合成塔，构成合成循环回路。

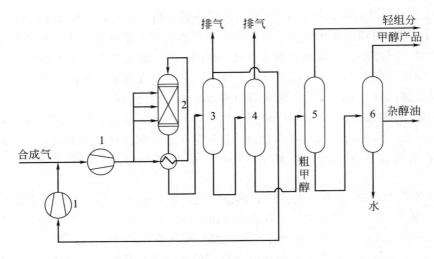

图 5-17　低压法合成甲醇流程

1—压缩机；2—合成反应器；3—分离器；4—闪蒸罐；5—脱轻组分塔；6—精馏塔

粗甲醇中除甲醇外，还含有溶解于其中的气体或易挥发轻组分如氢气、一氧化碳、二氧化碳、二甲醚、乙醛、丙酮、甲酸甲酯等和难挥发的重组分如乙醇、高级醇、水分等。它们分别由脱轻组分塔和精馏塔进行分离精制得 99.85% 的甲醇产品。

(2) 合成反应器

低压甲醇合成反应器有 ICI 冷激式反应器、Lurgi 列管式反应器和 Topsøe 单床径向流反应器三种。由前述各种工艺所占份额可知，前面两种反应器比较重要。三种反应器的基本结构示意于图 5-18。

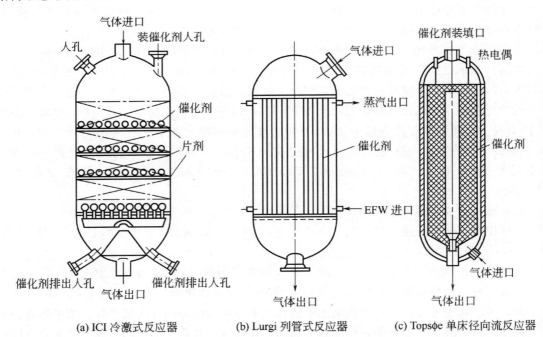

(a) ICI 冷激式反应器　　(b) Lurgi 列管式反应器　　(c) Topsøe 单床径向流反应器

图 5-18　低压法甲醇合成反应器

① ICI 冷激式反应器　这类反应器是把反应床层分为若干段，两段之间直接喷入冷的原料气以调节反应气体的温度，使之尽量靠近反应温度的下限，然后进入下一段催化剂床层继续进行反应。每一床层催化剂是在绝热条件下进行反应，所释放的反应热又使反应气体温度升高，但未超过所规定的反应温度上限，于下一个催化剂层间再用冷的原料气冷却，以此方式使反应在所规定的温度范围内进行。这类反应器结构简单，增加反应器直径可以增加催化剂容积，从而提高反应器的产量。

② Lurgi 列管式反应器　这类反应器的结构类似于管式换热器，催化剂置于列管内，壳程走锅炉给水。反应热由管外锅炉给水带走，同时产生高压蒸汽，供给本装置使用。通过对蒸汽压力的调节，可以控制反应器内反应温度。沿管长方向的温度几乎可以保持均匀。与冷激式反应器相比，列管式反应器的结构稍微复杂些。年产 10 万吨甲醇的反应器装有三千余根管子（$\phi 38 \times 2$），管长 6m，反应器直径可达 6m，高 8~16m。

(3) 工艺条件

合成甲醇的工艺条件主要是温度、压力、空速和原料气的组成。其中温度和压力前已多处述及，目前采用的低压法温度在 230~270℃，压力 5.0~10.0MPa。

① 空速　空速大小意味着反应气体与催化剂层接触时间的长短，直接关系到装置的生产能力，影响催化剂反应过程的转化率和选择性。高空速条件下操作可以提高装置的生产能力，减少副产物的生成，提高产品质量。但空速太高，则单程转化率低，产物甲醇浓度太低，分离比较困难。合适的空速与催化剂的性能有关。甲醇低压合成法采用铜系催化剂的合适空速一般为 $10000h^{-1}[m^3/(m^3 催化剂 \cdot h)]$。

② 原料气组成　甲醇合成反应 H_2 与 CO 的化学计量为 2。通常在生产工艺条件的控制中让 H_2 适当过量，有利于对反应温度的控制，减少五羰基铁的聚积，提高反应速度和过程的选择性。低压法采用铜系催化剂时 $H_2 : CO = 2.2 \sim 3.0 (mol)$。

在原料气中通常保持一定的 CO_2 含量，犹如可以保留一定量的惰性气体一样，CO_2 有相当高的比热容且与 H_2 反应的热焓低，因此可以降低反应温度的峰值；CO_2 的存在也可以抑制副产物二甲醚的生成。但 CO_2 也能抑制 CO 的转化，必须通过调节新鲜气的循环气量来限制 CO_2 的含量。对于低压法来说，CO_2 含量以 5% 为宜。

(4) 技术指标

以 ICI 低压法甲醇合成工艺，采用 ICI-51（1）或 ICI-51（2）催化剂为例，工艺参数见表 5-6。

表 5-6　低压法甲醇合成工艺参数

反应温度	210~270℃	催化剂使用寿命	1 年以上
反应压力	5~10MPa	催化剂时空产率	
空速	6000~8000h^{-1}	ICI-51(1)(5MPa)	0.3~0.4t/(m³·h)
循环气/新鲜原料气	6~10	ICI-51(2)(10MPa)	0.5~0.6t/(m³·h)
$H_2-CO_2/(CO+CO_2)$	2.1~2.5	CO 单程转化率	15%~20%
原料气中硫含量	≤0.06×10^{-6}(体积分数)	CO 总利用率	85%~90%
催化剂	CuO-ZnO-Al$_2$O$_3$	CO$_2$ 总利用率	75%~80%
催化剂层最大温差	31℃		

5.3.2.4　甲醇新的应用领域

鉴于生产甲醇所用初始原料的多样性，自 20 世纪 70 年代石油危机爆发导致出现 C$_1$ 化学的研究和过程开发以来，甲醇作为 C_1 化学的重要成员受到特别关注，新的应用领域不断扩展，有些研究过程已实现工业化生产，有些则已完成试验阶段的工作，显示出良好的应用前景。这些新应用领域大致可划分为两类：一类是与作为动力燃料有关的，即可作为燃料或燃料添加剂，或经化学加工作为燃料添加剂；另一类则是甲醇进一步化学加工合成新产品，或新的生产工艺路线，有些新的生产工艺路线部分取代以石油为初始原料的生产工艺路线。

(1) 燃料或燃料添加剂

① 甲醇 甲醇是一种易燃液体，具有良好的燃烧性、高的辛烷值（110～120），因此，其新的应用领域之一是用作发动机燃料。可加约 5％的甲醇到汽油中掺烧，用于汽车的汽油燃料则加入 15％的甲醇。也有全部取代汽油的纯甲醇作为汽车发动机燃料的实验车在运行。但甲醇的燃烧热值较汽油低；与汽油的互溶性差且受温度影响较大，需要加入诸如乙醇、异丁醇等作为助溶剂；另甲醇具有一定的毒性，在推广应用中受到一定的限制。

② 甲基叔丁基醚 甲基叔丁基醚（MTBE）在甲醇新应用领域中是一个已经实现工业化生产的新产品，用作发动机燃料辛烷值高（大于 100），与甲醇互溶性好，当用甲醇掺混汽油时，它是良好的助溶剂。甲基叔丁基醚的生产工艺又是 C_4 馏分中脱除异丁烯的有效手段，余下的 C_4 馏分可以用于生产丁二烯。因此由甲醇和异丁烯合成甲基叔丁基醚的工艺过程发展很快，其合成反应为：

$$CH_3OH + CH_3-\overset{\overset{\displaystyle CH_3}{|}}{C}=CH_2 \longrightarrow CH_3O-\overset{\overset{\displaystyle CH_3}{|}}{\underset{\underset{\displaystyle CH_3}{|}}{C}}-CH_3 \qquad \Delta H_{298}^{\ominus} = -36.48 kJ/mol \qquad (5-50)$$

以离子交换树脂为催化剂，低于 100℃，1.2MPa，在液相中进行。甲醇转化率 86％～96％，生成甲基叔丁基醚的选择性大于 98％。

应用相似方法由甲醇与 2-甲基-2-丁烯（ $CH_3-CH_2=\overset{\overset{\displaystyle CH_3}{|}}{C}-CH_3$ ）或 2-甲基-1-丁烯

（ $CH_3-CH_2-\overset{\overset{\displaystyle CH_3}{|}}{C}=CH_2$ ）制取甲基叔戊基醚。由甲醇合成高辛烷值汽油（Mobil 法）是甲醇

应用的又一个新过程。这个工艺是美孚石油公司（Mobil Oil）开发的。采用 ZSM-5 分子筛作为催化剂把甲醇转化为汽油已在新西兰实现了工业化。该法分两步进行，均可采用固体绝热反应器。第一步是使含水甲醇在 315～410℃下通过装有 γ-Al_2O_3 催化剂的脱水反应器，使甲醇脱水生成含有二甲醚、水、甲醇的平衡混合物，第二步是将平衡混合物于 360～400℃下通过装有 ZSM-5 分子筛催化剂的反应器，转化为烃类。产物中没有甲醇和二甲醚，C_5～C_{10} 烃（汽油）占 76％（质量分数，不计水），C_3＋C_4 22％。

(2) 甲醇化学

以甲醇为原料化学加工生产有机化工产品，除传统的甲醛、甲胺、甲酯、二甲酯类（如硫酸二甲酯、甲基丙烯酸甲酯、对苯二甲酸二甲酯等）外，新的甲醇化学加工过程有甲醇低压羰化制醋酸、甲醇羰化制甲酸甲酯等，还有一些新过程处于试验阶段或即将实现工业规模生产。

① 甲醇低压羰化制醋酸（孟山都工艺）是甲醇化学新工艺中最重要的一个，将在 5.5 中详细讨论。

② 甲醇羰化制甲酸甲酯 在强碱催化剂（甲醇钠或钾的甲醇溶液中）存在下，CO 插入到甲醇分子的羟基（氢-氧之间）即为甲酸甲酯，反应式为：

$$CH_3OH + CO \longrightarrow HCOOCH_3 \qquad (5-51)$$

目前这一过程是作为由甲醇和一氧化碳生产甲酸生产工艺的第一步而实现工业化生产。

③ 甲醇同系化　同系化反应是甲醇与合成气转化为比原料多一个或一个以上碳原子醇的反应。由甲醇和合成气反应生成乙醇的过程正在研究开发中。

$$CH_3OH + CO + 2H_2 \longrightarrow CH_3CH_2OH + H_2O \tag{5-52}$$

壳牌国际开发公司采用磷-钴催化剂，反应温度 200℃，压力 10～15MPa，生成乙醇的选择性可达 89%。

④ 甲醇氧化羰基化制草酸或乙二醇　该过程由日本宇部公司开发，分两步进行，第一步以氯化钯-氯化铜-氯化钾为催化剂，在 80℃、6.9MPa 条件下甲醇氧化羰基化制得草酸甲酯：

$$2CH_3OH + 2CO + \frac{1}{2}O_2 \longrightarrow CH_3OOC{-}COOCH_3 + H_2O \tag{5-53}$$

第二步草酸甲酯水解或加氢制得草酸或乙二醇：

$$CH_3COO{-}COOCH_3 + 2H_2O \longrightarrow HOOC{-}COOH + 2CH_3OH \tag{5-54}$$

$$CH_3OOC{-}COOCH_3 + 4H_2 \longrightarrow HOH_2C{-}CH_2OH + 2CH_3OH \tag{5-55}$$

⑤ 甲醇氧化羰基化制碳酸二甲酯　碳酸二甲酯是一种十分有用的有机合成中间体。由于分子中含有多种功能团，X＝O、—COOCH$_3$ 和—CH$_3$ 等，具有很高的反应性；又由于分子内含氧率为 53%，可提高汽油辛烷值，有望作为汽油添加剂；在树脂、溶剂、染料中间体、药物、食品防腐剂等方面广泛应用。已有生产方法是由光气和甲醇制得氯代甲酸甲酯，进而制得碳酸二甲酯。1979 年研究成功由一氧化碳、氧气和甲醇液相氧化羰基化生产碳酸二甲酯：

$$2CH_3OH + 2CO + \frac{1}{2}O_2 \longrightarrow (CH_3O)_2CO + H_2O \tag{5-56}$$

20 世纪 90 年代由日本宇部研究开发成功气相氧化羰化生产碳酸二甲酯技术。

⑥ 甲醇裂解制烯烃　甲醇转化为乙烯和其他烯烃可采用 ZSM-5 分子筛、改性氧化镁以及其他小孔径催化剂材料如菱沸石、毛沸石和沸石 T。其反应式有如：

$$2CH_3OH \longrightarrow C_2H_4 + 2H_2O \tag{5-57}$$

$$3CH_3OH \longrightarrow C_3H_6 + 3H_2O \tag{5-58}$$

与甲醇转化为汽油的过程相似，中间产物是二甲醚。反应温度 300～450℃，压力 0.1～0.5MPa，C_2～C_4 烯烃的选择性 50%～60%。

5.3.3　苯加氢制环己烷

5.3.3.1　环己烷及其生产方法

环己烷大部分用于生产己二酸、己内酰胺及己二胺，是聚酰胺纤维的基本原料；小部分用于制环己胺等，用作纤维素醚类、脂肪类、油类、蜡、沥青、树脂及生胶溶剂；萃取香精油；基本有机合成或重结晶的介质等。

环己烷的来源有两个，一个是石油馏分中抽提，另一个是苯加氢制取环己烷。目前几乎所有环己烷都是通过纯苯加氢制得。苯加氢制环己烷的方法很多，其区别只在于催化剂、操作条件、反应器型式、移出热量方式等的不同。通常分为液相和气相法两种，以液相法居多。

5.3.3.2　苯加氢制环己烷反应

由苯加氢成环己烷的化学反应式为：

$$\text{（苯）} + 3H_2 \Longrightarrow \text{（环己烷）} \qquad \Delta H = -208kJ/mol \qquad (5\text{-}59)$$

这是一个分子数减少的可逆放热反应。因此，提高压力和降低温度有利于平衡向右移。其平衡常数在低温时还甚大，例如 127℃ 时，$K_p = 7 \times 10^7$，但随着温度升高，平衡常数下降得相当快，例如 227℃，$K_p = 1.86 \times 10^2$，温度升高 100℃，平衡常数下降 10 的 5 次方。若能在不太高的温度下，如 200℃，稍提高压力，如 2～3MPa，再加上采用氢过量，还是能使苯接近完全转化。

苯加氢反应所采用的催化剂主体是过渡金属，这些催化剂在实际应用时，常常负载于载体上，有的还加入一些添加剂。目前，工业生产上使用的主要是载于不同载体上的镍催化剂。使用的载体常是 Al_2O_3 或 SiO_2，尤其是 Ni/Al_2O_3 催化剂在工业上得到广泛使用。但是镍催化剂存在一些缺点：对硫化物的抗毒能力差，且中毒后不能再生，工业上使用寿命为 1 年左右；镍催化剂使用温度低（120～180℃），耐热性能差，因此在热量回收时只能产生低品位的副产蒸汽；镍催化剂使用的空速小（0.1～0.2h^{-1}），抑制了反应器的生产能力。以 Al_2O_3 为载体的铂催化剂较 Ni/Al_2O_3 催化剂有许多优点：中毒后可再生，使用寿命可长达 8 年；220～270℃ 温度下使用，有利于热量回收；可在 0.8～0.95h^{-1} 空速下使用。

5.3.3.3 生产方法

苯加氢制环己烷在工业生产上已有多种方法，分液相加氢和气相加氢法，下面各选一种方法加以简要介绍。

（1）苯液相加氢法（IEP 法，法国石油研究院）

IEP 法苯液相加氢制环己烷的工艺流程如图 5-19。

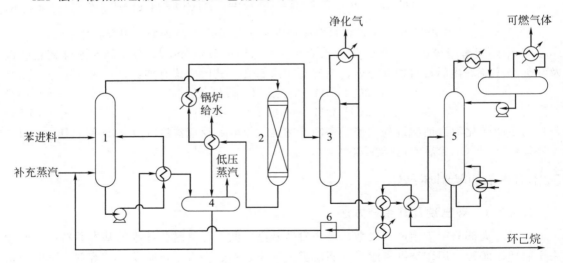

图 5-19 苯液相加氢法制环己烷工艺流程

1—液相反应器；2—最终反应器；3—分离器；4—蒸汽罐；5—稳定器；6—循环压缩机

苯和循环氢、补充氢不经预热直接进入主反应器，主反应器内装有镍催化剂环己烷悬浮液，在温度约 200℃、压力约 2MPa 进行加氢反应。反应热通过一台外置循环泵使催化剂悬浮液迅速通过外部换热器换热后返回主反应器。如果主反应器达不到所要求的苯转化率，启用后反应器，这是一个比较小的气相固定床反应器。由主反应器出来的蒸气（主要有环己烷、惰性气体及氢气）在后反应器使残余苯完全转化。在高压气液分离器中，流体经浓缩后闪蒸分离，富含氢气的气流返回液相反应器。从分离器中出来的液体进入稳定器，除去氢和其他可溶解的轻组分气体，环己烷从稳定器的底部流出。

原料苯中的硫是使催化剂中毒、缩短反应周期的主要因素，故要求苯中硫含量小于 1.5×10^{-6}（体积分数，下同），且原料苯中杂质总含量低于 1600×10^{-6}，氢气中 CO 和 CO_2 总含量应小于 20×10^{-6}，否则将影响运转周期和产品环己烷的质量。

（2）气相加氢法

苯气相加氢法制环己烷工艺流程示于图 5-20。

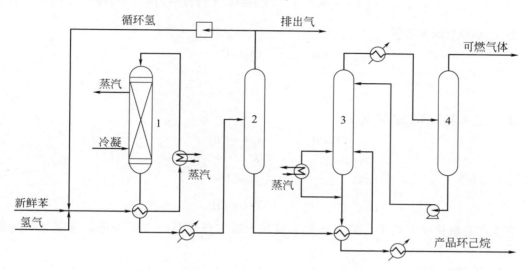

图 5-20　苯气相加氢法制环己烷工艺流程
1—反应器；2—闪蒸罐；3—稳定器；4—蒸馏塔

新鲜苯与氢（循环氢和补充氢）混合，经与反应产物热交换而汽化，混合气体进入装有特殊贵金属催化剂的反应器进行加氢反应。流出反应器的物料与进料进行热交换，冷却后进入气液分离器，气体氢部分循环，小部分放空。液体送至稳定塔，轻馏分从塔顶收集，塔底是纯环己烷产品。苯的转化率可大于 99.9%。

5.4　脱氢与氧化脱氢——苯乙烯、丁二烯、甲醛

5.4.1　概述

烃类及其衍生物的脱氢过程可以看作是氧化反应一种特殊类型的反应。事实上，有时就是在氧存在下进行的。在没有氧存在时，脱氢反应是可逆和吸热的过程，受化学平衡的限制，转化率不可能很高，尤其是低级烷烃和低级烯烃的脱氢反应。欲使反应平衡向利于脱氢方向进行，可以采用将生成的氢除去的方法。除去氢的方法之一是在反应系统中加入所谓"氢接受体"（如氧气、卤素、硫化物等），使平衡向脱氢方向转移，转化率可大幅度提高，脱氢过程也由吸热转为放热过程，这种类型的反应被称为氧化脱氢反应。

在基本有机化学工业中，重要的脱氢反应或氧化脱氢反应主要是一些简单烷烃、烯烃或芳烃脱氢为烯烃或多烯烃，如：

① 正丁烷（或烯）脱氢或氧化脱氢制丁二烯

$$nC_4H_{10} \longrightarrow nC_4H_8 \longrightarrow C_4H_6 \tag{5-60}$$

$$nC_4H_8 \longrightarrow C_4H_6 + H_2 \tag{5-61}$$

$$nC_4H_8 + \frac{1}{2}O_2 \longrightarrow C_4H_6 + H_2O \tag{5-62}$$

② 戊烷脱氢或氧化脱氢制异戊二烯

$$i\text{-}C_5H_{10} \longrightarrow CH_2{=}CH{-}C(CH_3){=}CH_2 + H_2 \tag{5-63}$$

$$i\text{-}C_5H_{10} + \frac{1}{2}O_2 \longrightarrow CH_2{=}CH{-}C(CH_3){=}CH_2 + H_2O \tag{5-64}$$

③ 乙苯脱氢制苯乙烯

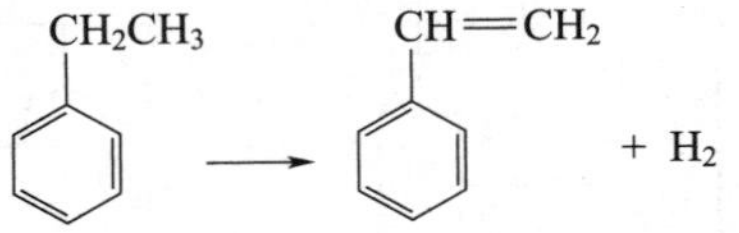

(5-65)

④ 二乙苯脱氢制二乙烯基苯

(5-66)

在基本有机化学工业中，另一类脱氢或氧化脱氢反应是一些低碳醇脱氢制相应的醛、酮，如：

① 甲醇脱氢制甲醛

$$CH_3OH \longrightarrow HCHO + H_2 \tag{5-67}$$

② 甲醇氧化脱氢制甲醛

$$CH_3OH + \frac{1}{2}O_2 \longrightarrow HCHO + H_2O \tag{5-68}$$

③ 乙醇脱氢制乙醛

$$CH_3CH_2OH \longrightarrow CH_3CHO + H_2 \tag{5-69}$$

④ 乙醇氧化脱氢制乙醛

$$CH_3CH_2OH + \frac{1}{2}O_2 \longrightarrow CH_3CHO + H_2O \tag{5-70}$$

⑤ 异丙醇脱氢制丙酮

$$CH_3{-}CH(OH){-}CH_3 \longrightarrow CH_3{-}C(=O){-}CH_3 + H_2 \tag{5-71}$$

其中以甲醇氧化脱氢制甲醛的过程最为重要。

5.4.2 乙苯脱氢制苯乙烯

苯乙烯是生产合成橡胶和塑料的重要原料，目前世界总产量已超过 1000 万吨，是一个大吨位的重要品种，其中 90% 是通过乙苯催化脱氢方法产生的。通过对这一过程的讨论，我们可了解脱氢反应的基本化学特性和基本的工艺过程。可以说乙苯脱氢制苯乙烯是工业生产中采用催化脱氢方法的一个重要过程。

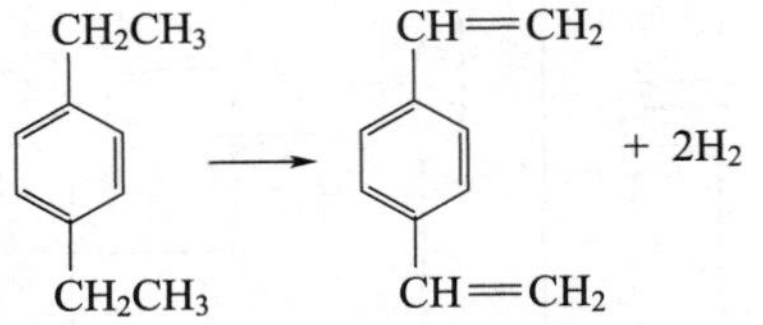

5.4.2.1　乙苯脱氢制苯乙烯反应

（1）热力学分析

乙苯脱氢生成苯乙烯是一个分子数增大的、可逆吸热反应，其反应式为：

$$\Delta H_{298}^{\ominus}=117.8\text{kJ/mol} \tag{5-72}$$

其平衡常数、乙苯平衡转化率随着温度（表 5-7）的升高而增大。

表 5-7　不同温度下的平衡常数和乙苯平衡转化率

温度/℃	427	527	627	727	827
K_p	3.30×10^{-2}	4.71×10^{-2}	3.75×10^{-1}	2.00	7.87
平衡转化率/%	6~7	约 20	约 50	约 82	约 93

欲获得较高的转化率，需要采用较高的反应温度。但是，过高的反应温度对反应过程的选择性、高温下的供热和设备材质的选择等带来许多困难，所以必须同时改变其他条件，使反应能在不太高的温度下达到较高的转化率。其中，压力就是必须考虑的条件之一。前已述及，乙苯脱氢制苯乙烯是一个增加分子数的反应，降低反应压力有利于平衡向生成产物的方向转移。平衡常数的关系式如下式所示：

$$K_p=K_x p^{\Delta r} \tag{5-73}$$

式中，K_p 为以组分分压表示的平衡常数；K_x 为以组分的摩尔分数表示的平衡常数；Δr 为化学反应式中产物的化学计量数之和减去反应物的化学计量数之和；p 为反应压力。由式（5-73）可知，对脱氢反应，Δr 为正值，故降低反应压力 p，可使 K_x 值增大，也即产物的平衡浓度增大，提高了反应中乙苯的平衡转化率。这就是工业化生产中采用负压操作的原因所在。

在反应系统中引入惰性气体作为稀释剂也能起降低烃分压的作用，工业上常用的惰性稀释剂是水蒸气。水蒸气作为稀释剂有多方面的好处：

① 容易与产物分离；

② 热容量大，有利于稳定催化剂层的温度；

③ 水蒸气能与催化剂表面积炭发生水煤气反应，从而减少或消除积炭，延长催化剂的使用寿命。

乙苯脱氢的上述这些热力学特征与第 4 章讨论的乙烷蒸汽裂解反应的热力学特征是相似的。

（2）主要副反应

乙苯脱氢主要的副反应有裂解反应和加氢裂解，且均发生在侧链上：

$$\Delta H_{298}^{\ominus}=105\text{kJ/mol} \tag{5-74}$$

$$\Delta H_{298}^{\ominus}=-54.4\text{kJ/mol} \tag{5-75}$$

$$\text{(5-76)} \quad \Delta H^{\ominus}_{298} = -31.5\text{kJ/mol}$$

在水蒸气存在的条件下还可发生如下反应：

$$\text{(5-77)} \quad \Delta H^{\ominus}_{298} = 110\text{kJ/mol}$$

另外，产物苯乙烯在高温下聚合生成焦油、焦等而使催化剂表面结焦而活性下降。

(3) 催化剂

工业上采用的催化剂是氧化铁系催化剂，其典型组成中除氧化铁外还有 Cr_2O_3、K_2O。氧化铁是活性组分，氧化铁系统中存在着如下平衡：

$$FeO \underset{H_2}{\overset{H_2O}{\rightleftharpoons}} Fe_3O_4 \underset{H_2}{\overset{H_2O}{\rightleftharpoons}} Fe_2O_3 \qquad \text{(5-78)}$$

在乙苯脱氢的反应系统中，既有还原性的烃、氢组分，也有氧化性的水蒸气，使铁处于 Fe^{2+} 和 Fe^{3+} 之间，使之具有较高的活性和选择性。Cr_2O_3 是高熔点的金属氧化物，它的存在可提高催化剂的热稳定性，对稳定铁的形态也有一定的作用。氧化钾的加入对改善催化剂性能起重要作用，主要有如下几个方面：

① 调变催化剂表面酸度，减少裂解副反应的发生；

② 减少能引起聚合副反应的酸中心，提高催化剂抗焦能力；

③ 促进水蒸气与催化剂表面积炭的水煤气反应，提高催化剂自再生能力，延长催化剂使用周期。

至于钾组分在形成催化剂活性中心的作用尚在研究论证之中。

在氧化铁系催化剂中，Cr_2O_3 的存在虽能起到结构稳定剂的作用，但因其具有毒性，工业上出现多种无铬催化剂，而铁、钾成为不可缺少的组分，构成了乙苯脱氢铁-钾系催化剂，例如 Fe-Mo-Cr-K 催化剂等都是性能良好的乙苯脱氢催化剂。

5.4.2.2 乙苯脱氢制苯乙烯的工艺流程

脱氢反应是强吸热反应，反应不仅需在高温下进行，且需在高温条件下向反应系统提供大量的热。这一基本特征就决定了各种工艺流程的最主要差别在于反应器的型式不同。

(1) 脱氢反应器

自 20 世纪 30 年代乙苯脱氢制苯乙烯技术实现工业化以来，世界上一直同时发展着两种不同型式的反应器，即由美国 Dow 公司开发的绝热式反应器和由德国 BASF 公司开发的等温管式反应器。这两种类型的反应器又各自衍生出多种结构有所不同的反应器。在如绝热式反应器中有单

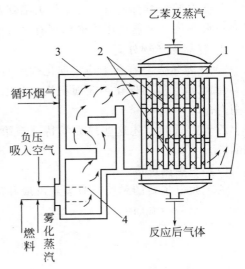

图 5-21 乙苯脱氢等温管式反应器
1—多管反应器；2—圆缺挡板；
3—耐火砖砌成的加热炉；4—燃烧喷嘴

段绝热式反应器、双段或多段绝热式反应器、径向绝热式反应器等。

① 等温管式反应器　这种反应器由许多耐热钢管组成，管径为 $100\sim185$mm，管长 3m，管内装催化剂，管外用烟道气加热，其结构示意于图 5-21。

反应在列管中进行时物料基本呈活塞流，所以催化剂活性和选择性较高，蒸汽稀释比例较绝热式反应器低，但是采用间接传热方式，由于催化剂热导率小，要求传热面积大、管的数目大、设备费用高。

② 绝热式反应器　单段绝热式反应器为金属外壳内衬耐火砖，结构简单，高温钢材用量少，设备费用低，但生产能力高。例如，内径为 2m、催化剂层高为 1.6m 的反应器，可年产苯乙烯（$1.5\sim1.8$）万吨。大型反应器的单台生产能力已超过年产苯乙烯 6 万吨。这种反应器的缺点是蒸汽耗量高，床层进出口温差大，乙苯转化率低。一般操作条件为：压力 0.13MPa、H_2O/乙苯 = 14(mol)，床层进出口温差可高至 65℃。进口乙苯浓度最高，处于温度最高处就有较多的副反应发生，而出口温度低，对平衡不利。所以这种反应器脱氢的转化率和选择性较低。

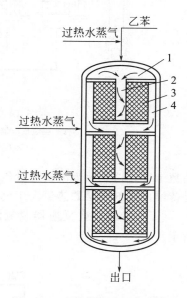

图 5-22　三段绝热式径向反应器
1—混合室；2—中心室；
3—催化剂室；4—收集室

为了克服单段绝热式反应器上述的缺点，在反应器方面作了多种改进，如采用几个单段绝热式反应器串联使用，反应器之间设置加热炉；采用多段绝热式反应器，过热水蒸气分段导入；采用两段绝热式反应器，第一段使用选择性较高的催化剂，以减少副反应，第二段使用活性较高的催化剂，以克服温度下降带来反应温度下降的不利影响；采用多段径向绝热式反应器，可使用小颗粒催化剂，不仅可提高选择性，也可提高反应速度。三段绝热式径向反应器的结构示意于图 5-22。

三段绝热式径向反应器中的每一段都由混合室、中心室、催化室和收集室组成。乙苯蒸气与一定量过热水蒸气先进入混合室，充分混合后由中心室通过钻有细孔的钢制圆筒壁喷入催化剂层，物料经由细孔的钢制外圆筒，进入由反应器的环形空隙形成的收集室。然后再进入第二混合室再与过热水蒸气混合，经同样的过程直至反应器出口。

③ 绝热-等温联合反应器　由美国 Lummus 公司首先应用于工业生产的这种反应器，发挥绝热和等温两种反应器的长处，既可降低蒸汽消耗，又减少装置费用，同时提高转化率。

（2）脱氢部分的工艺流程

① 等温管式反应器脱氢部分的工艺流程　等温管式反应器脱氢部分的工艺流程见图 5-23。

原料乙苯蒸气和一定量的水蒸气混合后，经预热至约 540℃进入脱氢反应器进行脱氢反应，反应后的物料经热交换后进入冷凝器冷凝，冷凝液分出水后送至苯乙烯贮槽，不凝气体主要成分是 H_2，其余还有 CO_2、C_1、C_2，可作为燃料使用。

水蒸气与乙苯的摩尔比为（$6\sim9$）:1。温度的控制与催化剂牌号和催化剂使用时段有关，新鲜催化剂一般控制在 580℃左右，随着催化剂使用时间的延长，活性逐步衰减，可逐步提高反应温度补偿催化剂活性的衰退，最终可将温度升至 620℃左右，虽然是等温反应器，但一般情况下，反应器的温度分布是沿催化剂床层逐渐增高，出口温度可能比进口温度

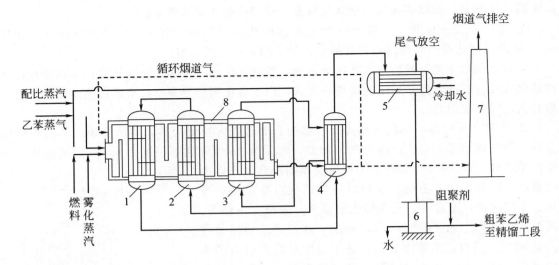

图 5-23　等温管式反应器脱氢部分的工艺流程

1—脱氢反应器；2—第二预热器；3—第一预热器；4—热交换器；

5—冷凝器；6—粗苯乙烯储槽；7—烟囱；8—加热炉

高数十度。这是因为沿反应管传热速率的变化与反应所需吸收热量的速率变化不同步，往往是传给催化剂床层的热量大于反应所需吸收的热量。

　　② 单段绝热式反应器脱氢的工艺流程　单段绝热式反应器脱氢的工艺流程如图 5-24 所示。

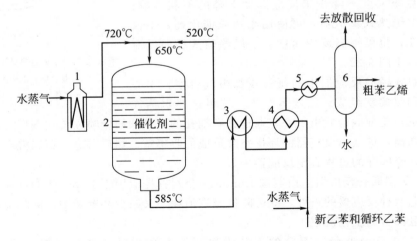

图 5-24　单段绝热式反应器脱氢的工艺流程

1—水蒸气过热炉；2—脱氢反应器；3,4—热交换器；5—冷凝器；6—分离器

　　新鲜乙苯、循环乙苯和所需水蒸气总量的 10％ 混合后与高温脱氢产物热交换后，再与过热至 720℃ 的其余 90％ 水蒸气混合，温度大约 640℃，进入脱氢反应器，随着反应的进行，温度逐渐下降，出口温度大约 585℃，经热交换后进一步冷却冷凝，冷凝液分出水后进粗苯乙烯贮槽。不凝气体中 90％ 是氢气。

　　这种型式的反应器，反应所需的热量是由 720℃ 的水蒸气带入反应系统，所以水蒸气用量要比等温管式反应器大 1 倍左右。其工艺条件为：H_2O/乙苯 = 14（mol），压力

0.138MPa，乙苯液料空速 0.4～0.6m³/(h·m³ 催化剂)。这种型式反应器的温度分布对反应速度和反应选择性都产生不利的影响。进口处乙苯浓度高，温度也高就可能有较多的平行副反应发生，而使选择性下降；而出口处温度低，对反应平衡不利，限制了转化率的提高。尽管如此，绝热式反应器的结构简单，设备费用低，大规模的生产装置均采用绝热式反应器。

（3）粗苯乙烯的分离与精制

脱氢产物粗苯乙烯除含主产物苯乙烯外，尚含有未反应的乙苯、副产物苯、甲苯和少量焦油。各组分沸点相差较大，可用精馏方法分离。其中乙苯-苯乙烯的分离是关键部分，两者的沸点相差 9℃。粗苯乙烯的分离和精制流程示于图 5-25。

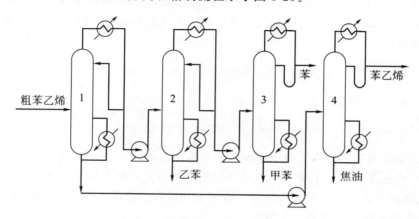

图 5-25　粗苯乙烯的分离和精制流程

1—乙苯蒸出塔；2—苯-甲苯回收塔；3—苯-甲苯分离塔；4—苯乙烯精馏塔

粗苯乙烯先进乙苯蒸出塔，塔顶蒸出的乙苯、苯和甲苯经冷凝后，一部分回流，其余送入苯-甲苯回收塔，塔顶分出来的苯和甲苯送苯-甲苯分离塔，将苯和甲苯分离。苯-甲苯回收塔塔釜分出的乙苯可循环作脱氢原料使用。乙苯蒸出塔釜液主要含苯乙烯，尚含有少量焦油，送入苯乙烯精馏塔，塔顶出聚合级成品苯乙烯（99.6%，质量分数）。釜液主要是焦油，尚含有苯乙烯可进一步回收。

乙苯蒸出塔和苯乙烯精馏塔均需在减压下操作并加阻聚剂，如二硝基苯酚、叔丁基邻苯二酚等，以防苯乙烯自聚。

5.4.2.3　乙苯共氧化法制苯乙烯

乙苯先氧化为乙苯基过氧化氢（ C_6H_5—CH—CH₃ ），然后与丙烯反应生成甲基苄醇
　　　　　　　　　　　　　　　　　　　　　　　 |
　　　　　　　　　　　　　　　　　　　　　　　OOH

（ C_6H_5—CH—CH₃ ），再脱水生成苯乙烯。同时丙烯被氧化为环氧丙烷。此法是由哈尔康国
　　　 |
　　　OH

际公司（Halton International Inc）开发，于 1973 年实现工业化生产。总的苯乙烯生产能力达年产 100 万吨以上，同时联产环氧丙烷约 40 万吨/年，占苯乙烯世界总生产能力的 10%，装置生产规模（20～45)万吨苯乙烯/年，成为继乙苯脱氢法之后大规模生产苯乙烯的第二种方法。

5.4.3　丁烯氧化脱氢制丁二烯

丁二烯，有机化工的基础原料之一，是生产多种合成橡胶和塑料的重要单体。丁二烯通

常指的是 1,3-丁二烯（$CH_2 =CH-CH =CH_2$），世界总产量约为 700 万吨/年，主要来源有三种：①由烃类蒸汽裂解产物的 C_4 馏分中提取；②丁烯或丁烷催化脱氢；③丁烯氧化脱氢。其中丁烯、丁烷催化脱氢已逐渐被乙烯氧化脱氢所取代。

5.4.3.1　丁烯氧化脱氢反应

丁烯脱氢生成丁二烯是一个受热力学平衡限制的可逆的吸热过程，其平衡常数（K_p）与温度（T）的关系为：

$$\lg K_p =-\frac{5761}{T}+2.84\lg T-1.47 \tag{5-79}$$

计算结果表明，在 462℃、0.1MPa 下，丁烯直接脱氢为丁二烯的平衡转化率仅 9% 左右。当在反应体系引入氢的接受体，如氧气，化学反应平衡朝生成丁二烯的方向转移，过程也由吸热转为放热过程。

$$n\text{-}C_4H_8+\frac{1}{2}O_2\longrightarrow C_4H_6+H_2O \quad \Delta H^{\ominus}_{720}=-125.4\text{kJ/mol} \tag{5-80}$$

其平衡常数（K_p）与温度（T）的关系为：

$$\lg K_p =\frac{13740}{T}+2.14\lg T+0.829 \tag{5-81}$$

按此式计算，氧化脱氢反应在室温下平衡转化率近 100%。

在氧气存在的条件下，丁烯氧化脱氢可能发生的副反应有下列几种类型：

① 氧化降解生成少于四个碳的含氧化合物，如甲醛、乙醛、丙烯醛、丙酮、有机酸等；

② 氧化生成呋喃、丁烯醛、丁酮等；

③ 氧化生成 CO、CO_2、H_2O；

④ 氧化脱氢芳构化为芳烃；

⑤ 氧化脱氢生成乙烯基乙炔、甲基乙炔等；

⑥ 聚合、结焦。

5.4.3.2　催化剂

应用于工业生产上的丁烯氧化脱氢制丁二烯的催化剂主要有两类：钼酸铋系和铁酸盐体系。

以 Bi-Mo 氧化物为基础的两组分或多组分催化剂，是丁烯氧化制丁二烯很重要的催化剂，也是异戊烯氧化脱氢制异戊二烯、丙烯氨氧化制丙烯腈等催化剂的主要成分。在这类催化剂中除了 Mo、Bi 氧化物外，再加入的组分一般有ⅠA族（Li、K、Cs 等），ⅡA族（Mg、Ca、Sr 等），ⅢB族（Y 等），ⅣB族（Zr、Ti 等），ⅤB族（V、Nb、Ta 等），ⅥB族（Cr、W 等），ⅦB族（Mn 等），ⅧB族（F、Co、Ni、Ru 等），ⅠB族（Ag、Cu 等），ⅡB族（Zn、Cd 等），ⅢA族（Tl、In、Ga、Al 等），ⅣA族（Sn、Pb、Si、Ge 等），ⅤA族（P、Sb、As 等），ⅥA族（Te、Se 等），稀土氧化物等。周期表中的大部分常见元素均被试验或使用过。在这类催化剂中 Mo 或 Bi-MO 氧化物是主要活性组分，其他组分则作为助催化剂。这些催化剂有的是提高催化剂活性，有的是提高催化剂选择性，而有的则是提高催化剂的稳定性。这类催化剂的缺点是有机酸的生成量较多。

$ZnFe_2O_4$、$MnFe_2O_4$、$Mg_2Fe_2O_4$、$ZnCrFe_2O_4$、$Mg\text{-}ZnFe_2O_4$ 等铁酸盐是具有类尖晶石型（$A^{2+}B_2^{3+}O_4$）结构的氧化物，是另一类丁烯氧化脱氢催化剂，有较高的活性和选择性，含氧的副产物较少。

其他的还有以 Sb 或 Sn 氧化物为主的混合氧化物催化剂。

5.4.3.3　反应机理与动力学

在上述两类催化剂上，丁烯氧化脱氢制丁二烯的反应机理与前已述及的丙烯氨氧化的反应机理相似，都属于氧化-还原机理，反应的第一步是烯烃分子在催化剂上解离吸附脱一个 α-H，生成吸附的烯丙基型中间物，这一步是反应的速度控制步骤。随后吸附的烯丙基再脱一个氢形成丁二烯脱附，而所脱去的两个氢与催化剂上的晶格氧生成一个水分子，气相中的氧补充晶格消耗掉的氧。

分析各种实验数据后表明，Bi-Mo 氧化物上具有两种不同类型的吸附位，一种被称为 B 位，对丁二烯产生快速、可逆、弱的吸附，吸附数据服从吸附模型，所以 B 位应该含有两个吸附中心。可以假设 B 位是含有一个 Mo^{6+} 的空位和两个在 Mo^{6+} 上的边角氧离子。另一种被称为 A 位，属于单位吸附模型，对丁二烯吸附速度慢，但吸附键强，催化剂还原条件下 A 位对产生 O_2 不可逆吸附，但对水产生弱的、可逆的吸附，因此 A 位属于连在 Bi^{3+} 的特殊位子上氧离子 O^{2-}，同时测得 B 位的数目大于 A 位。A 位和 B 位的氧离子排布如下所示：

O_B（1）	O_B（2）	MoO_3 层
	O_A	Bi_2O_3 层
O_B（3）	O_B（4）	MoO_3 层

丁烯先在 O_B（1）位子上脱去第一个氢原子（即均裂）形成烯丙基型中间物，然后在 O_B（4）上脱去第二个氢，在 O_B（2）和 O_B（3）上形成弱的丁二烯双位吸附态，最后丁二烯脱附。所脱的两个氢与 A 位上的 O^{2-} 形成水也脱附。气相中的氧补充晶格所消耗的氧。

丁烯在铁酸盐催化剂上的氧离子脱氢机理，涉及催化剂活性中心铁离子形态 Fe^{3+} 和 Fe^{2+} 的互变。丁烯分子吸附在氧离子缺位上跟 Fe^{3+} 形成 σ-π 型键合，在 O^- 自由基的作用下以均裂方式脱去第一个氢（原子），再以异裂的方式脱去第二个氢，两个氢和晶格氧结合生成水，铁离子上的烯丙基型中间配合物分解成丁二烯。这一作用过程可由图 5-26 表示。

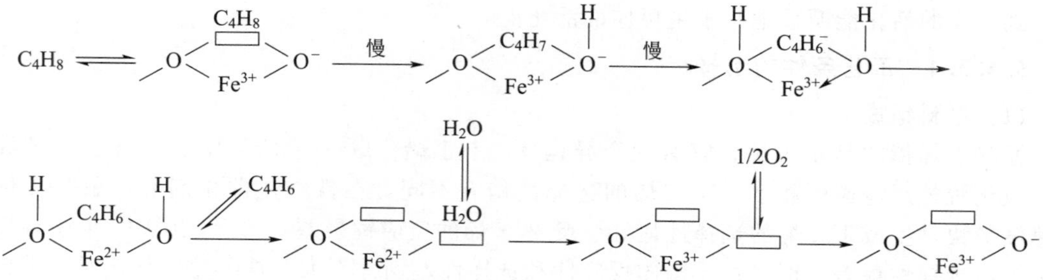

图 5-26　丁烯在铁酸盐催化剂上氧化脱氢过程

自从 20 世纪 60 年代开始研究丁烯氧化脱氢以来，关于反应动力学方面进行过不少工作，其中不少研究工作从氧化-还原机理出发来了解丁烯氧化脱氢的动力学特征。

在 $Bi-Mo/SiO_2$ 催化剂上，Mars 曾提出两步骤氧化-还原动力学方程用于丁烯氧化脱氢反应为：

$$1\text{-}C_4H_8+[O] \xrightarrow{k_1} C_4H_6+[R] \tag{5-82}$$

$$[R]+O_2 \xrightarrow{k_2} [O] \tag{5-83}$$

式中，[O]、[R] 分别为催化剂氧化、还原部位。当过程达到稳态时，

$$r = \frac{k_1 k_2 p_{O_2} p_{\beta\text{-}1}}{0.5 k_1 p_{\beta\text{-}1} + k_2 p_{O_2}} \tag{5-84}$$

$$\theta_{[O]} = \frac{k_2 p_{O_2}}{0.5 k_1 p_{\beta\text{-}1} + k_2 p_{O_2}} \tag{5-85}$$

式中，k_1、k_2 分别为反应（5-82）和反应（5-83）速率常数；p_{O_2}、$p_{\beta\text{-}1}$ 分别为 O_2、1-C_4H_8 的分压。经实验证明，用两步骤氧化-还原动力学方程描述实验结果是合理的。

同样地，已经多方证实在铁酸盐系列催化剂上，丁烯氧化脱氢反应也是氧化-还原循环过程。在这类催化剂上存在着平行和连串反应，即丁烯被选择性氧化为丁二烯产物外，丁烯或丁二烯也可能被深度氧化为 $CO_2 + H_2O$ 或被部分氧化为含氧化合物。由于含氧化合物的生成量少，在 0.5% 以下，因此可用下式来表达反应体系中各组分的关系：

$$C_4H_8 \xrightarrow{\quad (1) \quad} C_4H_6$$
$$\searrow^{(2)} \qquad \swarrow_{(3)} \tag{5-86}$$
$$CO_2 + CO$$

由此推得到动力学方程为：

$$r_1 = \frac{k_1 k_\beta k_O p_O p_\beta}{(k_\beta p_\beta + k_O p_O)^2} \tag{5-87}$$

$$r_2 = \frac{k_2 k_\beta k_O p_O p_\beta}{(k_\beta p_\beta + k_O p_O)^2} \tag{5-88}$$

$$r_3 = \frac{k_3 k_D k_O p_O p_D}{(k_D p_D + k_O p_O)^2} \tag{5-89}$$

式中，k_1、k_2、k_3 分别为反应(1)、反应(2)、反应(3) 的速率常数，mol/(mL 催化剂·h)；p_β、p_O、p_D 分别为 2-丁烯、氧、丁二烯的分压，kPa；k_β、k_O、k_D 分别为 2-丁烯、氧、丁二烯的吸附系数，1/kPa。

测得各反应的活化能分别为：$E_1 = 825\text{kJ/mol}$；$E_2 = 103\text{kJ/mol}$；$E_3 = 107\text{kJ/mol}$。副反应的活化能明显地小于主反应的活化能。

5.4.3.4 工艺条件的选择

(1) 原料组成

原料丁烯指的是正丁烯，它有三个异构体：1-丁烯，顺-2-丁烯，反-2-丁烯。三种异构体的氧化脱氢反应速度和生成丁二烯的选择性稍有不同。在铁酸盐催化剂上，顺-2-丁烯反应速度最快，生成丁二烯的选择性最好。反-2-丁烯的反应性最差，选择性居中。1-丁烯反应性中等，选择性最差。但三种异构体反应性和选择性差别并不大。铁酸盐催化剂对双键异构化的活性甚小，异丁烯的含量只与原料组成有关，异丁烯较正丁烯容易氧化，其含量需控制在 0.5% 以下，戊烯也要控制在 0.7% 以下。低级烷烃不参加反应。

(2) 工艺条件

① 反应温度　丁烯在铁酸盐催化剂上氧化脱氢反应的活化能数据表明，主反应的活化能明显高于副反应的活化能，这意味着在一定温度范围内，随着温度的提高，生成丁二烯的选择性也提高。由于此反应有这一特点，所以虽然是强放热过程，也可采用绝热式反应器，且允许进出口温度有较大的差别，使用绝热式反应器时主要控制反应器进口温度。在一定条件下有一个最低进口温度，随着反应的进行温度逐渐升高，进出口温度可相差 220℃ 或更大。适宜的温度范围一般为 327～547℃。

② 反应器进口压力　实验数据表明，进口压力升高，选择性下降。欲降低进口压力，则催化剂床层的阻力降应尽量小。从这一点考虑宜采用径向绝热式反应器。

③ 丁烯空速　虽然存在着连串副反应的竞争，但丁烯的空速在一定温度范围内变化对选择性的影响甚小，工业上丁烯的空速很小，仅约 $600h^{-1}$。总的混合气（丁烯、氧、水蒸气）的空速大约 $8000h^{-1}$。

④ 氧烯比　氧烯比即氧与丁烯用量比，是一个重要的控制条件，它影响着丁二烯收率、选择性和催化剂床层温度，受有机物-氧爆炸极限控制。由于此过程是一个氧化-还原过程，催化剂的晶格氧参与反应，因此应保持反应生成气中有一定的氧，称作残氧。氧烯比的大小根据残氧量的多少来调节，但不能超过 0.54（摩尔比）。

⑤ 水烯比　水蒸气虽然不参与反应，但丁烯氧化脱氢必须有水蒸气存在，以提高反应的选择性。随水烯比提高，选择性随着提高，反应速度也加快，水烯比与所用的氧烯比有关，对每一个所用的氧烯比，都有一个最佳的水烯比。由于水烯比对成本费用有明显的影响，所以宜采用最高选择性的最小水烯比。当氧烯比为 0.52 时，水烯比约 12（摩尔比）。

5.4.3.5　生产工艺

(1) 丁烯氧化脱氢反应流程

由于铁酸盐催化剂允许较宽的温度范围操作，故可采用绝热式固定床反应器进行氧化脱氢反应，其反应部分的流程示于图 5-27。

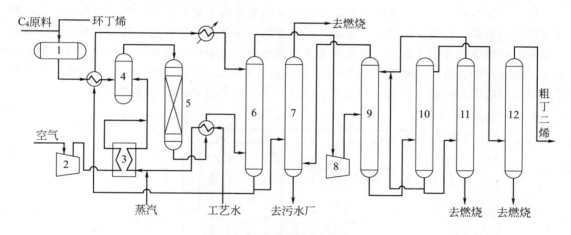

图 5-27　丁烯氧化脱氢反应流程

1—C₄ 原料罐；2—空气压缩机；3—加热炉；4—混合器；5—反应器；6—淬冷塔；7—吹脱塔；
8—压缩机；9—吸收塔；10—解吸塔；11—油再生塔；12—脱重组分塔

新鲜的和循环的丁烯混合后，再与预热的空气和水蒸气混合气充分混合、预热后，进入绝热式固定床反应器进行反应。反应后的高温气体经热交换回收热量后进入淬冷塔，由喷水直接急冷进一步降温并除去高沸点副产物后进入吸收分离工序。急冷后的物料经压缩机增压后进吸收塔，以沸程为 60～90℃ 的馏分油作吸收剂。吸收液在解吸塔进行解吸得到粗丁二烯，在经脱重组分塔脱除高沸点杂质后，送分离和精制工序。吸收剂循环使用。吸收塔塔顶未被吸收的气体主要含 N_2、CO、CO_2 和少量低沸点副产物，经吹脱塔后送去火炬燃烧。淬冷塔塔底排出的水，一部分经热交换后循环作淬冷水用，其余经吹脱塔脱除低沸点副产物后排至污水厂处理。

丁烯氧化脱氢部分的操作条件和结果与所采用催化剂、反应器型式等有关，操作条件和结果在一定范围内变化（见表 5-8）。

表 5-8　丁烯氧化脱氢的操作条件和结果

入口温度/℃	327	丁烯转化率/%	约 70
进口温度/℃	547	丁二烯选择性/%	约 90
氧烯比（mol）	约 0.54	CO_2 选择性/%	约 7
水烯比（mol）	约 12	CO 选择性/%	约 1
丁烯空速/h^{-1}	约 600	含氧化合物选择性/%	约 1.7

（2）粗丁二烯的分离和精制

由解吸塔解吸所得到的粗丁二烯还含有未转化的原料丁烯、副产物炔烃、原料带入的不参加反应的丁烷。其分离精制至聚合级丁二烯的方法与从烃类蒸汽裂解碳四馏分中抽提丁二烯的方法是相似的，采用二级萃取精馏的方法。

萃取精馏过程是石油化工中一种常用的重要分离方法，它与普通精馏所不同的是加入另一组分——溶剂，以期改变被分离组分间的相对挥发度，特别适用于沸点接近，甚至有共沸组成存在的复杂体系的分离，例如丁烯与丁二烯、2-甲基-2-丁烯与异戊二烯、乙苯与苯乙烯、丙酮与甲醇等。C_4 馏分采用萃取精馏塔分离丁二烯，常用溶剂有二甲基甲酰胺（DMF）、二甲基乙酰胺（DMA）、N-甲基吡咯烷酮（NMP）、乙腈（CAN）和糠醛（FA）。

粗丁二烯先在一级萃取精馏塔中，分离出未能转化的丁烯和丁烷，为了避免正丁烷在循环过程中的积累，需将正丁烷分离出去，丁烯才能循环使用。分离出丁烯和丁烷的物料再在二级萃取精馏塔中分离出炔烃，萃取剂大部分循环使用，小部分送再生塔再生。从二级蒸出的丁二烯尚可能含有少量甲基乙炔和顺-2-丁烯，先在脱轻组分塔中蒸出甲基乙炔，然后在丁二烯精馏塔中分出顺-2-丁烯，获得聚合级丁二烯。这部分的流程示于图 5-28。

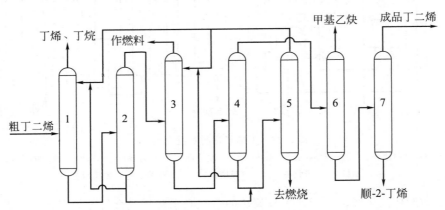

图 5-28　丁二烯分离和精制流程

1—一级萃取精馏塔；2—一级蒸出塔；3—二级萃取精馏塔；4—二级蒸出塔；

5—一级萃取再生塔；6—脱轻组分塔；7—丁二烯精馏塔

5.4.4　甲醇空气氧化制甲醛

5.4.4.1　甲醛及其生产技术概况

甲醛是醛类中最简单的成员，其分子中含有碳-氧双键，易于进行聚合和加成反应，形成各种高附加值的产品。甲醛大量用于制造脲醛、酚醛、聚甲醛和三聚氰胺甲醛等树脂产品，占甲醛消费量的一半以上。其次用于生产季戊四醇、1,4-丁二醇、乌洛托品等。由于甲醛具有相当大的毒性，除了用于消毒外，农业上可用福尔马林（37%～40%的甲醛水溶液）浸麦种来防治黑穗病，多聚甲醛可用作仓库的熏蒸剂。在医药、染料、建筑材料等行业都有重要用途。

目前，工业上生产甲醛的方法有：甲醇空气氧化法，烃类直接氧化法和二甲醚催化氧化法，后面两种方法由于原料来源和工艺等问题已很少采用，现在甲醛产量的 90% 以上是采用甲醇空气氧化法。由于甲醛长途运输比较困难，所以其生产装置通常建在合成树脂厂或其他方面的用户比较集中的地区，装置生产规模不宜过大，一般在（3～6)万吨/年，也有年产十几万吨的。

5.4.4.2 甲醇空气氧化法制甲醛简介

在工业生产上，甲醇空气氧化制甲醛有两种方法，一种是甲醇过量法，采用银作为催化剂，也称银催化法；另一种是空气过量法，采用铁-钼氧化物作催化剂，也可称铁-钼催化剂法。两种方法均是要避开在甲醇和空气混合物的爆炸极限范围内操作。

（1）银催化法

银催化法生产甲醛是于 1925 年开始的。在常压和 600℃左右的温度下，以甲醇和空气的混合气为原料，在甲醇浓度高于爆炸极限的上限（约 37%，与其他组分的存在等条件有关），以银丝网、浮石载银、结晶银或者电解银，特别是以电解银为催化剂的条件下进行反应。在这过程中同时发生氧化和脱氢两种反应：

$$CH_3OH + \frac{1}{2}O_2 \longrightarrow HCHO + H_2O \quad \Delta H = -162kJ/mol \tag{5-90}$$

$$CH_3OH \longrightarrow HCHO + H_2 \quad \Delta H = 84kJ/mol \tag{5-91}$$

可能的副反应如下面所列的各式，此外还有少量的甲酸、甲酸甲酯。

$$H_2 + \frac{1}{2}O_2 \longrightarrow H_2O \quad \Delta H = -242kJ/mol \tag{5-92}$$

$$CH_3OH + \frac{1}{2}O_2 \longrightarrow CO_2 + 2H_2 \quad \Delta H = -676kJ/mol \tag{5-93}$$

$$HCHO \longrightarrow CO + H_2 \quad \Delta H = 7.8kJ/mol \tag{5-94}$$

$$HCHO + O_2 \longrightarrow CO_2 + H_2O \quad \Delta H = -519kJ/mol \tag{5-95}$$

$$HCHO + H_2O \longrightarrow CO_2 + 2H_2 \quad \Delta H = -33kJ/mol \tag{5-96}$$

$$CO + H_2O \longrightarrow CO_2 + H_2 \quad \Delta H = -44kJ/mol \tag{5-97}$$

$$CO + 3H_2 \longrightarrow CH_4 + H_2O \quad \Delta H = -211kJ/mol \tag{5-98}$$

$$C + 2H_2 \longrightarrow CH_4 \quad \Delta H = -84kJ/mol \tag{5-99}$$

上述反应中除了反应（5-91）外，化学平衡常数均很大。反应（5-91）在不同温度下的平衡常数和甲醇的平衡转化率如表 5-9 所列。

表 5-9 不同温度下的平衡常数和甲醇平衡转化率

温度/℃	327	427	427	627	727
K_p	0.03388	0.4467	3.0903	14.13	48.98
x/%	18.10	55.57	86.92	96.62	98.99

由上列数据可见，在 627℃时甲醇的平衡转化率已达 96.62%，况且脱氢反应生成的 H₂

在反应系统中可被反应 (5-92) 消耗掉，因此，总的反应可以不接受化学平衡的限制。

银催化剂在很高的温度下对甲醇分解的活性并不高，所以反应的进行大概是氧被化学吸附在催化剂表面上并解离为单氧吸附物种，甲醇分子也被吸附在催化剂表面，反应可能按Langmuir-Hinshelwood 机理，化学吸附型机理即参与氧化反应的氧是以化学吸附态形式存在、进行反应的。在此反应系统中可能有两种不同的反应网络，其中并联-串联反应网络，即甲醇的氧化和脱氢同时在催化剂表面发生，所生成的产物再与氧发生深度氧化反应，即：

$$\boxed{\begin{array}{ccccc} & \xrightarrow{(1)\,-H_2} & & & \\ CH_3OH & & HCHO & \xrightarrow{(3)\,O_2} & CO_2 + H_2O \\ & \xrightarrow{(2)\,+O_2} & & & \end{array}} \tag{5-100}$$

在某一银催化剂上，527~567℃范围求得：

$$r_1 = k_1(1-x) \qquad\qquad E_1 = 48kJ/mol$$
$$r_2 = k_2(1-x)x_{O_2}^{0.5} \qquad E_2 = 18kJ/mol$$
$$r_3 = k_3 x_{HCHO} x_{O_2} \qquad\quad E_3 = 79kJ/mol$$

(2) 铁-钼催化法

铁-钼催化法的第一个生产装置于 1952 年投产。采用铁-钼混合氧化物为主要催化剂组分，在常压和 300~400℃温度、空气过量，即空气和甲醇混合物中甲醇的浓度低于爆炸极限的下限（约 7%）的条件下进行甲醇的氧化脱氢反应。其主要反应即为：

$$CH_3OH + \frac{1}{2}O_2 \longrightarrow HCHO + H_2O \qquad \Delta H = -162kJ/mol$$

副反应：

$$HCHO + \frac{1}{2}O_2 \longrightarrow CO + H_2O \qquad \Delta H = -240kJ/mol \tag{5-101}$$

在铁-钼催化剂上甲醇的氧化脱氢成甲醛与在银催化剂上的氧化脱氢反应不同，是遵从氧化-还原机理，即催化剂表面上晶格氧（O^{2-}）参与氧化反应。

$$CH_3OH + cat\text{-}O \longrightarrow HCHO(g) + H_2O + cat \tag{5-102}$$

$$cat + \frac{1}{2}O_2 \longrightarrow cat\text{-}O \tag{5-103}$$

式中，cat-O 和 cat 分别代表催化剂的氧化态和还原态。反应网络可表示为：

$$CH_3OH \xrightarrow{(1)\,O_2} HCHO \xrightarrow{(2)\,O_2} CO + H_2O \tag{5-104}$$

对于某一铁-钼催化剂，其 Mo/Fe=1.74~1.8，催化剂表面积为 3.9m²/g，在 200~330℃范围，其反应速率可表示为：

$$r_1 = \frac{k_1 c_{CH_3OH}}{1 + b_1 c_{CH_3OH} + b_2 c_{H_2O}} \tag{5-105}$$

$$r_2 = \frac{k_2 c_{HCHO}}{1 + b_3 c_{CH_3OH} + b_4 c_{H_2O}} \tag{5-106}$$

式中，b_1、b_2、b_3、b_4 为温度的函数。$E_1 = 77kJ/mol$，$E_2 = 15kJ/mol$。

5.4.4.3 银催化法-甲醇过量空气氧化制甲醛

本法采用的银催化剂床层很薄，一般是 10~50mm、直径 1.7~2.0m 的反应器，每台反应器的生产能力约 13 万吨/年，为绝热式固定床反应器。接触时间≤0.01s，温度在 600~

700℃范围，出口温度一般为约 620℃。反应过程中脱氢反应所生成的 H_2 有 65%～70%被氧化燃烧生成水。此外，在实际生产中，为了缩小爆炸极限的范围，减少副反应并促使催化剂的积炭与水蒸气进行水煤气反应，一般在进料中加入不少于甲醇量 10%～12%（质量分数）的水蒸气。所生产的甲醛浓度为 37%～40%，反应过程甲醇的转化率约 80%，选择性86%～90%。

由于银催化剂对硫、卤素、铁等杂质很敏感，对原料甲醇和空气中杂质含量要严格控制。

银催化法生产甲醛典型的工艺流程示意于图 5-29。

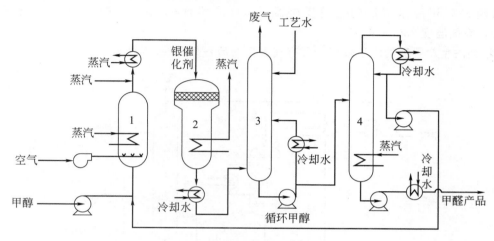

图 5-29　银催化法流程
1—汽化器；2—反应器和再沸器；3—吸收塔；4—蒸馏塔

空气喷入加热的甲醇储罐得到气相混合气，然后再与水蒸气混合并经过换热进入银催化剂床层进行反应，离开催化剂层的物料先在蒸汽发生器中冷却，流出反应器后在水冷却的热交换器中进行热交换，最后进入吸收塔的底部，绝大部分甲醇、甲醛、水在塔底冷却水区冷凝，在吸收塔顶部通过与喷入的新鲜水逆流接触除去气相中的甲醇和甲醛，排出尾气中含20%（摩尔分数）H_2，净热值大约 1.98MJ/m³。吸收塔底部的物料送精馏塔，分离出的甲醇循环回反应器，所得的甲醛水溶液送到阴离子交换装置，使产品中甲酸降至规定的标准，100～200mg/kg。

5.4.4.4　铁-钼法空气过量甲醇氧化制甲醛

20 世纪 50 年代开发的铁-钼法甲醇氧化制甲醛的生产方法，采用过量的空气，让甲醇和空气混合物中甲醇的浓度在爆炸极限的下限以下，一般小于 6.7%（体积分数），不加水蒸气稀释。以铁和钼的混合氧化物作为催化剂，为弥补钼组分的逐渐流失，通常加入过量的钼，也可加入少量的氧化铬或氧化钴起稳定催化剂结构的作用。工业上用的铁-钼氧化物催化剂，其 Mo：Fe=1.7～2.5（原子比），直径和高度均为 3～4mm 的条状物，比表面积 4～10m²/g。

本法采用的反应器通常是列管式固定床反应器，反应热通过管外高沸点热载体汽化移走。由于主反应的活化能大于串联副反应的活化能，所以提高管外高沸点载热体温度利于获得高的反应选择性，该反应在铁-钼催化剂上允许的反应温度范围为 200～330℃，所以最理想的操作是在上限温度 330℃下等温操作，在床层进口处由于原料中反应物甲醇和氧的浓度高，反应速率大，发热速率远大于散热速率，导致反应温度急剧上升。为了避免反应温度超过所允许的最高温度（330℃），通常是让反应原料在低于330℃下进入反应器。在反应器中段和后段，由于反应物的浓度较低，反应速率亦低于反应器入口处，导致散热速率大于反应放热速率，从而使反应器的中段和后段的反应温度显著下降。在整个反应器中仅有很小一段床层的温度接近最佳反应温度（330℃）。如果在列管反应器后面串联一绝热反应段，以防止反应器温度继续下降，使更多的催化剂床层温度接近最佳的反应温度，且绝热段的催化剂装填系数大，床层阻力小，反应器的处理能力明显提高。据称可使原来单台列管式固定床反应器的年产（3～3.5）万吨（37％的甲醛水溶液）的生产能力提高到年产6万吨。一台年产2.5万吨37％甲醛水溶液的这类反应器，其反应器直径2.5m，高度3.5m，管子内径20mm，冷剂温度250～260℃。

铁-钼法生产甲醛的流程较多，具有代表性的流程如图5-30所示。

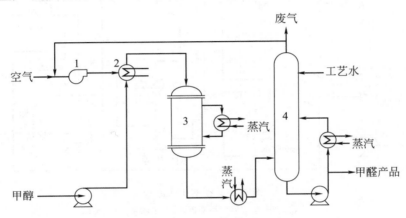

图 5-30　铁-钼法流程
1—鼓风机；2—汽化器；3—反应器；4—吸收塔

汽化甲醇与空气和预定比例的循环气混合，形成空气大大过量、甲醇浓度低于甲醇-空气混合气爆炸极限下限的原料气，经过预热后进入填充有 $Fe_2O_3-MoO_3$ 为活性组分催化剂的列管式固定床反应器进行甲醇氧化的反应。流出反应器的气体先进入起废热锅炉作用的急冷器冷却，控制这些气体被冷却到稍高于甲醇露点的温度，然后送入甲醛水吸收塔，在吸收塔底部获得产品甲醛水溶液。产品甲醛浓度通过吸收塔顶的水量控制，可以得到甲醛55％和甲醇含量低于1％的产品。微量的甲酸经离子交换除去。

从技术经济角度比较银催化法和铁-钼催化法，对同一规模的装置来说，银催化法的经济效益比铁-钼催化法高。

5.5　羰基合成——丁（辛）醇、醋酸

5.5.1　羰基合成简介

羰基合成是在有机化合物分子中引入羰基或其他基团而成为含氧化合物的一类反应，也可称羰基化反应、羰化反应。此类反应始于罗兰（Roelen）于1938年在德国鲁尔化学公司从事费-托合成时发现的。在分析费-托合成反应产物分布时，发现由合成气和乙烯可得到丙

醛，称为 OXO 反应（德文 OXO 意为羰基），即羰基合成。但因这一烯烃与合成气反应所生成的反应物是在烯烃双键的两端碳原子分别加上一个氢（H）和甲酰基团（CHO），所以1949 年阿迪肯斯把它命名为氢甲酰化反应（hydroformylation），以丙烯为例，其反应式如下：

$$CH_3CH =\!\!=CH_2 + CO + H_2 \longrightarrow CH_3CH_2CH_2CHO + (CH_3)_2CHCHO$$
正丁醛   异丁醛

$$(5\text{-}107)$$

基于这一反应所生产的丁醇、辛醇可以和苯酐反应，生产邻苯二甲酸二丁酯、邻苯二甲酸辛酯增塑剂。丁醇也可用作溶剂和浮选剂，由高碳烯烃经氢甲酰化反应所生产的高碳（$C_{12} \sim C_{15}$）醇则用作合成洗涤剂和表面活性剂的原料。经过这一过程，生成的醛氢化所得醇的生产能力，全世界已达到每年 600 万吨以上。

羰基合成中，除了氢甲酰化这一重要反应外，还有一类被称为雷佩（Peppe）反应。这一类反应是在具有游离氢原子亲核试剂（如 H_2O、ROH 等）存在情况下发生的羰基化作用，既可以通过 CO 加成到不饱和化合物上（如烯烃、炔烃），也可以由 CO 插入在原有链上（如醇 R—OH、胺 RHN—H、酯 RCOO—R、醚 ROR、卤化物 R—X、醛、芳烃硝基化合物等）来完成。于是，雷佩反应代表了各种原料制饱和的或不饱和的酸、酐、酯、酰胺等物质的反应路线。其中，在工业上有重要意义的反应有如下两个。

（1）从乙炔生产丙烯酸及其酯

$$HC\!\equiv\!CH + CO + H_2O \longrightarrow CH_2 =\!\!=CHCO_2H \tag{5-108}$$

类似于氢甲酰化反应，这一反应是在炔链两端碳原子上分别加上氢（H）和羧基（—CO_2H），所以可称为氢羧基化反应。催化过程是在 $0.4 \sim 0.55MPa$ 和 $180 \sim 205℃$ 下操作，使用在四氢呋喃中 $NiBr_2$-卤化铜催化剂。丙烯酸的选择性按 C_2H_2 计 90%，按 CO 计 85%。

（2）甲醇羰化制醋酸

$$CH_3OH + CO \longrightarrow CH_3COOH \tag{5-109}$$

BASF 公司于 20 世纪 20 年代开始此项研究，催化剂 CoI_2 和产物在高温高压（250℃，68MPa）下的腐蚀是一个难题。20 世纪 50 年代后期开始工业生产。醋酸的选择性以甲醇计 90%，以 CO 计 70%。由于钴催化剂的羰基化所需的工艺条件苛刻，孟山都（Monsanto）进行较温和条件和催化剂体系的研究，采用 $Rh\text{-}I_2$ 催化剂体系，其选择性以 CH_3OH 计 99%，以 CO 计 90%，在 $150 \sim 200℃$ 和不高的压力（3MPa）下进行反应，可称为甲醇低压羰基制醋酸过程。

甲醇的同系化反应是通过在化合物功能团位置上引入一个碳，得到的产物则为反应物的同系物，如甲醇的同系化产物是乙醇。

$$CH_3OH + CO + 2H_2 \longrightarrow CH_3CH_2OH + H_2O \tag{5-110}$$

从反应机理上看，醛可能是同系化醇的中间体，继而还原为醇。它可被认为是另一类的羰化反应。然而，工业上最感兴趣的甲醇同系化生成乙醇的过程，只有利用苛刻的条件（极高的压力或长的反应周期）时才有满意的转化率。

在羰基合成化学中，还有一些正在研究开发的反应，如甲醇的氧化羰基化制草酸酯，草酸酯水解成草酸，所以结果是 CO、O_2 和 H_2O 为原料来生产草酸或草酸酯氢化制乙二醇：

$$2CO + 2ROH + \frac{1}{2}O_2 \longrightarrow (COOR)_2 + H_2O \tag{5-111}$$

$$(COOR)_2 + H_2O \longrightarrow HOOC\!-\!COOH + 2ROH \tag{5-112}$$

与此相类似，可用甲醇为原料进行氧化羰基化生产碳酸二甲酯：

$$2CH_3OH + CO + \frac{1}{2}O_2 \longrightarrow O = C(OCH_3)_2 + H_2O \tag{5-113}$$

上述这些反应中已经在工业上应用并形成比较成熟工艺过程的是烯烃（特别是丙烯）氢甲酰化和甲醇低压羰化制醋酸两个过程。

5.5.2 丙烯氢甲酰化制丁醛

5.5.2.1 丙烯氢甲酰化反应

(1) 主、副反应

主反应生成丁醛，丁醛有正丁醛和异丁醛之分：

$$CH_3CH = CH_2 + CO + H_2 \longrightarrow CH_3CH_2CH_2CHO \tag{5-114}$$

$$CH_3CH = CH_2 + CO + H_2 \longrightarrow (CH_3)_2CHCHO \tag{5-115}$$

通常商业产品是正丁醛，所以正、异丁醛的比是工业生产中一个重要的选择性指标，从这一角度看，也可把生成异丁醛的反应列为副反应。

主要副反应可分为平行副反应和连串副反应两种。平行副反应除生成异丁醛外是丙烯加氢为丙烷，这是衡量反应选择性的另一个重要指标：

$$CH_3CH = CH_2 + H_2 \longrightarrow CH_3CH_2CH_3 \tag{5-116}$$

主要连串副反应是醛的加氢为醇和缩醛的生成。

醛的加氢：

$$CH_3CH_2CH_2CHO + H_2 \longrightarrow CH_3CH_2CH_2CH_2OH \tag{5-117}$$

形成缩醛：

$$2CH_3CH_2CH_2CHO \longrightarrow CH_3CH_2CH_2CHCHCH_2CH_3 \tag{5-118}$$

$$\overset{\displaystyle OH}{\underset{\displaystyle CHO}{|}}$$

在反应条件下，缩丁醛又进一步与丁醛缩合，生成环状缩醛、链状三聚物等，缩醛又容易脱水生成另一种副产物烯醛。

除此之外，还有醛和 CO+H₂ 形成甲酸酯、醇的缩合以及一些重要组分。

在这些副反应中，通常只讨论其中最重要的三个，即生成异丁醛、丙烷和正丁醇的反应。

(2) 丙烯氢甲酰化反应的热力学

烯烃的氢甲酰化反应是放热反应，丙烯氢甲酰化反应的热效应比较大，

$$CH_3CH = CH_2 + CO + H_2 \longrightarrow CH_3CH_2CH_2CHO \qquad \Delta H_{298}^{\ominus} = -123.9kJ/mol \tag{5-119}$$

主要副反应也是放热反应，

$$CH_3CH = CH_2 + CO + H_2 \longrightarrow (CH_3)_2CHCHO \qquad \Delta H_{298}^{\ominus} = -130kJ/mol \tag{5-120}$$

$$CH_3CH = CH_2 + H_2 \longrightarrow CH_3CH_2CH_3 \qquad \Delta H_{298}^{\ominus} = -124.5kJ/mol \tag{5-121}$$

$$CH_3CH_2CH_2CHO + H_2 \longrightarrow CH_3CH_2CH_2CH_2OH \qquad \Delta H_{298}^{\ominus} = -61.6kJ/mol \tag{5-122}$$

四个主副反应的自由能变化 $\Delta G^{\ominus}$ 和平衡常数 K_p 值列于表 5-10。

由表中数据可见，丙烯的氢甲酰化反应，在常温、常压下的平衡常数值很大，即使在150℃下，K_p 仍有较大的值（10^2），丙烯氢甲酰化反应在热力学上是有利的。但副反应热力学上比主反应更为有利，反应主要由动力学因素控制，所以催化剂和反应条件的优化是必

表 5-10　丙烯氢甲酰化主副反应的 $\Delta G^{\ominus}$ 和 K_p 值

温度/℃	形成正丁醛		形成异丁醛		形成丙烷		形成正丁醇	
	$\Delta G^{\ominus}$/(kJ/mol)	K_p	$\Delta G^{\ominus}$/(kJ/mol)	K_p	$\Delta G^{\ominus}$/(kJ/mol)	K_p	$\Delta G^{\ominus}$/(kJ/mol)	K_p
25	−48.4	2.96×10^9	−53.7	2.52×10^9	−86.4	1.3×10^{15}	−94.8	3.9×10^{15}
150	−16.9	1.05×10^2	−21.5	5.40×10^2	—	—	—	—

须严格控制的，以促使反应在动力学上占绝对优势。

5.5.2.2　烯烃氢甲酰化催化剂

烯烃氢甲酰化反应的催化剂既是化学问题，也是工艺流程中的关键，常以所使用的催化剂体系来划分烯烃氢甲酰化的各种流程，如钴法、改性钴法、铑法和改性铑法等。

(1) 羰基钴催化剂

传统的烯烃氢甲酰反应是以羰基钴作为催化剂。在氢甲酰化反应条件下，金属钴或不同形式的钴化合物（钴的氧化物或盐，如醋酸钴、草酸钴、碳酸钴、环烷酸钴等）首先转化为羰基钴，并溶解在反应溶液中，进而转化为催化活性物种——四羰基氢钴，转化过程示于下式：

$$Co^{2+} \xrightarrow{H_2} Co^0 \xrightarrow{CO} Co_2(CO)_8 \xrightarrow{H_2} HCo(CO)_4 \tag{5-123}$$

四羰基氢钴是一种五配位的三角双锥结构的金属羰基氢化物，它失去一个 CO 配位体，而得到一个四配位的 $HCo(CO)_3$。

工业生产上制备羰基钴催化剂的方法可分三种情况：

① 采用金属钴、氧化钴和碳酸钴等不容易溶解的原料时，需在专设的反应器，于较高的温度（160℃以上）和压力下使其与 CO 和 H_2 反应生成羰基钴。羰基钴溶于溶剂（如甲苯、二甲苯、环己烷或烯烃）或与合成气以气态加入氢甲酰化反应器内。

② 采用有机酸钴（如硬脂酸钴、环烷酸钴、油酸钴等）为原料时，由于它们易溶于烯烃原料或有机溶剂，且在氢甲酰化条件下就能在氢甲酰化反应器内转化为羰基钴，不需要专门制备羰基钴的反应器。

③ 采用易溶于水的低分子有机酸钴（如醋酸钴、甲酸钴等）作为原料时，通常是将这类钴盐以水溶液的形式加入氢甲酰化反应器。为了保证水相和有机相之间的良好接触，需要充分地搅拌。即使如此，氢甲酰化反应仍然进行得很慢，因为水的存在不利于羰基钴的生成。用溶于水的有机酸钴盐作催化剂的优点是催化剂的循环简单，价格比高分子有机酸钴盐低。它对于低级烯烃的氢甲酰化特别便宜。因为低级烯烃氢甲酰化产品（如丁醛）能溶于水，促使水相和有机相形成均相，有利于羰基钴的生成。

硫化氢和许多有机硫化物；氧化性气体如 O_2、CO 等；还有铅、汞、铋和锌等都是羰基钴催化剂的毒物。

在氢甲酰化工艺中，催化剂以羰基钴的形式溶解在粗产品中，必须预先将羰基钴从粗产品中脱除，简称脱钴。脱钴的方法很多，主要有：热分解法、加氢法、氧化法、稀酸处理法、液-液抽提法、酸碱处理法及强酸性离子交换树脂吸附钴离子法等。不同脱钴法所生成的钴化合物形式也不相同，因而回收钴并再生成羰基钴的方法也有所不同。在脱钴和回收过程应尽量不破坏羰基钴配合物，以便在再生阶段尽快生成活性物种四羰基氢钴。

羰基钴催化剂的主要缺点是热稳定性差，容易分解析出钴而失去活性，为了稳定羰基钴或四羰基氢钴，必须有足够高的一氧化碳分压，其操作总压力在 20～30MPa，相应的工艺过程被称为高压法。

（2）膦修饰的羰基钴催化剂

20 世纪 60 年代初，随着有机过渡金属化学的形成和发展，人们发现有机膦或有机胂作为配位体可以稳定过渡金属羰基物及其氢化物，这些有机配位体和金属羰基物结合在一起构成一类新型的氢甲酰化催化剂，改善了催化剂性能，缓和了苛刻的高压反应条件。最初报道的有机膦配位体是三正丁基膦 $P(CH_2CH_2CH_2CH_3)_3$，作为配位体，PX_3 中的 X 是可以调变的，如 PEt_3、$PhEt_2P$、Ph_2EtP、Ph_3P、$Ph_2PCH_2PPh_2$ 等。催化剂体系中的 $HCo(CO)_3L$ 可解离掉一个 CO 而成 $HCo(CO)_2L$，其中 L 即为膦配位体 PX_3。后续的催化循环步骤与上述羰基钴催化剂的情况类似。

应用膦修饰的羰基钴和简单羰基钴作催化剂的不同在于：①氢甲酰化反应的压力由 20～30MPa 降为 5～10MPa；②氢化活性高，生成的醇的收率比醛的收率高；③醇和醛都以正构体为主（90%）；④醛的缩合等副反应少。

其缺点是：①反应速度比较慢，因而需要较大的反应器和较高的催化剂浓度；②有一部分烯烃被加氢成烷烃。

（3）膦修饰的羰基铑催化剂

铑是比钴具有更高氢甲酰反应活性的金属，可以在更温和的温度和压力下操作，在反应条件下所加入诸如氯化铑、铑的羧酸盐、金属铑羰基物［如 $Rh_4(CO)_{12}$、$Rh_2(CO)_4Cl_2$ 等］都能形成催化活性物种 $HRh(CO)_3$，催化循环亦和用 $HCo(CO)_3$ 时相同，但其活性是钴的 $10^2～10^4$ 倍，但加氢活性小，产物的正异构体比低，约为 1：1（钴催化剂的正异构体比为 4：1）。低的选择性和铑昂贵的价格使其在工业上的应用受到限制。

以膦修饰的羰基铑作为氢甲酰化催化剂具有优良的性能。特别是以三苯基膦 PPh_3 为配位体时，活性和正构产品的选择性均较高，工业上多选用三苯基膦。铑的化合物在反应条件下与过量的三苯基膦、CO 和 H_2 反应，存在着下式所示的平衡：

$$HRh(CO)(PPh_3)_3 \underset{PPh_3}{\overset{CO}{\rightleftharpoons}} HRh(CO)_2(PPh_3)_2 \underset{PPh_3}{\overset{CO}{\rightleftharpoons}} HRh(CO)_3(PPh_3) \underset{PPh_3}{\overset{CO}{\rightleftharpoons}} HRh(CO)_4$$

$$(5\text{-}124)$$

式中，$HRh(CO)_2(PPh_3)_2$ 被认为是催化活性物种，和羰基钴催化剂的情况类似，该活性物种离解掉一个 PPh_3 配位体而形成 $HRh(CO)_2(PPh_3)$，然后烯烃作为配位体配位到中心金属铑上而成 $HRh(CO)_2(PPh_3)$（烯烃），后续催化剂循环步骤和图 5-31 所表示的一样，最后形成氢甲酰化产物醛，羰基铑恢复到原先的催化活性物种继续下一轮的催化循环。

20 世纪 80 年代先后出现了使用水溶性铑膦催化剂的改性铑法，其中 Ruhr/Rhone-Poulenc 公司采用水溶性催化剂的改性铑法建成生产能力为 10 万吨/年的丁醛生产装置。水溶性膦配位体为磺化三苯基膦，催化剂溶于水，并在水相进行加氢酰化反应，原料烯烃和反应产物则存于有机相中，故使反应产物容易与催化剂分离，简化了催化剂回收和循环工艺。

5.5.2.3　反应动力学与机理

在烯烃氢甲酰化反应所应用的温度和压力范围内，纳塔（Natta）等于 1955 年确立了如下的关系式：

$$\frac{d[\text{醛}]}{dt}=k[\text{烯}][\text{钴}]\frac{p_{H_2}}{p_{CO}} \tag{5-125}$$

醛的生成速率正比于烯和催化剂的浓度，当 CO：H_2 为 1：1 时，反应速度与总压无关。高的 H_2 分压可提高反应速度，提高 CO 分压可以增加四羰基氢钴的稳定性。在选择羰基合成工业过程的反应参数时，必须考虑 H_2 分压和 CO 分压对反应速率的这种作用。

当采用铑催化剂的时候，马克（Marko）等根据上述纳塔方程确立了如下的关系：

$$\frac{d[\text{醛}]}{dt}=k[\text{烯}]^x[\text{铑}]^y\frac{p_{H_2}}{p_{CO}} \tag{5-126}$$

式中，$x=0.1$（与所用的烯烃有关）；$y=1.0\sim0.7$。

在反应机理方面，赫克（Heck）和布瑞斯劳（Breslow）于 1960 年提出的反应基本步骤还是为大家所接受，如图 5-31。以羰基钴为催化剂的反应基本步骤是：活性物种 $HCo(CO)_4$ 解离一个 CO 配位体为 $HCo(CO)_3$，然后与烯烃（CH_2=CHR）生成 π-烯配合物，接着烯烃配位体插入到 Co—H 之间成羰基烷基配位化合物，这期间所形成的烷基配位体有正构和异构之分。接下来的反应步骤就是烷烃配位体邻位上的一个羰基（CO）配位体插入到 Co 与烷基配位体之间成为酰基配位体，最后氢解为醛和羰基氢钴活性物种。

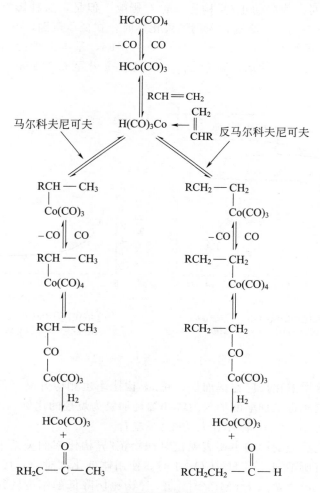

图 5-31　烯烃氢甲酰化反应机理

5.5.2.4 影响烯烃氢甲酰化反应的因素

(1) 温度

反应温度除了对反应速率有重要影响之外，还对产物的正/异构比率和副产物的生成量有明显的影响。一般的规律是随着反应温度的提高，反应速率加快，但正/异构比率随之下降，重组分和醇的生成量随之增加。例如：以羰基钴为催化剂时，其适用的反应温度范围为90～140℃，若140℃时的相对反应速率为1.00，120℃、100℃、90℃的相对反应速率分别为0.20、0.04、0.01。其正/异构比率则由140℃时的约3.1到100℃时的5.0。一般在使用羰基钴作为催化剂时，温度控制在140～180℃，使用膦铑催化剂时，则控制在100～110℃。

(2) 压力

从上述烯烃氢甲酰化反应动力学与机理的讨论可知，如式(5-125)所示，提高CO分压，会使反应速率减慢，但CO分压将影响诸如$HCo(CO)_4$、$HRh(CO)_2(PPh_3)_2$催化剂活性物种的稳定性。这些氢化羰基物的稳定性对CO的依赖关系与所用羰基物、反应温度、催化剂浓度等有关。如采用羰基钴为催化剂时，当反应温度为150～160℃、催化剂的质量分数为0.8%左右时，CO的分压要求达到10MPa左右，而采用膦铑催化剂时，反应温度在110～120℃时，所需的CO分压为1.0MPa左右。

CO分压的高低对产物醛的正/异构比率也有影响。但是，这种影响对钴催化剂和铑催化剂正好相反。如图5-32(a)所示，采用钴催化剂时，在低压范围，0～3MPa，随着p_{CO}的升高，正构醛含量升至约80%，p_{CO}逐步升至约10MPa，基本上维持80%的水平。而铑催化剂则相反，如图5-32(b)所示，随着p_{CO}由0.1MPa升至0.7MPa，产物的正/异构比率由约6.5降至约2.0。

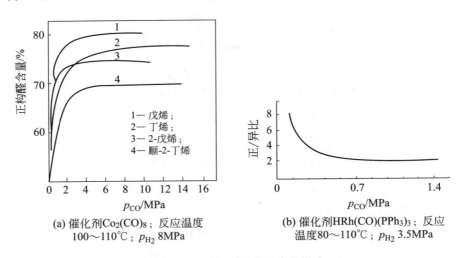

(a) 催化剂$Co_2(CO)_8$；反应温度　　　　(b) 催化剂$HRh(CO)(PPh_3)_3$；反应
　100～110℃；p_{H_2} 8MPa　　　　　　温度80～110℃；p_{H_2} 3.5MPa

图 5-32 p_{CO}对正/异构比率的影响

氢分压增高，氢甲酰化反应速率加快，正/异构比率也相应升高。但氢分压提高，在加快氢甲酰化反应的同时也增加醛加氢为醇和烯烃加氢为烷烃的比例。所以在实际使用时最适宜的氢分压一般为H_2/CO（摩尔比）为1:1左右。

总压对氢甲酰化反应的影响主要表现在对产物正/异构比率的关系上，且对钴、铑两种催化剂体系的影响有所不同。当$H_2/CO=1$时，使用铑催化剂时，总压升高，正/异构比率开始降低较快，但当压力达到4.5MPa时，正/异构比例降低的幅度就很缓慢。而使用钴催化剂时，总压升高，正构醛比率也提高，但是随着总压的提高，高沸点产物也增多。

（3）溶剂

氢甲酰化反应需在溶剂中进行。使用溶剂能使催化剂和反应物（特别是气态烯烃）共存于液相进行反应，且溶剂还起稀释剂的作用，可以带走反应热，有利于温度的控制。脂肪烃，环烷烃，芳烃，各种醇、醚、酯、酮等都可以作为溶剂，在工业生产中常用产品本身或其高沸点副产物作溶剂或稀释剂。

5.5.2.5　羰基合成工艺过程

（1）概述

基于烯烃氢甲酰化反应的工业生产装置大多数是以生产醇，特别是丁醇、辛醇为主要产品。以丙烯氢甲酰化为例，主要包括下列三个过程：

① 在金属羰基物催化剂存在下，丙烯氢甲酰化合成丁醛

$$CH_2=CHCH_3+CO+H_2 \longrightarrow CH_3CH_2CH_2CHO \tag{5-127}$$

其中，除氢甲酰化反应之外，还包括催化剂的分离和产物丁醛（正、异丁醛）的分离。

② 丁醛在碱催化剂存在下缩合为辛烯醛

$$CH_3CH_2CH_2CHO+CH_3CH_2CH_2CHO \xrightarrow{OH^-} CH_3CH_2CH_2CH=C-CHO \tag{5-128}$$
$$\overset{|}{CH_2CH_3}$$

③ 辛烯醛加氢合成 2-乙基己醇。

$$CH_3CH_2CH_2CH=C-CHO+H_2 \longrightarrow CH_3CH_2CH_2CH_2CH-CH_2OH \tag{5-129}$$
$$\overset{|}{CH_2CH_3} \qquad\qquad \overset{|}{CH_2CH_3}$$

不同的羰基合成方法，在实现上述操作步骤时，所采用的操作条件和方式可能不尽相同，所用的设备可能也有很大差异。这其中催化剂类型的不同是重要方面。例如有：

① 以羰基钴作催化剂的工艺　在 20 世纪 40 年代采用的羰基合成工艺，温度范围 110～180℃，压力 20～30MPa。这其中如巴斯夫公司的方法注重提高反应速度以提高反应器的生产能力，采用高的反应温度和 p_{H_2}/p_{CO} 比；而三菱化成公司方法则着重提高原料的转化率和产物醛的正/异构比，采用比较温和的反应条件，尽量抑制副反应。

② 羰基钴-膦催化剂的工艺　这种工艺与上述传统的羰基合成工艺不同，它不是采用单纯的羰基钴作为催化剂，而是用三烷基膦羰基钴作催化剂。这种改性的催化剂具有稳定性高、操作压力低、加氢活性高、产品中正构醛或醇含量高、高沸点产物生成量少等优点。壳牌公司的这种方法操作压力由原先的 20～25MPa 降至 3～4MPa。

③ 以羰基铑作为催化剂的工艺　日本三菱化成公司是第一个采用羰基铑作为羰基合成催化剂生产高级醇的。用乙烯加聚生成的 $C_6 \sim C_{14}$ α-烯烃为原料，生产增塑剂和洗涤剂用的高级醇。

④ 以羰基铑-膦配位化合物为催化剂的工艺　这种工艺称为低压羰基合成工艺，温度90～130℃，压力 4～8MPa，它克服了羰基铑催化剂工艺虽然催化活性高但操作压力高、产物醛正/异构比低的缺点。

（2）丙烯低压氢甲酰化法合成丁醛

这里介绍的低压羰基合成工艺是美国的联合碳化物公司（UCC）、英国的约翰逊·马瑟公司（Johnson Matthey）和戴维动力煤气公司（Davy）联合开发成功的。于 1976 年进行工业化生产。流程如图 5-33 所示。

以丙烯为原料生产丁醛，该工艺所用的是含有过量三苯基膦配位体的三苯基膦羰基铑催

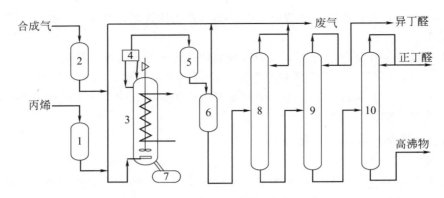

图 5-33　低压羰基合成制丁醛工艺流程

1—丙烯净化器；2—合成气净化器；3—氢甲酰化反应釜；4—雾沫分离器；5—冷凝器；6—分离器；

7—催化剂处理装置；8—汽提塔；9—异丁醛蒸馏塔；10—正丁醛蒸馏塔

化剂体系。丙烯和合成气分别净化后进入反应釜。反应釜内装有溶于氢甲酰产物（醛的低聚物，作为溶剂），其中溶有催化剂组分，铑浓度为 $(250 \sim 400) \times 10^{-6}$（体积分数），三苯基膦浓度 5%～15%。丙烯和合成气在 (100 ± 10)℃、1.7～1.8MPa 的条件下进行氢甲酰化反应生成丁醛。

产物丁醛被大量未反应的丙烯和合成气从反应釜中汽提出来，经过雾沫分离，捕集夹带铑催化剂。为保证产物在气相出料的情况下，夹带的铑损失降至最低，必须调节反应釜的操作条件使生成的丁醛与带出的丁醛保持平衡，才能保证反应系统的稳定。反应釜的操作条件包括：温度、压力、气体流速、进料组成等。

从反应釜出来的物料经气液分离后的气体大部分返回氢甲酰化反应釜循环使用，少量的放空以防止甲烷（丙烯直接加氢的产物）和其他惰性组分在反应系统中的累积。少量气体的放空量取决于反应系统惰性组分所能允许的浓度。

从反应釜出来的物料经气液分离后的液体部分进入汽提塔，以使从液体物料中回收未反应的丙烯，然后液体物料送入异丁醛蒸馏塔蒸出异丁醛后再送入正丁醛蒸馏塔，塔顶出料即为产品正丁醛，塔釜出料则为重质副产物，送去焚烧。

反应釜内的催化剂可以连续使用 1 年以上。待活性降至一定水平后则全部放出送去回收、再生。也可以在运行过程中视其活性下降情况，分阶段放出部分催化剂，再补充部分新鲜催化剂以维持反应釜催化剂一定的催化活性。

上述工艺被称为气体循环工艺。这种工艺的特点是催化剂不随产物离开反应釜，避免了复杂的催化剂分离循环过程，简化了流程，但为确保丁醛汽化限制了其他工艺参数的调节幅度。另一种工艺则称为液体循环工艺，即反应产物和催化剂溶液一起从反应釜中排出，经两次蒸馏，分离出催化剂溶液循环使用。

(3) 丁醇、辛醇的生产

前已述及，到目前为止，大多数羰基合成工业装置是以生产醇为主要产品，烯烃氢甲酰化反应的产物醛仅是中间产物，必须加氢成醇。若以丙烯为原料，氢甲酰化后的产物为丁醛，或丁醛经醇醛缩合成 C_8 醛，再加氢成辛醇（2-乙基己醇）。

在醛加氢过程中使用的催化剂有铬、钴、铜、钼、镍和钨等，以这些金属的氧化物形式装入加氢反应器，然后用氢气将其还原为金属。在工业生产中醛加氢大都用固定床反应器，气相或液相均可以。醛加氢的条件随所用催化剂而变化，一般为：压力 5～30MPa，温度

100～350℃，空速 0.5～1500L/(L·h)。

由丙烯氢甲酰化反应制的丁醛进一步缩合、加氢生产辛醇（2-乙基己醇）的工艺流程如图 5-34 所示。

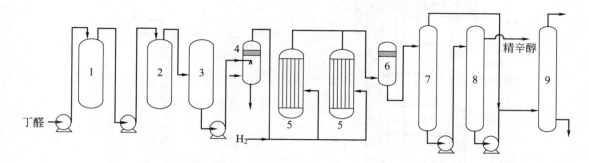

图 5-34　由丁醛生产辛醇流程

1,2—缩合反应器；3—辛烯醛层析器；4—蒸发器；5—加氢转化器；6—加氢产品贮槽；
7—预精馏塔；8—精馏塔；9—间歇蒸馏塔

纯度为 99.86％的正丁醛进入两个串联的缩合反应器，以 2％ NaOH 溶液为催化剂，在 120℃，0.5MPa 条件下进行缩合并脱水得辛烯醛 [2-乙基己烯醛，$CH_3CH_2CH_2CH(CH_3CH_2)C=CHO$]，两个串联反应器之间由一台循环泵输送物料。辛烯醛水溶液进入辛烯醛层析器，分出有机相和水相两层。有机相是辛烯醛的饱和水溶液，进入蒸发器蒸发，蒸出的气态辛烯醛与氢混合后，进入列管式加氢反应器，管内装有铜催化剂，在 180℃、0.5MPa 的条件下，辛烯醛被加氢生成辛醇。如果生产丁醇，则 99.86％的正丁醛直接进入蒸发器，气态的丁醛在 115℃、0.5MPa 的条件下在列管式固定床反应器加氢生成正丁醇。

粗辛醇先在预精馏塔精馏，塔顶蒸出轻组分、水、未反应辛烯醛、副产物、少量辛醇送到间歇蒸馏塔回收有用组分。塔底是辛醇和重组分送精馏塔，塔顶得到高纯度辛醇。塔底排出含辛醇和重组分的混合物，送间歇精馏塔处理。

(4) 羰基合成反应器

羰基合成反应器有多种型式。按反应器结构来分有塔式反应器、管式反应器、填充床反应器等。其中以鼓泡塔式反应器比较常见。

① 鼓泡塔式反应器　这种反应器是一个以法兰连接的高压容器，其长径比通常在 (11～30)∶1。采用使气体鼓泡通过液体上升的方法进行搅拌。反应器内设有冷却管以导出反应热。有的反应器内还设有若干挡板，挡板上有小孔，冷却管周围也留有空隙，使物料通过，又能阻止液体和气体大量返混，以提高转化率。上面提到的联合碳化物公司等采用的以铑-膦羰基物为催化剂生产丁醛的低压羰基合成反应器则是带有搅拌的釜式反应器。一种设置有冷却管和挡板的鼓泡塔式反应器的基本结构如图 5-35 所示。

② 喷射环流反应器　这是一种液体内循环反应器，其基本结构如图 5-36 所示。催化剂溶液、烯烃和合成气均以 5～70m/s 的线速度通过同心三套管喷嘴射入反应器，利用流体力学的喷射原理推动反应器内的流体沿中间导流筒的内、外两侧进行环流。液体的环流主要是靠冲击而产生的，但由于合成气首先喷入导流管，造成筒内液体和筒外环室中液体的气含量不同，形成静压差对环流也起一定的推动作用，使流体充分搅拌混合。在喷嘴出口处设有扩散器，使其中形成一个具有高能量的扩散区，以使气体很好地扩散到液体中。反应热量通过垂直内冷管导出。

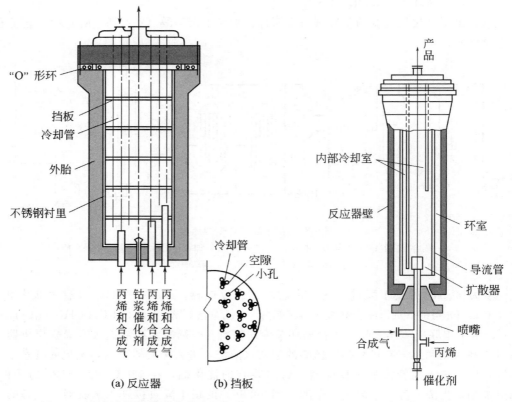

图 5-35　烯烃氢甲酰化鼓泡塔式反应器　　　图 5-36　喷射环流式反应器

③ 有液体产物外循环的反应器　这种反应器是将部分粗产物在反应器外部冷却后再返回反应器，以维持反应器内的温度，增强返混作用。

5.5.3　甲醇羰基化制醋酸

5.5.3.1　简介

在 CO 化学中，CO 分子可以在碱金属醇化物，如甲醇钠的作用下，插入到甲醇分子的氢-氧键之间生成甲酸甲酯，如下式所示：

$$CH_3OH + CO \longrightarrow HCOOCH_3 \tag{5-130}$$

也可以在过渡金属羰基物和卤化物的作用下，插入到甲醇分子的碳-氧键之间生成醋酸，如下式所示：

$$CH_3OH + CO \longrightarrow CH_3COOH \tag{5-131}$$

这是一个金属羰基物催化 CO 插入或加成到各种底物所谓雷佩（Rippe）反应中的一种。

早在 20 世纪 40 年代德国的巴斯夫（BASF）公司成功地开发了羰基钴-碘催化剂的甲醇高压羰基化制醋酸工艺，反应条件为温度 250℃，压力 70MPa，以甲醇计收率为 90%，以 CO 计收率为 70%。到了 20 世纪 60 年代末，这一工艺获得了重大的革新，美国 Monsanto（孟山都）公司研发出新的催化剂体系羰基铑-碘，它具有高催化活性和选择性，且反应条件十分温和。在 180℃、3MPa 的条件下，按甲醇计收率为 99%，按 CO 计收率为 90%，被称为 Monsanto 甲醇低压羰基化制醋酸工艺，是目前醋酸生产的主要方法。

5.5.3.2　甲醇羰基化制醋酸工艺的化学问题

(1) 化学反应

甲醇羰基化生成醋酸的主要化学反应有：

主反应

$$CH_3OH + CO \longrightarrow CH_3COOH \quad \Delta H = -138.6 kJ/mol \tag{5-132}$$

副反应

$$CH_3OH + CH_3COOH \Longrightarrow CH_3COOCH_3 + H_2O \tag{5-133}$$

$$2CH_3OH \Longrightarrow CH_3OCH_3 + H_2O \tag{5-134}$$

$$CO + H_2O \Longrightarrow CO_2 + H_2 \tag{5-135}$$

若让反应(5-133)和反应(5-134)所生成的 CH_3COOCH_3 和 CH_3OCH_3 返回反应体系，则可沿各自的逆反应生成醋酸和甲醇，所以这两个消耗甲醇的副反应对最终计算以甲醇计的收率影响不大。而反应(5-135)即 CO 变换反应在甲醇羰基化生成醋酸的条件下是能发生的，这一副反应所消耗 CO 最终以 CO_2 形式排出系统外。整个工艺过程以 CO 计的收率会比以甲醇计的收率低。

(2) 催化剂体系

甲醇羰基化生成醋酸所用的催化剂由过渡金属羰基物和助催化剂碘化物两部分组成，其中低压法所用的是铑配位化合物 $[Rh(CO)_2I_2]^-$，在反应溶液中可以由 Rh_2O_3、$RhCl_3$ 等与 CO 和碘化物作用获得，现已证实 $[Rh(CO)I_2]^-$ 是羰化反应的催化活性物种。除铑以外，其他的过渡金属配位化合物也可以作为此反应的主催化剂，但活性高低和反应条件有较大差别，如表 5-11 所示。

表 5-11　各种催化剂的反应条件

催化剂	压力/MPa	温度/℃
Co	7~70	80~280
Ni	4~30	150~280
Pd、Pt、Ir、Os、Ru	1~1.5	200
Rh	0.1~1.5	80~150

很显然以铑为催化剂所需的反应最为温和。

助催化剂通常选碘化物，而不是溴或氯等其他卤化物。因为在反应过程中，卤化物（HI 或 CHX_3，也可以是 X_2）与 CH_3OH 作用生成 CH_3X，它与过渡金属配位化合物发生氧化加成反应形成铑甲基配合物，这就要求烷基和卤素的强度要适宜。同时对一个烷基而言，其值与碳-卤素键的键能有关。C—Cl、C—Br、C—I 的键能分别为 328.6kJ/mol、275.9kJ/mol 和 240.3kJ/mol。可以看出 C—I 键最容易断裂，故通常以碘化物为助催化剂。但应注意通常选用的是 HI、CH_3I 或单质 I_2，而不能采用诸如 KI、NaI，因为它们在反应体系中无法与 CH_3OH 反应生成 CH_3I。

(3) 反应历程

甲醇羰基化生成醋酸最基本步骤可由下式示之，以铑-碘化物催化剂体系为例，其起始的活性物种被认为是 $[Rh(CO)_2I_2]^-$，这是一个中心金属为 d^8 构型的、平面四边形的配位阴离子。与 CH_3I 发生氧化加成反应，生成八配位六面体构型的铑配位阴离子 $[CH_3Rh(CO)_2I_3]^-$，该离子进一步异构化为五配位的、带乙酰基配位体—CO—CH_3 配位阴离子，然后一个 CO 分子又配位到该配位阴离子生成六配位八面体构型，在这一配位阴离子上，一个甲基配位体—CH_3 和碘配位体 I 还原消除反应生成乙酰碘分子 CH_3COI，铑配位化合物恢复到起始活性物种的形式。乙酰碘水解生成醋酸和 HI，HI 又与甲醇作用生成 CH_3I 继续起氧化加成试剂的作用。

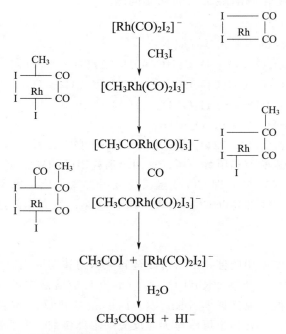

5.5.3.3　低压甲醇羰基化制醋酸的工艺流程

低压甲醇羰基化制醋酸的工艺流程由反应、精制、轻组分回收和催化剂制备与再生等部分组成（图 5-37）。

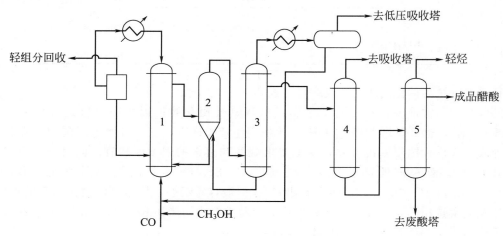

图 5-37　低压甲醇羰基化制醋酸流程

1—反应器；2—闪蒸槽；3—轻组分塔；4—脱水塔；5—重组分塔

甲醇羰化是一气-液相反应系统，反应器可采用搅拌釜或鼓泡塔，内装催化剂溶液。催化剂溶液由铑化合物、助催化剂和溶剂三部分组成。这三部分的具体成分可以有多种选择，但一般取以三氧化铑-碘化氢-水/醋酸的催化剂体系最为方便。其铑化合物的含量为 5×10^{-3} mol/L，碘 0.05mol/L。

（1）反应部分

甲醇和 CO 混合气流喷入反应器底部，反应温度控制在 $130 \sim 180$℃，而以 175℃最佳，压力约 3MPa。反应后的物料从塔上部侧线引出进入闪蒸槽，含有催化剂的溶液从塔底出来，返回反应器。含醋酸、水、碘甲烷和碘化氢的蒸气从闪蒸槽顶部引出来进入精制工序。反应器顶部排放出来的 CO_2、H_2、CO 和 CH_3I 进入冷凝器，经气液分离，不凝的气相部分送轻组分回收工序，冷凝液则重返反应器。

（2）轻组分塔

由闪蒸槽上部出来的含有醋酸、水、碘甲烷、碘化氢等混合物进入轻组分塔进行分离。塔顶蒸出物经冷凝，液相部分主要是碘甲烷返回反应器。不凝的气相部分送往低压吸收塔。含有碘化氢、水和醋酸组成的高沸点混合物和少量催化剂从塔底排出再返回闪蒸槽。含有水和醋酸的部分则由轻组分塔上部侧线出料进入脱水塔上部。

（3）脱水塔

脱水塔的塔顶蒸出的水含有碘甲烷、轻烃和少量醋酸，送往低压吸收塔。塔底主要含有醋酸，送往重组分塔。

（4）重组分塔

重组分塔的塔顶蒸出的物料主要是轻烃，含有丙酸和重质烃的物料从塔底送入废酸塔处理。塔的上部侧线引出成品醋酸。

由上述可见，低压甲醇羰基化制醋酸的工艺具有一系列优点，在技术经济上有很大的优越性。其主要的缺点是金属铑的资源有限，设备用的耐腐蚀材料昂贵。

思考题

基于知识，进行描述

5.1　工业催化氧化过程的优势和劣势分别是什么？

5.2　乙烯络合催化氧化制乙醛、乙烯催化氧化制环氧乙烷和丙烯氨氧化均是放热反应，反应产生的热量分别是如何移出的？

应用知识，获取方案

5.3　在乙烯络合催化氧化制乙醛工艺中，如果 $O_2 > 12\%$，乙烯 $< 58\%$ 就有爆炸危险，然而在实际生产中为什么即使反应器入口处的氧含量在 17% 左右也不会发生爆炸？

5.4　同为乙烯络合催化氧化制乙醛反应，为什么一段法工艺中的乙烯转化率远低于两段法？

5.5　请从工艺、工程的角度分析确定丙烯氨氧化制丙烯腈工艺中原料配比。

5.6　从 CO 催化加氢合成甲醇反应的热力学分析可知，反应应采用低温、高压，为什么实际工业上可采用低压法或高压法进行生产？

5.7　如何理解"乙苯脱氢制苯乙烯，动力学是关键"和"乙烷蒸汽裂解制乙烯反应，动力学是关键"这两种说法。

5.8　如何理解"从热力学和动力学角度分析，乙苯脱氢制苯乙烯反应在等温管式反应器中的温度分布均较为有利"的说法。

5.9　请从工艺、工程角度说明，如何确定铁酸盐系催化剂催化丁烯氧化脱氢制丁二烯反应的操作温度。

针对任务，掌握方法

5.10　结合乙苯脱氢制苯乙烯催化剂，说明催化性能良好的催化脱氢催化剂应满足什么样的要求？

第6章
绿色化学化工和三废处理

  化学化工的发展为人类的生活改善提供了源源不断的能源和物质基础的同时，也造成了很多的能源和环境问题，并且随着化学品的大量生产和广泛应用，全球性环境污染的加剧、能源的匮乏等问题日趋严重。当前全球环境十大问题是：大气污染、臭氧层破坏、全球变暖、海洋污染、淡水资源紧张和污染、生物多样性减少、环境公害、土地退化和沙漠化、森林锐减及有毒化学品和危险废物。本章重点针对前五章典型工艺所出现绿色化学工艺和存在的气、液、固三废进行展开介绍。

6.1 绿色化学的基本概念

  面对这些问题，1994年8月，第208届美国化学会年会举办了"为环境而设计的专题研讨会"，会后以"绿色化学：为环境设计化学"为名出版了会议文集。1996年，国际学术界久负盛名的Golden会议首次以环境无害有机合成为主题，讨论了原子经济性反应、环境无害溶剂等。1999年，英国皇家化学会创办了第一份国际性《绿色化学》杂志。与纯基础科学研究不同，绿色化学的产生不是科学家自由思维的产物，而是在全球环境污染加剧和资源危机的震撼下，人类反思与重新选择的结果。化学工业作为国民经济的支柱产业，对人类社会进步与发展具有重大推进作用。但是，化学工业具有"特殊贡献"与"环境污染"的双重性，因此采用绿色化学理念，探索和研究新的原理和方法，开发新的技术和生产过程以提高生产效率、避免或减少环境污染是化学工业可持续发展的关键。

6.1.1 绿色化学定义

  绿色化学又称环境无害化学、环境友好化学或者清洁化学，是在进一步认识化学规律的基础上，应用一系列技术和方法，在化学产品的设计、制造和应用中避免和减少对人类健康和生态环境有毒有害物质的使用和产生。与传统化学一样，绿色化学化工也是研究：化学物质的合成、处理及应用的一门学科。与传统化工的区别是，绿色化工在其优化目标函数中，必须涵盖生态环境建设目标，即在其实施化学产品设计和生产的过程中，始终贯彻可持续发展，在为国计民生提供日益丰富产品的同时，确保产品及其生产过程不污染环境。绿色化学是解决污染引起的环境问题的"基础"方法，与环境治理是不同的概念。环境治理强调对已污染的环境进行修复，使之恢复到被污染前的状态，即所谓的"末端治理"，这种方法只能在一定时间、一定范围内有效，是权宜之计。绿色化学则强调在产品的源头和生产过程中阻止污染物的形成，即所谓的"污染防止"，是解决环境和资源问题的根本方法。经验告诉我们，环境的污染可能较快地形成，但要消除其危害则需较长的时间，况且有的危害是潜在的，要在几年甚至几十年后才能显露出来。因此实现化工生产与生态环境协调发展的绿色化学化工是化学工业今后发展的方向。

6.1.2　绿色化学原则

　　2000 年，Paul T. Anastas 概括了绿色化学的 12 条原则，得到国际化学界的公认。绿色化学的十二条原则是：①防止废物产生，而不是待废物产生后再处理；②合理地设计化学反应和过程，尽可能提高反应的原子经济性；③尽可能少使用、不生成对人类健康和环境有毒有害的物质；④设计高功效低毒害的化学品；⑤尽可能不使用溶剂和助剂，必须使用时则采用安全的溶剂和助剂；⑥采用低能耗的合成路线；⑦采用可再生的物质为原材料；⑧尽可能避免不必要的衍生反应（如屏蔽基，保护/脱保护）；⑨采用性能优良的催化剂；⑩设计可降解为无害物质的化学品；⑪开发在线分析监测和控制有毒有害物质的方法；⑫采用性能安全的化学物质以尽可能减少化学事故的发生。

　　上述 12 条原则从化学反应角度出发，涵盖了产品设计、原料和路线选择、反应条件诸方面，既反映了绿色化学领域所开展的多方面研究工作内容，同时也为绿色化学未来的发展指明了方向。

　　2020 年，Paul T. Anastas 等进一步提出了新版绿色化学 12 条原则：①从线性过程到环形过程；②从化石能源到可再生能源；③从高活性、难降解、剧毒的化学试剂和产品到环境友好型的化学试剂和产品；④从使用稀有金属催化剂到使用储量丰富的金属催化剂，或者酶催化、光电催化体系；⑤从设计合成稳定难降解的共价键分子体系到易于降解的非共价键分子体系；⑥从使用传统溶剂到使用低毒、可回收、惰性、储量丰富、易于分离的绿色溶剂或者无溶剂体系；⑦从损失与耗能严重的分离提纯体系到自分离体系；⑧从产生大量废弃物的体系到原子经济性、步骤较少以及溶剂耗费较少的体系；⑨从废物处理到废物综合利用；⑩从环境依赖型的单一功能分子设计到统筹全生命周期的分子设计；⑪从传统的评价模式，即功能最大化到新型的评价模式，功能最优的同时毒性最小；⑫从利润最大化为目的的化学品生产到利润增长的同时尽量减少良性原材料的使用。

　　化学工艺过程既包括化学反应，也包括物理分离过程，更为重要的是必须考虑传递过程对反应性能和分离效率的影响。一个理想的化工过程，应该是用简单、安全、环境友好和资源有效的操作，快速、定量地把廉价、易得的原料转化为目的产物。绿色化学工艺的任务就是在原料、过程和产品的各个环节上，创立技术上先进、经济上合理、生产上安全、环境上友好的化工生产工艺。这实际上也指出了实现绿色化工的原则和主要途径（图 6-1）。

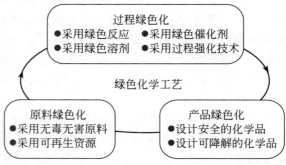

图 6-1　绿色化学工艺原则和方法

6.1.3　绿色化学指标

　　绿色化学的 12 条原则是绿色化学化工研究的指导原则。鉴于化工过程的复杂性，为了全面有效地衡量过程的绿色性，对于不同的评价目标，发展了不同的评价参数和方法。目前，具有代表性的绿色程度评价指标主要有原子经济性、环境因子（E 因子）、环境熵、反应速率、生命周期分析和有效质量收率等。

（1）原子经济性（原子利用率）

传统的化工过程中，评价化学反应的一个重要指标是目的产物的选择性（或目的产物的收率）。但在许多情况下，尽管一个化学反应的选择性很高甚至达到 100%，这个反应仍可能产生大量废物。例如，曾获诺贝尔化学奖的 Wittig 反应［参见式(6-1)］：

$$(C_6H_5)_3P^+(CH_3)Br \longrightarrow (C_6H_5)_3P=CH_2 \xrightarrow{\underset{R^2}{\overset{R^1}{\diagup}}C=O} \underset{R^2}{\overset{R^1}{\diagup}}=CH_2 + (C_6H_5)_3PO \tag{6-1}$$

在 Wittig 反应中，溴甲基三苯基膦分子中仅有一个亚甲基被利用，因此无论这个反应的选择性有多高，总有大量的氧化三苯膦和溴盐废物。可见单纯的选择性指标不能评价一个化学反应是否产生废物以及废物的量是多少。为了科学衡量在一个化学反应中，生成一定量目的产物所伴生的废物量，美国斯坦福大学于 1991 年提出了"原子经济性"的概念，并为此获得 1998 年美国"总统绿色化学挑战奖"的学术奖。原子经济性（atom economy）是指反应物中的原子有多少进入了产物。若用数学式表示，则为：

$$AE = \frac{\sum_i P_i M_i}{\sum_j F_j M_j} \times 100\% \tag{6-2}$$

式中，P_i 为目的产物分子中 i 原子的数目；F_j 为原料分子中 j 原子的数目；M_i，M_j 为各原子的原子量。

原子利用率的概念与原子经济性概念相同，用于衡量化学反应的原子利用程度，其定义见式(6-3)。

$$原子利用率 = \frac{目的产物的量}{各反应物的量之和} \times 100\% \tag{6-3}$$

一个反应的原子经济性高，则该反应可能的废物量少；如果一个反应具有 100% 的原子经济性，就意味着原料和产物分子含有相同的原子，原料中的原子 100% 转化为产物，有可能实现废物的"零排放"。但应指出的是，原子经济性反应不一定是高选择性反应，原子经济性需与选择性配合才能表达一个化学反应的合成效率即主、副产物的比例，因为对于原子经济性为 100% 的反应，原料是否完全转化为产物与反应的选择性有关。下面以氧化反应的原子经济性进行简要讨论。

氧化反应是应用最广的一类反应，在有机化学工业中，通过氧化过程生产的产品所占比例最大，超过 30%。氧化反应也是最复杂、最难控制的一类反应，因为从热力学上分析，氧化反应的 $\Delta G^\ominus$ 值都很负，在热力学上都很有利，尤其是完全氧化反应（产物是二氧化碳和水）更为有利。

氧化反应的原子经济性与所采用的氧化剂有关。采用重金属氧化物、盐、无机和有机氧化剂，如高锰酸钾、重铬酸钾、高碘化钾、次氯酸钠等氧化剂，反应的原子经济性很低，且由于这些氧化剂反应后以较低的价态存在于反应体系中，不仅增加了产物分离、提纯的难度，而且这些废物（液）的排放也给环境带来了恶劣影响。

相比之下，采用氧气（空气）、过氧化氢、臭氧、固定化的氧化物、生物氧化酶等作为氧化剂，反应的原子经济性大大增加，因而被称为绿色氧化剂。其中，以氧气为氧化剂，理论上氧化反应的原子经济性可达 100%，但遗憾的是，这些绿色氧化剂特别是氧气，存在选择性差和氧化过程不易控制等问题。

由上述讨论可知，原子经济性反应既可以节约原料资源，又可以最大限度地减少废物排放。因此，在设计化学品的合成途径时，应尽可能地采用原子经济性反应，如重排反应、加成反应，尽可能不用取代反应和消除反应。如果不能避免采用取代反应和消除反应，则应使离去/消去基对人类和环境无害，并尽可能使离去/消去基团变小。另外，也可采用过程集成、替代能源或封闭循环等方法将废物消耗在生产过程中。

原子经济性计算实例如下：

环氧乙烷的生产方法是在银催化剂上乙烯直接氧化而成，试计算该反应的原子经济性。

$$CH_2{=\!=}CH_2 + 1/2O_2 \longrightarrow H_2C\underset{O}{\overset{\diagdown\ \diagup}{-\!\!\!-}}CH_2 \tag{6-4}$$

$$AE = \frac{2\times12+4\times1+1\times16}{2\times12+4\times1+\dfrac{1}{2}\times2\times16}\times100\% = 100\% \tag{6-5}$$

原子经济性仅给出了原料中的原子转化为目的产物的情况，但没有考察到合成过程中间步骤所使用的各类试剂和助剂的情况。所以需要引出环境因子（E 因子）。

（2）环境因子

该指标考察了化学品制备全过程对环境造成的影响，由荷兰著名学者 Sheldon 于 1992 年提出。环境因子定义为全过程中所产生的废物质量与目标产物质量的比值。它不仅针对副产物，还包括了在纯化过程中所产生的各类物质，如中和反应时产生的无机盐和各类计量试剂等。往往步骤越多，伴随生成物也越多。从石油化工到医药品，产品越精细，附加值越高，E 值也越大。如石油化工产品一般为 0.1，而医药品等可高达 100。环境因子虽然考虑了全过程所产生的废弃物，但这些废弃物排放到环境后，不同类型的废弃物对环境的污染程度不同，应该有不同的权重。判断其对环境的污染程度应通过"环境熵（EQ）"这一概念。

（3）环境熵

由于废弃物排放到环境中后对环境的影响和污染程度还与相应废弃物的性质以及废弃物在环境中的毒理行为有关，环境熵指标考虑了废弃物排放量和废弃物的环境行为本质的综合表现。环境熵定义为环境因子（E 因子）与废弃物在环境中的行为给出的废弃物对环境的不友好程度 Q 的乘积。例如，可将无毒的氯化钠和硫酸铵的 Q 值定义为 1。对于有害重金属离子的盐类、有机中间体和含氟化合物等，根据其毒性的大小，Q 的取值为 $100\sim1000$。通过环境熵可以充分衡量环境友好生产过程的程度。

从原子经济性、环境因子、环境熵等评价化工过程，已经可顺利地生产化学产品。但化学产品的形成涉及从分子设计、产品结构到工业化生产，以及使用和废弃等多个不同阶段和多个层次，因此需要从系统的角度来优化化学产品的全过程。

（4）生命周期评价

该指标常用于针对产品及其生产过程的环境评价方法，是在工业上实现产品和过程绿色化的系统方法，目前已用于产品的评价和选择中。生命周期评价是运用系统的观点，根据产品评价的目标（如技术、经济、环境性能等），对产品生命周期的各个阶段进行跟踪和定量分析与定性评价，从而获得产品相关信息的总体情况，为产品性能的改进提供完整、准确的信息。生命周期评价的范围包括从最初的原材料采掘、生产到产品制造、使用，以及产品废弃后的处理等全过程。

生命周期评价的四个步骤分别为：

① 目标与范围定义：该阶段的目标定义主要说明进行生命周期评价的原因和应用意图，范围界定则主要描述所研究产品系统的功能单位、系统边界、数据分配程序、数据要求及原始数据质量要求等。目标与范围定义直接决定了生命周期评价研究的深度和广度。

② 清单分析：该阶段是对所研究系统中输入和输出数据建立清单的过程。

③ 影响评价：该阶段的目的是根据清单分析阶段的结果对产品生命周期的环境影响进行评价。

④ 结果解释：该阶段是基于清单分析和影响评价的结果识别出产品生命周期中的重大问题，并对结果进行评估，包括完整性、敏感性和一致性检查，进而给出结论、局限和建议。

生命周期评价最关键的一项是指标体系的确定，评价体系优劣很大程度上与所采用的表征指标有关，科学的指标体系能全面反映产品的环境特征并指导改进环境情况。制定指标体系的基本原则是：应尽可能依据目前对资源和环境问题的科学认识，动态指标和静态指标相结合，定性指标与定量指标相结合，全面完整地反映当前的资源和环境问题的状况。指标应尽可能简单、明确、具有可操作性、不重复。具体体现在综合性原则、科学性原则、系统性原则、层次性原则。

原子经济性立足于化学反应本身，环境因子给出了废弃物的量，环境熵则衡量环境友好生产过程的程度，生命周期评价从系统的角度给出了产品形成的全过程。只有这些指标的相互补充，才可能全面地描述绿色化学中的"绿"。

6.2　绿色化学工艺的途径和手段

绿色化学涉及原料绿色化、过程绿色化（催化剂的绿色化、溶剂的绿色化、合成方法的绿色化）以及产品绿色化三个方面。

6.2.1　原料绿色化

在化学品生产过程中，基础原料的费用一般占产品成本的 60% 左右，因而原料的选择和利用至关重要，它决定采用何种反应类型；选择什么样的工艺等诸因素。从绿色化的观点来看，在选择原料时不仅要考虑生产过程的效率，还需要考虑它对人和环境是否无害，是否具有发生意外事故的可能性以及其他的不友好性质等。这些物性，有些比如发生燃烧反应所需的条件、对臭氧层的影响等，可通过数据手册查到。如果找不到数据，可利用基团贡献或构效关系等进行推测。

此外，选择原料时不能仅考虑原料本身的危害性和毒性以及可再生性，还要考虑原料对后续反应和下游产品的影响。在从原料到最终产品的全过程中，往往需要多个反应和分离步骤，如果所选原料需要用其他毒性很大的试剂来完成工艺路线中下一步的反应或分离，或者采用该原料可能产生一个中间产物，而该中间产物有可能对人类健康和环境造成损害，那么选择该原料就可能间接造成更大的环境负面影响。

目前，大约 98% 的有机化学品都是以石油、煤炭和天然气为原料加工的，这些化石类原料储量有限，都面临枯竭的危险。从绿色生产的角度看，以植物为主的生物质资源是很好的化石类资源的替代品。所谓生物质可理解为由光合作用产生的所有生物有机体的总称，包括农林产品及其废物、海产物及城市废物等。采用生物质原料具有如下优点。

① 由生物质（主要由纤维素、半纤维素和木质素组成）衍生所得物质常常已是氧化产物，无需再通过氧化反应引入氧。而由原油的结构单元衍生所得物质没有含氧基团，需经氧化反应引入含氧基团。由于具有含氧官能团的产物分子比原料烃要活泼得多，此类反应的选择性通常较低。此外，还有一些反应需要经过多步骤才能完成，过程往往产生很多废物。

② 使用生物质可减少大气中二氧化碳浓度的增加，从而减缓温室效应。

③ 生物质的结构单元比原油的结构单元复杂，如能在最终产品中利用这种结构单元的复杂性，则可减少副产物的生成。如由纤维素可以制得 5-羟甲基糠醛、山梨醇、乙酰丙酸等；由半纤维素可以制得糠醛；由木质素获得苯和酚类衍生物等。

④ 可解决其他环境污染问题。例如以城市废物为原料可同时解决这些废物的处理问题。研究表明，许多生物质均可作为化工原料转化为有用的化学品，见图 6-2。从目前研究情况看，以生物质作为化工原料在经济上还不具备竞争力，是今后绿色工艺的一个发展方向。

目前，采用光电催化转化 H_2O 和 CO_2 这两类清洁原料也已受到研究者的广泛关注。

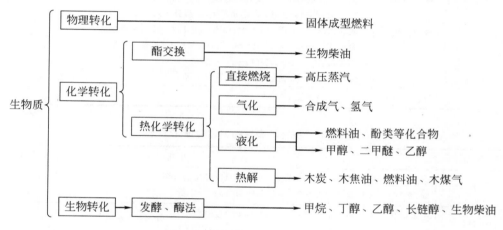

图 6-2　由生物质生产化工产品

6.2.2　过程绿色化

提高反应的原子经济性和反应的选择性、提高分离过程效率及设备的生产能力是实现过程绿色化的途径。可采取的方法有：合理设计反应路线，尽量采用加成反应等高原子经济性反应、避免采用消除等原子经济性低的反应；采用高效绿色催化剂提高反应的选择性，减少副产物的生成量；采用绿色化溶剂，减少工艺过程中有毒有害物质对环境的影响；采用集成化的工艺流程和微型化的设备，使能量消耗最小化。采用非热能能源促进温和条件下反应物的选择性转化。

6.2.2.1　绿色催化剂

现代化学工业广泛使用各种各样的催化剂，可以说，化学工业的重大变革、技术进步大多是因为新的催化材料或催化技术。传统化学工业选择催化剂考虑的是其活性和对反应类型、反应方向和产物结构的选择性。按照绿色化学的观点，催化剂制备和使用过程中对环境的影响则是首先需要考虑的因素。下面介绍几种绿色催化剂和催化技术。

（1）固体酸催化剂

固体酸催化剂是针对工业上广泛使用的液体酸催化剂存在的问题提出。所谓液体催化剂是指氢氟酸、硫酸、磷酸等无机酸，习惯上 $AlCl_3$ 也包括其中。这类催化剂具有确定的酸强度和酸类型，且在低温下就具有相当高的催化活性。但是，这类酸催化反应都是在均相条件下进行，与非均相反应相比，存在许多问题，如催化剂不易与原料、产物分离，产生大量酸性废水、废渣，设备严重腐蚀等。

固体酸的问世是酸催化剂研究的一大转折，解决了原料和产物的分离以及设备腐蚀问题。固体酸的种类有无机固体酸，包括简单和混合氧化物、杂多酸、分子筛、金属硫酸和磷酸盐、负载型无机酸等；有机酸，主要是离子交换树脂。已用于催化反应的、近年开发的一些固体酸催化剂及工艺见表 6-1 和表 6-2。

表 6-1　一些用于催化反应的固体酸

酸类型	举例
无机固体酸类	简单氧化物：Al_2O_3，SiO_2，B_2O_3 等 混合氧化物：Al_2O_3/SiO_2，Al_2O_3/B_2O_3，ZrO_2/SiO_2，MgO/SiO_2 分子筛：硅铝分子筛，钛硅分子筛，磷铝分子筛 金属磷酸盐：$AlPO_4$，BPO_4，$LiPO_4$，$FePO_4$，$LaPO_4$ 等 金属硫酸盐：$FeSO_4$，$Al_2(SO_4)_3$，$CuSO_4$，$Cr_2(SO_4)_3$ 等 超强酸：ZrO_2-SO_4，WO_3+ZrO_2 等 层柱状化合物：黏土，水滑石，蒙脱土等
有机固体酸	离子交换树脂等

表 6-2　一些有代表性的固体酸催化工艺

反应类型	过程	催化剂	开发公司
烷基化	萘与甲醇合成甲基萘 酚（苯胺）与烷基苯合成烷基酚（烷基苯胺）	HZSM5 分子筛 多种分子筛	Hoechst Mobil
异构化（歧化）	甲苯歧化生成苯和二甲苯 甲苯与 C_9 芳烃合成二甲苯	HZSM5 DcH-7，DcH-9	Mobil UOP
加成/消除	环己烯水合生成苯酚 甲醇与混合 C_5 醚化合成 TAME	分子筛 酸性树脂	旭化学 Exxon 化学
缩合/聚合/环化	乙醇缩合生成乙醚 乙醚与甲醇合成汽油 由 C_3、C_4 烯烃合成芳烃和烷烃	ZSM-5 ZSM-5 DHCD-2，DHCD-3	Mobil UOP/BP
裂解	烃类裂解 重烃馏分裂解	UCCLZ-210 Flexicat ARTCAT 焙烧高岭土	UOP Exxon Engelhard Ashland 石油

（2）仿生催化剂

生物体细胞中发生的生物化学反应，同样需要催化剂的催化，这种生物催化剂俗称酶。与化学催化剂相比，酶具有非常独特的催化性能。首先，酶的催化效率比化学催化剂高得多，一般是化学催化的 10^7 倍，甚至可达 10^{14} 倍。其次，酶的选择性很高。由于酶具有生物活性，其本身就是蛋白质，所以酶对反应底物的生物结构和立体结构具有高度的专一性，特别是对反应底物的手性、旋光性和异构体具有高度的识别能力，即如果反应底物有多种异构体，且具有旋光性，那么一种酶只对其中一种旋光异构体起催化作用；酶的另一种选择性称为作用专一性，即某种酶只能催化某种特定的反应。再其次，酶催化反应条件温和，可在常温、常压、pH 接近中性的条件进行，且可自动调节活性。但是，酶催化剂存在分离困难，来源有限，耐热、耐光性及稳定性差等缺陷。

那么，如何制备既具有化学催化剂合成及分离简单、稳定性好的优点，又具有生物催化剂高效、专一、催化活性可调控等特点的新型催化剂？答案是仿生催化技术，即根据天然酶的结构和催化原理，从天然酶中挑选出起主导作用的一些因素来设计合成既能表现酶功能，又比酶简单、稳定的非蛋白质分子，模拟酶对反应底物的识别、结合及催化作用，合成人工仿酶型催化剂来代替传统的催化剂。这种通过仿生化学手段获得的化学催化剂又称为人工酶、酶模型或仿生（酶）催化剂。

目前，较为理想的仿生体系主要有环糊精、冠醚、环番、环芳烃、酞菁和卟啉等大环化合物；大分子仿生体系主要有聚合物酶模型、分子印迹酶模型和胶束酶模型等。采用这些仿生体系合成的仿生催化剂可用于催化氧化反应、还原反应、羰基化反应、脱羧反应、脱卤反应等多种类型反应。其中金属卟啉化合物在以氧气（空气）为氧化剂的选择性氧化反应中表现出优异性能，典型的如异丁烷氧化制异丁醇、环己烷氧化制己二酸、环己烷氧化制环己醇和环己酮等。

6.2.2.2 绿色化溶剂

在化工生产中，反应介质、分离过程和配方中都会大量使用挥发性有机溶剂（VOC），如石油醚、苯等芳烃、醇、酮、为卤代烃等。挥发性有机溶剂进入空气中后，能引起和加剧肺气肿、支气管炎等呼吸系统疾病，增加癌症的发病率；导致谷物减产、橡胶老化和织物褪色等。挥发性有机溶剂还会污染海洋、食品和饮用水；毒害水生物，氟氯烃能破坏臭氧层。总之，挥发性有机溶剂是造成环境污染的主要祸首之一，因此，溶剂绿色化是实现清洁生产的核心技术之一。

目前备受关注的绿色溶剂是水、超临界流体、离子液体。其中，水是地球上自然丰度最高的溶剂，价廉易得，无毒无害，不燃不爆，其优势不言而喻，但水对大部分有机物的溶解能力较差，许多场合都不能直接用水代替挥发性有机溶剂，因此下面重点介绍超临界流体和离子液体的性能和应用。

（1）超临界流体技术

超临界流体是指当物质的温度和压力处于临界点以上时所处的状态，它兼有气体和液体两者的特点，表 6-3 列出了气体、液体和超临界流体的典型性质比较。超临界流体的密度接近于液体，具有与液体相当的溶解能力，可溶解大多数有机物；其黏度和扩散系数类似于气体、远大于普通溶剂，可提高传递速率，从而提高分离、反应等化工过程的效率。

表 6-3 气体、液体和超临界流体的典型性质比较

性质	气体	超临界流体	液体
密度/(g/cm³)	$(0.6\sim2.0)\times10^{-3}$	$0.2\sim0.9$	$0.6\sim1.6$
扩散系数/(cm²/s)	$0.1\sim0.4$	$(0.2\sim0.7)\times10^{-3}$	$(0.2\sim2.0)\times10^{-5}$
黏度/Pa·s	$(1\sim3)\times10^{-5}$	$(1\sim9)\times10^{-5}$	$(0.2\sim0.3)\times10^{-3}$

根据超临界流体是否参与反应，可将超临界化学反应分为反应介质处于超临界状态和反应物处于超临界状态两大类，前者占大多数，后者研究得较少。超临界流体具有许多不同于传统溶剂的独特性质。超临界流体既具有气体黏度小、扩散系数大的特性，又具有液体密度

大、溶解能力好的特性（可消除扩散对反应的影响，也可溶解导致催化剂失活的有机大分子，延长催化剂使用寿命）；而且在临界点附近流体的性质（密度、黏度、扩散系数、介电常数、界面张力等）有突变性和可调性，可以通过调节温度和压力方便地控制体系的相平衡特性、传递特性和反应特性等，从而使分离、反应等化工过程更加可控。

具有代表性的超临界流体有 CO_2、H_2O、CH_4、C_2H_6、CH_3OH 及 CHF_3，理想的可用作溶剂的是超临界二氧化碳和水。

1）超临界二氧化碳

二氧化碳无味、无毒、不燃烧，化学性质稳定，既不会形成光化学烟雾，也不会破坏臭氧层，气体二氧化碳对液体、固体物质无溶解能力。二氧化碳的临界温度为 31.06℃，是文献上所介绍过的超临界溶剂临界点最接近常温的，其临界压力为 7.39MPa，也比较适中。超临界二氧化碳的临界密度为 $448kg/m^3$，是常用超临界溶剂中最高的，因此超临界二氧化碳对有机物有较大的溶解度，如碳原子数小于 20 的烷烃、烯烃、芳烃、酮、醇等均可溶于其中，但水在超临界二氧化碳中的溶解度很小，使得在近临界和超临界二氧化碳中分离有机物和水十分方便。超临界二氧化碳溶剂的另一个优点是：其可以通过简单蒸发成为气体而被回收，重新作为溶剂循环使用，且其汽化热比水和多数有机溶剂都小。这些性质决定了二氧化碳是理想的绿色超临界溶剂。事实上，超临界二氧化碳是目前技术最成熟、应用最广、使用最多的一种超临界流体。表 6-4 列出了超临界二氧化碳的一些应用实例。

表 6-4　超临界二氧化碳的应用举例

应用领域	举例
反应	聚合反应：丙烯酸和氟代丙烯酸酯的聚合、异丁烯的聚合、丙烯酰胺的聚合 羰基化反应 Diel-Alder 反应 酶催化反应：油酸与乙醇的酯化、三乙酸甘油酯与(D,L)-薄荷醇的酯交换 CO_2 参加的反应：CO_2 催化加氢合成甲酸及甲酸衍生物，CO_2 与甲醇合成 DMC，CO_2、H_2 和 $NH(CH_3)_2$ 合成 DMF
分离	天然产物中有效成分的萃取和微量杂质的脱除 超临界 CO_2 胶团萃取，如蛋白质、氨基酸的分离提纯（牛血清蛋白的萃取） 金属离子萃取及选择性分离，如 UO_2^{2+}、Th^{4+} 的萃取 油品回收 喷漆技术 环境废害物的去除
其他	清洗剂（机械、电子、医疗器械、干洗等行业用） 灭火剂哈龙的替代物 塑料发泡剂① 细颗粒包覆，如医药、农药的微细化处理

① 获 1996 年美国"总统绿色化学挑战奖"的变更溶剂/反应条件奖。

从表 6-4 实例可知，超临界二氧化碳适于作亲电反应、氧化反应的溶剂，烯烃的环氧化、长碳链催化脱氢、不对称催化加氢、不对称氢转移还原、Lewis 酸催化和烷基化，高分子材料合成与加工的溶剂和萃取剂。但是，由于二氧化碳是亲电性的，会与一些 Lewis 碱发生化学反应，故不能用作 Lewis 碱反应物及其催化反应的溶剂。另外，由于盐类不溶于二氧化碳，因此，不能用超临界二氧化碳作离子间反应的溶剂，或以离子催化的反应溶剂。

2）超临界水

在温度高于 647.3K、压力大于 22.1MPa 的超临界状态下，水表现出许多独特的性质。

表 6-5 列出了常温水、过热水和超临界水的一些性质。由表中数据可看出，超临界水的扩散系数比常温水高近 100 倍；黏度大大低于常温水；密度大大高于过热水，而接近常温水。较低的介电常数表明超临界水为强的非极性，可与烃类等非极性有机物互溶；氧气、氢气、氮气、CO 等气体可以任意比例溶于超临界水；无机物尤其是盐类在超临界水中的溶解度很小。传递性质和可混合性是决定反应速率和均一性的重要参数，超临界水的高溶解能力、高扩散性和低黏度，使得超临界水中的反应具有均相、快速且传递速率快的特点。目前，超临界水反应涉及重油加氢催化脱硫、纳米金属氧化物的制备、高效信息储备材料的制备、高分子材料的热降解、天然纤维素的水解、葡萄糖和淀粉的水解、有毒物质的氧化治理等领域。

表 6-5　常温水、过热水和超临界水的物理性质

性质	常温水	过热水	超临界水	性质	常温水	过热水	超临界水
温度/℃	25	450	450	氧溶解度/(mg/L)	8	∞	∞
压力/MPa	0.1	1.4	27.6	密度/(kg/m³)	988	4.2	128
介电常数	78	1.0	1.8	黏度/mPa·s	0.89	$2.6×10^{-5}$	$3.0×10^{-2}$
氢溶解度/(mg/L)	—	—	∞	有效扩散系数/(m²/s)	$7.7×10^{-10}$	$1.8×10^{-7}$	$7.6×10^{-8}$

（2）离子液体技术

离子液体是指完全由可运动的阴、阳离子组成的室温液体物质，是离子存在的一种特殊形式。与传统分子溶剂和高温熔盐相比，离子液体具有特殊的微观结构（如氢键网络结构和不均质的团簇结构等）和复杂的相互作用力（静电库仑力、氢键、范德华力等），在实际应用中展现了其独特的物化性质。如离子液体不易挥发、液态温度范围宽、溶解性能好、导电性适中和电化学窗口宽，并且具有功能可设计性和多样性，按不同阴、阳离子的排列组合，离子液体的酸性和种类可调。作为新一代的离子介质和催化体系，离子液体在化工、冶金、能源、环境、生物、储能等众多领域逐渐展现了其惊人的应用潜力。如法国的 Francais du Petrole（IFP）研究所开发以离子液体为溶剂的丁烯二聚工艺（Difasol process），极大地提高 C8 烯烃的选择性（90%～95%）。

6.2.2.3　过程强化

过程强化（process intensification）是指瓶颈过程中的混合、传递或反应、分离过程速率显著提升和系统协调，大幅度减小化工过程的设备尺寸，简化工艺流程，减少装置数量，使单位能耗、废料、副产品显著减少的新技术。过程强化是实现绿色工艺的关键技术。过程设备强化即设备微型化，包括新型的反应器和单元操作设备。新型的反应器，包括超重力反应器（gravity reactor）、静态混合反应器（static mixer reactor）、整体微通道反应器（monolithic microchannel reactor）等。新型强化混合、传热和传质的设备，包括超重力分离设备（gravity separation equipment）、静态混合器（static mixer）、紧凑式换热器（compact heat exchanger）等。值得注意的是，在设备强化的同时，常伴随着过程方法的集成化。本章将对过程集成化和替代能源作简要介绍。

（1）混合、反应、分离集成技术

混合、反应、分离集成技术是将化学反应与混合、分离集成在一个设备中，使一台设备同时具有反应和混合或分离的功能。混合、反应、分离集成技术是过程强化的重要方法，可以使设备体积与产量比更小、过程更清洁、能量利用率更高。过程集成化包括反应精馏、膜过程耦合、超重力、微化工、磁稳定床等技术。

1）反应精馏（催化精馏）

反应精馏（催化精馏）是在精馏塔内进行的化学反应与精馏分离过程，是最典型、最成熟和工业应用最广的反应与分离集成过程。此外，还有反应萃取、反应吸附、反应结晶等。与反应精馏一样，反应萃取、反应吸附、反应结晶也是将化学反应与传统的分离单元操作集成在分离设备中进行的过程，即分别在萃取塔、吸附设备和结晶器中进行。反应精馏和反应萃取所处理的物系是液相均相体系；反应吸附所处理的对象是气-固或液-固非均相体系；而反应结晶则针对产物在常温常压下为固体的体系。

反应分离的实例很多，例如反应精馏生产醋酸甲酯、MTBE、ETBE、TAME、异丙苯；反应吸附合成甲醇；反应萃取生产醋酸丁酯、乳酸和过氧化氢等。

2）膜过程耦合

膜反应器为传统的固定床或流化床反应器与膜分离技术的集成。按照反应与分离结合的形式，固定床膜反应器又可分为两类：一类是反应与分离分开进行，膜只起分离产物或分配反应物的作用；另一类是反应与分离均在膜上进行，膜既有催化功能又有分离功能（称为活性膜）。由于在膜反应器中应用的膜均为选择性流体透过膜，因此适用于含有气、液相体系。目前工业成功运行的工艺包括，基于反应-膜分离耦合技术的盐水连续精制新工艺。氯碱工业将盐制成饱和盐水，在直流电作用下，电解生产得到烧碱和氯气。盐水精制的目的是将工业盐中含有大量的 Ca^{2+}、Mg^{2+}、SO_4^{2-} 等无机杂质以及细菌、藻类残体等天然有机物以及泥沙等机械杂质彻底去除，避免这些杂质离子进入离子膜电解槽后，生成的金属氢氧化物在膜上形成沉积，造成膜性能下降，电流效率降低，严重破坏电解槽的正常生产，并使离子膜的寿命大幅度缩短。

此外，由于催化剂颗粒小，催化剂流失现象严重，且回收困难，采用陶瓷膜截留钛硅分子筛催化剂，构成的反应-膜分离耦合系统，有效地解决了催化剂的循环利用问题，缩短了工艺流程，实现了生产过程的连续化。目前，反应-膜分离耦合技术在环己酮肟、对氨基苯酚等重要化工中间体的生产中成功实施。随着研究的深入，膜过程与其他单元操作过程（如结晶、反应精馏、萃取等）相耦合，不仅能降低设备投资与能耗，而且能提高过程效率。

3）超重力强化技术

所谓超重力是指在比地球重力加速度（$9.8m/s^2$）大得多的环境下物质所受到的力。在地球上，实现超重力环境的简便方法是通过旋转产生离心力而模拟实现。这样的旋转设备被称为超重力机（hige device）或旋转填充床（Rotating Packed Bed，RPB）。在超重力环境下，不同物料在复杂流道中流动接触，强大的剪切力将液相物料撕裂成微小的膜、丝和滴，产生巨大和快速更新的相界面，使相间传质速率比在传统的塔器中提高 1～3 个数量级，分子混合和传质过程得到高度强化。同时，气体的线速度也可以大幅度提高，这使单位设备体积的生产效率提高 1～2 个数量级，设备体积可以大幅缩小。因此，超重力技术被认为是强化传递和多相反应过程的一项突破性技术。

超重力强化技术在传质和/或分子混合限制的过程及一些具有特殊要求的工业过程（如高黏度、热敏性或昂贵物料的处理）中具有突出优势，可广泛应用于吸收、解吸、精馏、聚合物脱挥、乳化等单元操作过程及纳米颗粒的制备、磺化、聚合等反应过程和反应结晶过程。如超重力法制备纳米颗粒、次氯酸、二苯甲烷二异氰酸酯（MDI）、纳米药物等的生产。

4）微化工技术

微化学工程与技术是以微反应器、微混合器、微分离器、微换热器等设备为典型代表，着重研究微时空尺度下"三传一反"特征与规律。微化工系统是指通过精密加工制造的带有微结构（通道、筛孔及沟槽等）的反应、混合、换热、分离装置，在微结构的作用下，形成微米尺度分散的单相或多相体系的强化反应和分离过程。与常规尺度系统相比，微化工系统具有热、质传递速率快，内在安全性高，过程能耗低，集成度高，放大效应小，可控性强等优点，可实现快速强放/吸热反应的等温操作、两相间快速混合、易燃易爆化合物合成、剧毒化合物的现场生产等，具有广阔的应用前景。

流体在彼此间的相互作用下，微化工设备内存在挤出、滴出、射流和层流等 4 种分散流型，可形成直径在 $5\sim1000\mu m$ 且分散高度均匀的液滴或气泡，比传统化工设备中的分散尺度小 $1\sim2$ 个量级。由于多相体系内存在环流与界面扰动等现象，可加快物流、热流的迁移速度，强化微设备内的热、质传递效果，结果表明气-液、液-液、气-液-液及液-液-固体系的体积传质系数（Ka）均比传统设备高 $1\sim2$ 个量级以上，体积传热系数也可提高 $1\sim2$ 个量级。目前，微化工技术的工业化应用包括，以微化工系统制备纳米碳酸钙、生产磷酸二氢铵以及集甲醇氧化重整、CO 选择氧化、甲醇催化燃烧、原料汽化、微换热等子系统为一体的千瓦级 PEMFC 用的微型氢源系统。

5）磁稳定床技术

磁稳定床是磁流化床的特殊形式，它是在轴向、不随时间变化的空间均匀磁场下形成的只有微弱运动的稳定床层，床层表现为固定床形式，当有流体流过时床层像活塞一样膨胀，床层疏松、稳定、无气泡，这种膨胀的流化床就是磁稳定床。磁稳定床兼有固定床和流化床的许多优点。磁稳定床较好地克服了流化床反应器因其返混严重而使转化率偏低、颗粒容易被带出的缺点，而且颗粒的装卸非常便利；外加磁场的作用能有效地控制相间返混，均匀的空隙度又使床层内部不易出现沟流；磁稳定床弥补了固定床反应器使用小粒子时导致的压降过大、放热反应容易出现局部热点的缺点；同时磁稳定床可以在较宽范围内稳定操作，还可以充分破碎气泡、改善相间传质。

目前磁稳定床在石油化工、生物化工和环境工程等领域较常规流化床反应器和固定床反应器已显示出很大的优越性。以非晶态合金为催化剂，在磁稳定床反应器中对 30% 的己内酰胺水溶液进行加氢精制，与工业上常用的釜式反应器相比，加氢效果提高 $10\sim50$ 倍，催化剂耗量可以降低 70%，经济效益显著。

（2）替代能源

替代能源是采用非热能的能源进行混合、化学反应或分离过程，包括等离子体、超声、光能、微波、电能等。

1）等离子体技术

等离子体即电离气体，是电子、离子、原子、分子或自由基等粒子组成的集合体，通常通过外加电场使气体分子离解或电离产生，具有宏观尺度内的电中性与高导电性。它与物质的固态、液态、气态并列，被称为物质存在的第四态。按等离子体中带电粒子能量（通常用电子温度表示）的相对高低，可将等离子体分为：高温等离子体［即电子温度在数十电子伏特（$1eV=11600K$）以上的等离子体］；低温等离子体（即电子温度在数十电子伏特以下的等离子体）。低温等离子体已经广泛应用于材料、信息、能源、化工、冶金、机械、军工和航天等领域。依照等离子体的粒子温度，低温等离子体又分为热等离子体（平衡态等离子体）和冷等离子体（非平衡态等离子体）。热等离子体中，电子温度与离子、中性粒子温度相等，一般在 $5 \times 10^3 \sim 2 \times 10^4$ K。在冷等离子体中，电子温度（可高达 1×10^4 K 以上）远大于离子、中性粒子温度（常温上下）。这一非平衡性，对一些合成反应极为重要，一方面电子具有足够高的能量以使反应物分子激发、离解或电离；另一方面，等离子体是由清洁的高能粒子构成，对环境和生态系统无不良影响，且反应体系保持低温，乃至接近室温，反应容易实现，因此有着广泛的应用或应用前景。

等离子体富含的各种粒子几乎都为活泼的化学活性物质。等离子体特别适合于一些热力学或动力学不利的反应等，可以非常有效地活化一些稳定的小分子，如甲烷、氮和二氧化碳，甚至可以使一些反应的活化能变为负值。这一特点使得等离子体在一些特殊无机物（如金属氮化物、金属磷化物、金属碳化物、人造金刚石等）的合成方面得到广泛的应用。此外，等离子体在煤转化、醇或醚转化、制氢、高分子材料表面改性、接枝聚合等方面也有应用。

2）微波技术

微波是频率在 300MHz～300GHz，即波长在 1mm～100cm 范围内的一种电磁波。微波能强化质量传递和化学反应，一般认为是基于微波的热效应和非热效应。微波加热的方式主要源于物质内部分子吸收电磁能后所产生数十亿次的偶极振动而产生的大量热能来实现的，即"内加热"。这种由分子间振动所产生的"内加热"能将微波转变为热能，可以直接激发物质间的反应。与常规的加热相比，微波具有加热速度快、均匀、无温度梯度存在、能瞬时达到高温、热量损失小等优势。

此外，不同的物质具有不同的电介质性质，从而有不同的吸收微波能力，这一特征又使微波辐射具有选择性加热特点。极性分子的介电常数较大，同微波有较强的耦合作用，非极性分子的介电常数小，不产生或只产生较弱的耦合作用。在常见物质中，金属导体反射微波而极少吸收微波，所以可用金属屏蔽微波辐射，减少微波对人体的危害；玻璃、陶瓷能透过微波，本身产生的热效应极小，可用作反应器材料；大多数有机化合物、极性无机盐和含水物质能很好地吸收微波，为微波化学反应提供了可能。

除了热效应，微波还存在非热效应。当把物质置于微波场时，微波场对离子或极性分子的 Lorentz 力作用，强迫其按照电磁波作用的方式运动，加剧了分子间的扩散运动，提高了分子的平均能量，降低了反应的活化能，可大大提高化学反应速度。

目前，微波主要用于液相合成、无溶剂反应和高分子化学及生物化学领域。利用微波进行反应，选择合适的溶剂作为微波的传递介质是关键之一，乙酸、低碳醇、乙酸乙酯等极性溶剂吸收微波能力较强，可作为反应溶剂；环己烷、乙醚等非极性溶剂不宜作微波场中的反应溶剂。在微波作用下，易发生溶剂的过热现象。

3）光、电催化技术

光催化技术是利用可见光或太阳光将 H_2O 或有机污染物进行催化转化为 H_2 和 CO_2 等产物的过程，如光催化分解水制氢和水催化污染物降解。光催化过程一般包括三个过程：

① 当光能等于或者超过半导体材料的带隙能量时，电子从价带的激发到导带形成光生电子和空穴。

② 价带空穴是强氧化剂，导带电子是强还原剂，二者在体相和表面进行复合。

③ 价带空穴或导带电子与反应物发生氧化还原反应。其过程关键除了表面反应以外，取决于催化剂对电子和空穴的分离和避免复合的能力。目前，光催化还原二氧化碳和部分光催化有机合成也成为研究的热点。

电催化是使电极、电解质界面上的电荷转移加速反应的一种催化作用。在电催化反应中，电极作为一种非均相催化剂，既是反应场所，又是电子的供-受场所。即电催化反应同时具有催化化学反应和使电子迁移的双重功能。与常规化学催化反应相比，电催化反应过程可以利用外部回路控制电流，使反应条件、反应速度比较容易控制，并可以实现一些剧烈的电解和氧化还原反应。电催化反应在电化学的基础上，主要是在电极上修饰表面材料来产生强氧化性或还原性物种，从而促进反应的发生。目前，电催化主要包括有机污水的电催化处理、燃料电池中的电催化过程和电还原二氧化碳等。

6.2.3 产品绿色化

以往，产品设计者的指导思想是"功能决定形式"，设计者所追求的是"功能最大化"，因此，虽然许多化学品，如化肥、农药、洗涤剂、化妆品、添加剂、涂料、制冷剂等，对人类的进步和生活质量的提高做出了巨大贡献，但同时也对人类的生存环境造成了危害。产品绿色化包含两个层次，第一个层次是化学产品应该对人类健康和环境无毒害，这是对一个绿色化学产品最起码的要求，第二个层次是当化学产品的功能使命完成后，应以无毒害的降解物形式存在，而不应该"原封不动"地留在环境中。因此，按照绿色化学的原则，设计者应该在追求产品功能最大化的同时，使其内在危害最小化。

绿色化学品的设计需要在分子结构分析、分子构效关系和毒理学及毒性动态学研究基础上，遵照产物利用率最大化和辅助物质最小化原则进行，这需要化学家、毒理学家和化学工程师的共同努力，并且需要专门的课程介绍相关的设计方法。

6.3 低碳循环经济下的绿色化学化工

6.3.1 低碳循环经济

低碳经济的概念最早由英国 2003 年的能源白皮书《我们能源的未来：创建低碳经济》中提出。所谓低碳经济（low carbon economy），是指在可持续发展理念指导下，通过技术创新、制度创新、产业转型、新能源开发等多种手段，尽可能地减少煤炭、石油等高碳能源消耗，减少温室气体排放，构筑低能耗、低污染为基础的经济发展体系，包括低碳能源系统、低碳技术和低碳产业体系，达到经济社会发展与生态环境保护双赢的一种经济发展形态。

低碳经济的起点是统计碳源和碳足迹。减排量可以用"减排二氧化碳量"（即 CO_2）或"碳排放减少量"（以碳计，即 C）计算，因此，减排 CO_2 和减排 C，其结果相差很大。因为 1t 碳在氧气中燃烧后能产生大约 3.67t 二氧化碳，所以它们之间可以转换，即减排 1t 碳（液碳或固碳）就相当于减排 3.67t 二氧化碳。

所谓低碳循环经济，也称资源闭环利用型经济，即要求在保持生产扩大和经济增长的同时，通过建立"资源-生产-产品-消费-废弃物再资源化"的全生命周期清洁闭环流动模式，达到既提高人民生活质量，又避免由于无节制开发所导致的自然生态的破坏。因为循环是自然界的一个重要规律。物质在自然界是循环利用的，它们既是原料又是产品，其角色不断变化使物质世界生生不息，多少亿年没有出现资源匮乏问题。但人类的工业社会违反了这个规律，形成一个不能持久的单向的发展模式。因此提出发展低碳循环经济是人类面对资源危机及环境污染等问题的反思及认识的提高。

6.3.2 低碳循环经济理念中的"5R"概念

在研究开发绿色化学与化工过程中，低碳循环经济理念"5R"概念是五个以 R 为字头的英文词的简称，即减量（reduction）、重复使用（reuse）、回收（recycling）、再生（regeneration）和拒用（rejection）。其含义分述如下：

① 减量（reduction） 是从节省资源、减少污染角度提出的。在保护产量的情况下如何减少用量，有效途径是提高转化率、减少损失率、减少"三废"排放量，主要是减少废气、废水及废弃物（副产物）排放量，必须达到排放标准以下。

② 重复使用（reuse） 是降低成本和减废的需要，如化学工业过程中的催化剂、吸附剂载体等，从一开始就应考虑能重复使用的设计。

③ 回收（recycling） 主要包括：回收未反应的原料、副产物、助溶剂、催化剂、稳定剂等非反应试剂，进行再循环利用。

④ 再生（regeneration） 是变废为宝，节省资源、能源，减少污染的有效途径。它要求化工产品生产在工艺设计中应考虑到有关原材料的再生利用。

⑤ 拒用（rejection） 是指对一些无法代替，又无法回收、再生和重复使用，污染作用明显的原料，拒绝在化学过程中使用，杜绝污染的发生。

从上述可以看出，5R 概念是在绿色化学与化工研究与实践中对低碳循环经济理念的具体表述和体现，与绿色化学与化工的目标和研究内容相一致。

6.3.3 低碳循环经济下的绿色化学与化工展望

减少碳排放的途径主要包括三个方面，一是尽量使用可再生能源（如太阳能、风能、生物质能等），从而可减少二氧化碳的生成；二是对二氧化碳进行捕集和封存（如地下封存等）；三是将二氧化碳转化为能源产品和化学品（如用作溶剂、作为碳资源合成各种化学品等）。二氧化碳资源化利用是减少碳排放和实现碳循环的理想途径，也是当前绿色化学与化工研究领域中具有挑战性的课题。

发展低碳经济，对我国是压力也是挑战。我国在加快推进现代化过程中，正处在能源需求快速增长阶段；我国"富煤、少气、缺油"的资源条件决定了目前我国能源结构以煤为主，使低碳能源资源的选择受限；而工业生产技术水平相对落后，又加重了我国经济的高碳特征。2005～2011 年，全球新增二氧化碳排放量中，我国所占的比重达 60% 以上。即使按人均水平来看我国人均二氧化碳排放量已超过世界平均水平。

由于当前我国的高速增长是一种主要靠资源投入和能源消耗推动的高碳经济，高碳经济所造成的环境污染问题已成为我国社会 21 世纪面临的最严重的挑战之一。例如，近年来笼罩全国 1/5 国土的雾霾，形成了大规模的环境灾难，使得我国民众最关注的社会问题越来越转向健康危害、食品安全和污染防治。为了让我们的天更蓝，水更绿，生活更美好，在国家"十二五"规划中，我国在关键经济领域投入 4680 亿美元用于发展绿色及低碳经济。2012年我国首次将建设生态文明提升到国家发展的顶层战略。2013 年中国政府发布《大气污染防治行动计划》。从 2015 年 1 月 1 日起，新的环保法开始实施，明确"保护环境是国家的基本国策"，并首次提出"使经济社会发展与环境保护相协调"的新要求，这代表着新常态下的发展思路和路径。虽然近年来我国在积极实施节能减排、开发利用可再生能源、发展低碳经济方面取得了瞩目的成就，但也应清醒地认识到，我国的绿色低碳经济的发展正处于市物形成和发育的初期，还需进一步通过改革，让法规、政策落在实处，变为政府和全民的行动。

　　化工是国民经济的重要支柱产业，发展低碳循环经济，解决人类社会所面临的能源、环境、资源等危机和挑战不可能离开化学与化工，这使得绿色化学与化工迅速成为化学、化工领域研究的前沿和热点。绿色化学不同于环境化学，环境化学是一门研究污染物的分布、存在形式、运行、迁移及其对环境的影响的科学。绿色化学不是化学的一个分支，而是对传统化学的创新和发展，是更高层次的化学。绿色化工就是要以绿色化学原理为基础，开发从源头上消除对环境污染的化工技术，力求经济效益和环境效益协调发展。绿色化学与化工内容广泛，指导思想非常明确，发展绿色化学与化工不仅需要先进理念，而且需要当代化学、物理、生物、材料、信息等科学的最新理论和高新技术。

6.4 废气处理

　　绿色化学以化学原理为基础，强调在产品的源头和生产、使用过程中消除污染的形成。近年来，国内外科研工作者研究开发以"原子经济性"为基本原则，在研发新化学反应过程、改进现有化学工业过程和减少、消除污染等方面进行了许多卓有成效的努力，并取得了一定的成绩。但是，人类社会所面临的能源、环境、资源等问题是人类发展经济中长期忽视对自然的保护所带来的后果，不可能瞬时解决。这一方面表明，实施绿色化学化工任重道远，另一方面也意味着，在一定时期内，在真正全面实现绿色化学化工过程之前，化工生产过程中还面临着部分三废处理问题。本节主要结合前面所述基本无机、有机化学工艺和环保要求，进行三废讲述。重点涉及 C_1 化工中的三废、乙烯废碱液的处理、粉煤灰、废催化剂的回收利用。

　　随着经济的迅速发展、能源需求的不断扩大，我国富煤、贫油、少气的能源结构决定了煤化工产业的迅速发展，尤其是新型煤化工产业。传统煤化工泛指煤的气化、液化、焦化及焦油加工、电石乙炔化工等，也包括以煤为原料制取碳素材料和煤基高分子材料等，这些主要已在第 2 章中介绍。新型煤化工以煤气化为龙头，包括煤制甲醇、乙酸、二甲醚等。煤化工行业在迅速发展的同时带来了较大环境问题。不管是传统煤化工还是新型煤化工，其生产过程中均会产生工业三废。

6.4.1 工业废气简介

　　煤气化装置的大气污染源有气化炉开停车排放气、闪蒸单元酸性气等。依据工艺及原料不同，其成分往往复杂多变，通常含有 H_2S、SO_2、HCl、CO、CO_2、NH_3、NO_x、CH_4 等酸碱性或挥发性气体。这其中 H_2S 和 CO_2 等酸性气体的脱除类似于第 2 章中粗合成气的净化部分。

　　氮氧化物主要来源于两个方面：①煤炭及石油产品等含氮化合物的燃烧；②亚硝酸、硝酸及其盐类有关的工业生产的废气排放。在化学工业中，硝酸厂、草酸厂、硝铵厂、炸药厂、热电厂等一些生产和应用硝酸的企业排放的工艺尾气中含有大量的 NO_x 废气，这些 NO_x 废气的排放，不仅造成了资源的浪费，而且对人类和生态环境具有极大的危害。氮氧化物中对自然环境及其人类活动危害最大的主要是 NO 和 NO_2。NO 为无色、无味、无臭气体，微溶于水，可溶于乙醇和硝酸，在空气中可氧化为 NO_2，还可与还原剂反应生成 N_2。NO_2 溶于水和硝酸，与水反应生成 HNO_3 和 HNO_2，与碱及强碱弱酸盐反应生成硝酸盐和亚硝酸盐，和还原剂反应还原为 N_2。

6.4.2　氮氧化物废气处理

目前，工业上治理氮氧化物废气的方法很多，普遍采用的有还原法、液体吸收法、吸附法、生物法等。

6.4.2.1　还原法

还原法是在还原剂存在的条件下，将 NO_x 还原成无毒无害的 N_2，从而消除污染的一种氮氧化物治理方法。目前常用的还原法有：选择性催化还原法（SCR）和选择性非催化还原法（SNCR）。

SCR 工艺是在适宜的温度（一般为 $250\sim450℃$）和固体催化剂的催化作用下，NH_3 与 NO_x 发生还原反应生成 N_2 和水，以达到净化 NO_x 废气的目的。普遍采用的催化剂为铂、钯、铑等贵金属和铁、铬、钒等过渡金属氧化物。其主反应为：

$$4NH_3 + 6NO =\!=\!= 5N_2 + 6H_2O$$
$$8NH_3 + 6NO_2 =\!=\!= 7N_2 + 12H_2O$$

该技术可以有效地除去废气中 $90\%\sim95\%$ 的 NO_x。但是采用 NH_3 作还原剂的催化选择还原技术存在经济性差，NH_3 本身有毒性且腐蚀性强，不易于存储和运输，催化剂易失活等缺点，目前该法仅适用于固定污染源的治理和净化。

SNCR 工艺是向高温废气中喷射 NH_3 或者尿素等还原剂，将 NO_x 还原成 N_2 和水，其主化学与 SCR 相同，一般可获得 $30\%\sim50\%$ 的脱 NO_x 效率，所用的还原剂可以是氨、氨水和尿素等，也可添加一些增强剂与尿素一起使用。该工艺不需催化剂，但氨液消耗量较 SCR 法多，对温度的控制要求也更高，操作条件极其复杂，目前在国内未得到推广。

6.4.2.2　液体吸收法

液体吸收法是利用 NO_x 不同组分在吸收剂中的溶解度不同，或者与吸收剂发生选择性的化学反应，从而净化废气中 NO_x 的过程。该法具有工艺简单、投资少等优点，可根据具体情况选择合适的吸收液，能以硝酸盐的形式回收 NO_x，从而达到综合治理及利用的目的，缺点是效率不高，对含 NO 较多的废气净化效果差，且不宜处理气量很大的废气。液体吸收法是化学工业生产过程中应用比较广泛的方法，大致可归纳为：水吸收法，酸吸收法，碱液吸收法，吸收氧化法，吸收还原法等。

水吸收 NO_x 时，水与 NO_2 反应生成 HNO_3 和 HNO_2。生成的 HNO_2 很不稳定，快速分解后会放出部分 NO。由于常压时 NO 在水中的溶解度非常低，因此常压下该法效率极低，不适用于 NO 含量较高废气的治理，通常被作为工业生产多级废气治理的最后一道工序。

酸吸收法是工业中普遍采用的方法。由于 NO 在 12% 以上的硝酸中的溶解度比在水中大 100 倍以上，所以可用硝酸吸收 NO_x 废气。硝酸吸收 NO_x 以物理吸收为主，最适用于应用或生成硝酸的化工工业尾气处理，因为可将吸收的 NO_x 返回原有装置回收为硝酸。影响吸收率的主要因素有：①温度。温度降低，吸收率急剧增大。温度从 $38℃$ 降至 $20℃$，吸收率由 20% 升至 80%。②压力。随着吸收压力升高，NO_x 吸收率不断增大。当吸收压力从 $0.11MPa$ 升高至 $0.29MPa$ 时，吸收率由 4.3% 增大到 77.5%。③硝酸浓度。吸收率随硝酸浓度增大不是呈现一直增大的趋势，而是先增加后降低地变化，即有一个最佳吸收的硝酸浓度。当温度为 $20\sim24℃$ 时，吸收率较高的硝酸浓度范围为 $15\%\sim30\%$。此法工艺流程简单，操作稳定，并且可以将 NO_x 回收为硝酸。但气液比较小，酸循环量较大，能耗较高。

碱液吸收法的实质是酸碱中和反应。在吸收过程中，首先，NO_2 溶于水生成 HNO_3 和 HNO_2；气相中的 NO 和 NO_2 生成 N_2O_3，N_2O_3 也将溶于水生成 HNO_2。然后 HNO_3 和 HNO_2 与碱（NaOH、Na_2CO_3 等）发生中和反应生成 $NaNO_3$ 和 $NaNO_2$。考虑到价格、来源、不易堵塞和吸收效率等原因，碱吸收液主要采用 NaOH 和 Na_2CO_3，尤以 Na_2CO_3 使用更多。但 Na_2CO_3 吸收效果较差，因为 Na_2CO_3 吸收 NO_x 的活性不如 NaOH，而且吸收时产生的 CO_2 还会影响 NO_2 及 N_2O_3 在水中的溶解度。该法一般情况下吸收率不高，但其工艺流程和设备较简单，还能将 NO_x 回收为有用的亚硝酸盐和硝酸盐，被广泛用于我国的 NO_x 废气治理。

为了提高 NO_x 的吸收率，还可采用吸收氧化法、吸收还原法及络合吸收法等。对以 NO 为主的氮氧化物，可先进行氧化，再进行吸收。对于 NO_2 浓度在 0.1% 以下的低浓度气体，碱液吸收速度与 NO_2 浓度的平方成正比。对于较高浓度的 NO_x 气体，吸收等分子的 NO 和 NO_2 混合气比单独吸收 NO_2 具有更大的吸收速度。因为 NO+NO_2 生成的 N_2O_3 溶解度较大。当 NO_x 的氧化度（NO_2/NO_x）为 50%～60%，NO_x 的吸收率达到最大，可采用先将 NO 氧化为 NO_2，再用碱液回收 NO_x 以提高吸收率。但是，低浓度下 NO 的氧化速度非常缓慢，所以 NO 的氧化速率成为 NO_x 吸收率的决定因素。NO 的氧化方法包括直接氧化和催化氧化，氧化剂包括液相氧化剂和气相氧化剂：液相氧化剂有 HNO_3、$KMnO_4$、$NaClO_2$、$NaClO$、H_2O_2、$K_2Cr_2O_7$ 等的水溶液；气相氧化剂有 O_2、O_3、Cl_2 和 ClO_2 等。与其他强氧化剂相比，硝酸氧化成本较低，并且硝酸在大部分浓度范围内，在两相中都能发生氧化反应，而且还可以起到自催化作用促进吸收过程。硝酸氧化-碱液吸收可以对废气中大部分 NO_x 进行回收，而且工艺流程比较简单，工艺路线比较成熟，反应产物硝酸盐和亚硝酸盐可以通过调整适宜的工艺参数得到理想的产品。

吸收还原法是用亚硫酸盐、硫化物、硫代硫酸盐、尿素等水溶液吸收 NO_x，并将其还原为 N_2。亚硫酸铵具有较强的还原能力，可将 NO_x 还原为无害的 N_2，而亚硫酸铵则被氧化成硫酸铵，可用作化肥。

6.4.2.3　吸附法

吸附法是利用多孔性固体吸附剂对 NO_x 的吸附量随温度或压力的变化而变化的原理，通过周期性地改变反应器内的温度或压力来控制 NO_x 的吸附和解吸反应，以达到将 NO_x 从废气中脱除出来的一种方法。NO_x 常用的吸附剂为杂多酸、分子筛、硅胶、活性泥煤等。根据再生方式的不同，吸附法可分为变温吸附和变压吸附两种。再生过程需要专门的设备和系统供应蒸汽、热空气等再生介质，设备费用和操作费用高，限制了吸附法的广泛使用。吸附法治理 NO_x 废气必须考虑吸附和吸附剂再生的全部过程，因此高浓度废气不宜使用吸附法。吸附法既能比较彻底地消除氮氧化物的污染，又能将氮氧化物回收利用。但是，由于吸附容量较小，吸附剂用量大且需要再生，因而设备庞大，投资大，运转动力消耗也大。

6.4.2.4　生物法

生物净化氮氧化物有硝化和反硝化两种机理。适宜的脱氮菌在有外加碳源的情况下，利用氮氧化物为氮源，将氮氧化物同化成为有机氮化合物，成为菌体的一部分（合成代谢），脱氮菌本身获得生长繁殖；而反硝化作用（分解代谢）则将 NO_x 最终还原成氮。生物净化法具有设备简单、运行费用低、便于管理、安全性好、无二次污染等优点，目前运用生物法净化 NO_x 废气的研究还处于起步阶段。

以上几种治理 NO_x 废气的方法各有优缺点，随着 NO_x 排放指标的进一步提高，单一的方法不能将废气中的 NO_x 彻底脱除，联合多种工艺来处理 NO_x 废气，取得了很好的效果。

6.5 废液处理

本节废液处理主要结合前面所述基本无机、有机化学工艺和环保要求，涉及煤气化废水和乙烯废碱液的处理。到目前为止，国内外废水处理的两个基本途径：一是从生产工艺着眼，尽可能优化工艺、降低污染物浓度、减少废水量并使水资源尽量做到循环或重复使用，以趋于"零排放"；二是对于盈水循环系统的废水，采用回收利用或处理的方式解决外排废水。

6.5.1 煤气化废水处理

煤气化废水是气化炉在制造煤气或合成天然气的过程中所产生的废水，主要来源于洗涤、冷凝和分馏工段。其特点是污染物浓度高，酚类、油及氨氮浓度高，生化有毒及抑制性物质多，在生化处理过程中难以实现有机污染物的完全降解，是一种典型的高浓度、高污染、有毒、难降解的有机工业废水。不同生产工艺产生的废水水质不同。在国内煤气化技术主要有三种：

① "德士古" 气化工艺，主产甲醇，采用水煤浆气化技术，水质特点为高氨氮（约 400mg/L），高温气化方式，水质相对洁净，有机污染程度低；

② "Shell" 气化工艺，采用粉煤高温气化技术，较低的有机污染程度，废水特点为高氨氮（约 300mg/L）、高氰化物（约 50mg/L）；

③ "鲁奇" 气化工艺，采用低温气化工艺，主产煤气，副产甲醇，水质特点为高 COD（约 5000mg/L）、高酚（约 1500mg/L）、高氨氮（约 500mg/L）、高氰化物（20mg/L）、高油类（约 200mg/L），浊度较高，是气化废水中成分最复杂、最难处理的废水。

目前，煤化工废水处理大多采用预处理、生化处理、深度处理三段处理工艺。

6.5.1.1 预处理

预处理的主要目标是实现废水中的酚、氨类物质回收，降低含油量，提高废水的可生化性，以达到后续生化处理允许的进水水质指标。煤化工废水预处理主要包括脱酚、蒸氨、除油、去除 SS（固体悬浮物）和有毒有害或难降解有机物（脱硫、破氰、高级氧化预处理等）等。

(1) 酚的回收

1) 溶剂萃取脱酚

回收酚的方法有溶剂萃取法和蒸汽吹脱法。溶剂萃取法利用酚在萃取溶剂与水中的分配系数的不同，实现酚的转移。通常采用分配系数高、与水不互溶、安全低毒的萃取溶剂。溶剂萃取脱酚是目前在气化和焦化废水的预处理中常用的工艺。大中型煤气站和焦化厂都建有这样的装置，其流程如图 6-3 所示。

① 萃取剂 萃取脱酚时使用的萃取剂要求分配系数高、易与水分离、毒性低、损失少、容易反萃取、安全可靠等，国内普遍采用的萃取剂是重苯溶剂油。几种萃取剂的性能比较见表 6-6。

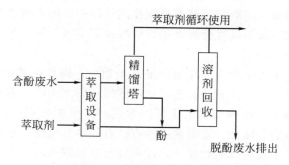

图 6-3 溶剂萃取脱酚流程

表 6-6 萃取剂性能比较

溶剂	分配系数	相对密度	性能说明
重苯溶剂油	2.47	0.885	不易乳化,不易挥发,萃取效率大于 90%,但对水有二次污染
二甲苯溶剂油	2～3	0.845	油水易分离,但毒性大,二次污染严重
粗苯	2～3	0.875～0.880	萃取效率 85%～95%,易挥发,有二次污染
焦油洗油	14～16	1.03～1.07	萃取效率高,操作安全,但乳化严重,不易分层
5%N-503+95%煤油	8～10	0.804～0.809	萃取效率高,二次污染少,但 N-503 昂贵
异丙醚	20	0.728	萃取效率大于 99%,不需要碱反萃取

② 萃取设备　萃取设备有脉冲筛板塔、箱式萃取器、转盘萃取塔和离心萃取机等,国内多用脉冲筛板塔。

③ 脉冲萃取脱酚　脉冲萃取脱酚主要采用往复叶片式脉冲筛板塔(图 6-4)。以筛板代替填料可缩小塔的尺寸,附加脉冲可提高萃取效果。此塔分三部分,中间为工作区,上下两个扩大部分为分离区。在工作区内有一根纵向轴,轴上装有若干筛板,筛板与塔体内壁之间要保持一定的间隙,筛板上筛孔的孔径为 6～8mm,中心轴依靠塔顶电动机的偏心轮装置带动,做上下脉冲运动。含酚废水和重苯溶剂油在塔内逆向流动。脱酚废水从塔底排出,送往蒸氨系统。萃取酚后的重苯溶剂油从塔顶流出,送往再生塔进行反萃取。当溶剂溶了较多的酚后,可用碱洗或精馏的方法得到酚钠盐或酚;萃取剂则可循环使用,一般萃取脱酚的效率在 90%～95%之间。

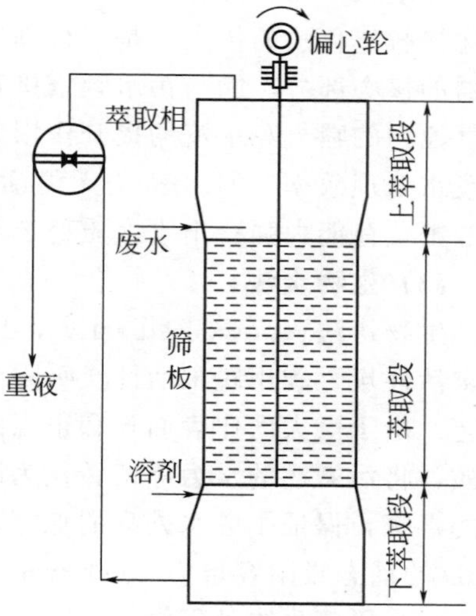

2)水蒸气脱酚法

采用水蒸气直接蒸出废水中的挥发酚,然后用碱液吸收随水蒸气而带出的酚蒸气,成为酚钠盐溶液,再经中和与精馏,使废水中的酚得到回收和利用。

图 6-4 往复筛板萃取塔

含酚废水经回收酚后,水中仍含有 100g/L 以上的酚,这种低浓度的含酚废水还不能直接排放,必须进行无害化处理,目前常用的是生化处理法。

(2)氨的回收

氨的回收主要采用水蒸气汽提-蒸氨的方法,可按热源是否与氨水接触分为直接蒸氨和间接蒸氨法。工艺流程为采用磷酸铵溶液吸收经汽提而析出的可溶性氨气，得到富氨溶液经汽提器汽提，使磷酸铵溶液与氨气分离，达到磷酸铵溶液再生与氨气回收的目的。

（3）除油

不同的煤化工工艺废水中含有的浮油含量并不相同，煤焦化及液化废水中含油量较高，气化废水中含油量相对较低，主要是有机溶剂溶解的苯酚之类的芳香族化合物造成的。煤化工废水的含油量是影响生化处理效果的重要因素之一，生化处理时废水中含油量不宜超过100mg/L，预处理时需进行除油。常用的除油方法有隔油、气浮、电解、离心分离等。通过隔油池和气浮法组合，不仅可以回收浮油，还可以起到预曝气的作用。

6.5.1.2 生化处理

生化处理是利用微生物的新陈代谢作用，使废水中的有机污染物转化为 CO_2、水等无害物质，以实现废水净化的方法。常用的生化处理工艺主要有 A/O（anoxic-oxic）及 A_2/O（anaerobic-anoxic-oxic）工艺、MBBR 法、PACT 法、厌氧生物处理法等。

（1）A/O 及 A_2/O

A/O 及 A_2/O 工艺是将厌氧段（A 段）与好氧段（O 段）串联组合进行水处理的工艺，应用较为广泛。厌氧段提高了废水的可生化性，同时将有机污染物进行氨化游离出氨；好氧段利用好氧微生物的新陈代谢将废水在有氧条件下进行硝化反应，使氨氮转化成硝酸盐，进而回流到缺氧池进行反硝化反应，将硝态氮还原为氮气。工艺较传统生物脱氮法流程短、造价低，但脱氮率相对较低。

（2）移动床生物膜反应器法

移动床生物膜反应器法（moving bed biofilm reactor process，MBBR）结合了流化床和生物接触氧化法的优点，是一种新型、高效的废水处理方法。悬浮填料生物膜是 MBBR 反应器的核心部分，能与污水频繁接触。在曝气池中，悬浮填料作为微生物的活性载体，依靠曝气池内的曝气和水流的提升作用而处于流化状态，增大了生物膜与废水的接触面积，提高了废水处理效率。MBBR 法无需活性污泥回流或循环反冲洗，具有占地少、有机负荷高、耐冲击负荷能力强、出水水质稳定等优点。

（3）生物炭法

生物炭法（powdered activated carbon treatment process，PACT）是在生化进水中投加粉末活性炭，利用粉末活性炭吸附溶解氧和有机物，在曝气池中进行微生物分解的污水处理工艺。由于巨大的比表面积和很强的吸附能力，活性炭可以吸附废水中大量的污染物和有毒物质，将污染物的水力停留转化为固体停留以延长生化反应时间，同时避免有毒物质对微生物的毒害，保证了废水处理的稳定，工艺中的活性炭可循环利用。PACT 法活性炭吸附处理COD 的动态吸附容量为 100%～350%，处理难生物降解污染物的效果比较好。

（4）厌氧生物处理法

厌氧生物处理法是一个还原过程，通过还原作用可以将单环、多环有机物开环，使得大分子化合物降解为小分子有机物，提高了废水的可生化性。厌氧生物处理法主要有外循环厌氧反应床（EC）、上流式厌氧污泥床（UASB）、膨胀颗粒污泥床反应器（EGSB）等。

6.5.1.3 深度处理

经过生化处理后，煤化工废水中仍含有部分难降解的杂环化合物，生化出水仍不能保证达到回用的要求，通常需要进行深度处理。常用的深度处理方法有混凝、吸附、高级氧化和膜分离技术等。

（1）混凝法

混凝法是指向废水中投加一定剂量的混凝剂，使废水中的胶体和细微悬浮物在混凝剂的作用下凝聚成絮凝体或颗粒并沉降，达到降低废水的浊度和色度、除去胶体和细微悬浮物的目的。混凝技术包括凝聚和絮凝两个过程。混凝法技术成熟，应用广泛，缺点是对废水的 pH 要求较高。常用的混凝剂有金属盐无机混凝剂和有机高分子混凝剂等。

（2）吸附法

吸附法主要利用多孔性固体吸附剂的物理吸附和化学吸附性能除去废水中污染物的过程，根据吸附原理的不同可分为物理吸附、化学吸附和离子交换吸附 3 种类型。吸附法核心是吸附剂，适宜处理固体颗粒污染物含量较高的废水，但吸附剂成本高及再生处理问题限制了其大规模应用。常见的吸附剂有活性炭、焦炭、沸石、树脂、炉渣、熄焦粉等。

（3）高级氧化法

高级氧化法是指在一定的反应条件下通过产生具有强氧化能力的自由基（·OH），使大分子有机物降解成低毒或无毒小分子物质的废水处理方法。根据自由基产生方式和反应条件的不同，可将其分为 Fenton 氧化、臭氧氧化、湿式氧化、光催化氧化、声化学氧化、电化学氧化等。高级氧化法具有反应时间短、反应过程可控、普适性强和氧化降解彻底等优点。

（4）膜分离技术

膜分离技术是利用膜的选择性对不同粒径组分的选择性通过，实现料液选择性分离的技术。根据膜孔径的大小可以分为微滤膜、超滤膜、纳滤膜、反渗透膜等。

6.5.2　乙烯废碱液的处理

乙烯废碱液中除含有剩余的 NaOH 外，还含有在碱洗过程中生成的 Na_2S、Na_2CO_3 等无机盐。此外，由于在碱洗过程中裂解气中重组分的冷凝和双烯烃类、醛类物质的聚合，使大量的有机物进入废碱液中。因此，乙烯废碱液的综合治理需要解决油类物质（包括悬浮物）的去除、剩余 NaOH 及硫化物的处理等几个方面的问题，其中关键是废碱液的脱硫。

6.5.2.1　乙烯废碱液除油技术

油类在废碱液中以浮油、分散油、乳化油和溶解油等形式存在。其中，分散油和乳化油在废碱液中的质量浓度一般为 $100\sim300\,\mathrm{mg/L}$，这些油比较稳定，而且可能进一步发生聚合，影响后续的处理过程。因此，去除分散油和乳化油是乙烯废碱液除油工作的重点。

早期的乙烯装置普遍采用平板式隔油池（PPI）或波纹斜板式隔油池（TPI）对乙烯裂解废碱液进行除油，可同时除掉废碱液中的全部浮油、大部分分散油和乳化油。经过处理后的废碱液可以采用湿式氧化法等进行处理，但是该工艺的缺点是会散发大量恶臭气味，对周围空气污染严重。

液液萃取-蒸汽汽提的方法对乙烯废碱液进行除油，是利用经加氢处理的富含芳烃的溶剂作萃取剂，在多级逆流萃取塔中进行多级萃取，将废碱液中的低聚物和单体去除，用蒸汽间接汽提多级逆流萃取塔的萃余液，将溶解的少量烃类溶剂汽提出来。经过该方法处理后，废碱液中的油质量浓度低于 $10\,\mathrm{mg/L}$。该工艺处理效果好，能够在密闭状态下操作，不会对大气造成污染。此外，采用负载型固体絮凝剂，控制碱液质量浓度为 $3\sim12\,\mathrm{g/mL}$，在 $20\sim60\,℃$ 下搅拌 20min，然后利用高速离心机分离出絮状物。经处理后，废碱液中油质量浓度可降到 $1\,\mathrm{mg/L}$ 以下。

6.5.2.2 乙烯废碱液脱硫技术

脱硫是乙烯废碱液治理的关键，脱硫效果的好坏将直接影响乙烯废碱液后续治理或综合利用的成败。因此，对乙烯废碱液的治理基本是以硫化物为重点。目前，乙烯废碱液的脱硫技术主要包括氧化法和再生法处理。

（1）氧化法

根据氧化方式的不同，氧化法分为空气氧化法、氯气氧化法和超临界氧化法。目前，氧化法成本高，投资较大。

（2）氧化物沉淀再生法

脱硫技术是以脱除乙烯废碱液中的无机硫化物为目标，以固体金属氧化物如 ZnO、CuO 等将硫化钠转化成氢氧化钠并将硫离子以金属硫化物沉淀的形式去除。此种方法会产生二氧化硫，会形成对大气的二次污染，仍然需要后续处理装置。且工艺流程较长，投资也将会很高。

（3）脱硫、脱碳联合再生技术

该方法是采用过渡金属氧化物沉淀法脱硫和苛化法脱碳，可以将乙烯废碱液中的 Na_2S 和 Na_2CO_3 再生为 NaOH，从而使乙烯废碱液得到再生回用，实现污染物的资源化。苛化法是以乙烯废碱液中的无机碳酸盐为处理对象，采用苛化剂将无机碳酸盐转化氢氧化钠，并将碳酸根以沉淀的形式除去，使乙烯废碱液能够得到再生回用。目前主要有氧化铜、氧化镁沉淀法，金属氧化物沉淀法和苛化法。除油-苛化-脱硫组合技术可综合处理乙烯废碱液。该方法首先深度脱除废碱液中的油类物质，然后分步除去废 CO_3^{2-}、S^{2-}，同时得到高附加值副产物 ZnS，再生后的碱液可回用于裂解气碱洗过程，该方法不但可以彻底解决乙烯废碱液的治理难题，而且可以节省大量的裂解气碱洗用碱以及后续处理的中和用酸和废碱液的生化处理装置，从而实现污染物减排、资源循环与综合利用。

乙烯废碱液一个重要用途是用于热电厂烟气脱硫。此外，废碱液也常用预处理和生化处理相结合的办法治理，即采用中和法、氧化法进行预处理，然后送入综合污水处理厂进行生化处理，另外还有综合利用法、全生物氧化法等。

6.6　固废处理

本节主要结合前面所述基本无机、有机化学工艺，固废处理主要涉及粉煤灰和废催化剂的回收利用。

6.6.1　煤气化粉煤灰

粉煤灰是煤粉经高温燃烧后形成的一种似火山灰质的混合材料，主要成分包括原料煤中含有的灰分及重金属等。它是煤气化和燃煤发电厂排出的固体废物，主要由飞灰和底灰组成。据统计，1996 年全国煤气化和燃煤发电厂排出的粉煤灰年产量达 1.2 亿吨，2000 年的排放量达 1.53 亿吨，2009 年达到 3.75 亿吨。

6.6.1.1 粉煤灰的物理化学特性

粉煤灰的化学成分与煤的矿物成分、煤粉细度和燃烧方式有关，粉煤灰其主要成分为：SiO_2（40%～60%）、Al_2O_3（17%～35%）、Fe_2O_3（2%～15%）和 CaO（1%～10%），另外，还含有少量 K、P、S、N 等的化合物和 As、Cu、Zn 等微量元素。不同国家粉煤灰因为其燃煤来源不同又各有特点。粉煤灰的化学成分是评价粉煤灰质量优劣的重要技术参数，也是决定粉煤灰综合利用的主要依据。根据粉煤灰中 CaO 含量的高低，可以分为高钙灰和低钙灰。CaO 含量在 20% 以上的粉煤灰称为高钙灰，低于 20% 的称为低钙灰，高钙灰质量优于低钙灰。粉煤灰的烧失量可以反映燃烧状况，烧失量越高，粉煤灰质量越差。

粉煤灰的矿物组成可以分为无定形相和结晶相两大类。结晶相主要有石英、莫来石、磁铁矿、云母、长石。无定形相主要是玻璃相及少量无定形碳，玻璃相主要包括光滑的球形玻璃体粒子、形状不规则且孔隙较少的小颗粒、疏松多孔且形状不规则的玻璃球等。

粉煤灰的活性是指粉煤灰在和石灰、水混合后所显示的凝结硬化性能。具有化学活性的粉煤灰，其化学成分以 SiO_2 和 Al_2O_3 为主（75%～85%），矿物组成以玻璃体为主，本身并无水硬性，在潮湿的条件下才能发挥出来。

粉煤灰的外观类似水泥，呈多孔蜂窝组织；其颜色多变，含碳量越高，颜色越深；粒度越粗，质量越差。粉煤灰粒径范围为 $0.5～300\mu m$，比表面积较大，一般在 $250～500cm^2/g$ 之间，因此具有较高的吸附性。由于煤种、燃烧方式、锅炉构造和收集方式不同，粉煤灰的粒径、比表面积和化学成分也随之改变。粉煤灰的这些特性决定了它在许多领域得到了广泛的应用。

6.6.1.2　粉煤灰的综合利用

粉煤灰可用于建材、道路工程、农业助剂等，本部分主要介绍粉煤灰的提取矿物、生产高附加值新材料和应用于环境保护方面。

(1) 提取矿物和生产高附加值新材料

近几年来，我国在粗煤灰资源回收利用方面的灰量约占利用总量的 5%。主要技术有：从粉煤灰中提取金属、冶炼三元合金等；作为塑料、橡胶等的填充料，做高强轻质的耐火材料，做保温材料和涂料等。

1）回收粗煤灰中的金属和合金

从矿物资源利用、环境保护的目的出发，世界各国都很重视粉煤灰金属矿物资源利用技术的研究。目前常用的方法有电磁选、水浮选和化学选矿等。

① 铁化合物的回收，粉煤灰中的铁可以用磁选法回收。从粉煤灰中回收铁取决于粉煤灰中铁的品位，品位较低，则成本较高。

② 微量元素的回收。粉煤灰中含有大量变价元素和稀有金属，如钼、镓、锗、钛、锌等。粉煤灰中的硼可以用稀硫酸提取，最终溶液的 pH 值在 7.0，硼的溶出率为 72% 左右，浸出的硼液通过螯合树脂富集，可得到纯硼产品。将粉煤灰压成片状，并在一定的温度和气氛下，加热可分离锗和镓，其中镓的回收率在 80% 左右。粉煤灰中的锗可用稀硫酸浸出、过滤，滤液中加锌置换，经过滤回收锌粒后，滤液蒸发、粉碎、煅烧、过筛、加盐酸蒸馏，然后经水解、过滤，得到二氧化锗，最后用氢气置换，即得到金属锗。

③ 粉煤灰硅铝铁合金。在高温下用碳将粉煤灰中的 SO_2、Al_2O_3、Fe_2O_3 等氧化物中的氧脱去，并除去杂质，制成硅、铝、铁三元合金或硅、铝、铁、钡四元合金，可作为热法炼镁的还原剂和炼钢的脱氧剂，且成本低、市场大，可显著提高金属镁的纯度和钢的质量。

2）作为塑料、橡胶的填充料

塑料制品中一般都要加入一些无机或有机的填充剂，它们能够改善制品的成型加工性能，提高塑料制品的某些质量指标，降低制品成本。如从粉煤灰中提取的空心微球可作为塑料制品的填充剂；磨细的或分选的粉煤灰作为聚丙烯、氯乙烯和聚乙烯塑料的填充料等都取得良好效果。

3）分选高附加值的建材产品

① 微晶玻璃及复合微晶玻璃板材。微晶玻璃是一种新型建筑装饰材料，它是通过原料调配、熔化、水淬、装模、烧结和晶化等一系列步骤加工而成的，具有抗磨损、耐腐蚀、耐风化、不吸水、无放射性污染等特点，同时色调均匀，色差小，光泽柔和晶莹，表面致密无瑕，其机械性能指标、化学稳定性、耐久性和清洁维护方面均比天然石材优越。复合微晶玻璃板同时拥有石材、玻璃、陶瓷的特性，具有装饰效果好、施工要求简单、价格便宜等优点。

② 沉珠、微珠、漂珠等。沉珠可用于塑料、橡胶工业，能起到耐磨、质轻、清声、隔热、耐腐、阻燃、防潮的作用。漂珠可用于生产耐热涂料，应用于涡轮、喷气机喷管内壁或导弹发射架，也可用于高温管外包管材等。微珠可用于制造清声器材，可用于生产外墙玻璃，挡光，也可用于制作坦克刹车片，卫星发射架表面涂料等。

（2）应用于环境保护领域

粉煤灰因其特殊的物理化学性能而被广泛地应用于环保产业。一方面用作开发环保材料，如利用粉煤灰制造人造沸石和分子筛、混凝剂和吸附材料等；另一方面用于污水处理，包括城市污水处理和工业废水处理两方面。

1）粉煤灰用于环保材料开发

粉煤灰中含 Al_2O_3 一般在 $12\%\sim36\%$，主要以富铝水玻璃体形式存在。利用粉煤灰做原材料制备各种混凝剂、絮凝剂等水处理材料，关键是如何实现从粉煤灰中获取 Al_2O_3。

① 粉煤灰无机絮凝剂　粉煤灰无机絮凝剂分为直接溶酸法混凝剂和加助溶剂溶酸法混凝剂。

② 粉煤灰无机高分子絮凝剂　粉煤灰可用于制备聚合氯化铝、复合无机高分子混凝剂（聚氯硫酸铝铁复合混凝剂、聚铁铝硅絮凝剂、聚硅酸铝混凝剂）。然而，粉煤灰中含 Al_2O_3 一般仅为 $12\%\sim36\%$，获取 Al_2O_3 需消耗大量能量，所以其占领市场的份额微乎其微。

③ 利用粉煤灰制造人工沸石和分子筛　粉煤灰和碳酸钠助剂以 $1:2$ 的比例在 $800℃$ 的条件下焙烧 $2h$，可碱熔融分解制备合成沸石，粉煤灰中的大部分硅、铝有效成分能够溶出为合成 4A 沸石的原料。利用粉煤灰生产工艺技术与常规生产工艺相比，生产每吨分子筛可节约 $0.72t\ Al(OH)_3$、$1.8t$ 水玻璃、$0.8t$ 烧碱，且生产工艺中省去了稀释、沉降、浓缩、过滤等流程，产品品质达到甚至优于化工合成的分子筛。

2）粉煤灰用于污水处理

粉煤灰应用于城市污水处理较早。粉煤灰具有较大的比表面积和一定的吸附能力，而且其粒径细微，在污水中有良好的分散性，增加了絮凝颗粒的数量浓度，提高了碰撞速率。

6.6.2　废催化剂回收利用

催化剂使用一段时间后，因催化性能的丧失，无法再生而最终报废排出系统。随着石化产业的高速发展，据不完全统计，仅石油化工，全世界每年投入使用的催化剂超过约 40 万吨，我国每年报废的催化剂也有 10 万吨之多，这些催化剂中含有大量贵重的稀有金属资源，再生回收这些稀有金属，有着巨大的社会效益、经济效益和环境效益。

6.6.2.1　废催化剂的常规回收方法

各类废催化剂的常规回收方法一般可分为四种，即干法、湿法、干湿结合法和不分离法。

（1）干法

一般利用加热炉将废催化剂与还原剂及助熔剂一起加热熔融，使金属组分经还原熔融成金属或合金状回收，以作为合金或合金钢原料，而载体则与助熔剂形成炉渣排去。回收某些稀贵金属含量较少的废催化剂时，往往加进一些铁之类的贱金属作为捕集剂共同进行熔炼。由于废催化剂所含金属组分和数量不一样，故其熔融的温度也不一样。工业中也常将废催化剂作为部分矿源夹杂在矿石之中熔炼。在熔融、熔炼过程中，废催化剂往往会释放出 SO_2 等气体，可用石灰水加以吸附回收。氧化焙烧法、升华法和氧化挥发法也包括在干法之中，其能耗较高。由于此法不用水，一般谓之干法，如 $Co\text{-}Mo/Al_2O_3$、$Ni\text{-}Mo/Al_2O_3$、$Cu\text{-}Ni$、$Ni\text{-}Cr$ 等系催化剂均可采用此法回收。

（2）湿法

用酸、碱或其他溶剂溶解废催化剂的主要组分，滤液除杂纯化后，经分离可得到难溶于水的金属硫化物或氢氧化物，干燥后按需要再进一步加工成最终产品。有些产品可以作为催化剂原料再次利用。用湿法处理废催化剂，其载体往往以不溶残渣形式存在，如无适当方法处理，这些大量固体废弃物会造成二次污染；若载体随金属一起溶解，金属和载体的分离会产生大量废液。电解法亦包括在湿法之中，贵金属催化剂、加氢脱硫催化剂、铜系及镍系等废催化剂一般都采用湿法回收。目前，将废催化剂的主要组分溶解后，采用阴阳离子交换树脂吸附法，或采用萃取和反萃取的方法将浸液中不同组分分离、提纯出来是近几年湿法回收的研究重点。

（3）干湿结合法

含两种以上组分的废催化剂很少单独采用干法或湿法进行回收，多数采用干湿结合法才能达到目的。如铂-铼废重整催化剂回收时浸去铼后的含铂残渣需经干法煅烧后再次浸渍才将铂浸出。

（4）不分离法

此法不将废催化剂活性组分与载体分离，或不将其两种以上的活性组分分离处理，而是直接利用废催化剂进行回收处理的一种方法。由于此法不分离活性组分及载体，故能耗小，成本低，废弃物排放少，不易造成二次污染，是废催化剂回收利用中经常采用的一种方法。例如，在回收铁-铬中温变换催化剂时，往往不将浸液中的铁-铬组分各自分离开来，直接用其回收重制新催化剂。

废催化剂的回收利用针对性极强。因此，针对某种废催化剂，具体究竟应采用哪一种方法进行回收，尚需根据此种催化剂的组成、含量及载体种类等加以选择，根据设备和能力及回收物的价值、性能、收率、最终回收费用等加以比较而决定。

6.6.2.2　废催化剂回收机理

废催化剂回收过程中，尤其是采用湿法回收其中的有用组分，主要涉及废催化剂固体中金属组分的溶解与从溶液中分离出这些组分两大过程。

（1）组分的溶解

① 溶解的机理　废催化剂固体组分的溶解是在固-液系统中进行的，这是一个典型的多相反应过程。平均溶解速率可用下式表示

$$V = (c_2 - c_1)/(t_2 - t_1) \tag{6-6}$$

式中，c_1 为在时间 t_1 时被溶组分的浓度；c_2 为在时间 t_2 时被溶组分的浓度。

瞬时速率为 $v = \mathrm{d}c/\mathrm{d}t$。按溶解进行的速率，溶解过程可分为以下三种。

a. 恒速溶解。此类溶解其实只有理论意义。

b. 减速溶解。溶解减速的原因是由于溶剂浓度降低，溶解的固体表面积减小，在其表面生成保护膜所致。废催化剂固体组分的溶解多属于此类型。

c. 增速溶解。如在氧存在时，铜片在稀硫酸中的溶解反应就属此种类型。此过程多为自催化过程。在废催化剂溶解中属这种过程的不多。

影响溶解速率的主要因素有溶剂的浓度、溶解的时间和溶解时的温度等。溶解反应速率和温度的关系可由阿仑尼乌斯方程来表达：

$$K = A\exp[E/(RT)] \tag{6-7}$$

式中，K 为反应速率常数；A 为常数；E 为活化能。

从上述方程可知溶解速率和温度的关系与活化能的大小是密切相关的。为了增加溶解速率，可以提高反应温度，但温度的升高往往要受到水沸点的限制。在加压溶解过程中，溶解的温度可以升高到 250～300℃ 或更高。

在废催化剂溶解前，常对催化剂进行焙烧和研磨处理。这是因为，溶解反应发生在两相界面上，废催化剂固体组分在溶剂中的溶解是与其表面的几何形状、表面积的大小、表面形态等有关系的。研究表明金属晶格的缺陷对其溶解是有利的。因此在进行废催化剂回收前，通过焙烧使其中的金属晶粒长大、变形，使其上吸附的水分、气体、有机物等挥发掉以改变表面的形态有利于溶解时溶剂在其表面的吸附，以及通过固体表面空位向固体体内进行渗透。通常废催化剂固体内存在的一些杂质对其中有用组分的溶解也是有利的。

溶解进行时，如相界面表面积越大，固-液相接触就越好。因此在废催化剂溶解前，对固体颗粒进行研磨，既可以增大溶解反应时接触的界面面积，又可以增加金属晶格的缺陷，从而可大大提高溶解的速率。

在大多数情况下，相界面的溶解是不均匀的。通常溶解动力学计算时常将废催化剂表面以球形来计算。溶解速度与球面的关系可用下式来表示，

$$v = -\frac{\mathrm{d}m}{\mathrm{d}t K F c} \tag{6-8}$$

式中，m 为时间 t 时固体的质量；F 为固体的表面积；c 为溶剂的浓度；K 为速率常数，负号表示质量在减小。

当废催化剂在溶剂中溶解时，固-液相发生相互作用。固体组分的溶解过程主要由以下几个步骤所组成：a. 溶剂离子向废催化剂固体表面扩散；b. 溶剂离子在界面上的吸附；c. 被吸附溶剂和废催化剂固体中组分的相互反应；d. 反应产物解吸到扩散层内；e. 反应产物在溶液中扩散。相应固体溶解的过程一般可分为以下三种类型控制过程，当固体表面的化学反应速率大大超过扩散速率时，溶解过程为扩散控制过程，此时活化能数值较低。当固体表面的化学反应速率大大低于扩散速率时，属于化学反应控制步骤，此时活化能数值较高。当固体表面的化学速率与扩散速率相等时，其溶解过程为混合控制过程。

在扩散控制的溶解过程中，为了减少外扩散的影响，需要提高搅拌的速度。溶剂浓度和温度影响固体溶解本征反应速率。当溶剂离子浓度较低时，溶解过程常为扩散控制过程，其溶解速率取决于搅拌速度。当溶剂离子浓度较高时，其扩散速率增大到超过反应速率时，溶解过程就为化学反应控制过程了。此时控制溶解过程的速率，只需要改变溶液的温度就可达到加速溶解的目的。

固液比也是影响溶解过程的重要因素之一。液相越多对溶解过程越有利。因为溶剂的体积越小，反应组分（溶剂）的浓度下降得越快，溶解速率也下降越快。当溶液体积大时，溶剂浓度的下降可以忽略不计。但溶剂体积不可能大量增加。在实践中，应实验确定最佳固液比，固液比通常为（1∶1）～（1∶4），有时到 1∶10。

② 溶剂的选择　废催化剂溶解时常用溶剂及性质见表 6-7。

表 6-7　废催化剂溶解时常用溶剂

溶剂类型	常用溶剂	溶剂类型	常用溶剂
气体	氯气	碱类	纯碱、烧碱、氨水、硫化钠、氰化钠等
水	水	盐类	硫代硫酸钠、氯化铁、氯化钠、次氯酸钠、硫酸铁等
酸类	硫酸、盐酸、硝酸、亚硫酸、氢氟酸、王水等		

溶剂选择的原则是热力学上可行，反应速度快，经济合理，来源容易，易于回收，对设备腐蚀性小，对欲溶解组分的选择性好，主要应根据被溶物的物理特性和化学特性而定，一般来说碱性溶剂比酸性溶剂的反应能力弱，但其选择性比酸性的高，浸出率不如酸浸时高。

氯气浸出主要用于含贵金属的废催化剂原料。由于氯气的电位高于除金以外的贵金属，并且氯在水溶液中会水解生成盐酸和次氯酸，盐酸可使已氧化的贵金属呈氯络酸状态溶解；而次氯酸的电极电位比氧更高，能使所有的贵金属氧化。

废催化剂固体可单独用一种溶剂处理，也可采用多种溶剂依次或者同时使用加以处理。例如含复合氧化物的废催化剂处理时经常采用酸、碱溶液将其中的碱性氧化物、酸性氧化物作全溶出处理；王水溶铂、溶钯；硫酸和硝酸溶解非贵金属。

(2) 溶液中组分的析出

废催化剂回收利用的另一个主要阶段是从溶有一种或多种金属的溶液中将它们析出来，常用处理方法有结晶、金属置换沉淀、离子沉淀、离子交换、溶剂萃取等。

① 结晶　从溶液中结晶是回收其中有用金属组分的一种简单而历史悠久的方法，可利用不同组分溶解度的差别，通过结晶的先后而从同一种溶液中分离出两种金属组分，分离化学性质近似的金属化合物可通过反复结晶达到目的。

② 金属置换沉淀　用一种金属将溶液中的另一种金属沉淀出来的过程叫金属置换沉淀，从热力学上讲，任何金属均可被更负电性的金属从溶液中置换出来。

置换反应可视作原电池作用：阳极部分的金属失去电子溶入溶液，而阴极部分的金属离子得到电子从溶液中析出。在有过量的置换金属存在时，上述反应将进行到两种金属的电化学可逆电位相等为止，溶液中电极电位的平衡值可按下式计算：

$$\varphi_{\overline{\Psi}} = \varphi_0 + \frac{RT}{ZF} \ln \frac{a_{Me_1^{n+}}}{a_{Me_2^{n+}}} \tag{6-9}$$

式中，$a_{Me_1^{n+}}$ 为氧化状态离子的活度，mol/L；$a_{Me_2^{n+}}$ 为还原状态离子的活度，mol/L。

表 6-8 为某些金属在酸性水溶液中的标准电极电位值。其中标准氢电极的电极电势为零，正电位较小的金属可析出正电位较大的金属。

从表 6-8 可以知道氧的标准电极电位为 1.23V，氧可将许多金属氧化成金属离子，因此氧在金属置换时，会消耗金属置换剂。所以在金属置换体系中，在加入金属置换剂之前，必须用真空除气法将溶液中所溶解的氧排除干净。

按照电极电位的高低，用于金属置换的金属分为三类（图 6-5）。

表 6-8　某些金属在酸性水溶液中的标准电极电位值

电极	电压/V	电极	电压/V
Mn^{2+}/Mn	-1.100	Sb^{3+}/Sb	$+0.10$
Zn^{2+}/Zn	-0.762	Bi^{3+}/Bi	$+0.226$
Fe^{2+}/Fe	-0.441	As^{3+}/As	$+0.300$
Cd^{2+}/Cd	-0.401	Cu^{2+}/Cu	$+0.344$
Co^{2+}/Co	-0.29	Ag^{+}/Ag	$+0.768$
Ni^{2+}/Ni	-0.231	Au^{+}/Au	$+1.36$
Sn^{2+}/Sn	-0.136	OH^{-}/O_2	$+1.23$
Pb^{2+}/Pb	-0.122	Cl/Cl^{-}	$+1.359$
$2H^{+}/H_2$	0.0		

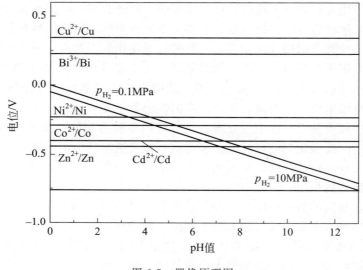

图 6-5　置换原理图

第一类：正电性金属。在任何 pH 值下，$\phi_{Me^{n+}/Me}$ 总是大于甲 $\phi_{H^{+}/\frac{1}{2}H_2}$，$Me^{n+}$ 还原时不会有氢气析出，如 Cu、Ag、Bi、Sb 等。

第二类：与氢线相交的金属，如 Ni、Co、Cd、Fe 等。此类金属的置换条件与 pH 值有关，如 pH 值小于与氢线的交点，置换时氢气会优先析出。

第三类：负电性大的金属，在任何 pH 值下，$\phi_{H^{+}/\frac{1}{2}H_2} > \phi_{Me^{n+}/Me}$，发生置换反应时总是氢气优先析出，此类金属有 Zn、Sn、Mn、Cr 等，这类金属不宜采用金属置换法析出。

金属置换剂既要根据其在电位序中的位置来选择，也要考虑其经济价值，此外还要特别注意工艺过程的特点，应以不会污染溶液的置换剂为宜。金属置换剂可以是普通金属的生产废料粉末。金属置换剂表面的状态对置换的影响较大，如金属置换剂表面覆盖有氧化膜，则在某些情况下会减慢置换过程的进行。

金属置换沉淀速度快时，沉积出的金属粒子极细，通常形成黏附膜。这时金属离子必须扩散穿过此膜才能达到被置换金属表面，此时的沉淀过程就变成受扩散控制，提高搅拌速度促使反应。

置换过程中，原始溶液中金属的浓度越高，金属置换剂的孔隙度就越小，溶液向置换剂的扩散也就越难，因此金属的置换沉淀通常用于从贫液中析出金属。

在采用金属置换沉淀的过程中，析出金属长时间与溶液接触会发生反溶现象，这是此方法难以解决的问题之一，通常以加入能促使金属附聚的表面活性剂来进行克服。此外，当 pH＝3.5～4 时，溶液还会出现 $Fe(OH)_3$ 的沉淀物。为了防止在金属置换沉淀过程中氢氧化物或碱式盐的析出，溶液中需含有一定量的游离酸。

(3) 以难溶化合物形式沉淀金属离子

在许多情况下，金属离子从溶液中以难溶化合物形式析出。从溶液中以氢氧化物的形式沉淀金属时，金属离子水解的 pH 较低，形成的氢氧化物在介质中稳定存在。同一种金属离子水解的 pH 值是不固定的，它取决于金属离子的浓度，水解的 pH 值随着金属浓度（活度）的降低而升高。表 6-9 列出了生成氢氧化物的 pH 值、浓度积 K_p、溶解度以及吉普斯自由能 G 的变化。

表 6-9　生成氢氧化物的平衡 pH 值及其有关的数值

水解反应	$\Delta G^{\ominus}_{水解}$/(kJ/mol)	K_p	溶解度/(mol/L)	pH 值
$Sn^{4+}+4H_2O \Longrightarrow Sn(OH)_4+4H^+$	−319.4	1.0×10^{-56}	2.1×10^{-12}	0.1
$Co^{3+}+3H_2O \Longrightarrow Co(OH)_3+3H^+$	−232.0	3.1×10^{-41}	5.7×10^{-11}	1.0
$Sn^{2+}+2H_2O \Longrightarrow Sn(OH)_2+2H^+$	−144.3	5.0×10^{-26}	2.3×10^{-9}	1.4
$Fe^{3+}+3H_2O \Longrightarrow Fe(OH)_3+3H^+$	−213.2	4.0×10^{-38}	2.0×10^{-10}	1.6
$Cu^{2+}+2H_2O \Longrightarrow Cu(OH)_2+2H^+$	−109.2	5.6×10^{-20}	2.4×10^{-7}	4.5
$Zn^{2+}+2H_2O \Longrightarrow Zn(OH)_2+2H^+$	−93.2	4.5×10^{-17}	2.2×10^{-6}	5.9
$Co^{2+}+2H_2O \Longrightarrow Co(OH)_2+2H^+$	−87.5	2.0×10^{-16}	3.6×10^{-6}	6.4
$Fe^{2+}+2H_2O \Longrightarrow Fe(OH)_2+2H^+$	−84.3	1.6×10^{-15}	0.7×10^{-5}	6.7
$Cd^{2+}+2H_2O \Longrightarrow Cd(OH)_2+2H^+$	−79.5	1.2×10^{-14}	1.2×10^{-5}	7.0
$Ni^{2+}+2H_2O \Longrightarrow Ni(OH)_2+2H^+$	−79.0	1.0×10^{-15}	1.4×10^{-5}	7.1

研究表明，醇的金属氢氧化物仅能从稀溶液或离子活度小的溶液中沉淀出纯的金属氢氧化物；金属离子浓度偏高的溶液中常沉淀出碱式盐或复盐。通常，生成碱式盐的平衡 pH 值比生成纯氢氧化物略低（若干金属碱式盐沉淀的 pH 值见表 6-10）。

表 6-10　25℃若干金属碱式盐沉淀的 pH 值

碱式盐的分子式	沉淀 pH 值	碱式盐的分子式	沉淀 pH 值
$5Fe_2(SO_4)_3 \cdot 5Fe(OH)_3$	<0	$ZnCl_2 \cdot 2Zn(OH)_2$	5.1
$5Fe_2(SO_4)_3 \cdot Fe(OH)_3$	<0	$3NiSO_4 \cdot 4Ni(OH)_2$	5.2
$CuSO_4 \cdot 2Cu(OH)_2$	3.1	$FeSO_4 \cdot 2Fe(OH)_2$	5.3
$2CdSO_4 \cdot Cd(OH)_2$	3.9	$CdSO_4 \cdot 2Cd(OH)_2$	5.8
$ZnSO_4 \cdot Zn(OH)_2$	3.8		

在一定的 pH 值条件下从溶液中沉淀出金属氢氧化物的关键是金属的浓度，甚至在严格遵守所有沉淀参数的情况下，也会发生其他金属以氢氧化物和复盐形式的共沉淀，这是由于在氢氧化物和复盐表面吸附上了金属离子的缘故。

另外，也可从溶液中析出难溶的硫化物沉淀物来达到分离的目的，常用的沉淀剂有硫化氢、硫化钠及硫化铵，对沉淀过程产生重大影响的是沉淀金属离子的活度、溶液的 pH 值、温度、压力及其他因素，难溶硫化物的溶度积见表 6-11。

表 6-11　难溶硫化物的溶度积（18～25℃）

硫化物	K_{sp}	pK_{sp}	硫化物	K_{sp}	pK_{sp}
Ag_2S	2×10^{-49}	48.7	MnS(无定形)	2×10^{-10}	9.7
Bi_2S_3	1×10^{-97}	97.0	MnS(晶型)	2×10^{-13}	12.7
CdS	7.1×10^{-28}	27.15	α-NiS	3×10^{-19}	18.5
Cu_2S	2×10^{-48}	47.7	β-NiS	1×10^{-24}	24.0
CuS	6×10^{-36}	35.2	γ-NiS	2×10^{-26}	25.1
FeS	6×10^{-18}	17.2	PbS	8×10^{-28}	27.1
Hg_2S	1×10^{-47}	47.0	Sb_2S_3	2×10^{-33}	92.8
HgS(红)	4×10^{-53}	52.4	SnS	1×10^{-25}	25.0
HgS(黑)	2×10^{-52}	51.7	SnS_2	2×10^{-27}	26.7
ZnS	1.2×10^{-23}	22.91			

（4）离子交换

离子交换对于处理金属离子浓度为 10×10^{-6} 或更低的极稀溶液特别有效，但对于金属离子浓度大于 1% 的溶液通常价值不大。所以，离子交换适用于从贫液中回收和浓缩有价金属。例如，可将含铜 10^{-4} 的溶液浓缩到 5% 和从混合溶液中分离提纯金属。

离子交换操作包括以下两个步骤。

① 吸附（负载）。将待分离的混合溶液以一定的流速通过吸附柱，使混合金属离子吸附在吸附柱中，当吸附柱被溶液中的金属离子所饱和时，流出溶液中的金属离子与进入吸附柱溶液中的离子浓度基本不变，此时应停止供液，转入解吸阶段。

② 解吸（淋洗）。使一种淋洗剂溶液通过负载柱，使吸附其上的金属离子洗脱下来，在淋洗的过程中负载柱得到再生，淋洗出来的溶液则可以提取金属。任一金属离子被树脂吸附的程度可用分配系数 D 表示：

$$D = \frac{金属离子在树脂相的浓度}{金属离子在水相中的浓度} \tag{6-10}$$

D 值愈大，树脂对该金属离子的亲和力愈大。

离子交换树脂宜为直径为 0.5～2.0mm 的球状颗粒。其中，阴离子交换剂负离子可被其他负离子交换；阳离子交换剂正离子可被其他正离子交换。

离子交换剂是带正或负电荷的格构或矩阵，它被反号电荷离子即所谓平衡离子所补偿。平衡离子在格构内自由移动并可被其他同号离子所取代，而固定离子是不活动的，当矩阵带着正离子时，由于平衡离子可与阴离子交换，它便是阴离子交换剂。同理，阳离子交换剂的平衡离子可与阳离子交换，交换反应可表示为：

阴离子交换：　　　　$R-X^- + A \longrightarrow R-A^- + X$

阳离子交换：　　　　$R-Y^+ + B \longrightarrow R-B^+ + Y$

离子交换剂有天然的和人工合成之分。有无机离子交换剂和有机离子交换剂两大类。废催化剂回收中常用的是人工合成的离子交换树脂，这类树脂是一种含有可交换活性基团的高分子化合物，一般由高分子部分、交联部分和官能团三部分组成。

溶液的流速、树脂的颗粒大小和交换柱 R（交换树脂的本体）等决定了柱式操作的效率，通常采用直径 2.14m、高 3.65m 的交换柱。树脂颗粒必须均一，这样可以避免产生沟流。交换柱上端需留出一定空间以允许树脂在交换过程中膨胀。

6.6.2.3　含贵金属废催化剂的回收利用

贵金属由于具有特殊的原子结构，在催化反应中具有优良的活性、选择性，因而被称为催化之王或工业维生素。贵金属包括金、银、铂、铑、钯、锇、铱、钌八种金属，均较广泛地用作催化剂。贵金属催化剂可广泛地用于石油炼制及加工行业、化工行业、环保业、药业等领域的加氢、脱氢、重整、氧化、脱臭、裂解、歧化、异构化、羰基化、甲醛化、脱氨基等反应及汽车尾气的净化。贵金属催化剂因其稀少，故价格昂贵，一般使用后均进行回收，影响回收经济效益的主要因素是回收率。贵金属废催化剂回收技术的难点是提高低品位贵金属的回收利用技术水平。

目前，回收铂等贵金属的方法可归纳为以下 6 种：

① 高温挥发法：在某些气体存在下加热物料，使 Pt 等贵金属以氯化物形式挥发出来，经吸收后提取其中的贵金属。

② 载体溶解法：用酸或碱将载体全部溶解，Pt 留在渣中，再从渣中提取贵金属。

③ 选择性溶解法：即载体不溶，选择特殊溶剂将 Pt 等贵金属溶出，从溶液中提取 Pt。

④ 全溶法：将载体及贵金属一次性全部溶入溶液中，然后采取离子交换或萃取法回收溶液中的贵金属。

⑤ 火法熔炼。

⑥ 燃烧法：对于载体为碳质的催化剂，将载体燃尽后，提取其中的贵金属。

这里主要介绍用于催化重整 Pt/Al_2O_3 中 Pt 的回收。

(1) 催化剂预处理

在催化反应中积炭或结焦几乎是不可避免的。积炭会覆盖催化剂的活性位或堵塞催化剂的孔道，从而导致催化剂失活，废催化剂载体孔道中往往存在大量的积炭，积炭及有机物的存在，在溶解过程中容易产生"暴溢"，造成金属损失。另外，在催化过程中，催化剂中贵金属与物料中的硫结合形成硫化物，影响贵金属的溶解，因此，为提高回收效率，常常需要预先将废载体催化剂经过焙烧处理，除去炭和硫化物等。500～800℃焙烧可以除去绝大多数的附着物。焙烧温度超过 400℃时，硫已几乎全部除掉，碳残留量约 2.3%，到 600℃时炭的脱除已接近完全。

(2) 铂的湿法富集

铂的湿法富集主要包括溶解载体法和选择性浸出活性组分两类，消解剂通常选择酸、碱、氰化物等，酸溶解法综合回收铂催化剂的工艺流程如图 6-6 所示。失效重整催化剂粉碎后，先用稀硫酸将占载体 70%～80% 的 $\gamma-Al_2O_3$ 溶解分离，金属铂得到初步富集。此时，硫酸不溶渣中的碳含量大于 40%，常压在氧（空气）条件下即可燃烧。燃烧释放出相当于优质煤 50% 的热量，如再加入适量助燃剂提高其发热值，就能实现自热焚烧脱除积炭。脱炭渣产出率约为废催化剂质量的 15%～20%，再用消化转溶法分离残余的 $\gamma-Al_2O_3$，就可获得 Pt 含量 3%～4% 的铂精矿。消化反应在 NaOH 熔点（572K）以上温度下进行，以水溶解产生的 $NaAlO_2$。铂精矿按传统方法精炼为纯铂，含铝溶液则用中和沉淀法产出氢氧化铝产品。

(3) 铂的干法富集

铂的干法富集分为加热挥发法和熔融置换法两类。用氯气及含氯气体高温处理催化剂，使铂选择性生成可挥发的氯化物，用水、碱液、氯化物配合剂或吸附剂吸收后，再进一步处理回收。处理温度在 900℃以上时，铂提取率超过 95%。若采用羰基氯化物挥发，可使铂的

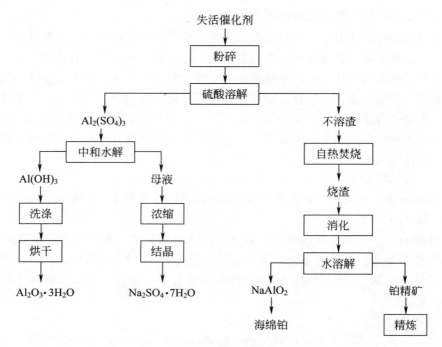

图 6-6 回收铂催化剂的工艺流程

氯化温度降低到 500℃ 以下。羰基氯化物挥发法是基于铂与 Cl_2 和 CO 或 CO_2 反应生成挥发性的羰基氯化物，见下式。

$$Pt + Cl_2 + CO \longrightarrow Pt(CO)Cl_2 \tag{6-11}$$

$Pt(CO)Cl_2$ 的最佳挥发温度为 150~250℃，当高于 250℃ 时，铂的羰基氯化物将发生分解。

用熔融法处理失效催化剂的原理与熔炼矿物原料相同。在高温熔融条件下，加入熔剂使载体分解并熔为炉渣，加入捕集剂形成熔融的贱金属合金相或熔锍使铂族金属与炉渣分离，从而有效富集铂族金属。熔融载体的实质是配入熔剂使载体转变为低熔点、低黏度的炉渣，配入捕集剂捕集贵金属，两相熔体分离后再从捕集剂中提取贵金属。

思考题

基于知识，进行描述

6.1 绿色化学的原则是什么？

6.2 绿色化学的指标有哪些？各自的侧重点有何不同？

6.3 绿色化学工艺的工艺和手段包括哪些？

6.4 低碳循环经济理念中的"5R"概念是什么？

应用知识，获取方案

6.5 近年来，国家对于环境保护方面出台哪些相关政策？这些对化工生产有什么影响？请举例说明。

参 考 文 献

[1] 郭树才,胡浩权.煤化工工艺学.3版.北京:化学工业出版社,2012.

[2] [美] M. A. 埃利奥特.煤利用化学:上册.徐晓,吴奇虎等译.北京:中国石化出版社,1991.

[3] 李淑培.石油加工工艺学.北京:中国石化出版社,1991.

[4] [德] W. 凯姆等.工业化学基础.金子林等译.北京:中国石化出版社,1992.

[5] 应卫勇,曹发海,房鼎业.碳一化工主要产品生产技术.北京:化学工业出版社,2004.

[6] 王永刚,周国江.煤化工工艺学.徐州:中国矿业大学出版社,2014.

[7] 高聚忠.煤气化技术的应用与发展.洁净煤技术,2013,19(1):65-71.

[8] 沈浚.合成氨.北京:化学工业出版社,2001.

[9] 陈五平.无机化工工艺学(上)3版.北京:化学工业出版社,2002.

[10] [美] A. V. 斯拉克,G. R. 詹姆斯.合成氨.大连工学院无机化工教研室译.北京:化学工业出版社,1980.

[11] 刘化章.合成氨工业:过去、现在和未来——合成氨工业创立100周年回顾、启迪和挑战.化工进展,2013,32(9):1995-2005.

[12] 吴指南.基本有机化工工艺学.修订版.北京:化学工业出版社,2012.

[13] 朱志庆.化工工艺学.2版.北京:化学工业出版社,2020.

[14] 黄仲九,单国荣,房鼎业.化学工艺学.北京:高等教育出版社,2016.

[15] 李振宇,王红秋,黄格省等.我国乙烯生产工艺现状与发展趋势分析.化工进展,2017,36(3):767-773.

[16] 胡杰,王松汉.乙烯工艺与原料.北京:化学工业出版社,2018.

[17] 吴志泉,涂晋林.工业化学.上海:华东理工大学出版社,2004.

[18] 米镇涛.化学工艺学.北京:化学工业出版社,2006.

[19] 区灿棋,吕德伟.石油化工氧化反应工程与工艺.北京:中国石化出版社,1992.

[20] 纪红兵,佘远斌.绿色化学化工基本问题的发展与研究.化工进展,2007,26(6):605-614.

[21] 李树芬,王成扬,张毅民.现代化工导论.第3版.北京:化学工业出版社,2016.

[22] 马建立,卢学强,赵有才.可持续工业固体废物处理与资源化技术.北京:化学工业出版社,2015.

[23] 陆小泉.煤化工废水处理技术进展及发展方向.洁净煤技术,2016,22(4):126-131.